『十二五』国家重点图书出版规划项目

国家出版基金资助项目

国家出版基金项目
NATIONAL PUBLICATION FOUNDATION

晏阳初

民国乡村建设

华西实验区档案选编·经济建设实验

⑧

目录

一、农业（续）

种植业与防虫·甜橙果实蝇防治·公文、信件（续）

种植业与防虫·合约

参与蛆柑防治工作有关人员往来信件 9-1-185（70）

学の小队的同志：

除了表示对你们的第一封信到达我们这儿时的欣喜向你们致谢外，我们愿意告诉你们一些本队的情形[illegible]。

我们住在场上的一个名叫方寿富的庙旁，住面房的三层楼，除了晚上甚么东西都是赵洋源先生的荷豆壳谈堡干宽，好在为了工作，这点苦我们担得，我们硬着承下。

今天的[illegible]温[illegible]和[illegible]上轨道，我们决定哪天来向当地保甲

[illegible]

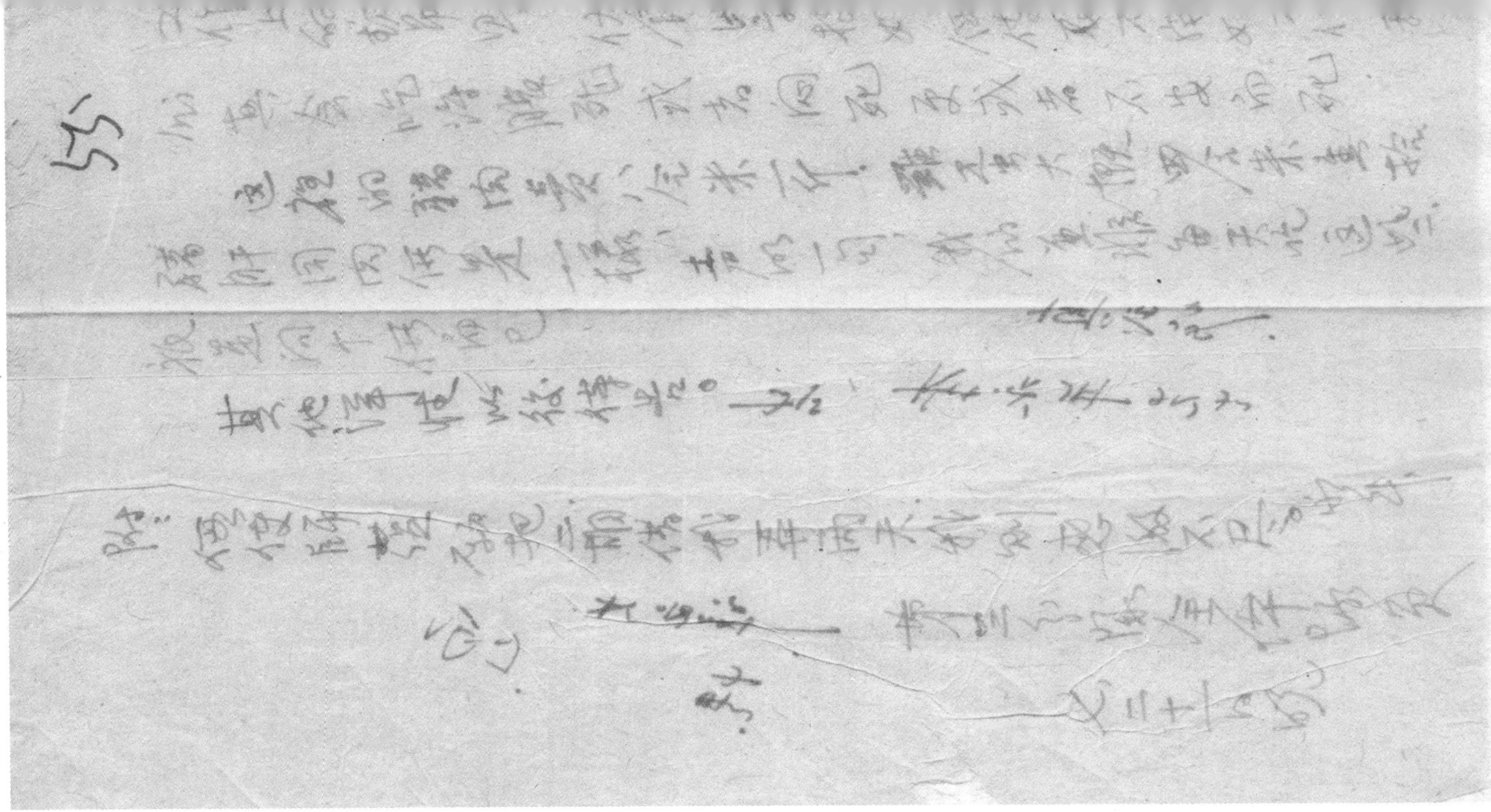
55

[illegible]

的[illegible]吃得[illegible]或者闷死，或者不[illegible]而死。

这裡的猪肉[illegible]米一斤，鸡蛋大概[illegible]米[illegible]

猪肝同肉係差一樣，[illegible]，我的[illegible]每天吃這些。

[illegible]

其他[illegible]以後[illegible]再告。[illegible]

附：[illegible]

[illegible]

参与蛆柑防治工作有关人员往来信件　9-1-185（71）

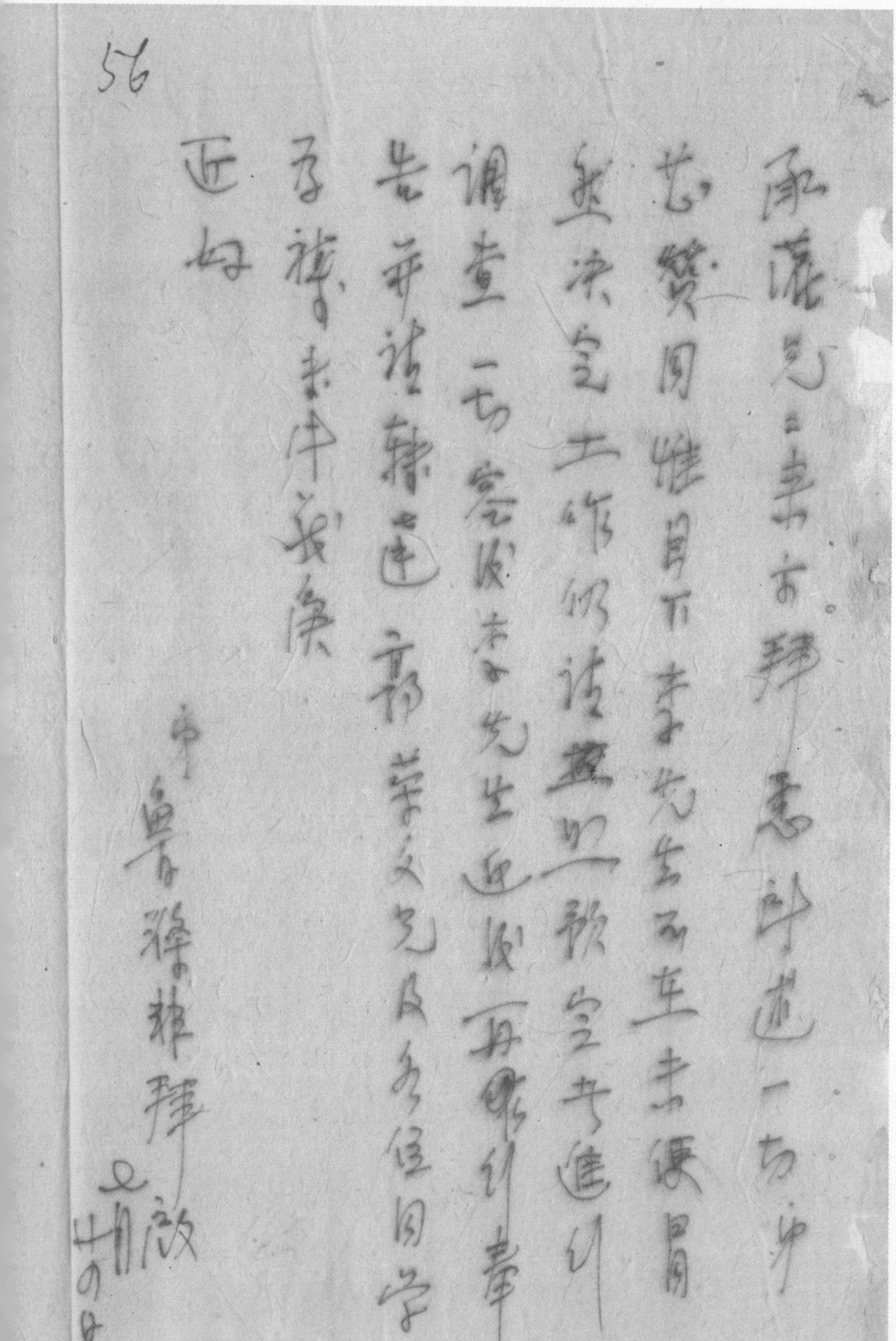

56

承濂先生來古拜惠，詳述一切，沙
苾贊同[illegible]月下李先生亦在[illegible]便冒
並決定工作須請裁以顧空書進行
調查一切，容俟李先生返後再報行奉
告，並請轉達高舉文先生及各位同學
予諒。耑此奉候
近好

弟魯雅林拜啟
五月廿四日

参与蛆柑防治工作有关人员往来信件　9-1-185（72）

57

榮文兄暨全体隊員鑒：

來函敬悉，謝々你們的詢念。

本隊於廿日下午六時乘木船直達此間，一路平安。我們現和總隊部住在一起，萬壽宮內，食宿用水都很方面。今晚々長及地方人士招待我們非常熱情，他們願絕對協助我們來除去蛆柑。此處瘧疾十分流行，聞去年死了三百餘人，他們需藥，可惜我們不能給他們，想法請實驗區配給。我們並告訴他們必如何這次幫助我們，共同努力，成績表現得好，將來設有實驗區絕無問題，而一切利於全々之建設都可開始。

不時會將我們的情形相告，盼望有空過來玩！

問好！

蔣其秀上

七月廿日

衍祥、民安、文龍、榮文諸位老兄左右：前日黄教授來高牙，言及各位工作艱苦，認真努力，非常欣慰。高牙鄉雖離江津很近，可是根本不像一個鄉場，小得來根本就不太整個的一個場，每一個場期才殺一条豬，其他也可以想見了。此地的地方人士有些都說，的確令人傷腦，這遇的困難恐怕不是任何一隊所遇過的。我們住在鄉公所，所謂鄉公所是一個破廟，而我們住的是破廟中破廟的一部份，每一點地方都是破爛了。我們還想起八千里路雲和月起來！

参与蛆柑防治工作有关人员往来信件　9-1-185（73）

经常吃饭食不依时，而且饭食也没有办好

一、每到下午很是热的不可言之，晚上蚊子

又多，噬人一般一般的蓬事，的确令人吐，

住宿问题就有不像话，不过自从加了训而

归之后，又在通宵也不难过。

每晚上社会工作检讨会，昨晚他们特地把

我检讨一点，感谢上帝，我还没有什么纪律

的批评！高兴不已，照一遍希望你们的

好　弟凡

三作此订　曲[illegible]

七　卅

参与蛆柑防治工作有关人员往来信件 9-1-185（75）

59

致第四分队诸位同学：

由鲁田先生带来的信，我们已经看过了，知道你们队里的一切情形，你们的工作区域太宽，想办该乡的第六、七两保的工作请我们帮忙，这件事情，我们站在工作及道义的立场都是应该接受的，不过我们黄泥场也有十保的地面，要我们去工作一下，因此本队同仁只有爱莫能助，感，同时我们也不能不照应你们，经本队队员商量的结果，只办第六保剩给我们做了，至于第七保的工作，还是请你们自己做，因此希望你们在最近来一位同学，以便共办第六保接洽，同时更希望你们能原谅我们。再谈

敬祝

工作顺利！

第五分队 启

参与蛆柑防治工作有关人员往来信件　9-1-185（76）

亲爱的小胖弟弟去巴……！

你们每每的来又每每的走了，实在没有为要安逸。昨天贺先生带来了你们的信。对于你们的建议，本人毫无意见的接受。

至于工作经验，我们可以说毫无工作经验。因为当事实上工作并未热烈展开。一切都是从书面文章而已。

昨天我们又在家中开办。杨太太也又来了一次。又去过一回。我真是……心

参与蛆柑防治工作有关人员往来信件　9-1-185（76）

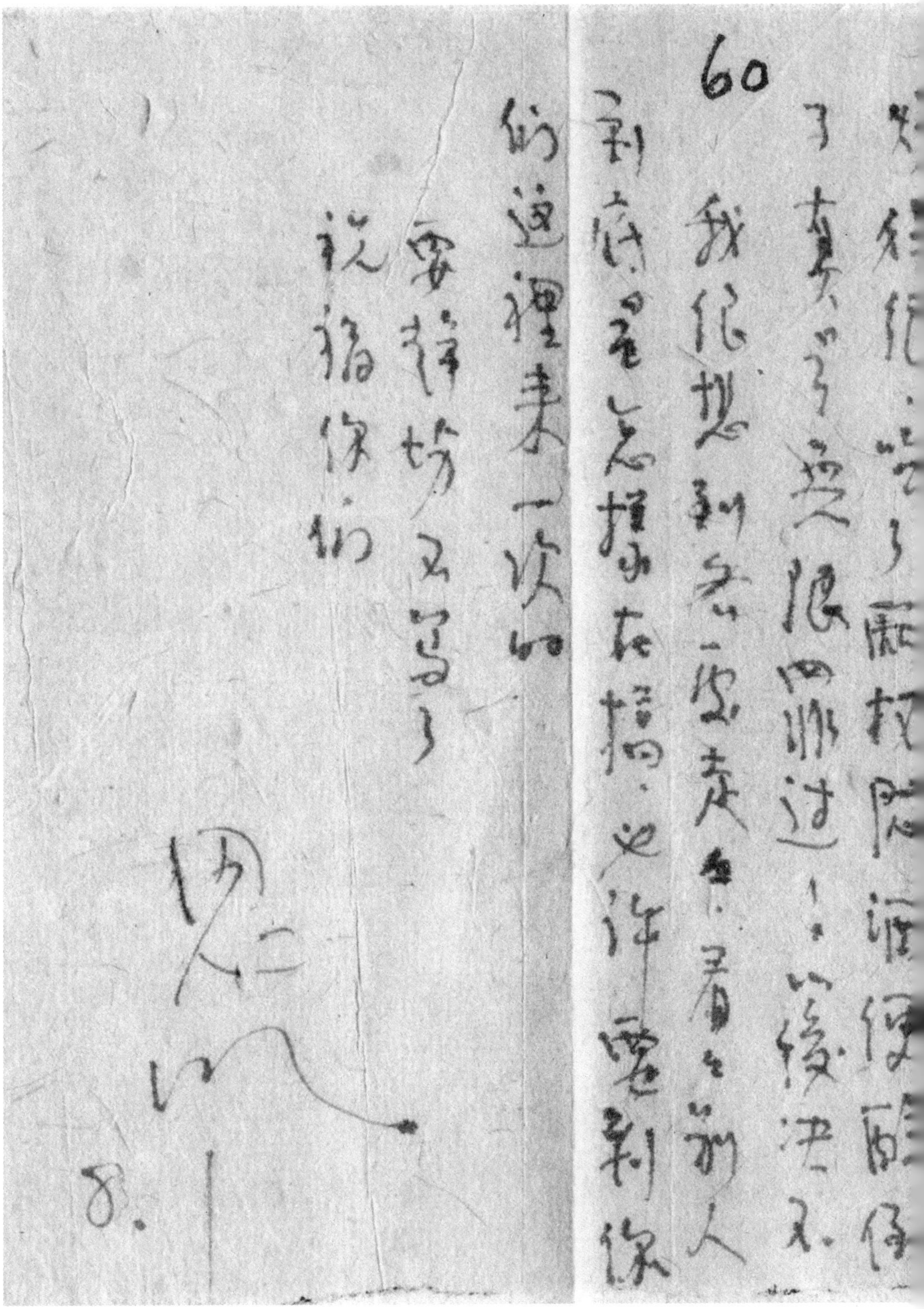
60

了莫如子受很四非过了、以后决不

我很想到参一次走々看々别人

到底是怎样在搞、也许要到你

们这裡来一次的

要辞坊不写了

祝福你们

陈仁

8.

参与蛆柑防治工作有关人员往来信件 9-1-185（77）

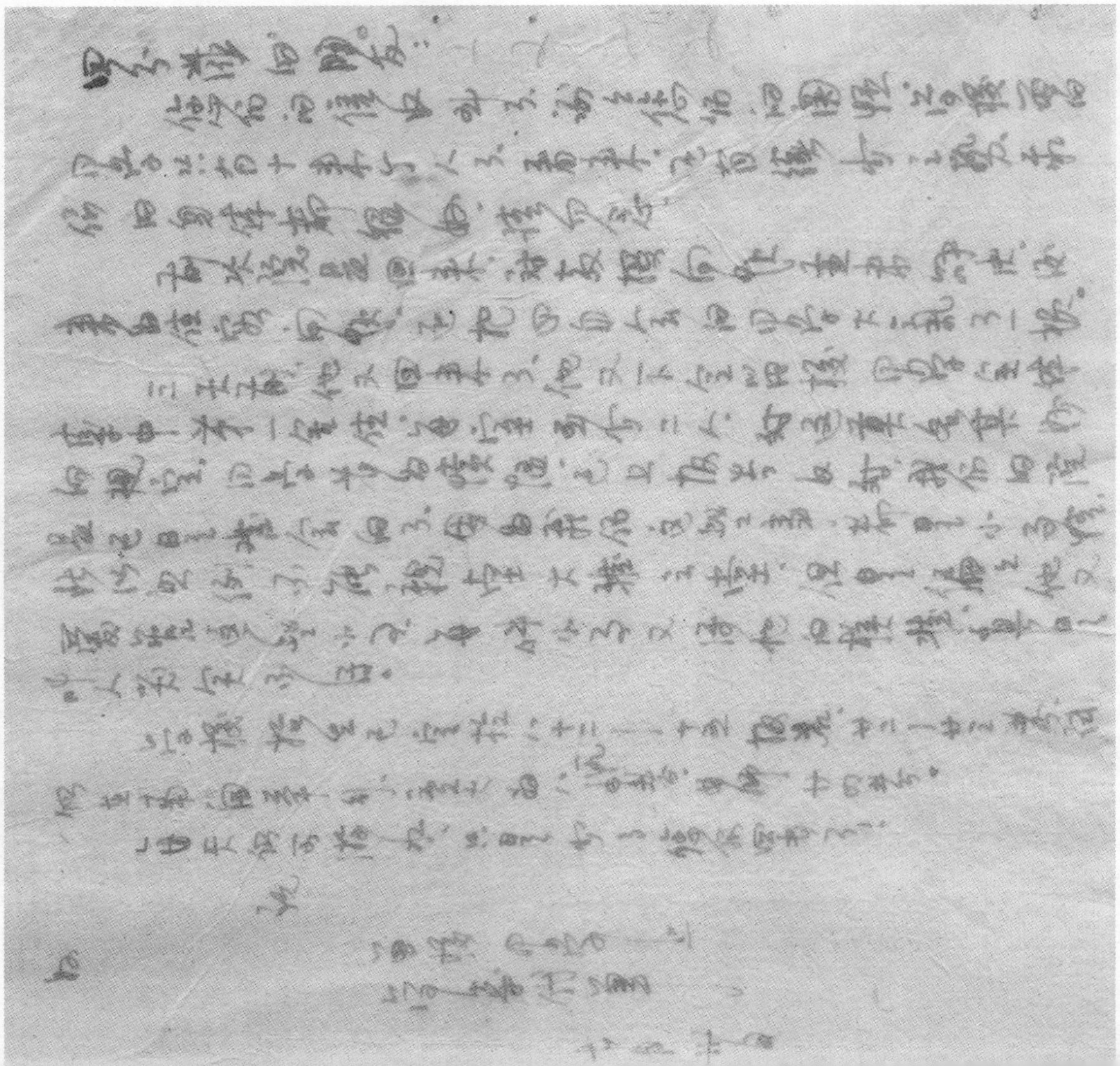

参与蛆柑防治工作有关人员往来信件　9-1-185（78）

参与蛆柑防治工作有关人员往来信件　9-1-185（80）

62

宣傳資料
向縣隊催

隊員們：昨晚到了縣隊就見了文、吳先生的廣柑個個要我好吃，但是我沒吃好多，因為我要在蔡飯後申訴解釋我們隊裡的情形，吃多了個恐怕說我落個瘋。吳先生、鍾、李康、夏之驊、譚、魯——都在坐，我就把各种情形都說了。魯也坐一句話都不敢說，但是我沒說得好，因為我想，沒要的事，心裡一果在想不過，這然哭了，今天到了重云還要我模章先生，重了我不到，趕到醫院去見

参与蛆柑防治工作有关人员往来信件　9-1-185（80）

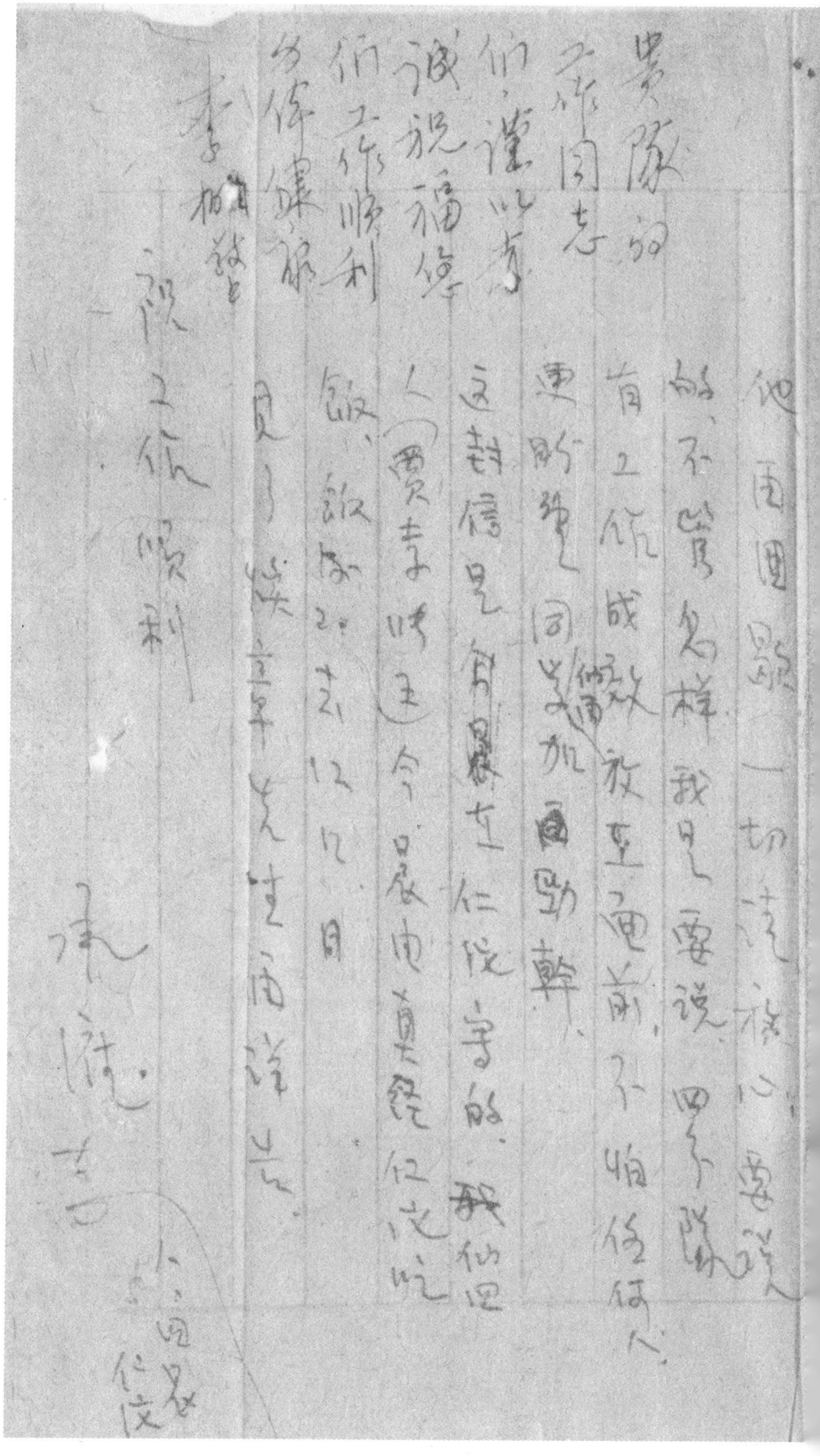

他困难一切注意小心要说
的，不管怎样我是要说明了队
首工作成绩放在面前不怕任何人。
更盼望同志们加油劲干，
这封信是我最近在仁化写的，我们四
人（贾李明（王））今日晨由莫登仁化吃
饭，饭后又去12日
员到[illegible]章先生处详尽。

贵队的
工作同志
们：谨以李
诚祝福您
们工作顺利
身体健康
李柏发
队工作顺利
陈[illegible]
书
小田民
仁化

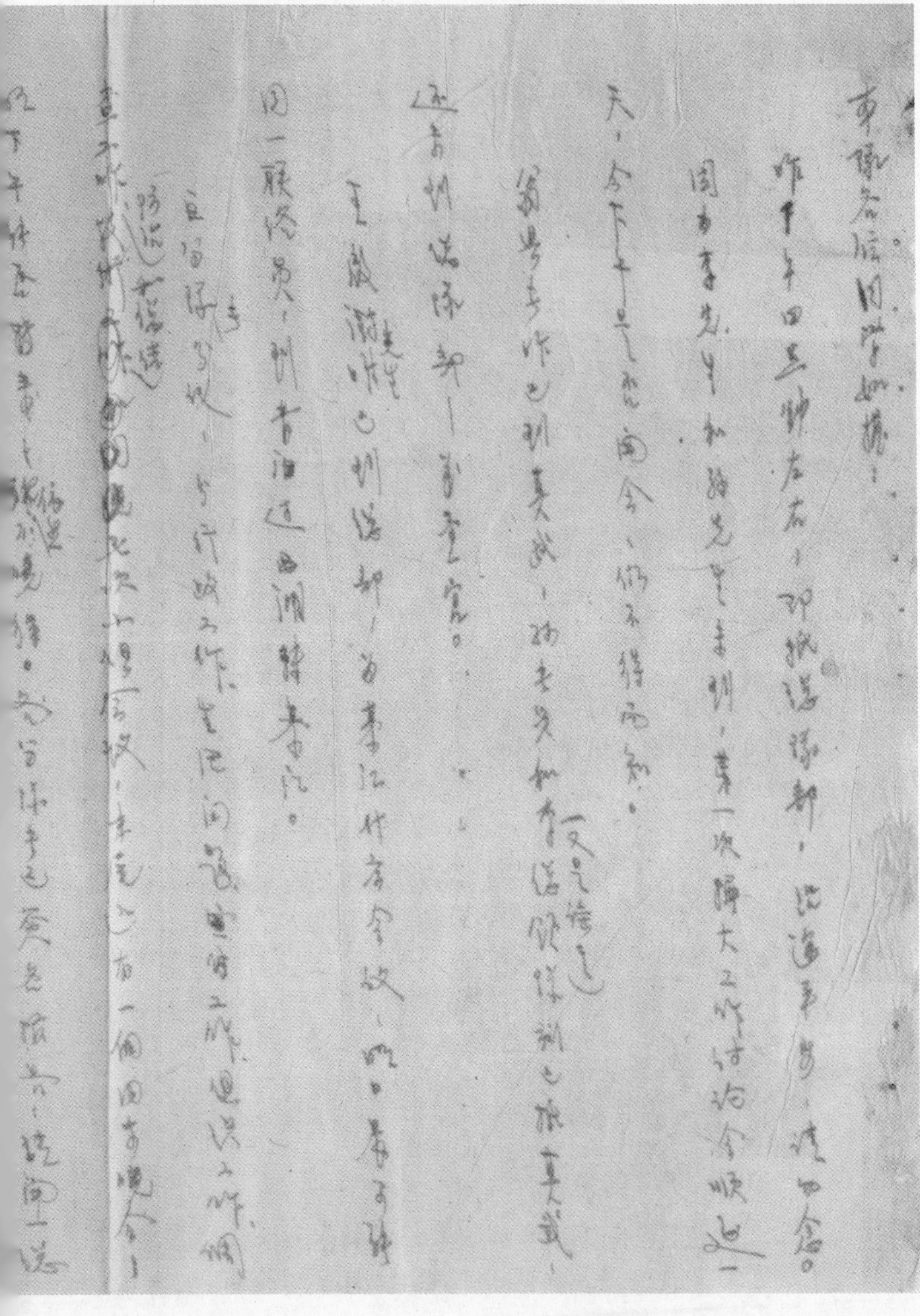
秉琛吾兄同学如握：
昨下午四点钟左右，即抵总部，路途平安，请勿念。
同来李先生和孙先生来到，第一次扩大工作讨论会顺延一
天，今下午是否开会，仍不得而知。
翁县长昨也到[illegible]，[illegible]（交兄转送）
还有刘法院部一并查究。
王[illegible]先生昨也到总部，[illegible]
同一联络员，刘[illegible]
宜留保守城，与行政工作[illegible]
[illegible]

参与蛆柑防治工作有关人员往来信件　9-1-185（81）

参与蛆柑防治工作有关人员往来信件 9-1-185（81）

63

检讨会议，有没有[illegible]的意思？我想只要[illegible]

[illegible]可以的。

附

今天下午[illegible]，他的[illegible]，因时

我这了一下第二个[illegible]

欣喜多些了吧。

和文[illegible]

来，[illegible]的看，[illegible]

专此即颂

刻安！

[illegible]

[illegible]

[illegible]文[illegible]

八月十五日下午

参与蛆柑防治工作有关人员往来信件　9-1-185（82）

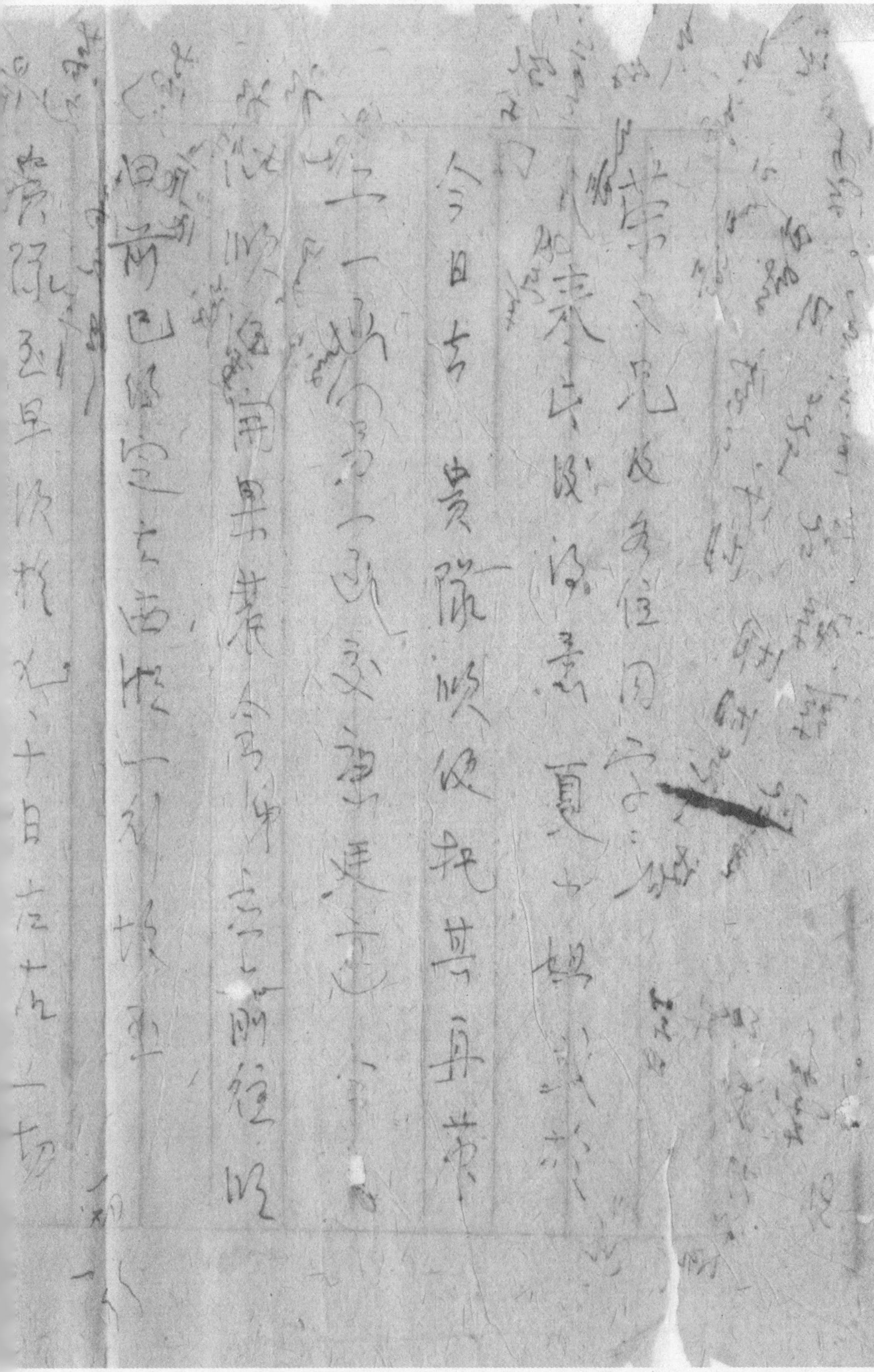

留、垣人甚愧渴而救援哭、請務速上要求予否附

多寫此祝

身心健康

蒯[illegible] 八.四.

中華平民教育促進會華西實驗區總辦事處用箋

参与蛆柑防治工作有关人员往来信件　9-1-185（87）

67

童先，我首向你们说，和平社同志怪念你们！

虽然才半个来月，但是我们彼此一直思念都不少。这一下的时间，短短的几分钟。虽然每天工作紧些，但在这种情况下你惦念了，却又加深了对当地同志们的眷恋之情。

在这半个来月的生活中，你们感到了些什么呢？

我们这边的工作，可以说很顺利（虽说下雨，阴窗家信搞柑子不怎样够多的，其他也不会有太大的困难的。）我认为也和全体负责的联络已告段落，但还可以打个65—70分的程度。这是和全人共有，也不全人与当的教学。前天我们同指作详细的调查了，这工作就很好结束了。你们想吧，第一个的对于信给你的人和你们的情况，有个地的说到。这个人最多时度？真是令人精彩的或像"来的呢，看看了，你们这些干什么呢？"想是信中的道路多多了。什么要挽救柑橘，关心人家的柑子等等……

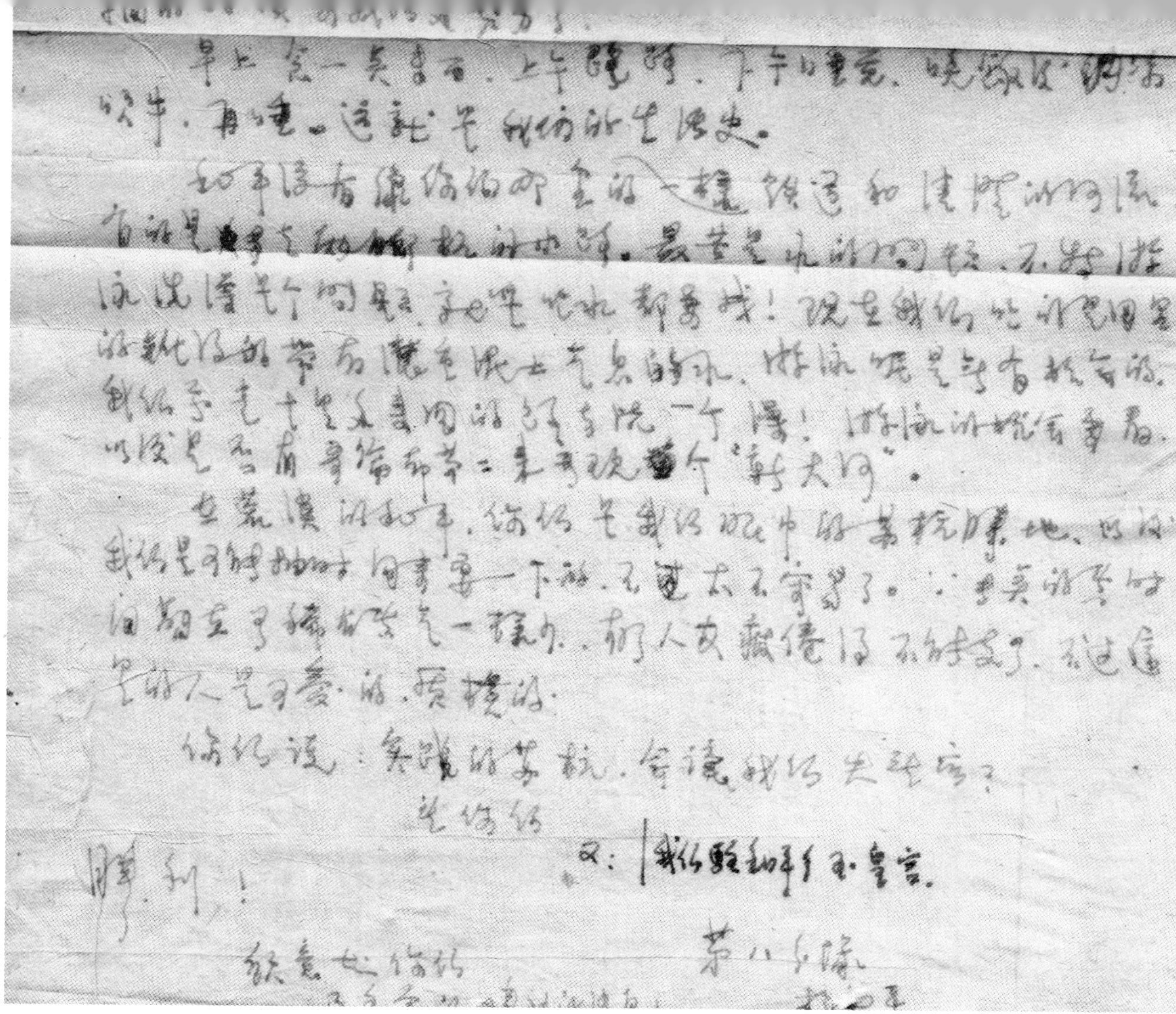

参与蛆柑防治工作有关人员往来信件　9-1-185（87）

参与蛆柑防治工作有关人员往来信件　9-1-185（88）

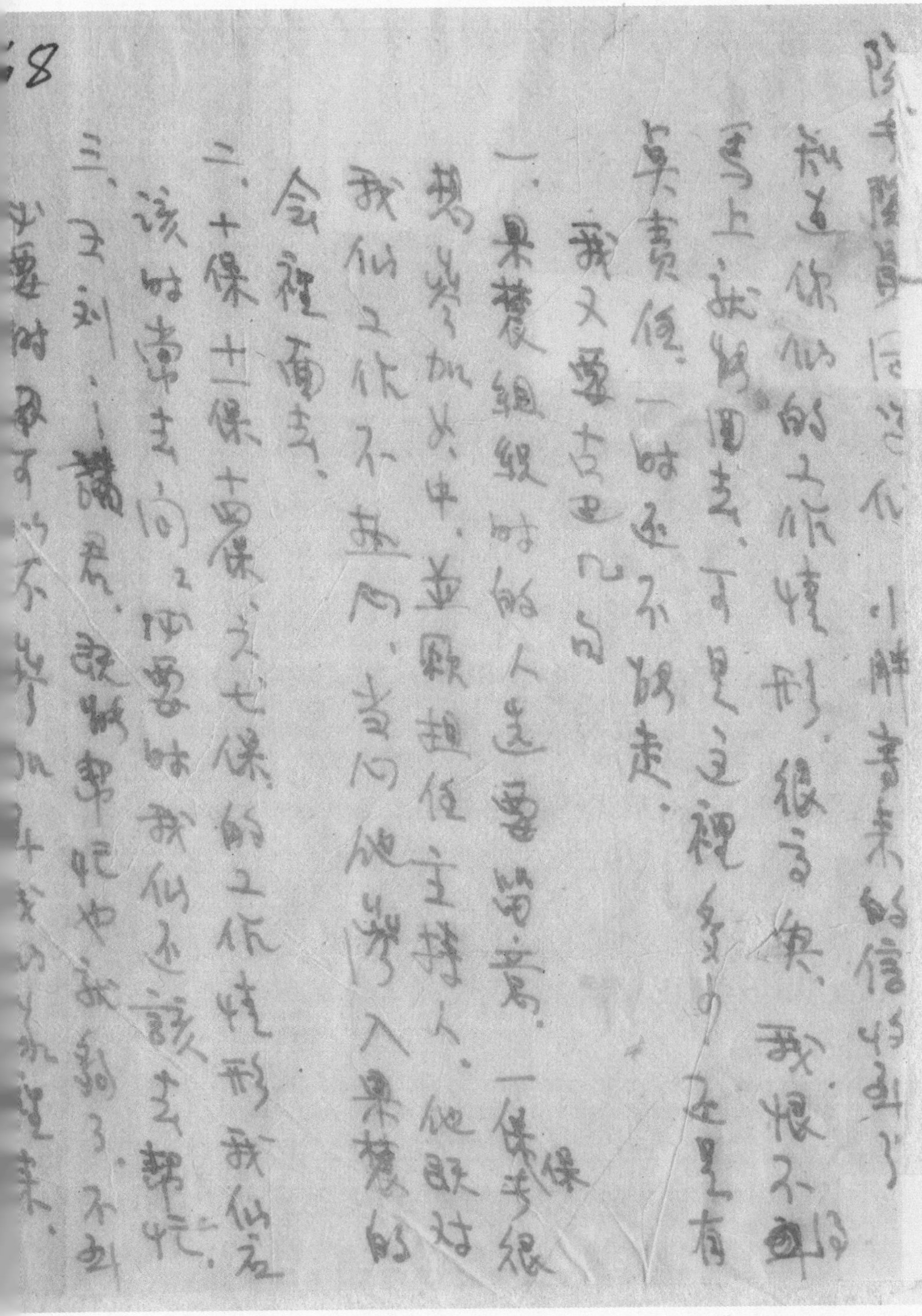
跟千队长同志们：小册寄来的信收到了，
就道你们的工作情形很高兴，我恨不得
马上就到田去，可是这裡多的还是有
负责任，一时还不能走。
我又要告你几句
一、果农组织时的人选要留意，一保关很
热心参加其中，并愿担任主持人，他对于
我们工作不热心，当心他混入果农的
会裡面去。
二、十保十二保十四保、廿七保的工作情形我们还
该时常去问问，如要时我们还该去帮忙。
三、王利、王谦君，我对都很好也就够了，不到
必要时最好不要……

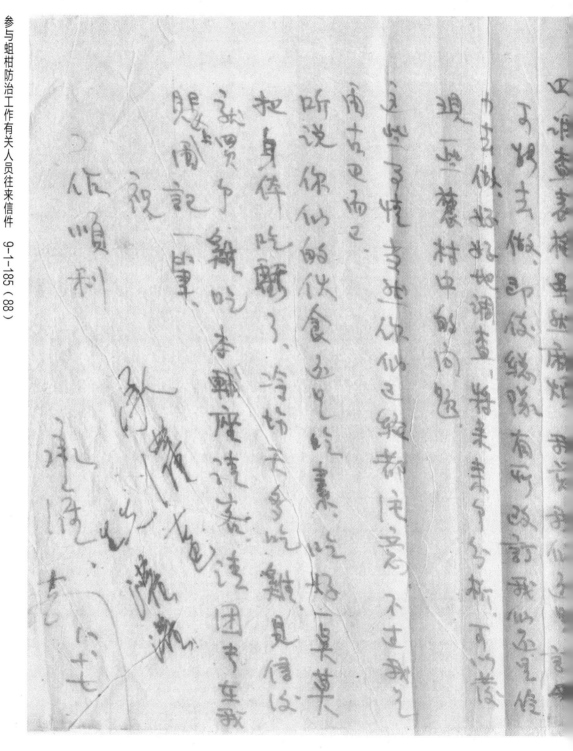

参与蛆柑防治工作有关人员往来信件 9-1-185（88）

四、调查表格虽然麻烦，我等我们还是会
可以的去做，即使总队有所改订，我们还是修
加去做，好好地调查，将来来个分析，可以发
现一些农村中的问题。
这些事情当然你们已经都晓得，不过我之
再告你而已。
听说你们的伙食还是吃素，吃好一点罢，
把身体吃坏了，冷饭天多吃鸡。见信后
就买个鸡吃吃，李毓庭请客，请团书在我
账上附记一笔。
祝
你们顺利

[illegible]
[illegible]
[illegible]
八·廿七

参与蛆柑防治工作有关人员往来信件　9-1-185（89）

68

廷華、曾冰、允仙、汝嫺、鳳琹、孫勇、承富及汪靜先生：

十八日早晨在你們那兒吃了豐盛的早餐之後，中午我們便快活地到了這兒。這兒是一座古廟，名叫玉皇觀，也是和平鄉第一中心學校的校址。地勢頗高，南北可以縱覽一百餘里的山地，當興離我們十里，看起來卻非常之近；你們的住地不是可以看見當興嗎？但我們始終沒有看見你們那白色樓房。這兒離真武場很近，我們花苗鐘那天，曾到真武、仁沱去看了一下，跳入綦江河中洗了一個痛快的澡。這兒一切都好，離場只有三里，氣候也相當涼爽；唯一傷腦筋的是用水缺乏，你們不是吃一合來一挑的水嗎？而我們這兩天吃的是五分錢一挑的水哩！我們吃的用的都是一個稻田里的肥水，大股肥泥的臭味，但又有什麽辦法呢？！我們在想：要是我們真的走入了缺乏水草的沙漠地帶，該怎樣地生活得下去啊！

情形接洽，找了一個鄉長，便走了二十多里路，花了一天的時間，之後由鄉長召開了一個保長会議，然後我們分由各保召開了個果農大会，宣傳了一下果農，有些保並同時組織了一個果農会。從前天起我們開始正式的農業与果園概况調查，並同時作宣傳工作，我們聽李慎同学說，你們現在的工作作得非常起勁。

我們在学校時，大家都帶了很多的書来，準備在工作閒暇時讀幾本書，但現在每天上午出外工作，下午一二点鐘時回家吃午飯，一個午覺便睡到五六点鐘時，離晚飯時間又已不遠，晚上大家疲乏已極，都睡得很早，因之実在看不了些什麼書，說是互相交換，更是一個麻煩而極不方便的事，但我們想：只要大家能真切地深深地多了解一下鄉村社会与農民也是好的，少讀兩本書又有什麼呢？

祝福你們工作得更好！

王子蕃

9月5日

参与蛆柑防治工作有关人员往来信件 9-1-185（91）

69

廷華隊長並轉

第六分隊工作同志：

高歇与和平相距得並不甚远，而且我们到江津来的时间也不能称長，但是不知道为什麽，心中卻反而更强烈地懷念着你们和共總的工作同志们！你们也有這类的感觉麽？

在和平，我们也住在中心学校裡，（在地名玉皇宫）究是和菩薩們老大一起存在的学校，也是在一座小山上，也有黄桷树，内面我们住有的地方很宽，有寝室二，寝房一，保管室一，会议所一，食堂一，廚房一，哈！你们

参与蛆柑防治工作有关人员往来信件 9-1-185（91）

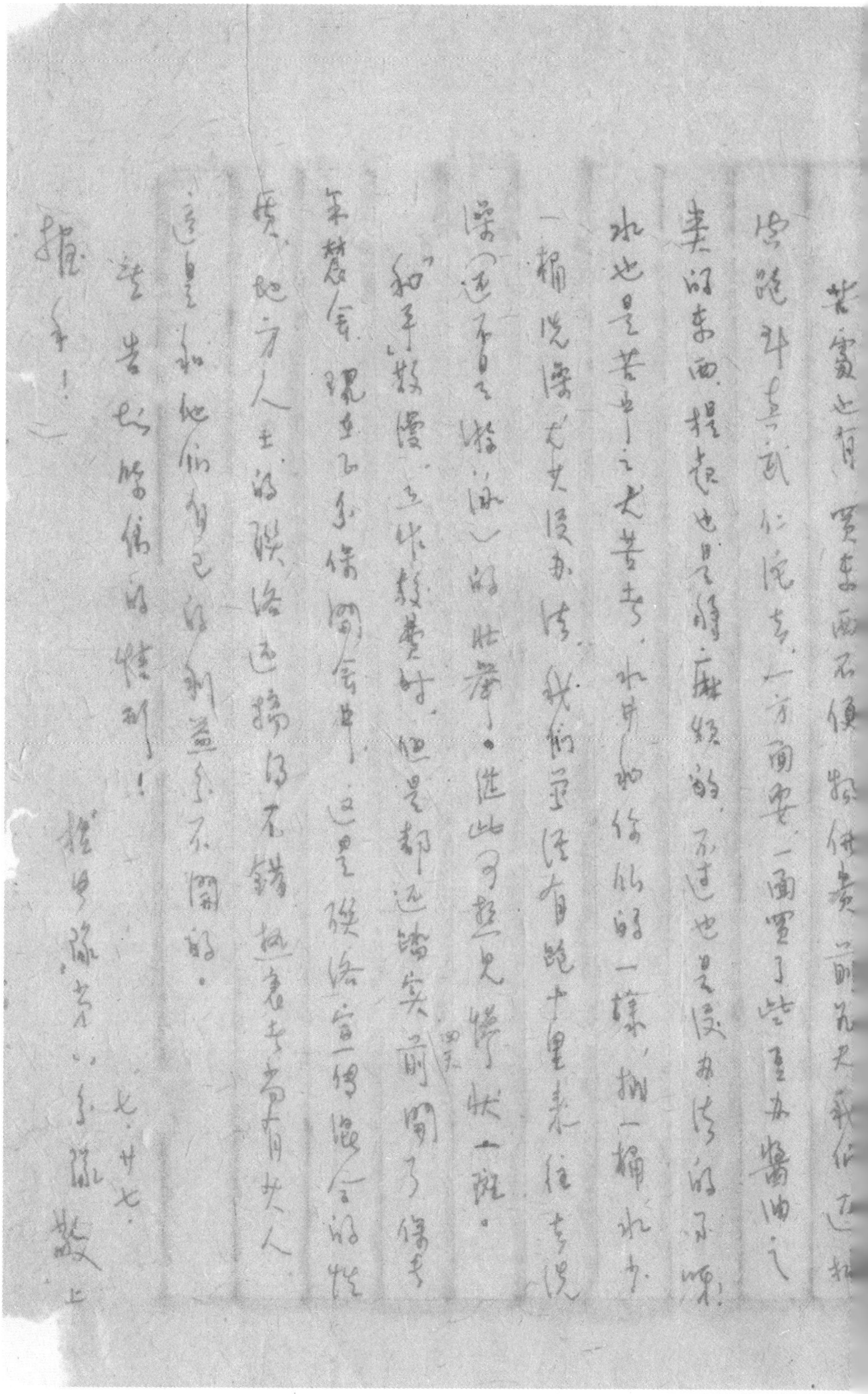
苦处也有，买东西不便，物价贵，前几天我们这批
要跑廿多里路去，一方面要，一面买了些豆和酱油之
类的东西，提起也是很麻烦的，不过也是没办法的事呀！
水也是苦的，又苦又，水井和你们的一样，担一桶水要
一桶洗澡也没办法，我们要经有跑十里来往去洗
澡（还有些游泳）的壮举。从此可想见情状一斑。
和平小牧场工作较量好，但是都还踏实。前四天开了个信号
本营会，现在还在信开会中。这是联络宣传总会的性
质，地方人士的联络还搞得不错，想意去为有妇女人
这是和他们自己的利益分不开的。
望告以增信的情形！
握手！
七、廿七。
橙蛆除灭第二小队 敬上

参与蛆柑防治工作有关人员往来信件 9-1-185（92）

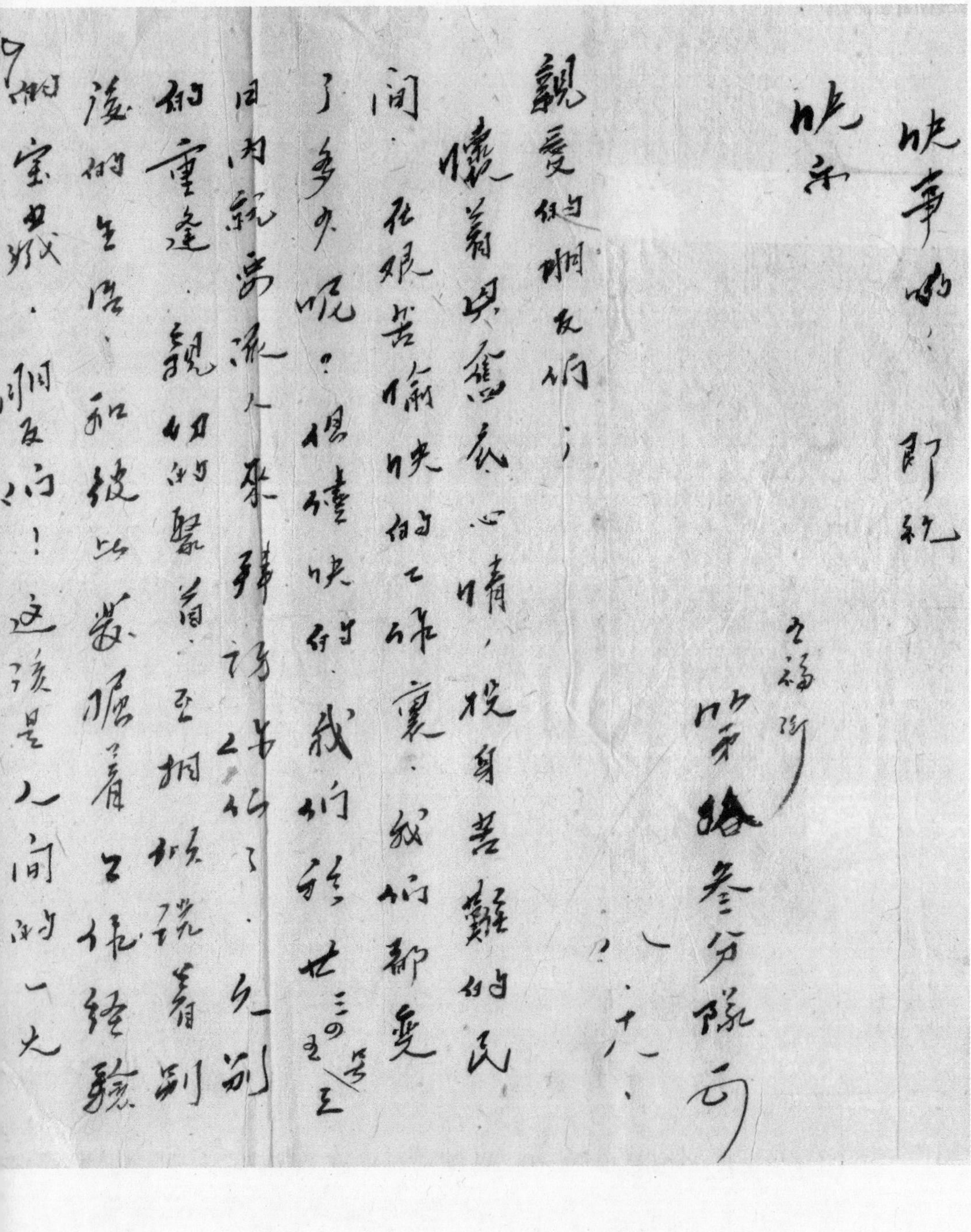
快事的、郎先
快乐
荣昌参分队同
六、十八、
之福

亲爱的朋友们：
怀着兴奋心情，摆脱苦难的民间，在狠苦愉快的工作里，我们都度过了多少呢？但愉快的我们终于廿三日内就要派人来拜访你们了，久别的重逢，亲切的紧着手拥抱说着别后的生活，和彼此发挥着工作经验的宝贵收获，朋友们！这该是人间的一大

76

吉第六分隊平教同志：

今天这里有空前的盛况哩！總隊、區隊、联隊共一共有六位稀客降臨此地，客飯了立刻宣佈加了百分之一百，中午又有地方上青年開支數十人，請吃菲酌。

你們的工作也進入什麼階段来了？生活如何呢？吃得怎樣呢？這几天本隊之負責人都往来拜訪你們，游擊你們，又很欢迎，是吗？

不多写了。好之李子都被李子鬼竞先摘光了。我們這兒的時候之好，這几天来笑着你們听，紙長話短，餘言面談。

兰石 敬上

七月卅一日加一日

参与蛆柑防治工作有关人员往来信件　9-1-185（94）

70

青泊的全体同学同志们：

離開了青泊，我们才覺得在你们那里收獲很多，你们的日記和檢討會記錄寫如此詳細，你们的工作热忱够我们欽佩，你们和樂一團的生活使我们感動，而且你们採集了成百數的標本實在令我们羨慕，這些

精神將會使你們個個變成鄉村英模
我們熱烈的跟着你們走。
我們知道你們的工作很忙，但希望你們
能早找一個時間向全隊對我們這里
來說，我們摘出百分之一百的柑一忱來欢迎
你們！
最后，感謝你們那天的留聲機贈送
敬祝
健康

五福全隊敬
八月廿二日

参与蛆柑防治工作有关人员往来信件　9-1-185（96）

71

第六分队列列工作同志：

首先谢谢你们的关怀，我们生活得很不错，身体也很好，到目前为止还没有一个生病的，饭量都增加，由每天一升四合来吃到一升八合了，由此可见一斑。

工作推行得很顺利，保民大会已经开完了，反应良好，不吃老百姓的饭，不要老百姓的钱，是好办不过的了，而且得到地方人士的拥戴和帮助，感情也渐渐地在建立起来了，打起旗牌不吃他们的饭，他们请你吃不可，几乎连衣服也拿去补了，可惜得很，我们没有女同学，又请不到裁缝，真的把破了衣服还是麻烦的事

其當地的學生也說得很不錯，我們已經知他們比
賽了兩次籃球，而且還準備組織聯歡，來這紀念
歐，請你們也準備準備，不然措手不及，弄得大家
不好意思。
再，吃了兩次了，還不來，吃完了可不能怪我們。
你們沒有用水，我們很是同情，我們歡迎你們到這
兒來喝用水和洗澡，因為這兒的水不特很多而且
太好了 祝福
你們健康，請回信！

學農聯 全體 七月廿四日

参与蛆柑防治工作有关人员往来信件　9-1-185（98）

亲爱的青沿的同志们：

为了配合防治蛆柑之宣传工作及推广地方组织，我们觉得可以组织联合宣传队，采用群众的形艺宣传方式，使民众更深刻地了解防治工作的意义。现在，我们交换意见的结果，拟於本月卅一日十時假五通阁筹备会，如要队同志们参加者，感有此组织之必要，即请届时派人亲临为荷。

握手！

廖[illegible]　四川[illegible]队　同启

八月二十七日

同学們：今天来璧山遇見李先生，

当面請示結果，李先生回答为：

我的工作據在十号以前結束，

可以用去，如在十号以后結束，

就不必去了。

我想十号以前可以赶到

你們那裡，

再見

弟 王承德 書 八、六

参与蛆柑防治工作有关人员往来信件　9-1-185（100）

72

各分隊親愛的工作同志：

從你們聯絡的口中我們知道你們對工作幹的很起勁，這是值得我們欽佩的，值得效法的、有暇時希望你們都来玩、為此敬祝

安好

十分隊同志上　八、六日
楊雲嗣

[illegible]

第六分隊的全体同学：　首先謝謝你們對你們工作的[illegible]

你們的來信，[illegible]我們已回答[illegible]，第一天先[illegible]，大概還有

兩天就可完[illegible]，然後就回到[illegible]，向[illegible]農民大會，我們

一個地區大（[illegible]）蛆柑[illegible]，地方人士[illegible]起勁，[illegible]工作上困

難[illegible]，[illegible]你們來信[illegible]，以避免[illegible]

[illegible]

[illegible]

[illegible]

[illegible]

[illegible]

[illegible]蛆柑防治隊[illegible]

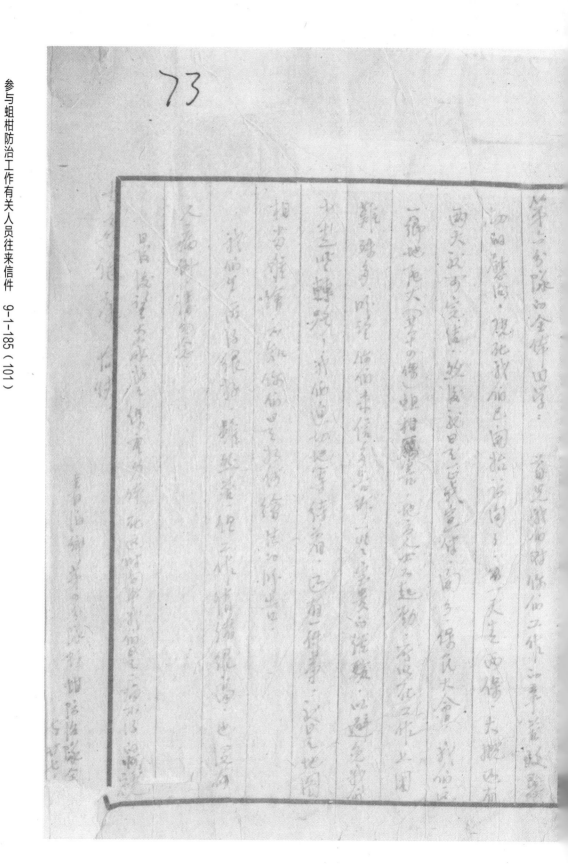

参与蛆柑防治工作有关人员往来信件 9-1-185（102）

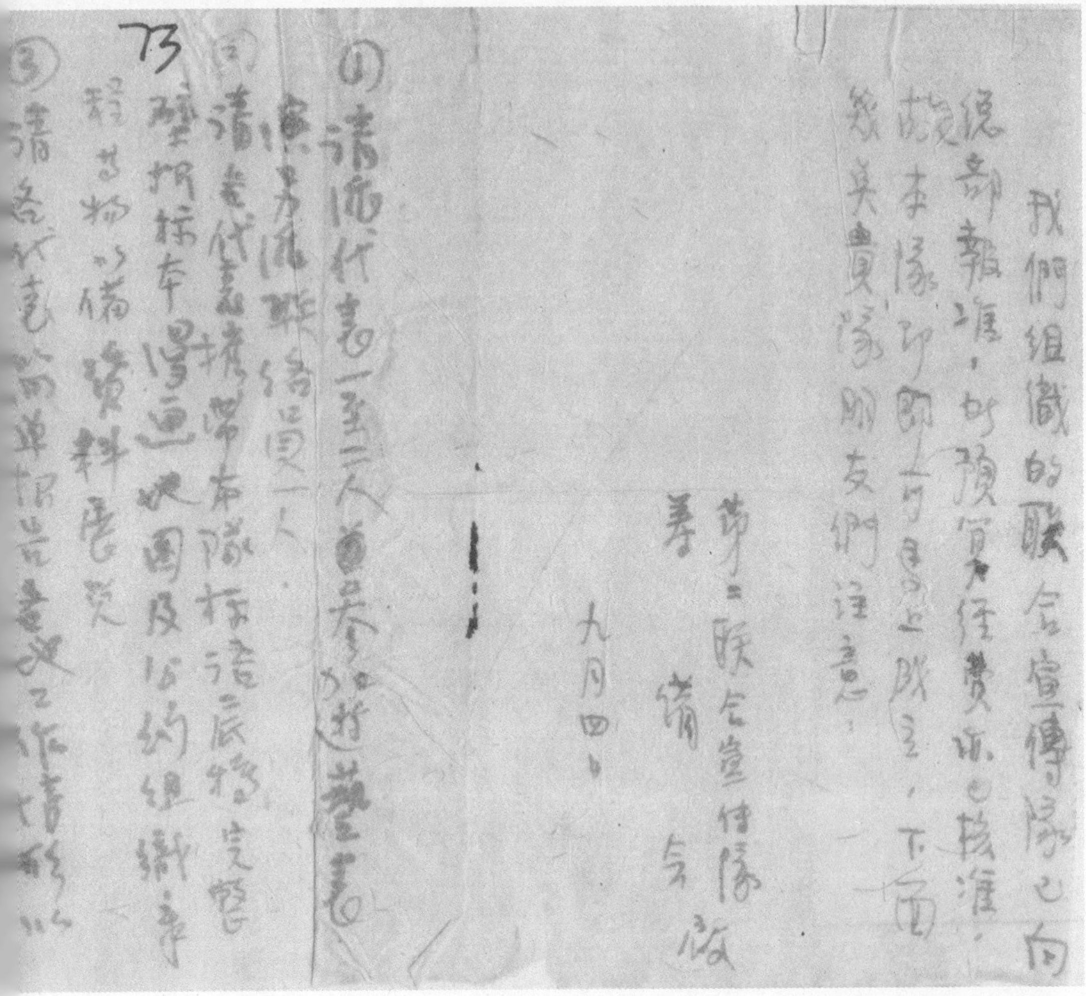

我們組織的聯合宣傳隊已向
總部報准，所預算經費亦已核准，
故本隊即日可正式成立，下面
幾點貴隊朋友們注意：
(1) 請派代表一至二人，並[illegible]
負責[illegible]聯絡員一人。
(2) 請各代表攜帶本隊標語底稿，完整
壁報標本、漫畫、地圖及小組組織章
程等物，以備參考。
(3) 請各代表[illegible]

第二聯合宣傳隊
籌備會啟
九月四日

……以便作宣
传时参考。
④请各队由即时起至十一月节日两个
星期内整理若干名各队统出之宣传员
由组织编队，以便临时应用。
⑤请各队代表携带被帐及日用衣服用具，
⑥本宣传队派赴宣传乡下工作中，因故
时间略有提前必要，请各队代表务于
六日晚前来西湖路盘垣附近会集同
编排节目。
⑦请各分队队长、领导人以宣传能力自行
准备若干（如选）节目以配合本队到
时之用为荷。
⑧队员经费由本队供给，伙食由各
乡队代为负担，各队报答饭以不超
过伍元为原则。

参与蛆柑防治工作有关人员往来信件 9-1-185（104）

74

联合宣传队原订昨日成立，惟昨日到会人五人，困难很多，而且现在各队工作都很忙，没有时间和精力，按此情形，联合宣传队实难成立，经到会代表决议联合宣传队宣告难产，特此通知

此致

青泊第四分队

联合宣传队筹备会启

卅八年九月八日

参与蛆柑防治工作有关人员往来信件 9-1-185（105）

74

俸区队長汪领队第六分队各位队员、一日早晨離開中心校後，到了石板榜
不久就趕到了嘉渝公司的客車，因為太擠，所以坐司機台。到百節一路
很好沒有出事，但是車子拋了一次錨，煞車壞了，本準備到百節後
另外換車子，但是大約因為沒有車子，所以只修理了一下，但是煞車仍
舊等於沒有。司機說慢慢開沒有關係，但是剛出了百節幾步路，車
子上坡沒有能上去，一溜而下，全車乘客大驚，所幸司機還聰敏，馬
上把駕駛盤向左轉了一轉，車子撞在路旁岩石上，停住了，沒有翻，沒
有死人，只是傷了二人，但是車子後部整個破爛了，我在司機台，只撞
了頭一下，但是並沒有破。出事後司機說已打電話給重庆，馬上就
有救濟車來接，但是一等等到中午，下午，晚上都沒有見到車
子來接。我還好在巴十二區辦事處嚴輔導員虎林那裏吃了幾餐
飯，睡了一夜，別的乘客就活該倒霉。第二天下重庆和到綦江的
班車照開，然而救濟車則毫無音訊，那些乘客太好說話了，我可
不答應，非要站長想辦法，不然我們就要搭班車走，不讓我
們進去，我們爬車頂，在開閘時。昨天我們的老爺車修好了，
裝了新煞車，但是不知是那一部十輪卡，又撞了車尾一下，所
以比以前更"完整"了，只有三排能坐人，我為了安全還是

中華平民教育促進會華西實驗區區本部用箋

75

些司機台老位置，總算一路平安到了重庆。現在已見到了李先生，農復会的金陽鎬还没有来，日前曾有外國記者来，参观已到璧山去过了，所以我這次来的实在太早了点。本想和歐陽輝付去後来運出車返璧，原来規订是今天，因為事情没有弄妥，改至明天。在重庆看了兩場電影，吃了很多冰，但是住旅館（和歐陽佳）热得不能睡，非常想念高歇，隹静的新北已由田荆嫌带些真試場，各位隊员不必没悔未買多了。听說農行已奉到命令，今年要收購大批羊櫈，你們还要儲。因為没有紙，所以没分段，因為太擠所以寫得很草很亂，請你們不要笑我。最後希望你們注意身体努力工作。農復会歐博士對我們工作的態度，观点已改变，事點了七千美金。希望大家發揚工作進行順利，當然，領隊和隊長該多負点责，各隊员也應該盡自己份内的责任，好，再談，你們没有空的話，可以不必回我的信。祝你們

諸事如意 工作順利

閔存

八，八，三

中華平民教育促進會華西實驗區區本部用箋

参与蛆柑防治工作有关人员往来信件 9-1-185（107）

学巡特、秋生诸位同志：昨天（十日）同弟妹走撤真武，时已九点半了，正好宣传队在收拾东西到演出地点去了，所幸并没有误演出的时间。真武的观众比青杠坪的多，有马排长演讲，他们也没有青年朋友出力，但戴排长说一个当十个了。真武地方人士没有招待吃饭，只招待了茶水，演了回来已四点了，幸亏都的饭菜乾净好吃，大家都吃了几碗。

这里真热，又揩，不能午觉。

李焕章先生回来了，他们开会决定了几项事情，据我和康探悉到的有下面几件：

①、工作时间延长到十月十五日结束，据说三同学也不特别留下了，到时候大家一齐回去。

②、不准出外游历了，他说耽误工作，影响工作。（下

[illegible]

25

（3）各队王[illegible]

条限制的领用，但油有限制、不过每次果树应都可分的时

一些

④、还发一百多斤粗糠与药片给我们

⑤、寄给我们不能报但是，已多只能报两元，因为联宣队

写死我们那里吃三一顿、

⑥ 各队都有稿专员的布告！如果专人或办理我可常

四、这对我们工作是有帮助的、

作晚联队请经部的负信息里同撩讨会，专娱亭也出

对这联宣队的组织、并宣传方式不大同意，但因为晚些批准

了经费，也希望他力力作下去，第三队的杜长官些蒸

员的吴天锡都专说请联宣队一定去，所以这得照厚

参与蛆柑防治工作有关人员往来信件 9-1-185（108）

76

親愛的第六隊的工作同志們：

我們這里每一個人都懷着誠摯的心向你們問好，祝你們工作順利，身心愉快！

我們的工作，我們的生活在改進着我們，火熱的大隊對我們不再單調，是使我們的工作更生動，更有意義，從工作里，我們更深地感到自己不過都是太幼稚的學生，所謂：農民之生活在經驗上生活上都有着極聰明極深刻的了解和表現，最是豐富的是農民之道個研究的先生，真正的，他們給我們的教訓

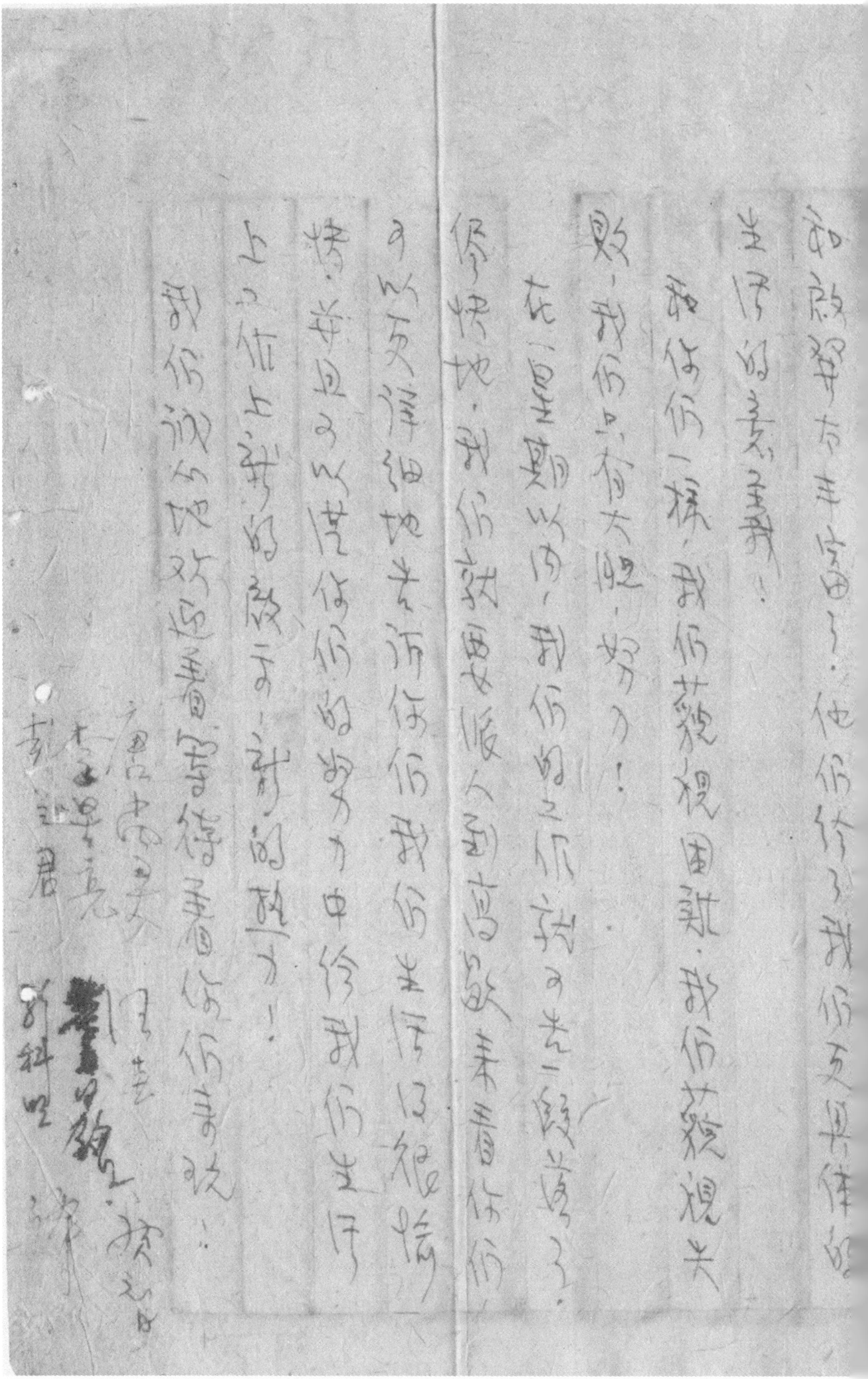

和啟發与丰富了，他們予我們更具体的生活的意義！

和你們一樣，我們藐視困難，我們藐視失敗，我們只有大胆，努力！

在一星期以內，我們的工作就可告一段落了。很快地，我們就要派人到高要來看你們，可以更詳細地告訴你們我們的生活和愉快，並且可以從你們的努力中給我們生活上、工作上新的啟示，新的熱力！

我們誠心地欢迎着，等待着你們來臨！

唐中宏　同志

李果亮　[redacted]明魏之　致

彭述君　郭科理　敬礼

参与蛆柑防治工作有关人员往来信件 9-1-185（110）

76

同学们：

谢谢前次的打搅，并于论编然文操了你们队中的辛惰，真是十分的sorry。这次也正式加入了蛆柑队，同来的有一位吴良，也是和平新派来，在这打坑前多预期的困难一定更多，你们进行得如何了？前回刘队长来知道我们这并非不毛之地，[illegible]宜范的永丰要的都有人来过了。祝

你们好

周[illegible]丰

[illegible] 9.2

親愛的青白分隊

據最近駐校同学传来的消息，本期校中决定徵学雜费壹拾伍佰圆之，無疑的，这個庞大的数目对我们家境清寒的同学，是一重过份的负担。我们在这里辛苦三個月的希望是一定能積蓄一点分，来準備下期的伙食费。然而直到现在，谁可能積蓄了分文？想到開学，想到半月一度缴伙食费比期的日子，谁不感到惶恐！

上学期，我们所缴的学雜费合计不过合米老量二斗八升。然而，现在十五校圆之，折合米是一石二斗有餘，实物的价值变动是很小的，为什么应这要多缴去这一石米？尤其是在这時局更嚴重、經濟更窘迫的時候！学校不会是藉從我们这一批清寒学生身上榨取一筆学费来維持的，我们更觉得吃不消。因此，我们提出这样的意見：

①各分隊分别写信给罗代院长，要求由四自会决定雜费標準，学费减低至一斗半。

②联络在校同学一致努力减费運動。

③请四自会转请代表黄保同学、代表在律同学致函罗代院长请求减费，并负责一切有关事宜。

本隊已去函致罗代院长，并已分别写信给十五个分隊。这是我们切身的急切的问题，希望大家動员响应，力求解决，使得全校同学有安心读书的机会。

敬祝

快乐

杜市分隊啟

九月廿二日

参与蛆柑防治工作有关人员往来信件　9-1-185（113）

18

各位队员同学们：对不起，我不知怎么说法才好。本来我是决定今天由歇马场赶[illegible]班车去陈家桥给[illegible]它再去江津的，但是现在又不能了。而且在大家回来前我也不会再去了。希望诸君同学们真武去，是不是已经告诉你们了。

原因是这样的，五号那天我已经把繁殖站的工作告一段落，正预备来璧山述职时忽接李先生和胡乐宗的通知叫我不要去江津，因为实验区在秋间要增加二十个繁殖站，而且马上要准备去推广小麦，所以繁殖站的地点人选需要考虑选择，因之了前要有人去会同辅导区去看看，于是我就被派为辅导大员要去勘察，五号就来璧山，今天把了情商量定当，明天就大概在十五号左右动回璧山。我走的路线是白市驿、陶家乡、土桥，再由而回来。现在我在考虑是不是由陶家经铜罐驿走江北去青向、由杜市去白都和土桥。这样走恐怕时间不大许，不过杜市我大概一定要去看看的，因为无论怎么走法都经杜市很近，去看看很方便。

中華平民教育促進會華西實驗區區本部用箋

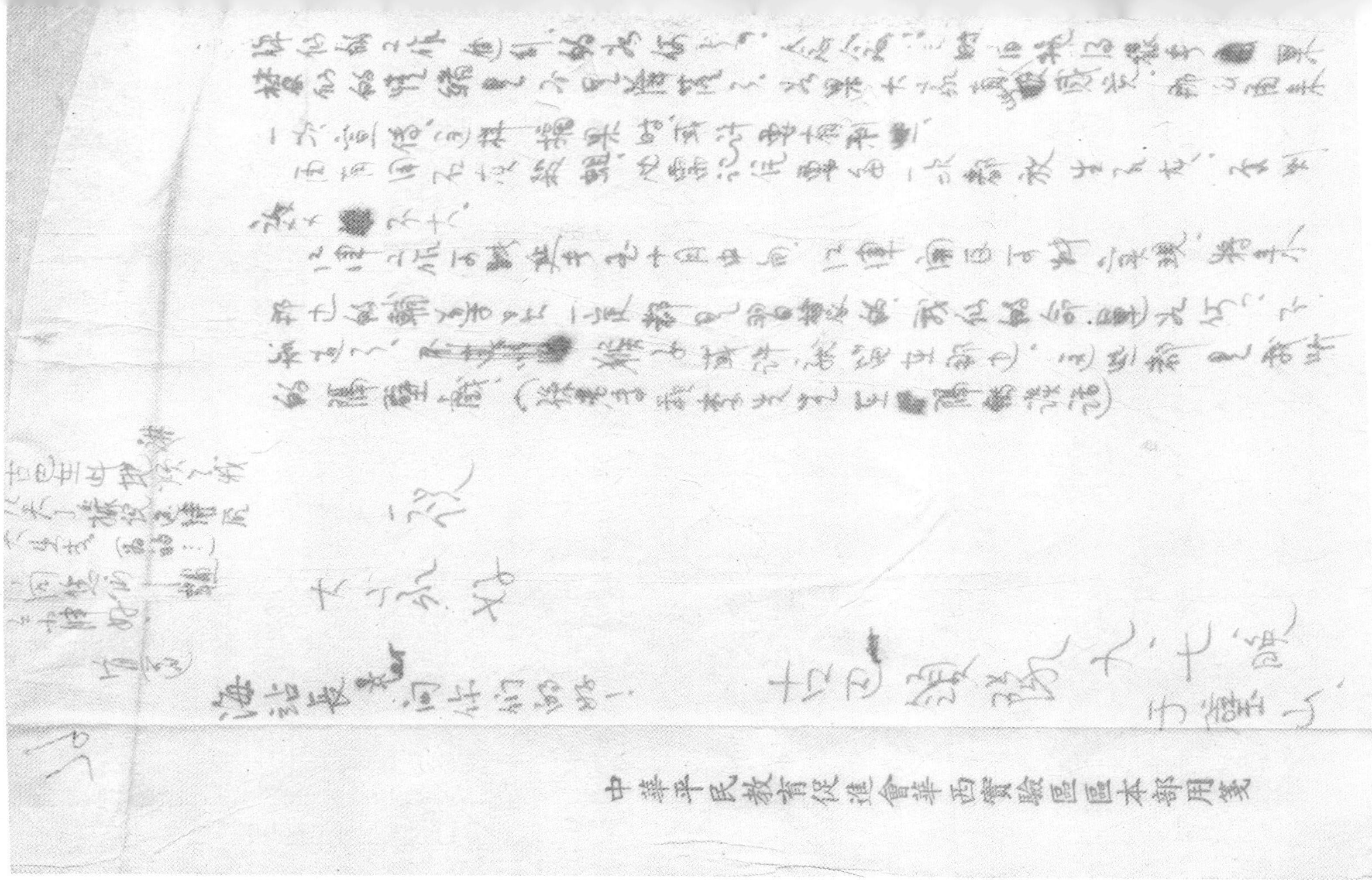

你们的工作進行的为何了？今年今年這时后桃得很多[illegible]，果农们的情绪是不是降落了，若果大家有[illegible]感觉，那么再来一次宣传，这样摘果时或许要有利些。

再有用石灰杀蛆，也需记住要每一次都放生石灰，否则效力[illegible]不大。

江津工作可能延长至十月中旬，江津解区可能实现，将来那边的辅导员一定都是習農的，我们的命運如何，不知道了，[illegible]猴子或许就留在那边。这些都是我听的陽壁截（孫光甫和李先生在[illegible]陽的谈话）

一段

大家好

海站長[illegible]向你们的好！

古巴 領隊 九、七 晚 于璧山

古巴在此地收了我們几天了，據說还待阮大生產（[illegible]），問候你们一聲，之辦好。

中華平民教育促進會華西實驗區區本部用箋

参与蛆柑防治工作有关人员往来信件 9-1-185（114）

参与蛆柑防治工作有关人员往来信件 9-1-185（115）

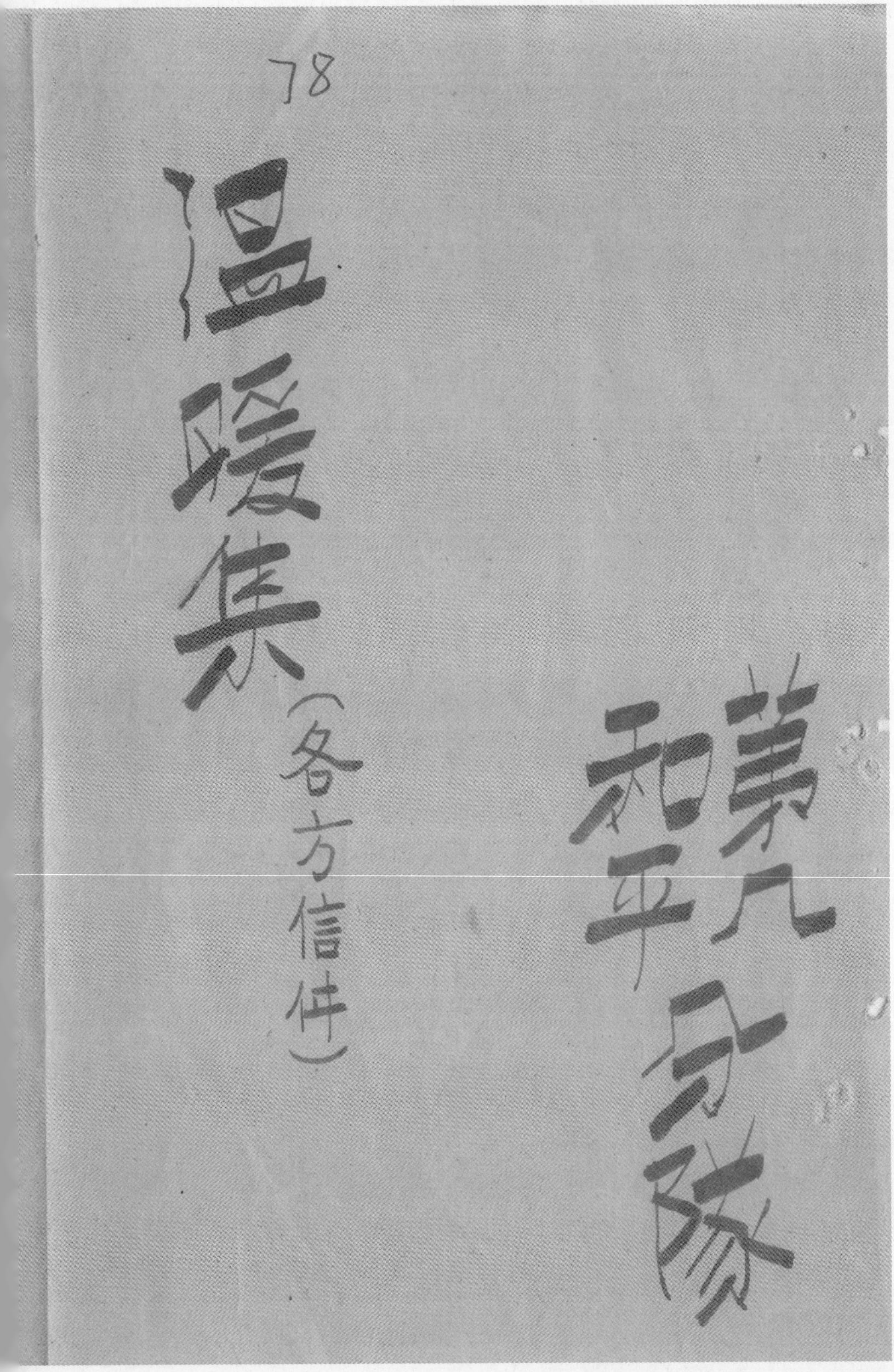
78

温暖集（各方信件）

第八和平分隊

参与蛆柑防治工作有关人员往来信件　9-1-185（116）

79

……在這兒，
我才知道
我並不是趕来得
最早的一個。
——A.M.：河边恋歌

参与蛆柑防治工作有关人员往来信件 9-1-185（117）

80

内容：

一、總領隊來信
二、瞿院長來信
三、乡公所來件
四、蛆防会來信
五、各隊全志來信
六、北碚調查隊來信
七、其他

参与蛆柑防治工作有关人员往来信件　9-1-185（118）

81

和平到到同志：

你們離開六點十多鐘後，我們慶了別離了，經一小時半步累了安抵達我們的目的地——崇興。現住一個古老而有名的明福寺，菩薩很多，將來蛀柑时，發動全廟大小菩薩，就差不多可以完成工作了。這兒有山有水有古樹，加以暮鼓晨鐘，涼風飄飄，不亦悅為避暑良地，修道勝地，而且還有游泳的場所。已經開動，要飯準備不加減數，必要時須會議。總之，這還可以接待我們至誠的支援。最後祝

快樂！

中華平民教育促進会
華西實驗區　江津蛀柑防治隊第二區隊崇興分隊
七月廿一日

参与蛆柑防治工作有关人员往来信件　9-1-185（119）

82

第八分隊列列工作同志兼同學：

傅李兩同學來，好像一個出嫁的女子見了娘家的兄弟姊妹一樣，心里有說不出的愉快，同時打破了幾天來的沉寂，更詳細的得到你們生活的近況。在這兒慶賀地祝福你們身体健康，工作順利。

我們在廿三日召開了一個保長會議，因為鄉長不在，協助無其人，反而顧及不到。第二天鄉長回來了，想恍有力，說話角打見出，得到了有力的幫助。從明天起，開始了保的保民會議，在本月底即可告一段落。

参与蛆柑防治工作有关人员往来信件　9-1-185（120）

民生部长的信务达到，心为一安，以后你们有什
么困难，我们能够帮助的，决定致赞，我们也可能有了
情谊，你们费心的，反正我们是一家人，用不着客气
工作性的挑战，社会性的球实，和在正午太阳炽热
也勉强和本场的学生做球赛，这是数年来即未
有的事情，还准备组织联队，远征高歌，请你们
留意，可能也是个进攻的目标
未经允受，传李海同学届述之，因为我们也学
得共同生活了一天，此祝
工作顺利
身体健康！

第七分队刘刘同学同上
七月廿五日

参与蛆柑防治工作有关人员往来信件　9-1-185（121）

83

中和院农民楷、
八组队刘二同志：不得到你们的信息又是多久了，想你们近来都很好吧！昨天我们已开始果园位置调查了。在出发经过场上三球场时，同道的伙伴们，特将是向出自出现注视良久，共赏，还你们，就可想见我们想念你们的心情，但为了工作的需用，不知何日才有前来贵院观光的机会哟！

在作果园位调查时，一般情形遇着，有的很想二年的将广柑树救了见光，都应我们解为他们将蛆柑较除、解除之痛甚。有的则流然视之，最好[illegible]的花碰到，个别没有重要的人，甚些接非常发圆。但我们无依据美郡之痛之下，蜷缩解读的经年力时之久，才得到些要弄之一

84

他們[illegible]　[illegible]請通信特先
告你們、
述我們
你們真有點不像話！傳李西屏去[illegible]
遠給我們帶來了所謂[illegible]飯錢、[illegible]
[illegible]本收。
李[illegible][illegible]
收到了吧！
我們這裡一邊遠[illegible]快，講[illegible]有水，請
來吃李子飯和洗冷水澡，即此，致
身体健康
工作順利
[illegible]
[illegible]同志敬上
[illegible]

参与蚶柑防治工作有关人员往来信件 9-1-185（123）

中和：

我们是取道杜市回高歇的，碰巧徐先生也由和平乡回转本队，可是徐先生已经昨晨辞职去渝矣。

在讨论调查方法中，会上发生争执不少，确实调查是他妈个屁，结果要武断[illegible]确很不容易，但不正确也不好呀！噫！

在杜市看见他们的生活情形，其实所他热烈者，我认为方向不正确。

我们生活如湖水涟漪，如春风拂送，如小石击中，但更需要风波浪涛，怒吼咆哮。

[illegible]廿六日

参与蛆柑防治工作有关人员往来信件　9-1-185（124）

86

中和吾棣英鉴：奉悉昨夜照手書，

此藉悉　貴隊工作情形，至以為

慰。來書語重心長，實獲我心。

工作雖有困難，若以此次來鄉工作

同學表現之精神克服之，不難勝利。

董坪同學之工作可視傳力于以作

配。貴隊人手不足，目前不調動，

僅工作隊馬鴦一人至貴隊

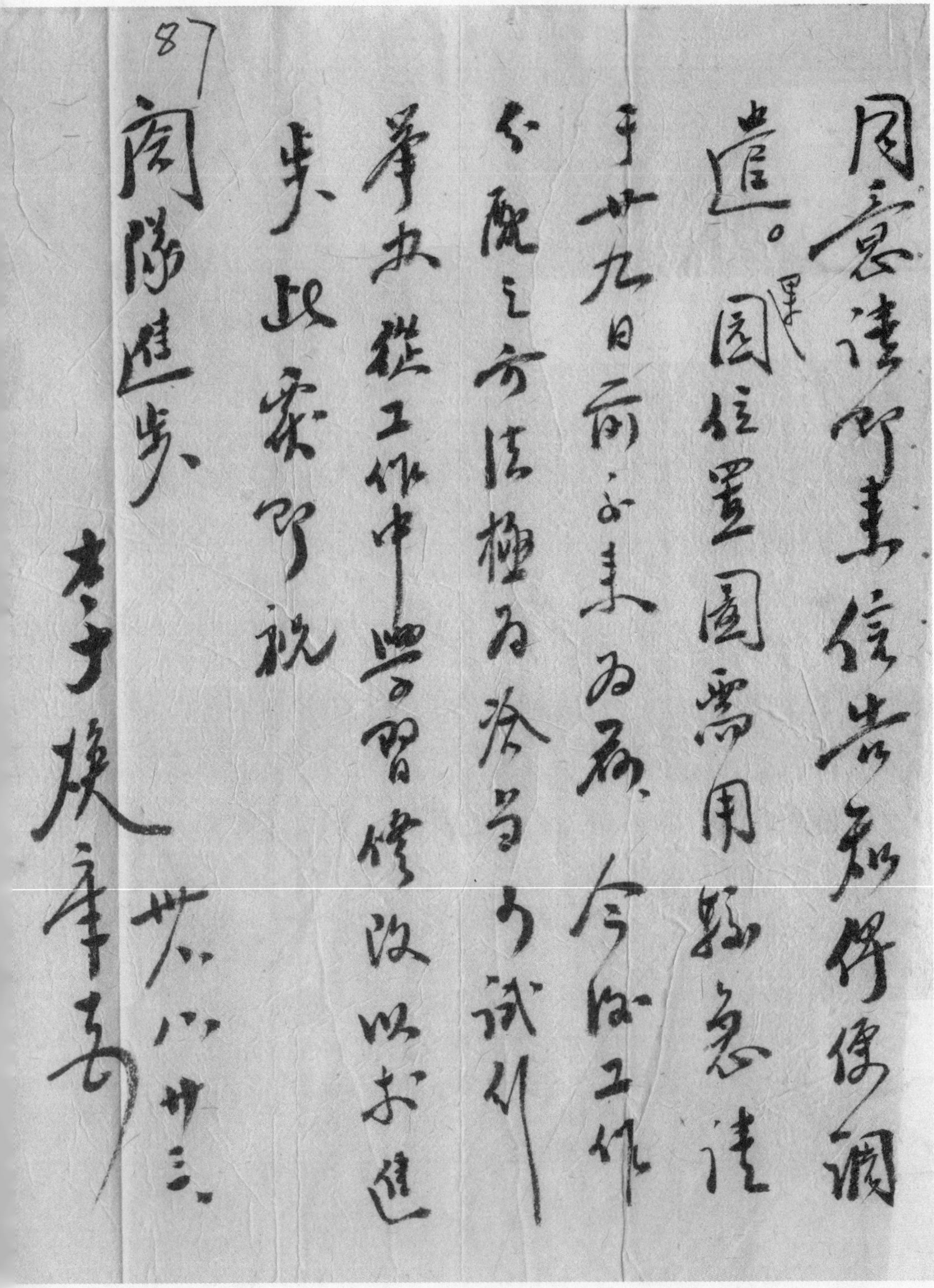

87

同意请即来信告知，俾便调
遣。果园址置园需用极急，请
于廿九日前来为荷。今后工作
分配之方法，极为恰当，可试作
举办，从工作中学习修改以求进
步。此覆，即祝
阁队进步
李庚年 启
卅八、八、廿三

参与蛆柑防治工作有关人员往来信件　9-1-185（125）

88

江津縣和平鄉公所公函　卅七年七月廿三日

事由：為擬定各保開會日程函請查照由

查防治蛆柑病害承蒙

貴隊技術工作無任感謝茲為使各保農民明瞭

此項意旨起見特擬定各保開會日程除分令

各保保長遵照外兹檢同日程表一份函請

貴隊查照屆時到達為荷

此致

防治蛆柑工作隊

附：日程表一份

鄉長涂芝

参与蛆柑防治工作有关人员往来信件 9-1-185（127）

89

中机，今读来函登：早就该写信问好，但乡间的事硬是不好搞，天天忙得昏头昏脑，连写信也成了问题，你们是已过着这苦头生活的人，也跟我一样，想来是可以原谅的。

我来那几天，天天忙着拜候大乡士绅、乡保长，向各方拿言语，言语拿顺了，这几天又在忙着调查，组织合作社，空时间倒多，但就是瞌睡，瞌睡不安，我不晓得你们的瞌睡有这般多，没有奇怪得很，不睡好，第二天就像运气不好样，总是到处倒霉！想你们言语早拿顺了，生活该也好：你们请将宝贵的经验告诉我们，使我们得留想

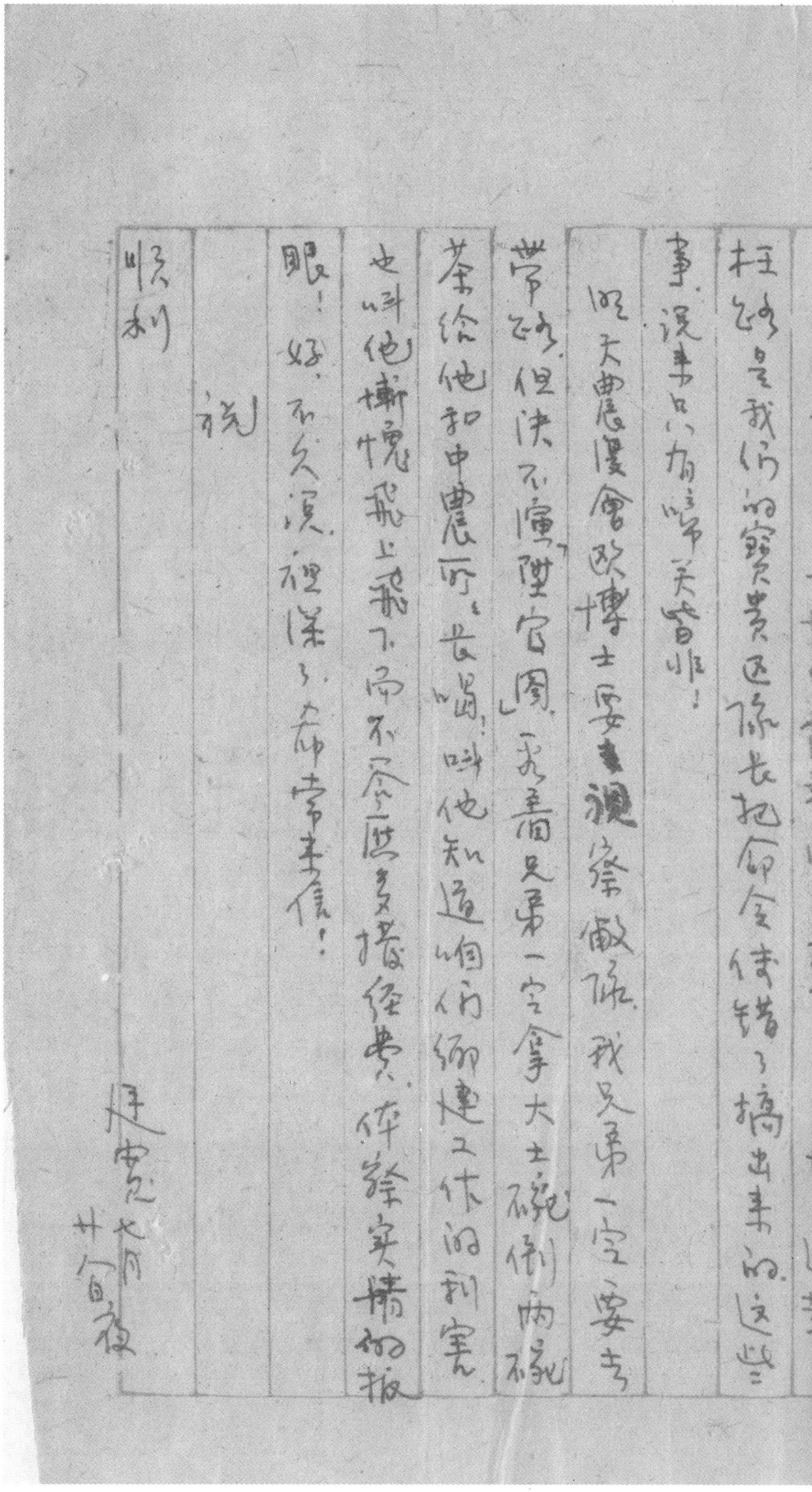

枉然，是我们的宝贵还能长把命令传错了搞出来的。这些事，说来只为啼笑皆非！

昨天农复会欧博士要来视察敝所，我兄弟一定要去带路，但决不会陪官闲，我看兄弟一定拿大土碗倒两碗茶给他和中农所，长喝！叫他知道咱们乡建工作的利害，也叫他撕烧飞上飞下而不察历史搭经费，体验实情的报眼！好，不久说，理深了，希常来信！

祝

胜利

建寰

七月廿八日夜

90

秀瑩：中和．載熙：三兄：

從秀瑩寄來的信．知道你們生活得很苦．因水太不方便了．工作方面又做得很起勁．真的與附近老百姓能拉得很攏打成了一片．這實在是表現了我鄉建的作風與傳統精神．其他任何大學校的學生都不及的．這點最近新民報上也登載過．想來你們也一定會看見的。

我們的工作．第一步算是完成．第二步着手普調查及果園調查還未開始．現在剛好把劇演完。

這次演劇是與高等先鋒我們三鄉的同学合作

参与蛆柑防治工作有关人员往来信件　9-1-185（129）

演出的，先在高牙，其次先峰，並没再在我們永丰演，了三天轉流演完，主要目的是趁此机会，着重宣傳，其中詳细情形，可阅文宣函中便知。

他們兩鄉的同学，今天剛從我們這裡回去的。

蔣夢蘭同學，因為這次演劇，辛劳的関係，在先峰出台的時候，就害起[crossed out]了病来，身上抖圖了，看戲的人家，都說她（刚村老太婆）裝扮得太逼真了，演得很好，幸好過掩過来了，一直今天才同她們那些一道回去。

王學集有信来否？他太太生産平安不？

順祝

近好

孫正年手泐

代問黃滌新、劉滌賢安好

八、廿一

参与蛆柑防治工作有关人员往来信件 9-1-185（131）

91

三位同志：我想说的话，茂兰在代笔写清楚，实在也没有这些资料，下次我要就笔写给您们一封报告本区开果农会的经过的情形的长信，那时我要便可不分写了，并还是轮流的拟给你们的手……且完。

中和、载延、学游三位同志：你们都好吗？听说你们干的非常起劲，心里不胜向往，可惜此刻没有机会来观摩。你们既定人不通信，也告诉我一些么？

最近（十八、十九、廿）本区三队（寄宋、先丰、永丰）开了一次游艺会，向老百姓们宣传。傅其高先生借的时间，凑出了一个独幕剧（蝴蝶曲），金钱板，王大娘补缸，花鼓和一些跳舞。观众的反应一般说来还不算坏，他们都说：大学生唱的戏真好些啦！只费了点气，我想总不会完全落空的吧？

你们的工作在怎么进行？一切盼告。

这边详情香秀在信中不再赘述了。

参与蛆柑防治工作有关人员往来信件　9-1-185（132）

92

中和
香鉴二弟：

你们的信都收到了，很高兴。

听说你们那里缺水，大家都在为你们"喊老天"，现在已找到水源，实在是件值得庆幸的事。你们近一向可好？因有生活的麻烦吗？打摆子的同学很多，就请了阿你们多多保重。

我们调查工作已於二日完成，现在正整理表格，然后将结果寄送西北工作站。

听说中和信上所说的"惨痛的教训"，也是我们深所感受的，也许是大家所犯的普遍太重大。随意脚踏来地的去找老百姓做些事，因此要来推取教育的方式去工作，结果到现在才发觉这条路走不通了。这编乡同学来要看我们工作日记的说，对我们的批评高是"太偏重教育方式，而忽略了政治的力量"，其实并不是疏忽忽略政治力量，而是不的帮助比较方便多了。

这几个果园组不能健全也无法使它健全，示范果园南来送好，我们准备

送两个，将来试验的表现大概就在示范果园上了。

你们调查完了吗？准备何日来来？要要欢迎你们来，请吃南瓜黄肉。我们下月十

五号左右出去拜访，李姐一定要去看你们的。

我们都长胖了，十六两的老秤，胖重84.5斤，粒重89斤，合130多磅呢。你

们呢？听说由和很健壮，青苓也是胖些了了。

祝

旅祺

胖

粒

九月三日下晚

参与蛆柑防治工作有关人员往来信件 9-1-185（133）

93

秀詹、戴熙、中和：

十五號帶回之手信，晓得了你們的好些生活近況，真实大家在工作中遭遇到的困難与艱苦都差不多，不過時地的關係，各地領略到的滋味又不同一點。

前日高升、昨天光峰、今天永丰，分別前日預備五日工夫想真把正式調查工作前的比較正式的宣傳——演劇舞蹈、雜要等搞完，台下反應很好，人說："別個是大学裏頭畢了業的，就是要得，穩大，"有的都稱爺子們，搞得要得。"大伙大家果然能吸引觀衆的興趣，加以地方人士踴躍的參加節目助興氣氛，最高潮時，到底只是理的人衆達

参与蛆柑防治工作有关人员往来信件　9-1-185（134）

陽過有人學時我們，畫過兩天之久，同時也準備了這些
連腳本都沒有，在我們工作中碰到的第一個問題就是，各角
色要靠自己的分行去創造許多，排起來東拼西湊、
牛頭不對馬嘴，樣樣帶一點，搞到那些材料不大成套：不過
這次一般人給蛆防演劇帶來一個新鮮的刺激，連帶引起許多
疑問和搞總！心裡上造成就解答的預備狀態，藥械
在上面給他們解釋，得到意外收獲；：蔣英蘭打寫
些出要的我們出的、也做氣候的時節，越來越得神，原來
在台上打著鑼鼓，敲她的鼓動，今天是練演第一天，

参与蛆柑防治工作有关人员往来信件　9-1-185（135）

94

傍晚演畢节事，他们去参观百岁高寿的柑树，晚上
三队人擬有一同乐会，所以他们便留去了；
永丰地信静僻，交通梗塞，每天稀饭要吃都要下到
场上买，小菜需要絶早搁路要提，不然，我们就看一次
是吃乾豌豆、胡豆，这一场，其他东西極贵，你知道我
们学信晚走、饭走、菜走三走，主又的便吠客，十天有
責一斗米，果实生产，用水也不便，走过邃衔，便是水井，
工人贵而難请，每天要挑水，说险，轮流煮饭；
我们住在一间大庙堂，吃寝室兼办公室会议室，工作室（記者室）
一起，吃喝聊论时，广阔，这样的敌伙测从夜人睡了，

参与蛆柑防治工作有关人员往来信件　9-1-185（136）

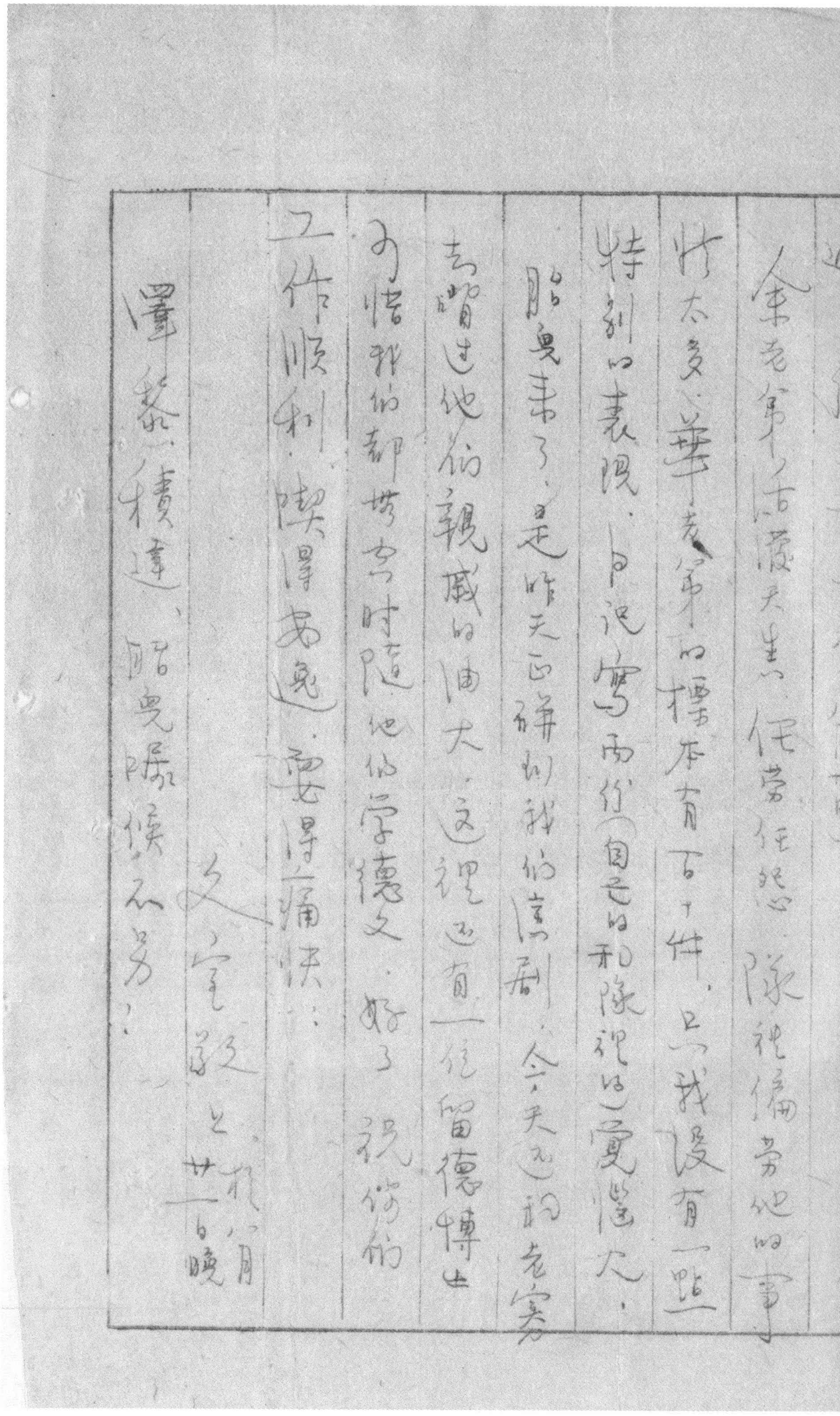

余老弟活潑天真，任勞任怨，隊裡偏勞他的事情太多，華老弟的標本有百十件，只我沒有一點特別的表現，自覺得兩份（自己的和隊裡的）慚愧大，昭魚來了，是昨天正碰到我們演劇，今天還和老實去嚐過他們親戚的油大，這裡還有一位留德博士，可惜我們都要時隨他們學德文，好了，祝你們工作順利，吃得安逸，要得痛快；羅、蔡、積達、昭魚、陳，候不另；

文寶毅上
八月廿一日晚

参与蛆柑防治工作有关人员往来信件　9-1-185（137）

95

中和秀登、載熙、祥燕、定濱、闓光、學鳴各位同志：

日前漢夫代表來和手觀光貴隊，限於精力時間未能詳盡的瀏覽各種工作冊籍，聆聽到許多寶貴的經驗，深以為歉！而貴隊同志工作熱忱及周詳的計劃，着實於我們收到觀光的效果。於工作很大的啟示，情緒莫大的鼓舞，尤其殷勤款待，依依送別之意，感念難忘！謹此致謝

專此敬祝

工作順利

生活愉適！

永川第十五分隊 啟

九月廿五日

参与蛆柑防治工作有关人员往来信件　9-1-185（138）

中和、戴熙、
秀笙、学浩：
黄桷镇住了两個多月，没有给你们写过一封信，説起
来着实不好意思，幸好都不是外人，錫康、揚帝等
朋友们能够原谅，乞些。
你们關心我，也正如同我關心你们一样。我把两個多月来
黄桷镇的非中非西的生活，撮其大要的告诉一点，讓
關心我的朋友们能够明瞭我究竟如何生活的，也是必要
。我所謂"非中非西"的生活，是指我们在黄桷镇的生活
環境而言，既不是像住城里一樣，純然感到单純

江南稿紙

村的生活隔离起来，除了工作上有机会下鄉視察以外，
其餘大部时間，不是消耗在往返的青年亭，便是在家
大会堂。所以從了解和認識農村這一点来说，比伦
陣帶的同学，我们只有感到落後的遗憾。這是我们美稱
一樣工作的同学無可補救的損失，這也是使我们对陣
的朋友無所依靠的地方。如果将来大家見面，問到
"你们在美稱得了些什么？"我们只有兩手一攤，張
着嘴巴，讓你们的了。但以我個人来说，且但
得朋友和同志的，是我個人生活上的一般律身便

96

20×20

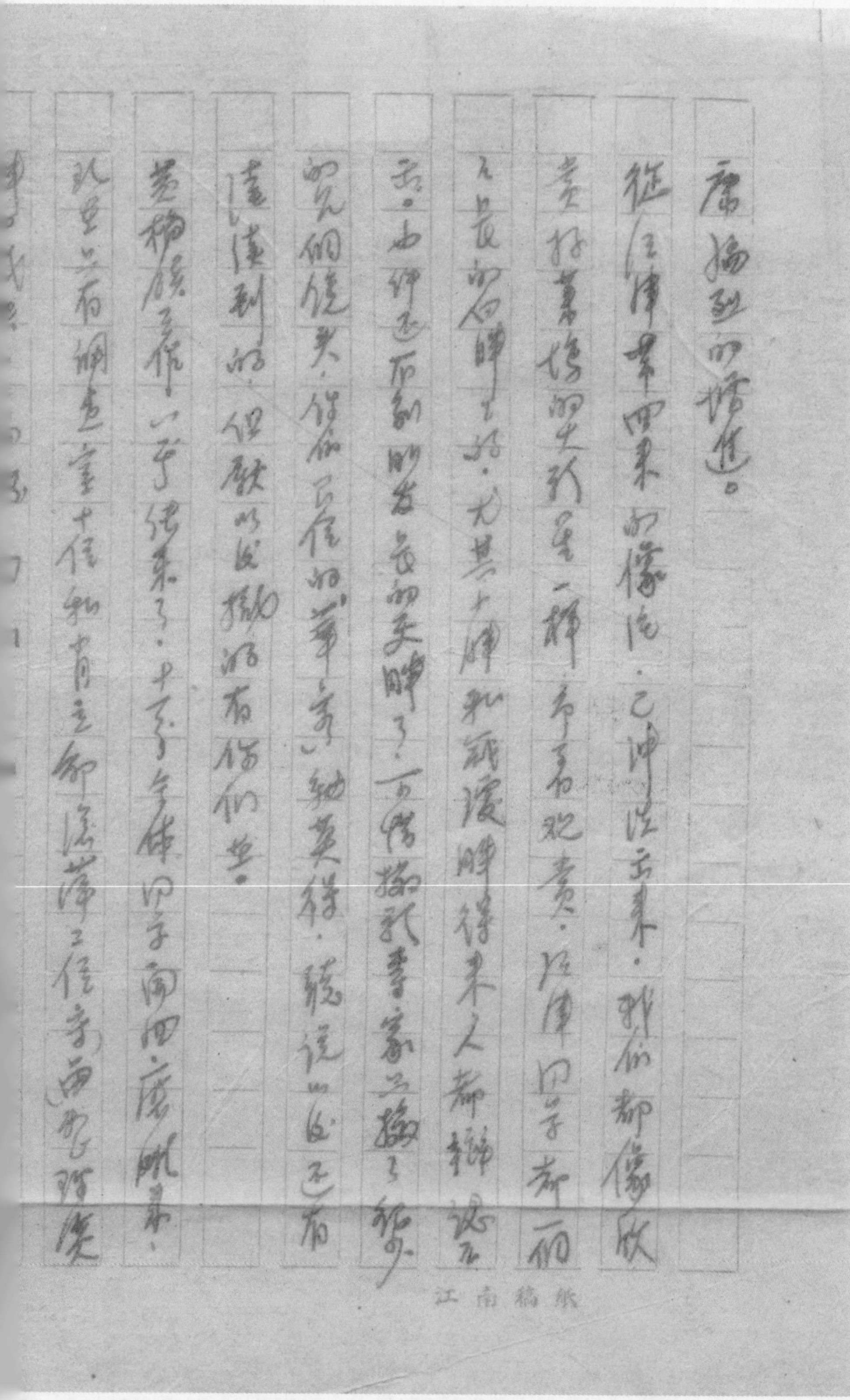

廣播到的情形。
從信中常[illegible]來的[illegible]，已[illegible]來，我們都[illegible]欣
[illegible]報[illegible]一樣，[illegible]報[illegible]，[illegible]都一面
[illegible]的日子[illegible]好，尤其[illegible]來人都[illegible]
[illegible]
[illegible]
[illegible]
[illegible]
[illegible]

参与蛆柑防治工作有关人员往来信件　9-1-185（139）

参与蛆柑防治工作有关人员往来信件　9-1-185（139）

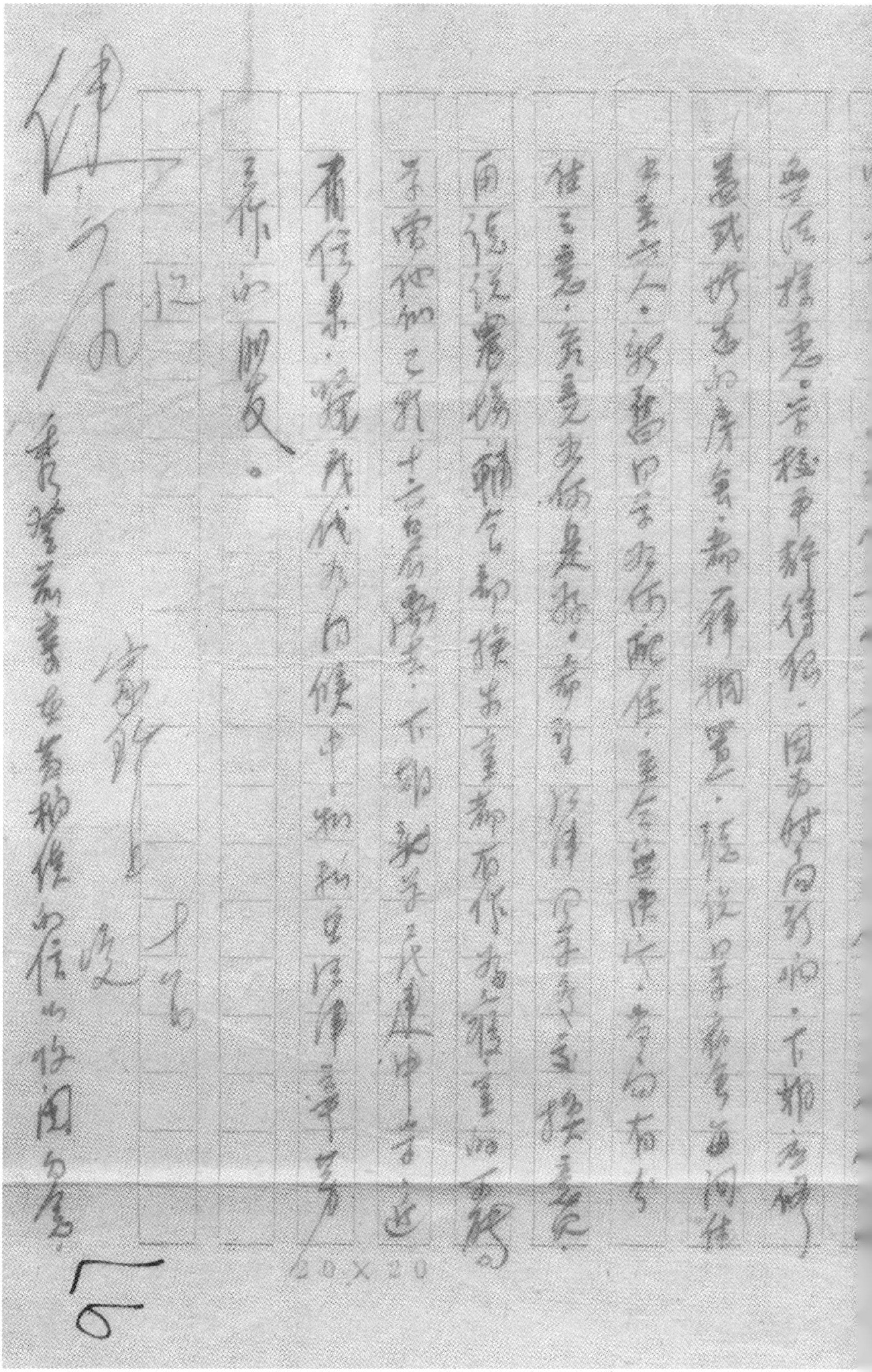

参与蛆柑防治工作有关人员往来信件 9-1-185（140）

秀登、中和、戴熙：

那天带回的信该已收到？你们好？工作进行得怎样？

13号我们开始调查，这以前要召开一个全乡的果农会，使他们正式组织起来，还有一个招待全乡青年朋友的茶会，一方面是要深的和他们联络感情，另方面在调查中要遇到困难和问题希望他们帮忙或作我们下乡的向导。听说你们组织了一个文星大果农参加的广柑生产促进会，请问你们是哪时开始进行的？

虽然我们还没出动，要着但是单单学点，本区各队、本县的朋友，学校的这一向已络绎不绝的来。要是农忙（打谷）时没有了，欢迎你们来欣赏家乡，就是冷场天、鸡蛋、豆腐也不会缺少的。

耶聪、惠冰、白妹等来了，我们常常的在一起大跳大闹，街上的人以为我们是打架了，竟有人跑来看呢！

那篇文章附在信里，希望你们看后保存或带回，也许可以得到上等好联起整体的看。

祝

你们好，並欣赏我这里一组伙的人。

耕園

八月七日晨於果。

99

中和兄：

贵队同学在学院借阅之会书，今日在商会会议决：各队借阅之会书请即送交我们总部，由总部派人送还县总商会。至于所需运费暂由总队垫付，如不够报销，则由各队分负担。送书时请缮造会书目录。我们工作当自行送还学院会书录一份，连同会书送交总部，俾可送去备核。送信工友老彭，中午饭时请招待膳饭，费报总队报销。

此致

道安

贵伟　十六

参与蛆柑防治工作有关人员往来信件 9-1-185（142）

现以私人关系，已函王伟侬来试，一份给西湖，一份给费湖，本处所柑也有相当影响。

第八分队全体队员如面：

因为工作和遥隔的关系，没有写信慰问，甚

歉然。

本队自廿一号开始工作，接洽地方人事，拜访

社会领袖，作普遍的宣传，开保长、保队长、民众

讨论，作技术实习，开果农大会，已送各保筹备

人员，拟组各保组织防治分会，全乡的组织防

治会，最近即召开筹备大会，已定本日成立大

会，现正积极作准备，正在会中。

借住本乡公所内一屋子，还相当的舒服，惟

161　本队全体队员均向您问好。

该乡场太少，实际場員[illegible]西，前有李同[illegible]
[illegible]，可以参加外，[illegible]大队些，[illegible]不能。
本乡[illegible]十六堡，[illegible]横二三十里，柑树最多，蛆
柑最多。因为工作难开，因人力[illegible]，[illegible]
[illegible]中间[illegible]了一個[illegible]，[illegible]我们是[illegible]
[illegible]模糊，[illegible]不关心我们整個工作，[illegible]
我们做不成工作，[illegible]我们[illegible]。[illegible]
我们不[illegible]，我[illegible]。中间[illegible]
[illegible]向，[illegible]，[illegible]了，[illegible]
[illegible]。[illegible]

工作顺利！

[illegible]

参与蛆柑防治工作有关人员往来信件 9-1-185（144）

02

學洪 定八 祥恭 润先
秀登 中和 載熙 諸同學九月廿五日寄歐之函已於昨
轉到藉悉
近況江津蛆柑防治工作經諸君之刻苦努力克服一切困難
在實際工作与鄉間工作經驗上獲得亦好成績至深忻慰
來函所提本學期學院繳費事與函中所言不太相合查学
院收費標準向印顧及同學之實際情形但尤注意於講
君求取學問經驗應有相當努力與代價之精神其目
的不在款額之多寡而數額之規定亦為院行政應有之職

中華平民教育促進會用箋

103

貴本期收費聞經院務會議決定大致為(一)學費暫收五元(体育費五角医药費五角均在學費内撥充)(二)電水煤講義及預備費共九市斗米(三)体育費五角(免另繳)(四)医药費五角(免另繳)(五)實驗費—農水系各一元(六)宿費—免繳此數既經院務會議決定不便變更又晏先生既在四川僕并無代理院務名義之并及專復即詢

旅祉

瞿菊農　十.三、

中華平民教育促進會用箋

油桐育苗須知

油桐推廣用種籽或苗木均可用苗木較種籽之運輸費用為大用種籽則以設置苗圃為宜因苗圃管理方便且較直播所用之種籽為節省易收推廣之效茲將育苗時應注意各事分別述之

一、選種

油桐栽培常較其他果樹粗放且一次育苗均在數萬或數十萬以上故精密選種似不可能故通常均以其形狀為標准凡油桐種籽多為扁圓形其形狀寬大滿色澤光潤者為良好種籽

二、播種量

油桐苗圃之株行距為0.5×1.0尺故每畝地之種籽用量約六市斗左右若發芽率高可育成苗木一萬株如株行距縮小當超過此數

三、播種時期

油桐可分春播秋播在川省多以為春播其時期在二月底至三

华西实验区总办事处农业组编《油桐育苗须知》 9-1-16（78）

日再行播下可增發芽率

四、苗圃

苗圃之地以壤土為佳，凡過分疏鬆或過分黏重均非所宜，土質宜偏酸性，而忌過於肥沃之土，所育苗株根系抵抗力較弱，似宜避免。

苗圃作畦，寬約三四尺，長度不拘，畦東西向，若土壤欠肥可酌施肥料，如菜餅均可。播種法多用條播，條播溝成一至三寸之深，條溝間距離三至五寸，然後取種籽播於條溝內，每穴放一顆，每顆距二三寸播後覆土。如苗圃一時難覓，可於麥田之行間播下，收麥後再加整理。

五、播種後之管理

下種後若天旱不雨，宜隔日灌水，則發芽較多，通常條種四十日左右發芽，然後再行中耕除草一二次，若苗木生長不良可施追肥一次，排水灌溉可視需要行之，夏日炎熱可灌以水汁清水，最能助其發育。

農業組編 四月四日

四川省第三行政区专员公署为辖区内植桐主佃权益分配事宜致华西实验区总办事处函
（附：植桐主佃权益分配办法） 9-1-116（167）

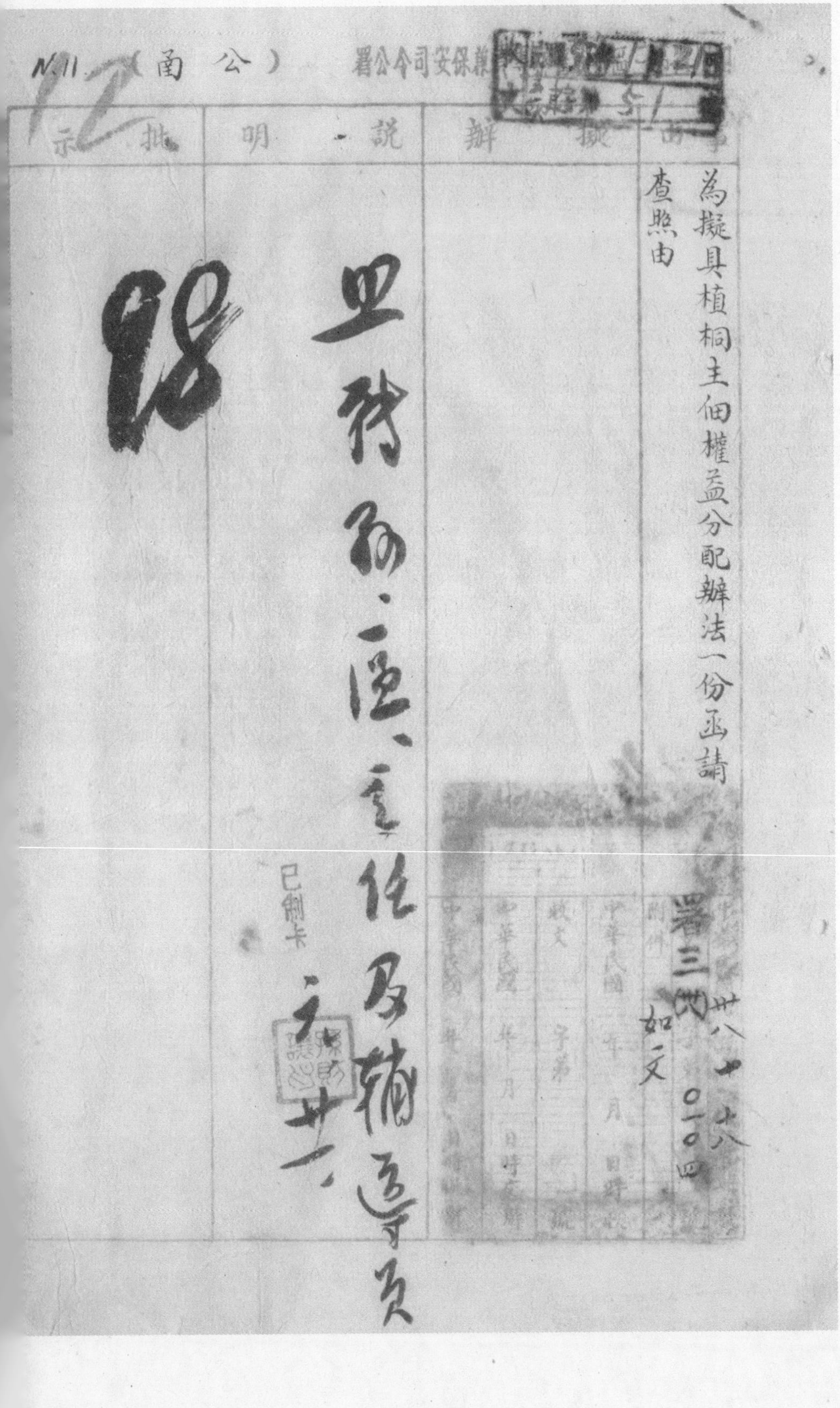
（函 公）
署公令司安保兼

事由 為擬具植桐主佃權益分配辦法一份函請查照由

附件 如文

署三(四)卅八 十一 十六 0二0四

擬辦 說明 批示

已制卡

四川省第三行政区专员公署为辖区内植桐主佃权益分配事宜致华西实验区总办事处函

（附：植桐主佃权益分配办法）　9-1-116（168）

案查本區本年度積極推行鄉村建設為爭取外滙充裕民生擬推廣

中央農業試驗場油桐樹苗惟以主佃關係每多發生阻碍茲參照當地寔

情及主佃權益擬具主佃權益分配辦法一份除呈 省府及飭轄區各縣局遵

照外相應檢同該項辦法一份函請

貴區查照并轉知各輔導人員協助進行為荷！

此致

平教會華西實驗區

附植桐主佃權益分配辦法

專員兼司令 孫則讓

已制卡

四川省第三行政区专员公署为辖区内植桐主佃权益分配事宜致华西实验区总办事处函
（附：植桐主佃权益分配办法） 9-1-116（169）

植桐主佃權益分配辦法

一、桐樹主權屬於地主
二、地主對植桐佃户之租額不能因植桐而增加
三、佃農負桐樹栽培保護管理等之責
四、桐樹收益完全屬於佃户（地主不必減租，如減租則可以酌分之）
五、植桐於邊界影響他人糧食作物者由种植双方協商酌分桐子收益，但以不超過四成為限

四川省第三行政区专员公署为辖区内植桐主佃权益分配事宜致华西实验区总办事处函
（附：植桐主佃权益分配办法） 9-1-116（169）

……公所备查

[illegible]佃時[illegible]償辦法如下：

植桐後年次	補償桐米斤數
二	[illegible]
三	七
四	[illegible]
五	[illegible]
六	[illegible]
七	[illegible]
八	一五
九	[illegible]
十	[illegible]
十一	一〇五
十二	九
十三	七五
十四	六
十五	四五
十六	三
十七	一五
十八	〇

华西实验区总办事处为送植桐主佃权益分配办法并希遵照办理致璧山、巴县、北碚办事处等的函　9-1-116（170）

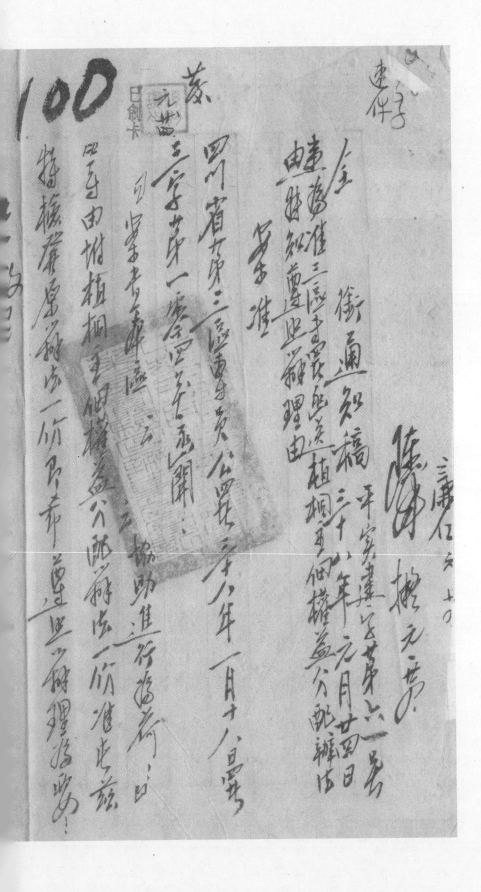

速件

三康仁六七〇

陳[illegible] 權元芳

令　衔　通知稿　平实建字第六一一號　三十八年元月廿四日

事由：准三區專署函送植桐主佃權益分配辦法

令仰知照並遵照辦理由

案准

四川省第三區專員公署三十八年一月十八日[illegible]

蓉三字第一零四六號函開：

以案奉本府[illegible]云[illegible]協助進行在案，茲

經本署由[illegible]植桐主佃權益分配辦法一份，准此茲

特檢附原辦法一份，即希遵照辦理為要！

已制卡

100

璧山、巴縣、北碚辦事處
璧山、巴縣各鄉輔導員

附植桐主佃權益分配辦法一份

主任 孫〇〇

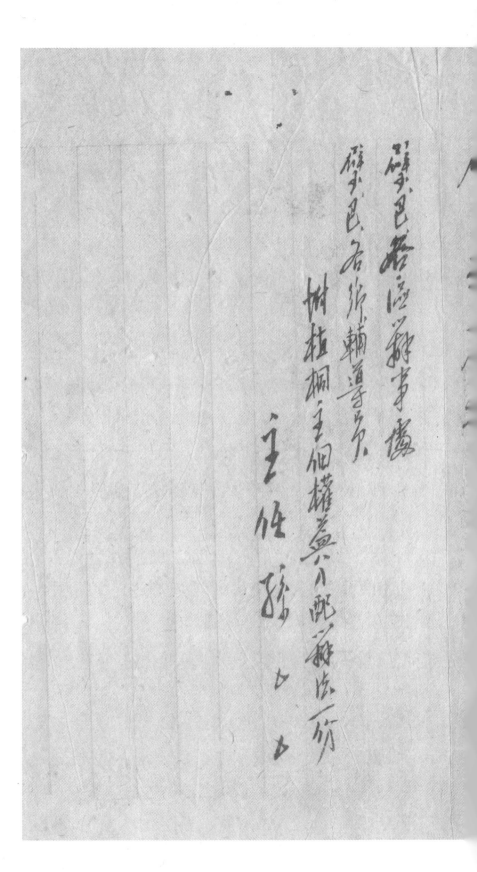

华西实验区总办事处为送植桐主佃权益分配办法并希遵照办理致璧山、巴县、北碚办事处等的函　9-1-116（171）

华西实验区为璧山第二辅导区及巴县第十二辅导区农民请求配给桐籽致中央农业所北碚场的函　9-1-120（103）

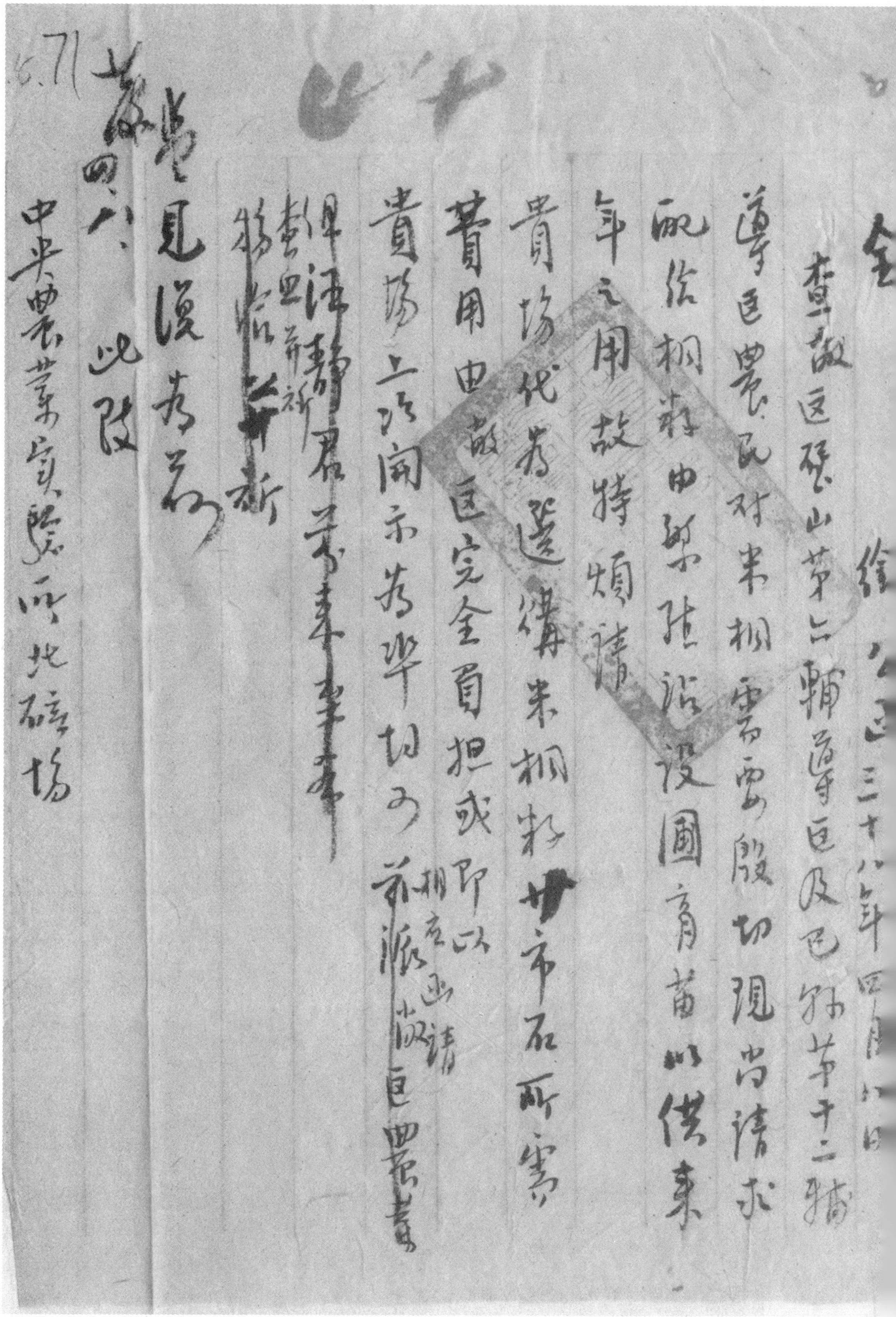

全[?]

径启[?]　三十八年四月八日

查敝区璧山第二辅导区及巴县第十二辅导区农民对米桐需要殷切现尚请求配给桐籽由郑梁张诸设圃育苗以供来年之用故特烦请贵场代为选备米桐籽廿市石所需费用由敝区完全负担或即以相应函请贵场[illegible]开示为毕切[?][illegible]前派敝区四农业专[?][illegible]

[illegible]静君[illegible]

刘四[illegible]新

[illegible]

见复为荷

此致

中央农业实验所北碚场

华西[?]　四、八

华西实验区璧山办事处就所配发南瑞苕及桐籽等事宜致华西实验区总办事处农业组的函 9-1-120（104）

璧一農推字第〇〇一六號

案准

貴組三十八年三月三十一日函此次配發璧一區繁殖站南瑞苕〈1000〉斤及桐籽〈400〉斤已由本區輔導員吳時[illegible]由[illegible]區收當即轉發陶輔導員存鐘輔導員力中領去除南瑞苕〈950〉斤（損耗〈50〉斤）及桐籽〈200〉斤已由陶鐘二輔導員領取時即具收條交 貴組李良康先生收存外餘桐籽〈200〉斤收條已於今日由陶輔導員交來茲檢具原條及前 貴組交來城西鄉四保一甲陳廣哉領取紅苕〈10〉斤及桐種〈50〉顆收條共二紙隨函送上並請

查照為荷 此致

華西實驗區總辦事處農業組

华西实验区璧山办事处就所配发南瑞苕及桐籽等事宜致华西实验区总办事处农业组的函　9-1-120（104）

中華平民教育促進會華西實驗區璧山辦事處啟

三十八年四月十五日

（附領條二紙）

华西实验区璧山第六辅导区为赴北碚中农所领取运送小米桐种往返领运各费一事呈华西实验区总办事处报告 9-1-120（116）

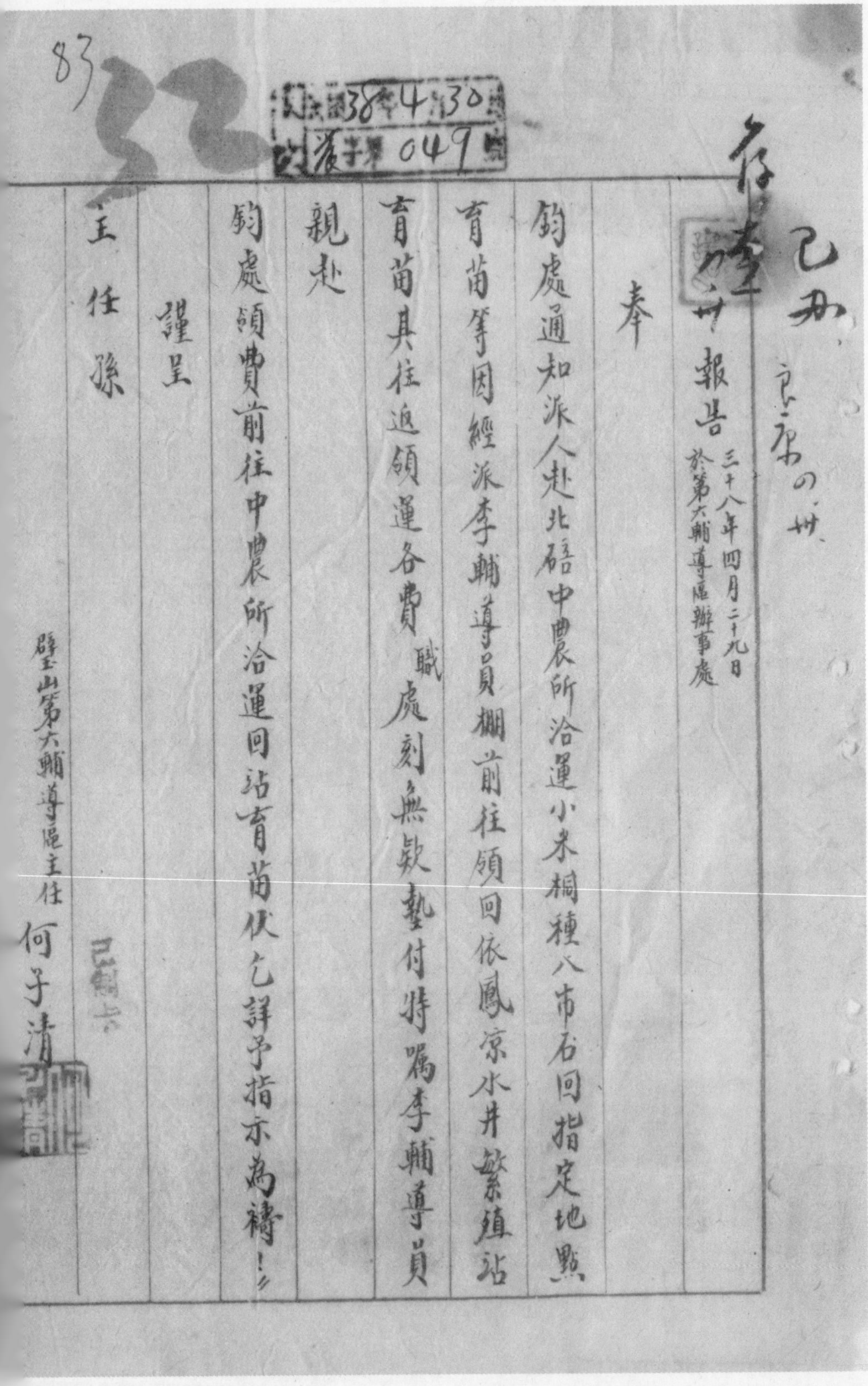

存查
己丑 四 卅

報告 三十八年四月二十九日 於第六輔導區辦事處

奉

鈞處通知派人赴北碚中農所洽運小米桐種八市石回指定地點育苗等因經派李輔導員棚前往領回依鳳凉水井繁殖站育苗其往返領運各費職處刻無款墊付特囑李輔導員親赴

鈞處領費前往中農所洽運回站育苗伏乞詳予指示為禱！

謹呈

主任孫

璧山第六輔導區主任 何子清

中国农民银行重庆分行就桐油加工贷款一事致华西实验区办事处快邮代电（附：中国农民银行办理农场贷款暂行办法、中国农民银行重庆分行办理一九四八年度桐油加工贷款贷现收实办法）　9-1-120（61）

中國農民銀行重慶分行快郵代電

38 元月 17 日　第 44 號

字第　號共　字第　頁（共　頁）

中華平民教育促進會華西實驗區辦事處公鑒（37）平實建字第119號代電敬悉一一，均已洽悉。關於北碚桐油加工貸款，曾經擬具貸現收實辦法陳奉敝總處（0112）（01400）電示核准照辦。除抄同該貸現收實辦法轉電敝北碚處遵洽貴處辦理暨陳報外，茲檢同敝行農貸辦法綱要及辦理農場貸款暫行辦法暨抄同本行辦理37年度桐油加工貸款貸現收實辦法各一份，復希洽照。又此項貸款總額原規定以五萬元為限，如因物價上漲貸額不敷，并可酌予增加。合併附達。中國農民銀行重慶分行（印）附件

中華民國　年　月　日發

到日　月　年

中国农民银行重庆分行就桐油加工贷款一事致华西实验区办事处快邮代电（附：中国农民银行办理农场贷款暂行办法、中国农民银行重庆分行办理一九四八年度桐油加工贷款贷现收实办法）　9-1-120（50）

35 66

中國農民銀行辦理農場貸款暫行辦法

一、本貸款以協助公私農場改良農事發展生產為宗旨

二、貸款農場應具備之條件

（一）凡公私農場必須成立一年以上依法取得登記證須經農林部備案後由縣市政府發給登記証者具已有相当規模者

（二）農場管理合乎科学方法具有一年以上完整之農場簿記足資查考盈虧實況者

（三）農地自有或取得十年以上之租佃權者

（四）農場管理人員須曾在高級農業職業学校畢業或具有相当資歷而有三年以上之实際管理農場經驗者

（五）農場面積、同別農場集約經營者須有二十五市畝以

中国农民银行重庆分行就桐油加工贷款一事致华西实验区办事处快邮代电（附：中国农民银行办理农场贷款暂行办法、中国农民银行重庆分行办理一九四八年度桐油加工贷款贷现收实办法）　9-1-120（50）

上担放經營須有一百市畝以上並以集中一處為原則又合作農場須有一百市畝以上并以互相連接為原則3集體農場須三百市畝以上併合後不得自由分割

（六）合作農場之場員最少須在七人以上集體農場之場員最須在十五人以上且均須確係自為耕作者

（七）農場經營各種農業生產須能應用優良品種改良器材且能起示範作用者

中国农民银行重庆分行就桐油加工贷款一事致华西实验区办事处快邮代电（附：中国农民银行办理农场贷款暂行办法、中国农民银行重庆分行办理一九四八年度桐油加工贷款贷现收实办法） 9-1-120（51）

36

三、貸款種類用途貸額期限利率抵押及担保如下

種類	用途	貸額	期限	利率	抵押及担保
營運資金	包括支付農夫之資購買種籽種苗種畜種禽肥料飼料小型農具防治病虫藥劑及器械防治獸疫菌苗血清等	以時值或費用之六成為最高額	視還款來源收獲季節而定最長不得超過十個月	依照本行核定各省農貸利率內於農場貸款部份之規定辦理	除以原有場地地契或担物及重大設備與主要產品為抵押或担保外另覓承還保證人
設備資金	包括購買役畜大型農具辦理小型水利工程及修建畜舍禽舍與置辦其他必須設備等	以時值或費之七成為最高額	最長不得超過兩年并按收獲季節分期攤還	同前	除照前項規定外并以所置辦之設備担保為之

场自筹不得申请贷款

四、农场申请借款时应填具借款申请书并检同左列附件各三份（向营辖行申借时可减少一份）送交当地本行或其代理机构核贷

（一）农场概况及平面全图

（二）业务计划

（三）农场及负责人印鉴纸

（四）组织章程（个别农场无组织章程者免送）

（五）股东或场员名册（个人经营者免送）

前项借款申请书农场概况及平面全图业务计划农场及负责人印鉴纸等均由本行制就格式供用

中国农民银行重庆分行就桐油加工贷款一事致华西实验区办事处快邮代电（附：中国农民银行办理农场贷款暂行办法、中国农民银行重庆分行办理一九四八年度桐油加工贷款贷现收实办法）　9-1-120（52）

37

五、農場申請貸款核准與否均由原經辦行處書面通知

六、農場借款到期應即將本利如數還清如遇重大災害或其他特殊原因不能如期償還時須於借款到期前一個月用書面申請展期經貸款行調查屬實核准後得酌予展期惟應將到期利息照原期付清展期最長不得超過六個月并以一次為限

七、借款到期未還事前并未申請展期或申請展期而未經核准者在延期內之利息照原訂利率增加三分之一計算倘延期兩個月尚未將本息清償時貸款行得隨時處分其擔保品不足之數仍由借款農場或承還保證人負責清償

八、本行對借款農場得隨時派員稽核其業務帳務必要時

得隨時派員稽核其業務帳冊之要點并得派員常川駐
廠担任會計或稽核倘發現週用途與原定經營計劃不
符時得隨時收回貸款本息之一部或全部

九、借款農場業務之經營與帳務之處理如遇本行有建議
或指導時應即接受切實改善

十、借款農場應將農場經營情形及借款運用狀況每隔六
個月函報貸款行一次并須於次年一月底前根據上年
度簿記分析之結果造具財產目錄資產負債表損益計
算書及業務分析表各一份送由貸款行審核

十一、借款農場所產優良種籽種苗種畜本行得照市價優先
收購以供推廣之用

中国农民银行重庆分行就桐油加工贷款一事致华西实验区办事处快邮代电（附：中国农民银行办理农场贷款暂行办法、中国农民银行重庆分行办理一九四八年度桐油加工贷款贷现收实办法）　9-1-120（54）

中国农民银行重庆分行就桐油加工贷款一事致华西实验区办事处快邮代电（附：中国农民银行办理农场贷款暂行办法、中国农民银行重庆分行办理一九四八年度桐油加工贷款贷现收实办法） 9-1-120（55）

十二、借款農場應与当地農業改進機關密取聯繫并接受一切有関改進農事之指導

十三、林場牧場申請借款時得參照本辦法辦理但其附送之概況及業務計劃应根據各該場實際情形增減編填

十四、本辦法未盡事宜悉依本行辦理農貸辦法綱要及其手續細則之規定辦理之

借款申請書

逕啟者敝場茲因發展農場業務需要資金擬向

貴行申借國幣　萬　千　百　元整訂期

年　個月期滿本利一併歸還決不延誤即請

貴行迅予審查核放為荷此致

行

附件：一、農場概况及平面全圖三份

二、業務計劃三份

三、農場及負責人印鑑紙三份

四、

五、

申請人（蓋農場條戳）

代表人（簽名蓋章）

農場圖記

中華民國　　　年　　　月　　　日

中国农民银行重庆分行就桐油加工贷款一事致华西实验区办事处快邮代电（附：中国农民银行办理农场贷款暂行办法、中国农民银行重庆分行办理一九四八年度桐油加工贷款贷现收实办法）　9-1-120（56）

中国农民银行重庆分行就桐油加工贷款一事致华西实验区办事处快邮代电（附：中国农民银行办理农场贷款暂行办法、中国农民银行重庆分行办理一九四八年度桐油加工贷款贷现收实办法） 9-1-120（57）

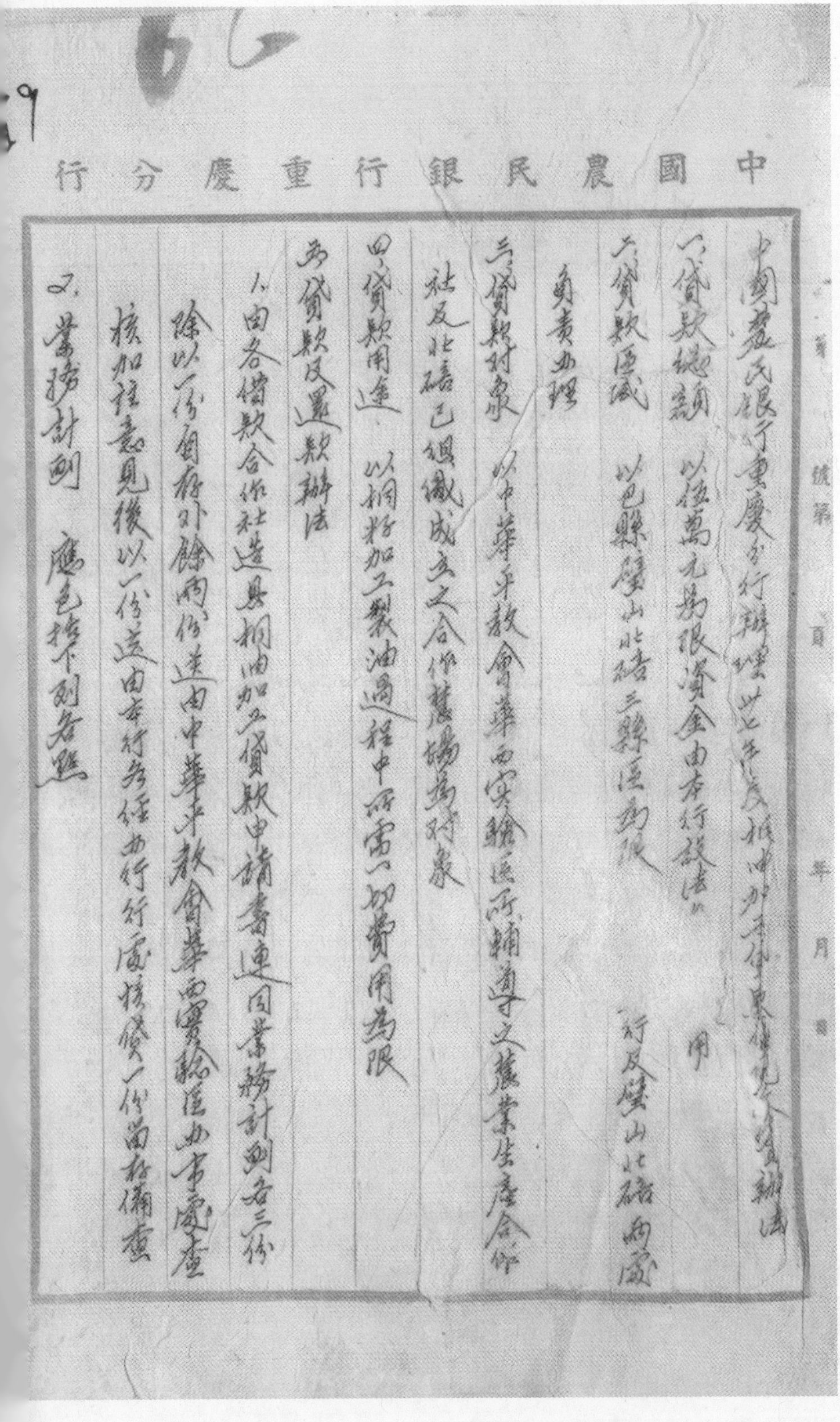

中國農民銀行重慶分行

中國農民銀行重慶分行辦理卅七年度桐油加工貸款貸現收實辦法

一、貸款總額 以伍萬元為限資金由本行設法調用

二、貸款區域 以巴縣璧山北碚三縣區為限 行及璧山北碚兩處

負責辦理

三、貸款對象 以中華平教會華西實驗區所輔導之農業生產合作

社及北碚已組織成立之合作農場為對象

四、貸款用途 以桐籽加工製油過程中所需一切費用為限

五、貸款及還款辦法

1.由各借款合作社造具桐油加工貸款申請書連同業務計劃各三份

除以一份自存外餘兩份送由中華平教會華西實驗區辦事處查

核加註意見後以一份送由本行分經收行行處核貸一份留存備查

2.業務計劃 應包括下列各點

40

中國農民銀行重慶分行

(1) 現有設備[illegible]

(2) 各社員所送繳指定廠房之桐籽數量（附清單）及榨油種類件數

(3) 所需各項費用總數（應分別原料人工及其他一切費用詳細列明）

(4) 用款時間及數額

(5) 加工所需時間及製成品完成時間

(6) 抵押品及承還保證人

(7) 繳還實物辦法

(8) 效果及損益估計

(9) 其他

3、各社集中加工之桐油榨房地點須擇適中便利之廠以便本行分別派員監督

4、各借款社借到本行貸款後應即在擇定之榨房加工製油

中国农民银行重庆分行就桐油加工贷款一事致华西实验区办事处快邮代电（附：中国农民银行办理农场贷款暂行办法、中国农民银行重庆分行办理一九四八年度桐油加工贷款贷现收实办法） 9-1-120（58）

中国农民银行重庆分行就桐油加工贷款一事致华西实验区办事处快邮代电（附：中国农民银行办理农场贷款暂行办法、中国农民银行重庆分行办理一九四八年度桐油加工贷款贷现收实办法） 9-1-120（59）

41

中國農民銀行重慶分行

五、製油全部成本應由各社場隨時據實登載帳冊以備完工時核算每單位之成本價格該項帳冊得隨時由本行、或實驗區派人員查核

六、桐油全部製成以後應由借款社場報請貸放行及實驗區會同核算單位成本并照成本另加百分之六十利潤即以此數比照原借貸放額全部折成應還桐油數量按規定單位裝墨繳付貸款行指定倉庫後剩餘成品或副產品由各社自行分配之

六、貸放利率 各社場按實際成本加二成比照借放額全部折還桐油後不另加繳利息

七、貸放時間 自領放時起至桐油製成時止但最長以三個月為限

中国农民银行重庆分行就桐油加工贷款一事致华西实验区办事处快邮代电（附：中国农民银行办理农场贷款暂行办法、中国农民银行重庆分行办理一九四八年度桐油加工贷款贷现收实办法） 9-1-120（60）

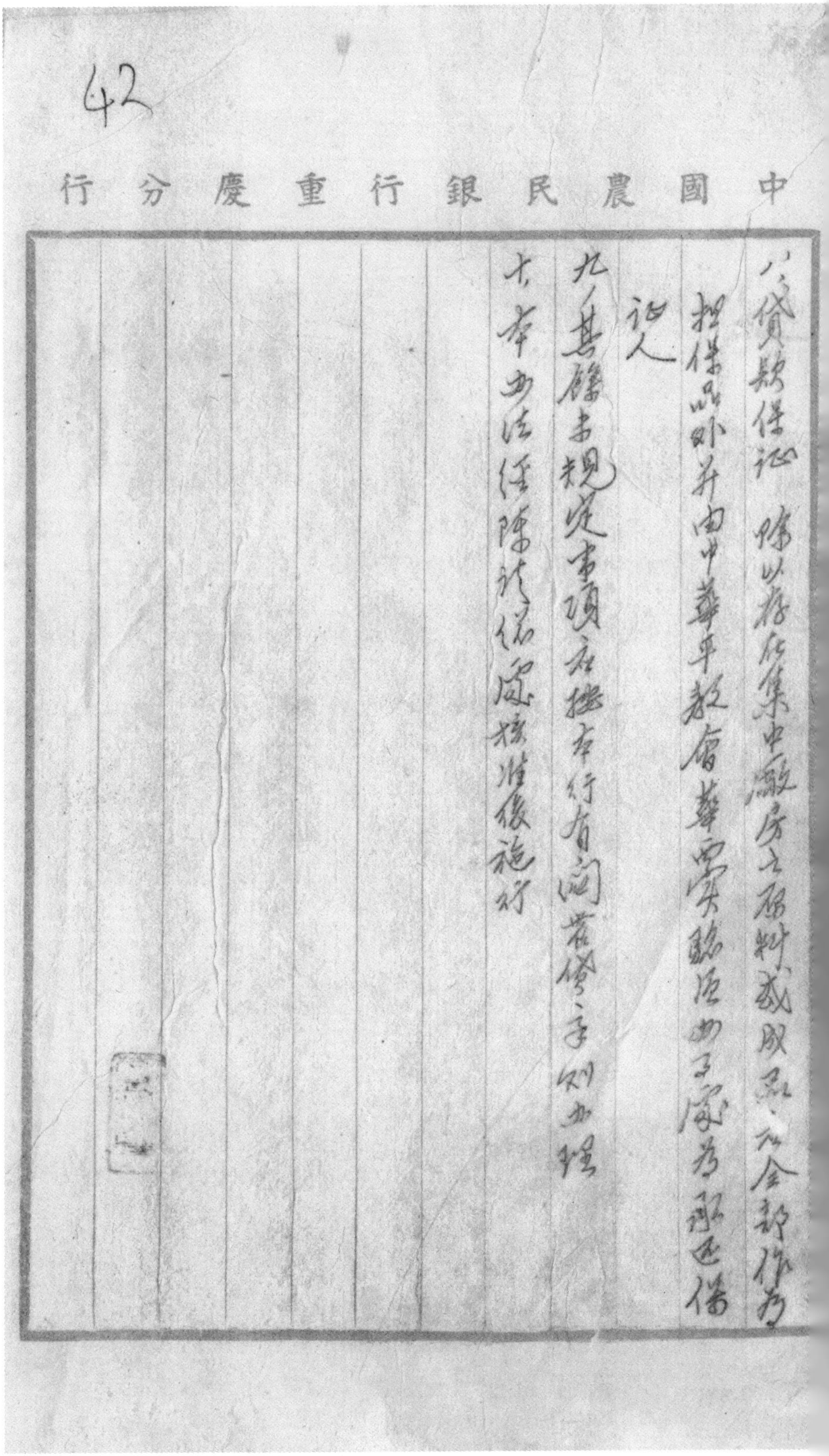

中國農民銀行重慶分行

八、貸款保證　除以存於集中廠房之原料或成品之全部作為担保品外并由中華平教會華西實驗區辦事處為承還保證人

九、其餘未規定事項應按本行有關各條之手續辦理

十、本辦法經陳請總處核准後施行

华西实验区办事处就供给桐苗一事致中农所北碚试验场相辉学院苗圃的函　9-1-120（62）

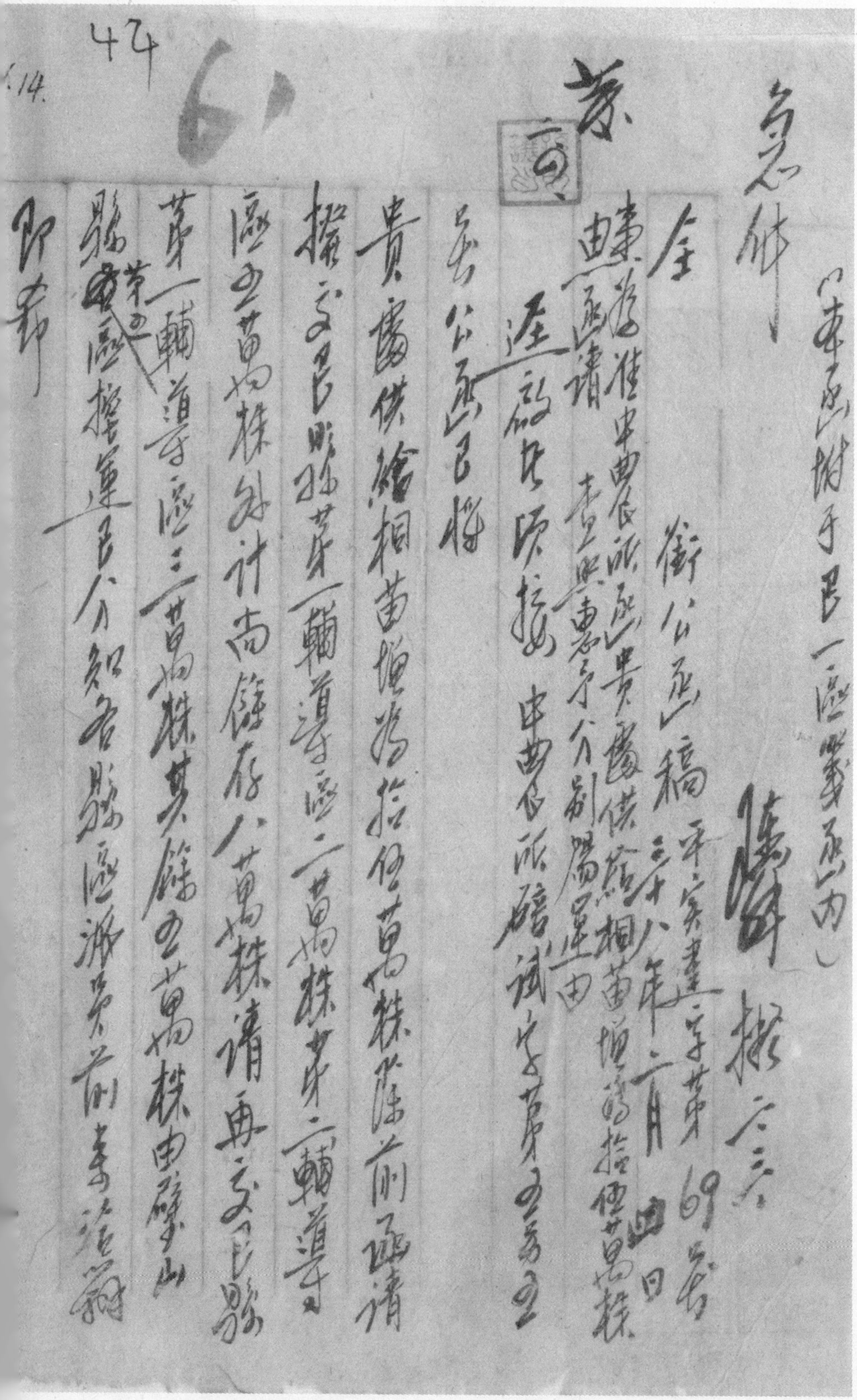

4.14.　424　61

（华区辅导区一区业务区函）

急件　张　拟　六三

全衔公函稿　平实建字第69号　三十八年二月四日

事由：为请准中农所函、贵院供给桐苗增拨指配一万株查照惠予分别增拨由

迳启者：顷接　中农所碚试验场[illegible]五万五

贵公函已悉

贵院供给桐苗增拨指配万株，嘱前函请

拨交县[illegible]第一辅导区二万株，第二辅导

区五万株外，计尚余存八万株，请再交县

第一辅导区三万株，其余五万株由璧山

县第四区接运，已分知各县辅导区派员前来洽办

即希

华西实验区办事处就供给桐苗一事致中农所北碚试验场相辉学院苗圃的函　9-1-120（62）

查照惠予办理接运并请[illegible]为荷

此致

中农所北碚试验场相辉学院苗圃

中华平民教育促进会华西实验区办事处　[illegible]启

二月　三日

巴县第四辅导区办事处就需油桐种子一事致郭准堂的信　9-1-120（95）

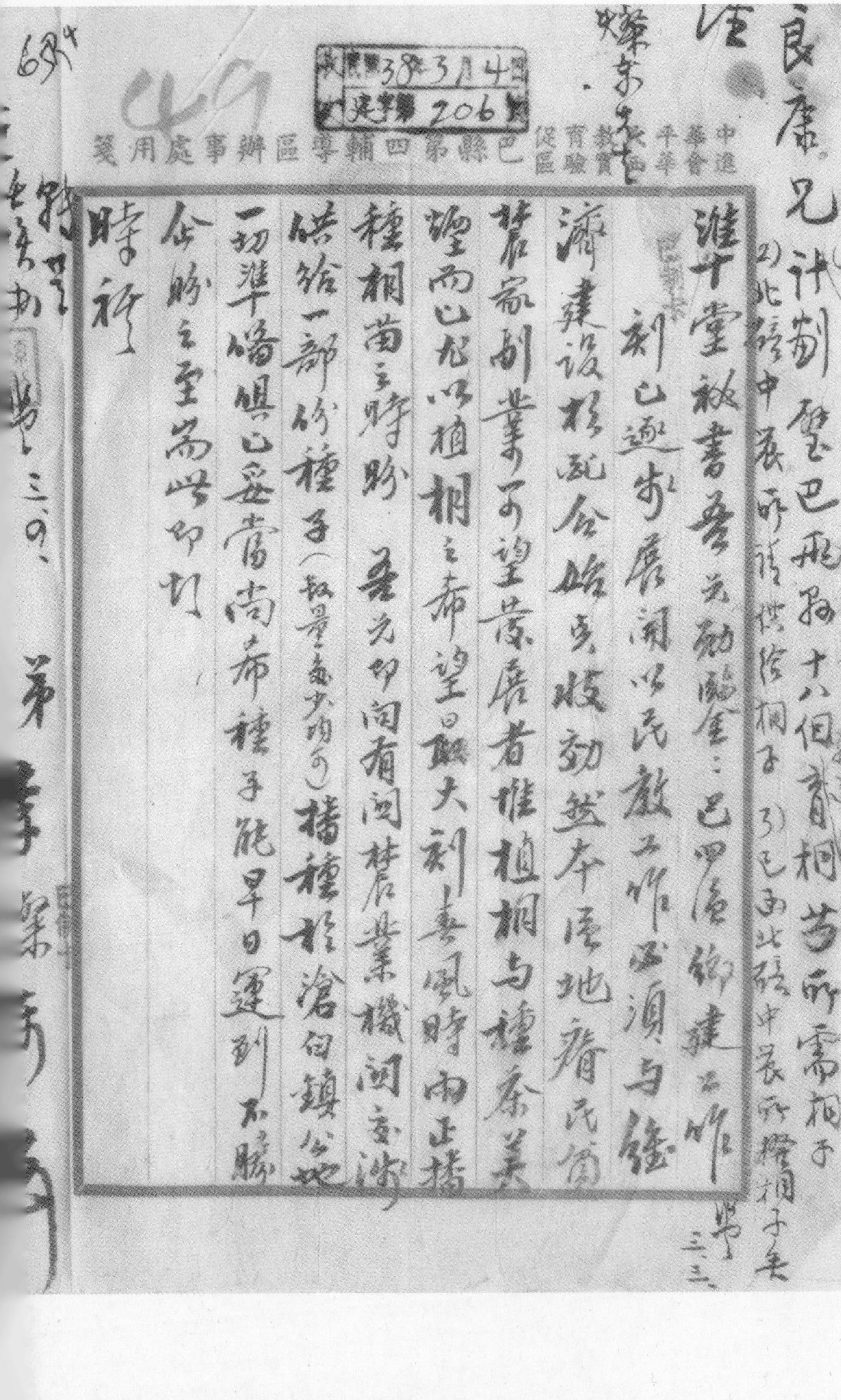
良康兄：計劃墾巴縣十八個鄉育桐苗所需桐子
(2)北碚中農所供給桐子 (3)巴縣北碚中農所撥桐子矣 [illegible]

收文 民國38年3月4日 建字第206號

中華平民教育促進會華西實驗區巴縣第四輔導區辦事處用箋

准堂祕書吾兄勛鑒：巴縣鄉建工作剏已逐步展開，以民教工作必須與經濟建設相配合始克收効。然本區地瘠民窮，農家副業可望發展者，惟植桐與種桑養蠶而已。然以植桐之希望日殷，大剏春風時雨正播種桐苗之時，盼吾兄即向有關農業機關交涉，借給一部份種子（數量多少均可）播種於滄白鎮公地，一切準備俱已妥當，尚希種子能早日運到，不勝企盼之至。專此即頌

時祺

弟 [illegible] 三、四

北碚管理局农业推广所为挖运桐苗一事致华西实验区函　9-1-120（94）

64
N24.

存

38.2.26
建字150

逕辦

北碚管理局農業推廣所用箋

逕啟者：查本所前經議

賣讓桐苗（二十六萬四千）業經巴縣余主

任全部運走（共計七九九七〇株）相應函請

查照為荷

此致

華西實驗區

北碚管理局農業推廣所　張

領廣余主任報明挖運確數，二月廿六日

以憑查考

三、廿八

华西实验区总办事处就核准苗圃津贴合约一事与璧山第二辅导区的往来公文（附：合约） 9-1-120（99）

收文 民國38年4月4日 農字第003號

報告 三十八年四月三日

三月三十日奉發下大興鄉推廣繁殖站桐籽二百零五斤因本站無土可種經與此間表証農家楊國芳約定以其所租武廟後坡熟土兩幅作為育桐之用由區辦事處負責賠償其一年中大小春之收穫損失計黄谷老量一石八斗豆叢於四月二日書約各執為憑理合抄附合約一紙報請

鑒核賜准并懇迅發谷款以憑辦理為禱

謹呈

區主任陶 轉呈

中華平民教育促進會華西實驗區總辦事處（ ）稿

事由	為核准苗圃津貼由
受文者	璧山第二輔導區陶主任一
年月日	卅八年四月十四日發
附件	件
字號	農字第四〇三號

查四月三日報告關於油桐苗圃合約乙節，准予備案。所議津貼表記農家楊國芳之黃谷一老石八斗，可備正式收據□□□本會俾折合領取。希即查照是荷。

中華平民教育促進會華西實驗區總辦事處

核判 核稿 擬稿 副本 份送達

华西实验区总办事处就核准苗圃津贴合约一事与璧山第二辅导区的往来公文（附：合约） 9-1-120（96）

抄附合约一纸

华西实验区璧山第二辅导区今与大兴乡推广繁殖站之承佃农杨继芳约定以其私租试垦改坡熟土两幅作繁殖站本年育桐苗之用依据繁殖站设置办法第八条二项所订之规定由第二区办事处负责赔偿其当年应收大春收获之损失计黄谷老量壹石捌斗正但育苗期间之肥料悉遵规定由杨继芳负责担负特签二纸各执为凭其租期限至民国三十九年度国历四月内止为据

孙宗文 押

证人 池宗清 实

但洪才 押

华西实验区总办事处就核准苗圃津贴合约一事与璧山第二辅导区的往来公文（附：合约） 9-1-120（97）

楊德膽十

證人 張建良

立合約人 楊鳳芳十

王廷虎

中華民國三十八年四月二日

农林部中央农业实验所北碚试验场呈华西实验区总办事处关于油桐育苗须知的函（附：油桐育苗须知） 9-1-120（100）

農林部中央農業實驗所北碚試驗場

逕啟者昨承

貴區囑檢送油桐育苗須知以作參攷茲特寄上一份即請

查照為荷

此致

中華平民教育促進會華西實驗區

附油桐育苗須知一份

啟

中華民國卅八年三月三十一日

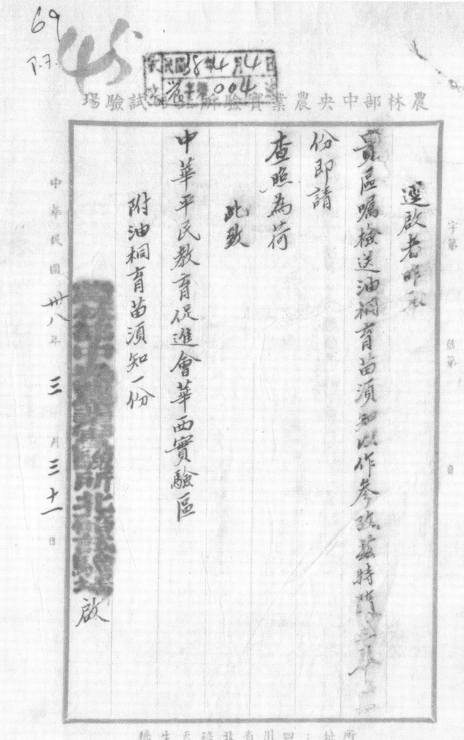

所址：四川省北碚天生橋

农林部中央农业实验所北碚试验场呈华西实验区总办事处关于油桐育苗须知的函（附：油桐育苗须知） 9-1-120（101）

70

油桐育苗須知

油桐推廣近來多用種籽，若就地設置苗圃育苗移栽，亦可先行育苗然後推廣，且亦易收事半功倍之效，茲將育苗時應注意各事分條述之：

一、選種

油桐栽培異於其他果樹栽培，且一次育苗均在數萬或數十萬之上，故精密選種似不可能，故選常注以其形狀為標準，凡油桐種籽多作扁圓形，其形狀豐滿色澤光潤者即為良好種籽。

二、播種量

油桐苗圃之株行距為0.5×2.0（即株距五寸，行距一尺），故每畝地之種籽用量約六市斤左右，若發芽率高，可育成苗木一萬株。

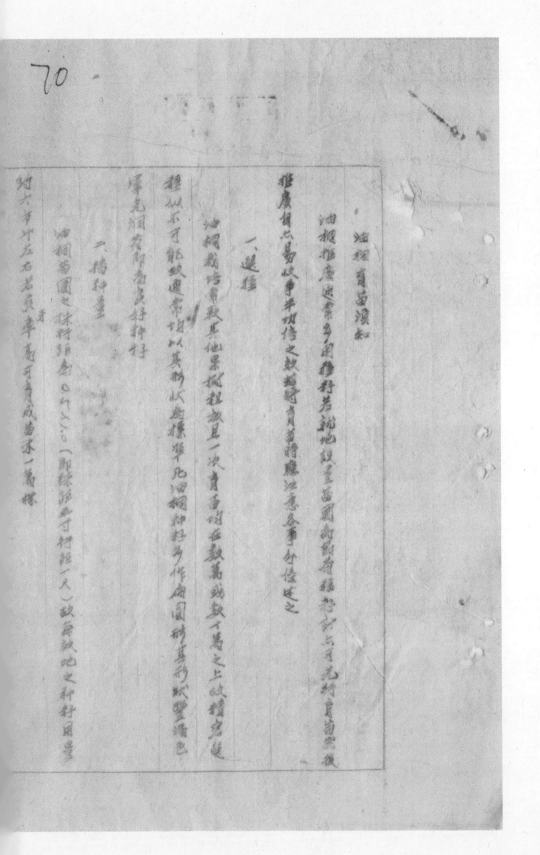

农林部中央农业实验所北碚试验场呈华西实验区总办事处关于油桐育苗须知的函（附：油桐育苗须知）　9-1-120（102）

三、播種時期

油桐可由春播秋播在川省多為春播其適期在二月底至三月上旬愈遲則發芽率愈低若种籽優良下種適時其發芽可達百分之九十左右

四、苗圃

苗圃之地以壤土含腐殖質多疏鬆或近于砂壤者為宜排水宜良好宜備灌溉但過分肥沃之土其育成之苗移植後抵抗力軟弱似宜避免

苗圃作畦寬約三四尺長度不拘畦東西向若土壤欠肥可酌施基肥桐餅菜餅等

其播種法通常多用條播俾便于管理

播種後約七八星期始發芽然後即須中耕除草二三次若苗木生長不良可施追肥一次

如播種適期已過可先浸种四五天再行播下但若天旱不雨宜灌溉以增水量使發芽整齊

巴县第一区办事处为『桐苗绝对不作推广』等语义不明呈华西实验区总办事处报告及华西实验区总办事处回函 9-1-120（112）

建字第零零二號第一頁

報告 四月廿二日於青木關

巴縣第一區辦事處

案奉

鈞處三十八年四月十八日平實農字第○二三號通知：除已分別轉飭速辦外，關於第四項「桐種絕對不作推廣，但由繁殖站或表證農家負責育苗，所配給地租人士肥料津貼」等語，敬請查明詳示，俾便遵辦。謹呈

中華平民教育促進會華西實驗區區本部

主任 喻純堃

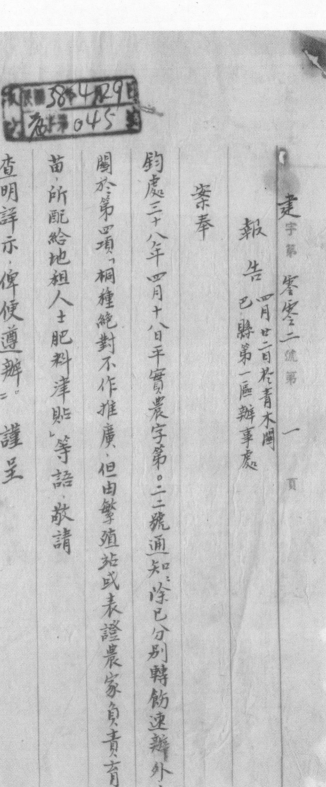

中華平民教育促進會
華西實驗區巴縣第一區辦事處用箋

巴县第一区办事处为『桐苗绝对不作推广』等语义不明呈华西实验区总办事处报告及华西实验区总办事处回函　9-1-120（113）

80

中華平民教育促進會華西實驗區總辦事處（通）稿

受文者

巴一區主任喻德甚

查建字〈002〉號報告已悉。「[illegible]

絕對不作推廣，但由副本報請[illegible]

桐秧育苗，可酌（來文誤為所配）給[illegible]

料」情節，實因此次桐種純度有問題，故

由本區員責育苗，[illegible]推廣之情形，再用

嫁接方法，俟本桐純種再行推廣，相應函

復，即請查照是荷

巴縣辦研

核判　五、六　核稿　擬稿　副本　份送達

巴县第十二区办事处为呈报未及时领取桐种并准备苗圃育苗的原因及请速寄繁殖站设置办法致华西实验区总办事处报告 9-1-120（114）

8

31

报告 三八年四月二八日于巴縣十二區辦事處 總部字第三一號

奉

鈞部本年四月十八日農字第〇二四號通知飭即第[illegible]

前往中農所領取桐種并准備苗圃苗圃等因奉此查本

處奉令太晚此間距北碚二百五十華里則[illegible]函

時二則俗大運費等措困難再則繁殖站辦法本區尚未

奉到一切無法着手祈

鈞部速將繁殖站設置具體辦法賜下以資遵照辦理是否

巴县第十二区办事处为呈报未及时领取桐种并准备苗圃育苗的原因及请速寄繁殖站设置办法致华西实验区总办事处报告　9-1-120（115）

82

有當理合繕具報告伏祈

鑒核

謹呈

主任孫

巴縣十二區辦事處主任周□欽

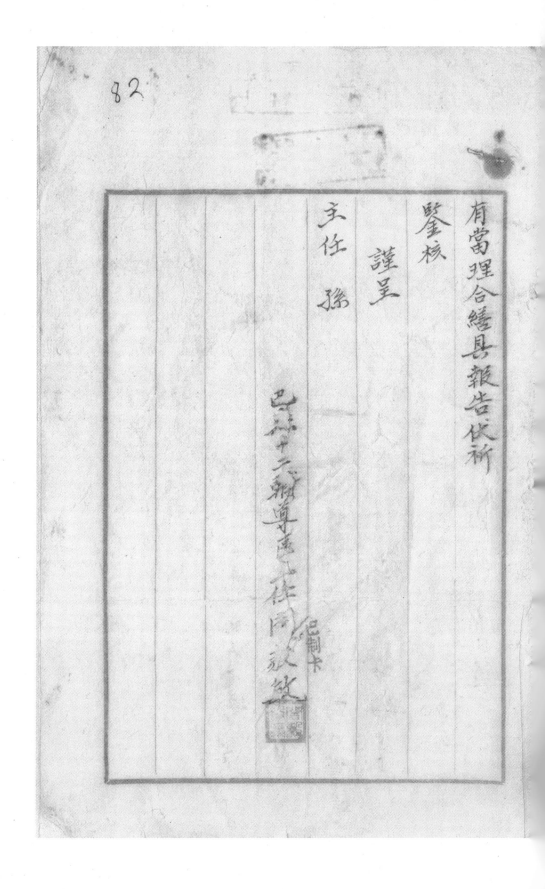

已制卡

璧山第四区办事处为植桐所需苗场应付各项津贴预算及分配一事呈华西实验区总办事处报告及总办事处复函　9-1-120（122）

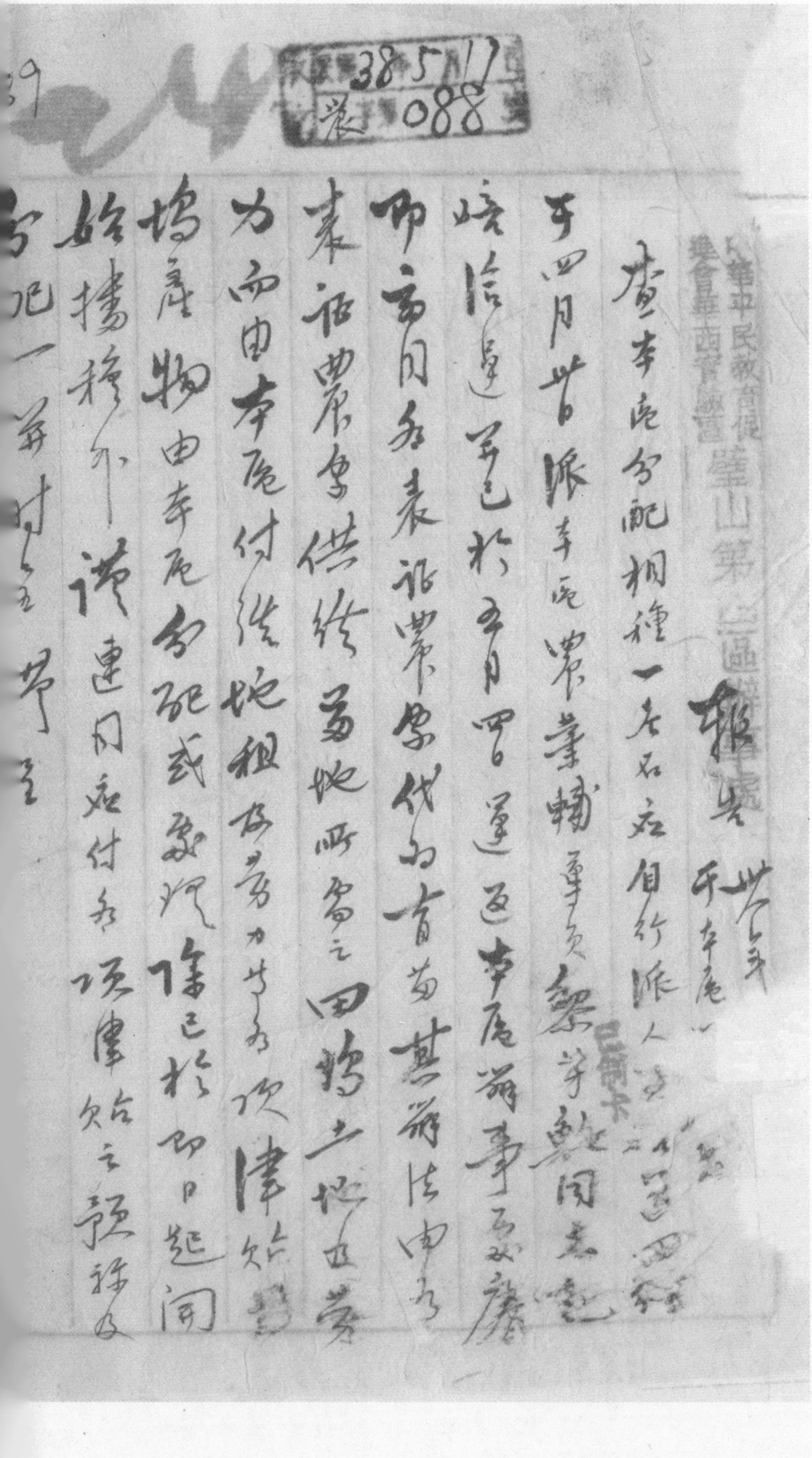

璧山第四区办事处为植桐所需苗场应付各项津贴预算及分配一事呈华西实验区总办事处报告及总办事处复函　9-1-120（122）

主任 孙

主任 邱道夫

附苗场应付各项津贴预算

项目	数量	金额	备注
田场土地津贴	六亩	六老石（按黄谷老石计）	桐种一[illegible]株行距一又[illegible]五尺每亩可播一万二千粒[illegible]场所之可用土地按[illegible]
劳力津贴	一四四人日	四·八老石（按每30人日需一老石计）	[illegible]
肥料津贴	一二〇〇斤	三老石	[illegible]
合计		一三·八老石	

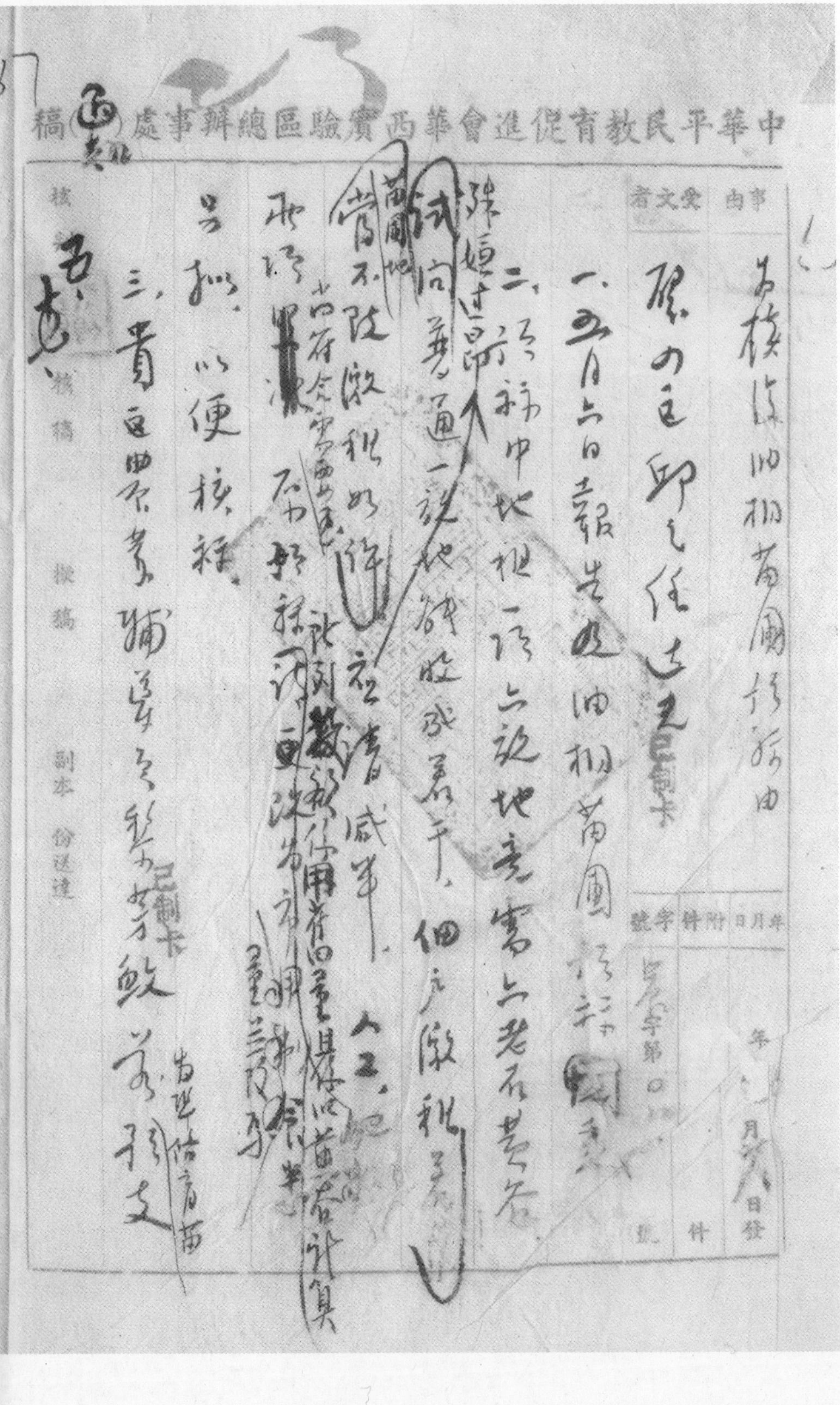
中華平民教育促進會華西實驗區總辦事處稿

璧山第四区办事处为植桐所需苗场应付各项津贴预算及分配一事呈华西实验区总办事处报告及总办事处复函 9-1-120（120）

璧山第四区办事处为植桐所需苗场应付各项津贴预算及分配一事呈华西实验区总办事处报告及总办事处复函　9-1-120（121）

88

中華平民教育促進會華西實驗區總辦事處（ ）稿

事由

受文者

銀元柒萬元，開支有餘或不足數，亦併請核示。

三、相應通知，即請查照為荷。

[illegible]

主任 [illegible]

核判

核稿

擬稿 [illegible]

副本 份送達

月 日　附件　字號

字第 號　件

巴县第二区办事处为油桐育苗已付工资地租分发数目及收据一事呈华西实验区总办事处报告 9-1-120（123）

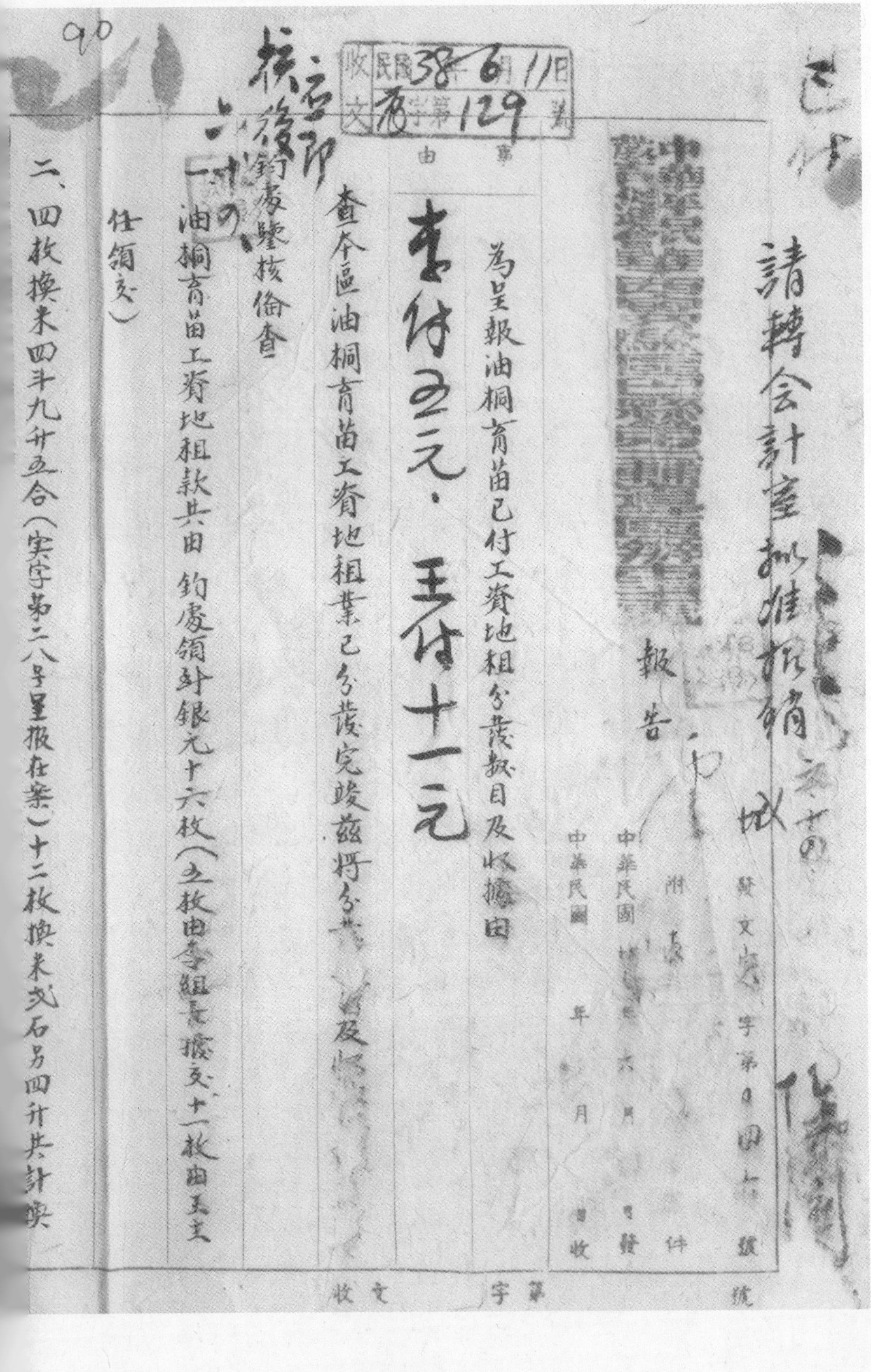
90

巴付

請轉会計室核准报銷

收文 民國38年6月11日 斎字第129號

中華平民教育促進會華西實驗區

報告

發文 字第 號

附件

中華民國 年 六 月 日發

中華民國 年 月 日收

事由：為呈報油桐育苗已付工資地租分發數目及收據由

李付五元、王付十一元

查本區油桐育苗工資地租業已分發完竣茲將分發數目及收據……

鈞處鑒核備查

一、油桐育苗工資地租款共由鈞處領到銀元十六枚（五枚由李組長提交十一枚由王主任領交）

二、四枚換米四斗九升五合（実字第二八号呈报在案）十二枚換米弍石另四升共計換

收文 字第 號

米弍石五斗三升五合

三、発出工資及地租款數：（附表說明）

四、工資地租共計發出弍石五斗八升尚欠四升五合，不足之數已由本區墊發（以上計米為為夫量）

謹呈

主任孫

主任王秀齋

王秀齋印

已領卞

[illegible]

巴县第二区办事处为油桐育苗已付工资地租分发数目及收据一事呈华西实验区总办事处报告　9-1-120（123）

璧山第六辅导区为呈报各乡领植小米桐苗株数情况呈华西实验区总办事处报告（附：统计表） 9-1-120（126）

91

存查 石城 五廿一

38 5 21 收
095

報告　三十八年五月十八日　於　區辦事處　區農字第80號

事由：為彙送各鄉小米桐株數表請核收備查由

查本區前次領到小米桐苗八千株，經分發各鄉栽植去訖，現據各輔導員將是項桐苗栽植數彙報前來，理合彙成統計報請

核備示遵！！

謹呈

主任孫

附統計表一份

璧山第六輔導區主任何子清

已制卡

璧山第六辅导区为呈报各乡领植小米桐苗株数情况呈华西实验区总办事处报告（附：统计表） 9-1-120（127）

壁山第六輔導區各鄉領植小米桐苗株數表

鄉別	領植小米桐苗數	備攷
八塘鄉	一六〇〇	
臨江鄉	一六〇〇	
依鳳鄉	一六〇〇	
轉龍鄉	一六〇〇	
七塘鄉	一六〇〇	
合計	八〇〇〇	

璧山四寶閣文具印刷紙號印製

璧山第四区办事处为呈报桐苗圃预算一事呈华西实验区总办事处报告 9-1-120（128）

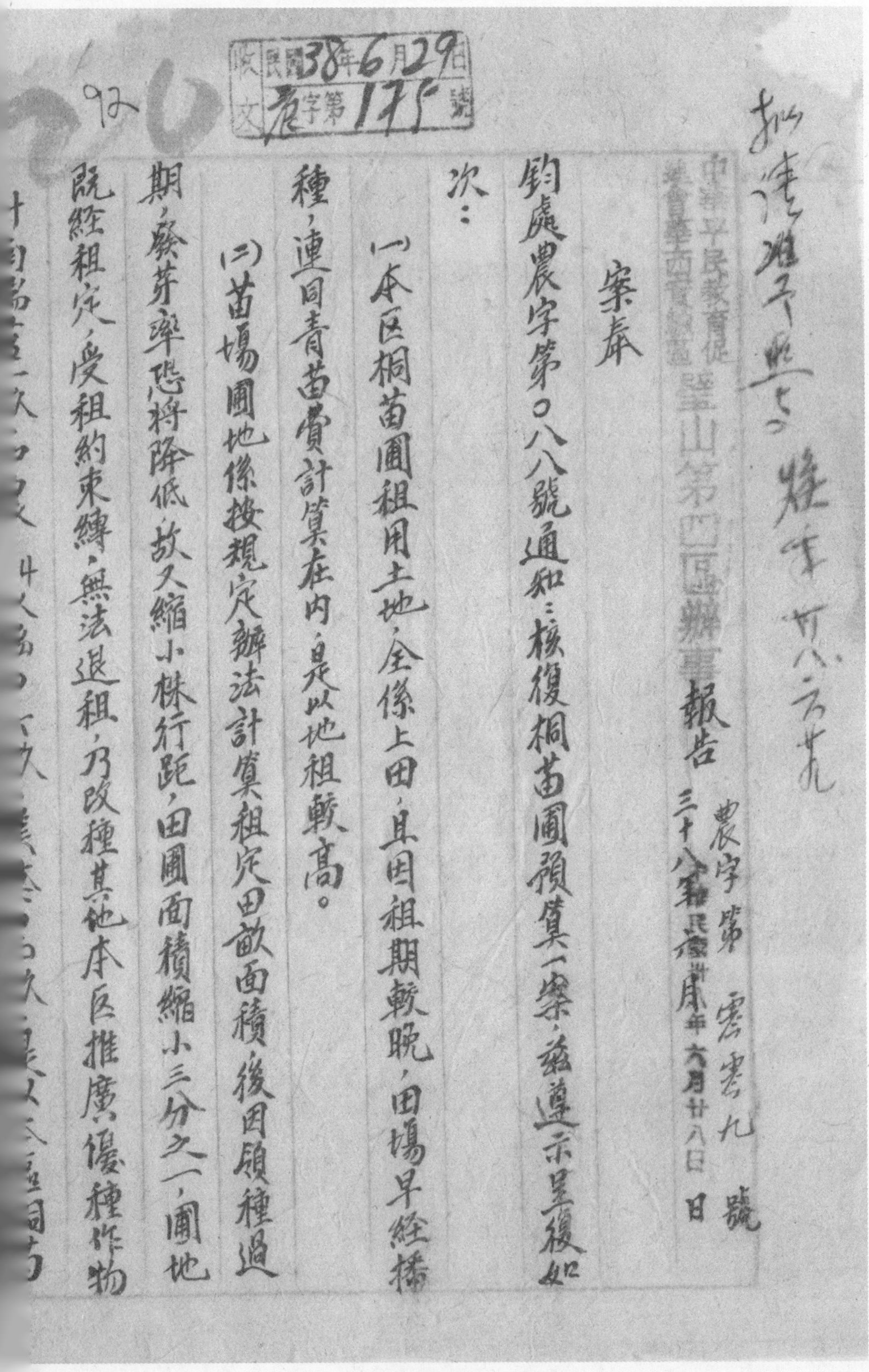

收文 民國38年6月29日 農字第175號

擬請准予照支

中華平民教育促進會華西實驗區璧山第四區辦事處報告 農字第零零九號 民國卅八年六月廿八日

案奉

鈞處農字第〇八八號通知：核復桐苗圃預算一案，茲遵示呈復如次：

（一）本區桐苗圃租用土地，全係上田，且因租期較晚，田塲早經播種，連同青苗費計算在內，是以地租較高。

（二）苗塲圃地係按規定辦法計算租定田畝面積，後因頒種過期，發芽率恐將降低，故又縮小株行距，田圃面積縮小三分之一，圃地既經租定，受租約束縛，無法退租，乃改種其他本區推廣優種作物

璧山第四区办事处为呈报桐苗圃预算一事呈华西实验区总办事处报告　9-1-120（129）

圃兼種其他優種，以作推廣，示範栽培，且可兼收產品，以填[illegible]

租，仍請按原預算支給。

（三）預算所列數額，每一舊量黄谷折合市量食米一·八石。

（四）本區農業輔導員黎芳斂前領桐苗圃備用金銀元柒元，折合黄谷三老石，（計食米五·四市量）已付地租定款。（收據隨文報呈）

（五）本區桐苗圃早經開始工作，所需費用由本區墊付，報呈預算數額，請即撥付，以便歸墊。

右列情形，謹為呈報，

鈞處鑒核示遵！　謹呈

華西實驗區主任孫

主任　邱達夫

华西实验区璧山办事处为呈请拨发该区狮子乡农业繁殖站油桐育苗预算一事呈华西实验区总办事处报告（附：油桐育苗预算表）

9-1-120（117）

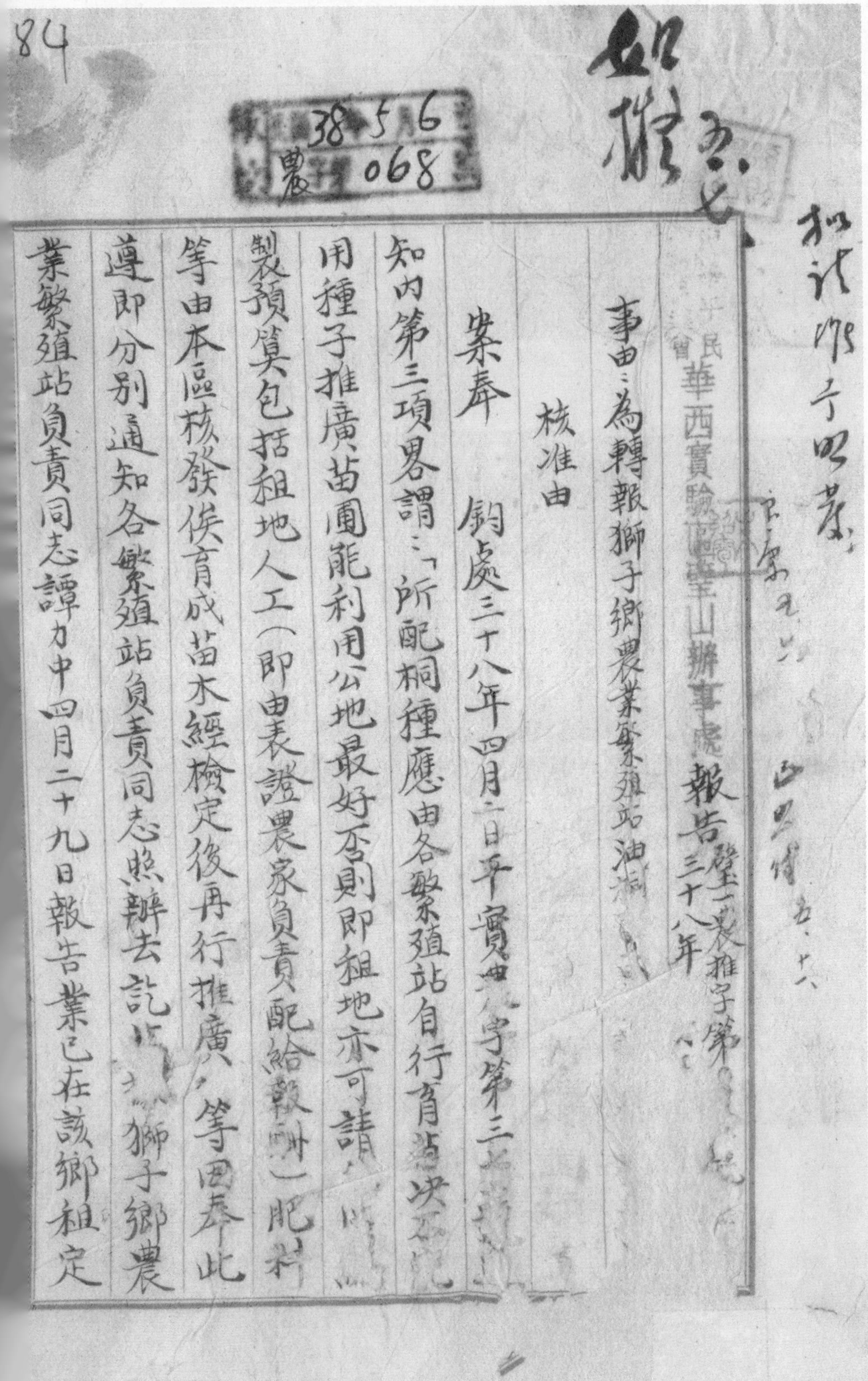

如擬

擬請准予照案

事由：為轉報獅子鄉農業繁殖站油桐育苗

華西實驗區璧山辦事處 報告 璧農推字第 號 三十八年 月 日

核准由

案奉

鈞處三十八年四月二日平實農字第三〇號通

知內第三項略謂：「所配桐種應由各繁殖站自行育苗決定

用種子推廣，苗圃能利用公地最好，否則即租地亦可，請

製預算包括租地人工（即由表證農家負責配給穀斛）肥料

等由本區核發，俟育成苗木經檢定後再行推廣」等因奉此

遵即分別通知各繁殖站負責同志照辦去訖。茲據獅子鄉農

業繁殖站負責同志譚力中四月二十九日報告：業已在該鄉租定

华西实验区璧山办事处为呈请拨发该区狮子乡农业繁殖站油桐育苗预算一事呈华西实验区总办事处报告（附：油桐育苗预算表）

9-1-120（118）

85

土地並編定預算呈核經核尚無不合理合檢諸原預[illegible]備文

呈請

鑒核懇予按照原表所列實物早日核准發下以利工作進行實[illegible]

為公便謹呈

主任孫

職　傅志純

附油桐育苗預算表一份

86

中華平民教育促進會華西實驗區璧山茶鋪輔導區（獅子鄉）農業推廣繁殖站油桐[illegible]

項目	數量	金額（以米計）	備考
租金	一五畝	三·〇市石	
工資	三〇个	一·八市石	
肥料	三〇担	〇·二市石	
合計		五·〇市石	

造表人　譚力中

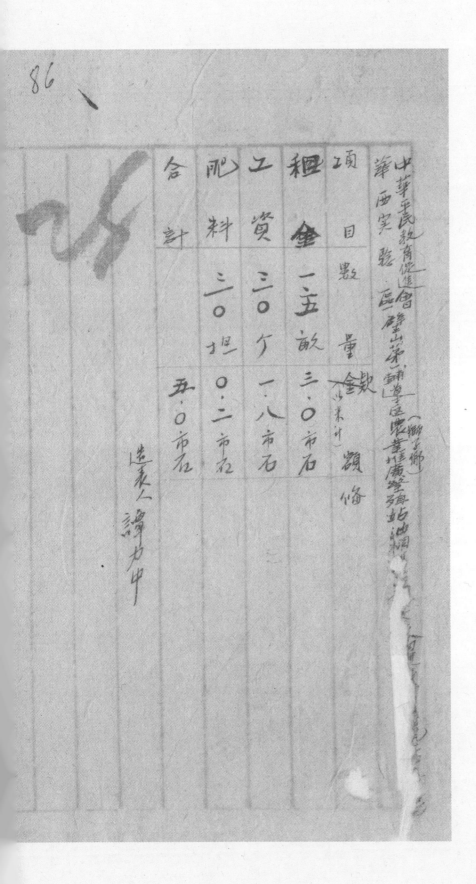

华西实验区璧山办事处为呈请拨发该区狮子乡农业繁殖站油桐育苗预算一事呈华西实验区总办事处报告（附：油桐育苗预算表）
9-1-120（119）

华西实验区北碚办事处主任田慰农就巴璧两县需要桐苗等问题致华西实验区总办事处秘书室主任郭准堂私函　9-1-120（81）

56

55

準堂主任兄：

示悉。關於子榮投考晏中情形，曾當面奉告（謝流園兄傳遞）。茲再將詳情為兄陳之：據學校當局說：子榮考試成績欠佳，各科均不及格，算術一科只得五分。故降一學期錄取，免日後入學時跟不上班也。該校正月廿日開學，繳費辦法，尚未十分確定（因日内物價波動太大）。據說是

中華平民教育促進會華西實驗區北碚辦事處用箋

年　月　日

华西实验区北碚办事处主任田慰农就巴璧两县需要桐苗等问题致华西实验区总办事处秘书室主任郭准堂私函　9-1-120（82）

需要黄穀五老石每。最称妥，目
前尚未决定採用那种办法，俟
入冬时再公佈。
关於本区巴璧两县需要桐苗
问题，前同喻主任数度与农
推所接洽，巴县今日正在挖桐苗，
大约可有十万株之数，巴璧山县
供给多少株，农推所陈主任说目前尚

华西实验区北碚办事处主任田慰农就巴壁两县需要桐苗等问题致华西实验区总办事处秘书室主任郭准堂私函　9-1-120（83）

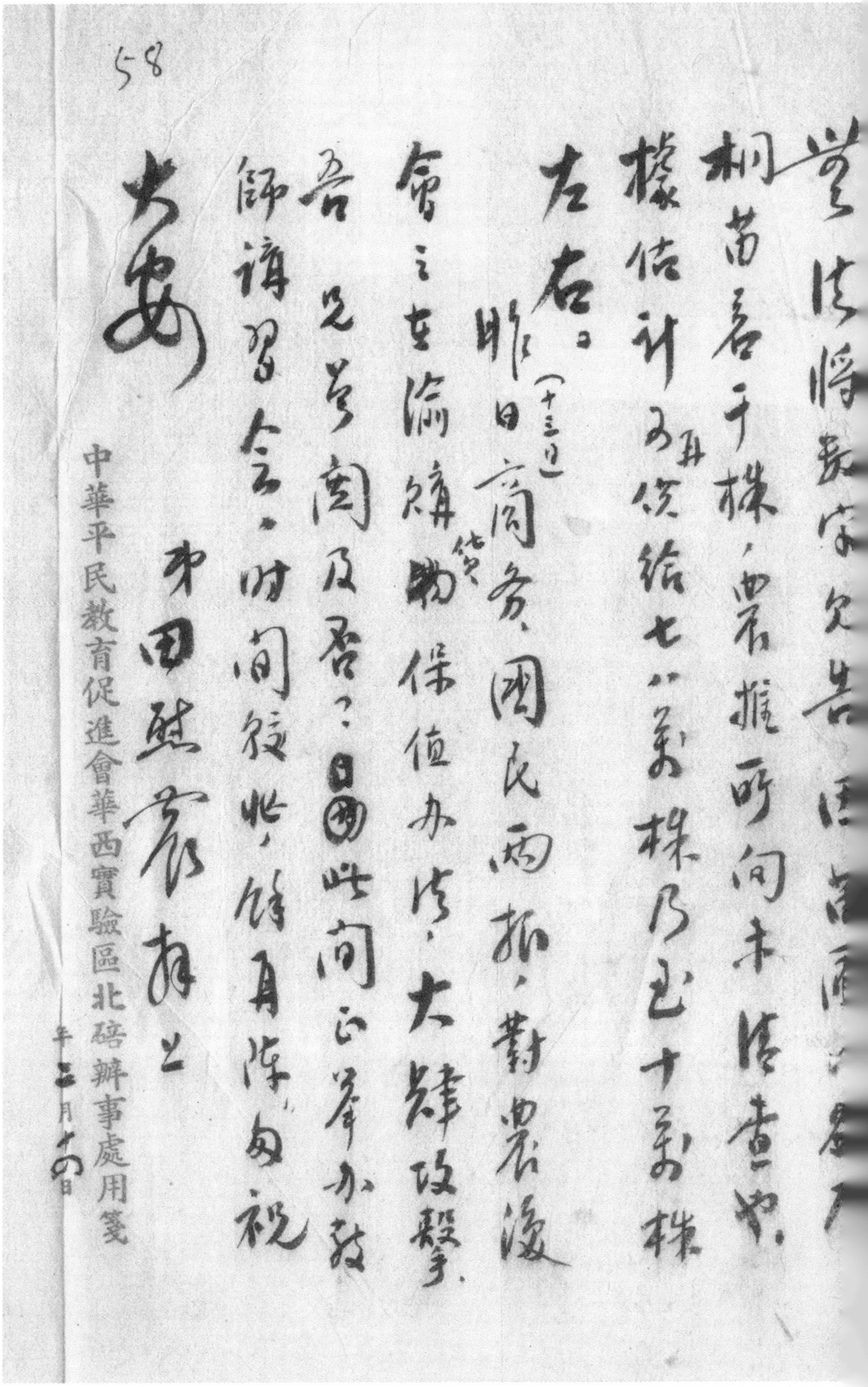
58

堂[illegible]
桐苗若干株，两農推所向未清查也，
橡估計可以供給七八萬株乃至十萬株
左右。
昨日（十三日）商會、團民兩報，對農復
會之在渝饋贈物資、保值办法，大肆攻擊，
吾兄若有閒及吾之國此間正在籌办教
師講習會，時間緊些，餘再陈，匆祝
大安
弟田慰農拜上
三月十四日

中華平民教育促進會華西實驗區北碚辦事處用箋

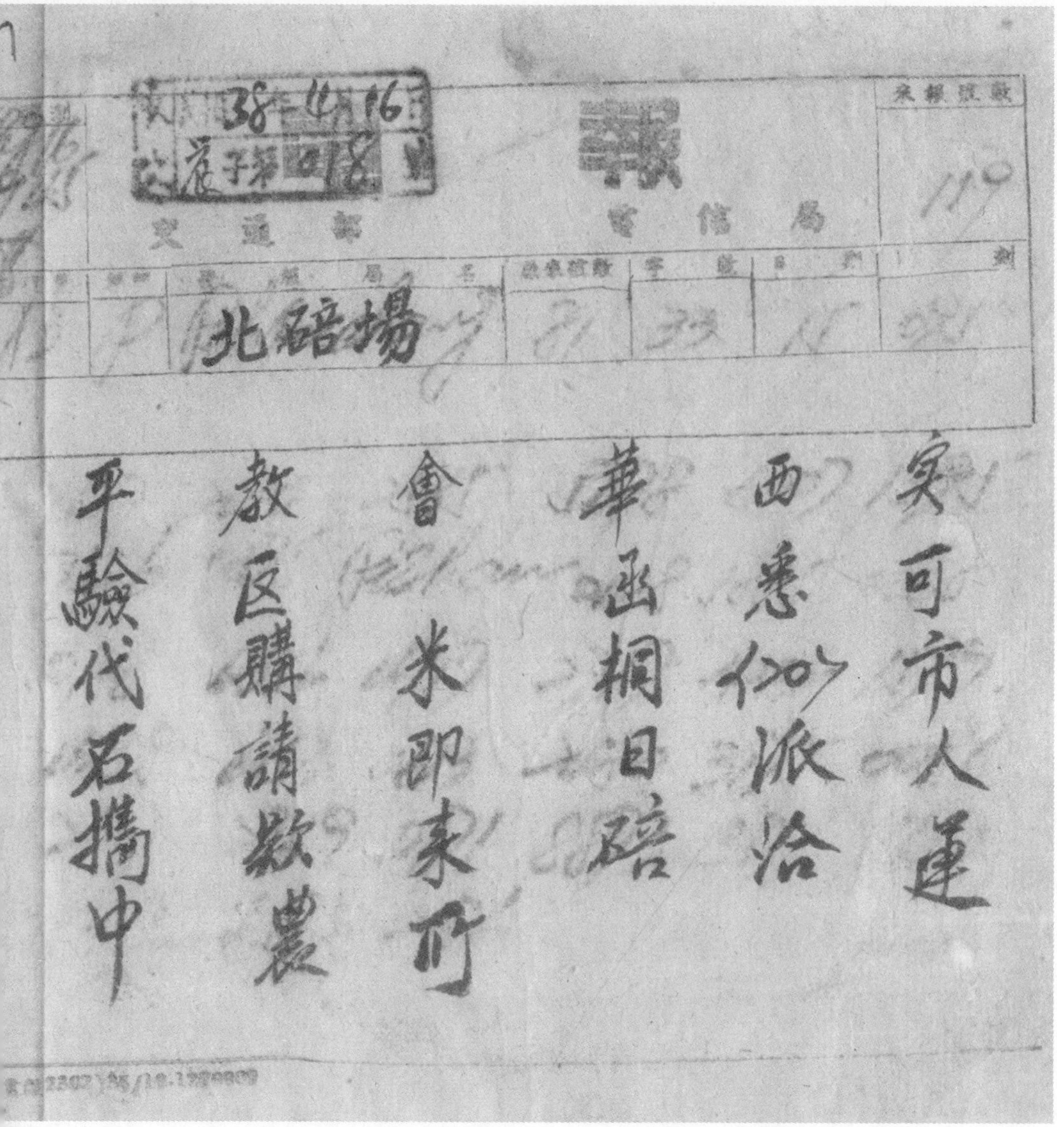

38-4-16
農字第018號

交通部 電信局

來報號數 119

北碚場

實可市人蓮
西悉1207派洽
華函桐日碚
會米即來所
教区購請款農
平驗代名擕中

华西实验区为派员领取桐种并付款一事同中央农业实验所北碚试验场往来电报、公函 9-1-120（109）

华西实验区为派员领取桐种并付款一事同中央农业实验所北碚试验场往来电报、公函 9-1-120（108）

76

41

中華平民教育促進會華西實驗區總辦事處稿（公函）

事由：爲函復即派員領桐種付款由

受文者：中央農業實驗所北碚試驗場

年月日：卅八年五月十八日發

字號：字第〇一一號

附件：

頃奉

貴場〈15〉日電示桐種可收購〈20〉市石請即派員攜款洽運等由准此除另行通知當縣辦事處等區即派員前來領取敬祈已另派專人赴場接洽即來洽付種價桐店出貨即煩

查照是荷此致

中央農業實驗所北碚試驗場

核判：四十七

核稿：

擬稿：[illegible]

副本　份送達

主任 孫

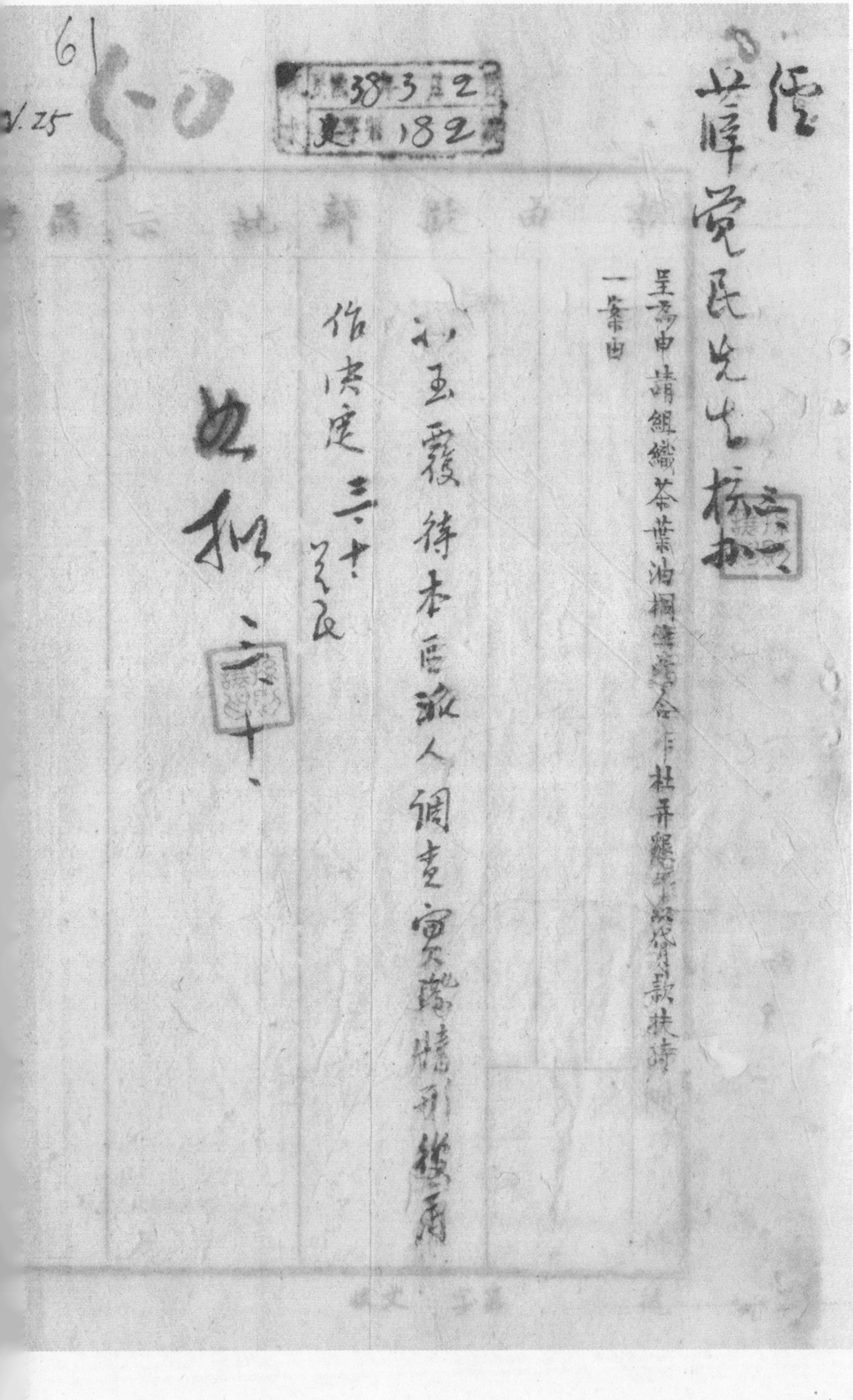
38.3.2
182
經
華覺民先生核擬
呈為申請組織茶葉油桐生產合作社并懇予貸款扶持一案由
函玉霞待本區派人調查實際情形後再
作決定
如擬

铜梁县巴岳山崇兴垦殖农场为组织茶业、油桐生产合作社及申请贷款一事呈四川省第三区专员公署专员、农村复兴委员会的公文及华西实验区办事处复函　9-1-120（88）

铜梁县巴岳山崇兴垦殖农场为组织茶业、油桐生产合作社及申请贷款一事呈四川省第三区专员公署专员、农村复兴委员会的公文及华西实验区办事处复函　9-1-120（89）

竊銅梁縣巴嶽山，土地肥沃，農產豐富，明清時代，產茶著名，[illegible]
列為貢品，後以栽培製造，不加改進，生產逐年殁落，始于民國二十三
年，發起墾植農場，利用荒山，墾成熟土，專門培育茶樹油桐
後共植茶五十餘萬叢，油桐二十餘萬株，并聘請製茶專家，改良製
造，如青茶、綠茶、紅茶等，均能製造，現每年產茶四五千斤，油桐
年可產桐子二千石左右，因人工肥料缺乏，不能達預期產量，大有減
產之虞，此僅本場等之產量也，他如沿山之農民，原有茶樹油桐亦多
，因漫無組織，并困於經濟，茶芽粗製濫造，油桐[illegible]成熟，[illegible]行採
摘，雖特損失物資，同時有[illegible]農村經濟，漸[illegible]損[illegible]消[illegible]
蒙受損失最大，兼之肥料缺乏，實有逐年[illegible]產之象，不能按年繁

铜梁县巴岳山崇兴垦殖农场为组织茶业、油桐生产合作社及申请贷款一事呈四川省第三区专员公署专员、农村复兴委员会的公文及华西实验区办事处复函 9-1-120（90）

62

殖矣、本場業於去年發起巴嶽山茶葉油桐生產合作社、邀集沿山居民二百餘家、如有上項作物者、作為社員、遵以生產合作之目的及將來繁營之計劃、均踴躍參加、希望農村特產、獲以振興、使農民經濟、得以解除困境、現正值春初、茶葉急待加工救濟、油桐急需施肥、故聞

鈞會扶持農村經濟、用特呈請、懇即派員、指示、定期籌組合作社、并懇予以貸款、全山農民農場沾感無暨！謹呈

第三區專員公署專員
農村復興委員會 孫

銅梁縣巴嶽山崇興墾殖農場場長馮永△

協生農場場長朱退輪

已制卡

已制卡

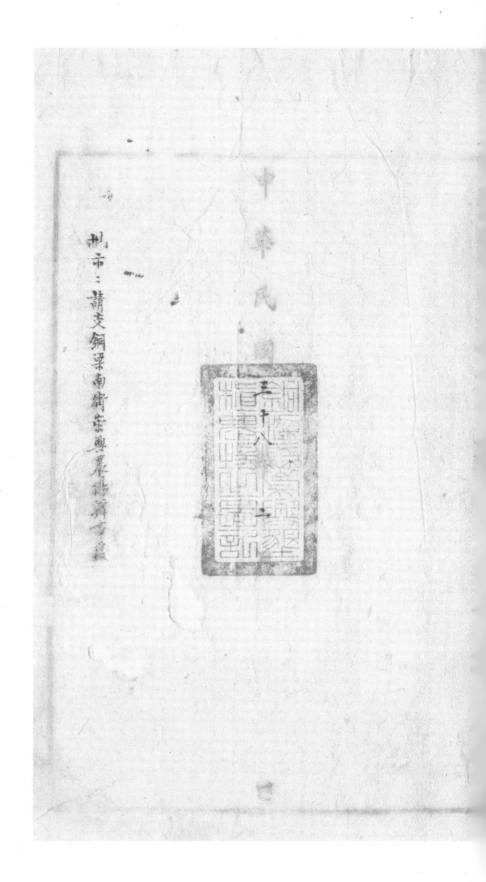
中華民國

铜梁县巴岳山崇兴垦殖农场为组织茶业、油桐生产合作社及申请贷款一事呈四川省第三区专员公署专员、农村复兴委员会的公文及华西实验区办事处复函　9-1-120（91）

铜梁县巴岳山崇兴垦殖农场为组织茶业、油桐生产合作社及申请贷款一事呈四川省第三区专员公署专员、农村复兴委员会的公文及华西实验区办事处复函　9-1-120（92）

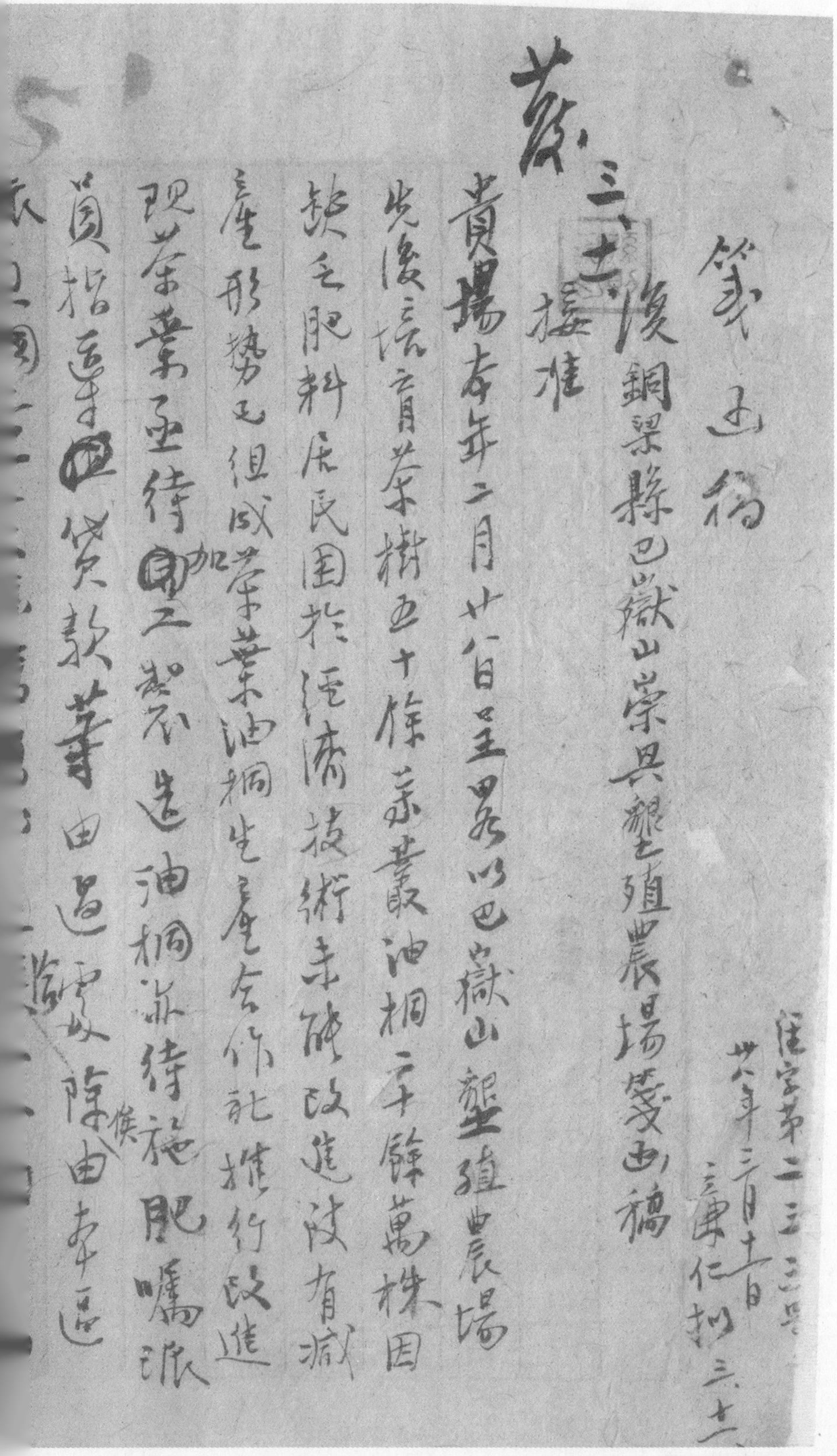
准字第二三三三号
卅八年三月十一日　謙仁擬　三.十一
箋函稿
發　三.十二
核准
復銅梁縣巴嶽山崇興墾殖農場箋函稿
貴場本年二月廿八日呈略以巴嶽山墾殖農場
先後培育茶樹五十餘萬叢油桐二千餘萬株因
缺乏肥料農民困於經濟技術未能改進致有減
產形勢亟組成茶葉油桐生產合作社推行改進
現茶葉亟待加工製造油桐亦待施肥囑派
員指導並貸款等由過處准俟由本區

铜梁县巴岳山崇兴垦殖农场为组织茶业、油桐生产合作社及申请贷款一事呈四川省第三区专员公署专员、农村复兴委员会的公文及华西实验区办事处复函　9-1-120（93）

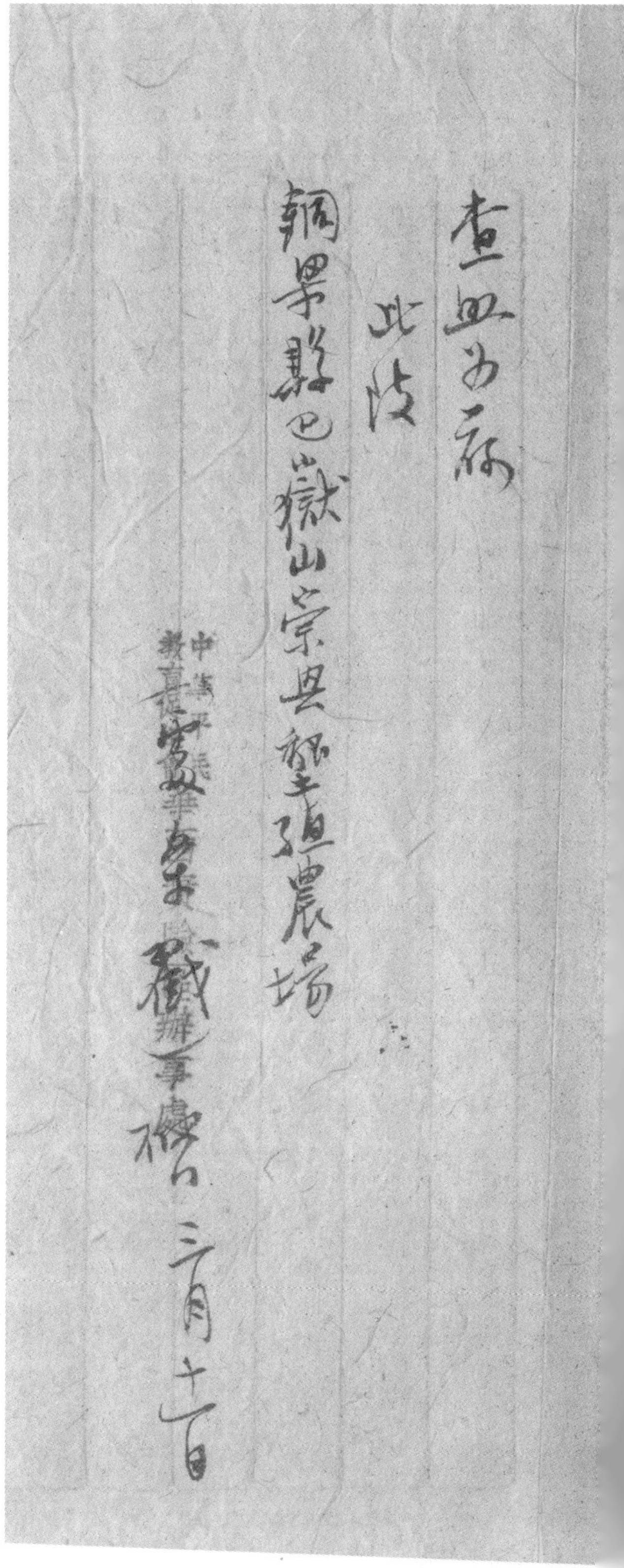
查照为荷

此致

铜梁县巴岳山崇兴垦殖农场

中华平民教育促进会华西实验区办事处

三月十日

璧山第六辅导区为该区灌溉桐苗垫纱十九只仍请发纱并补呈前次漏检报销册一事与华西实验区总办事处的往来公文 9-1-120（134）

96

6

收文 民國38年10月14日 區字第425號

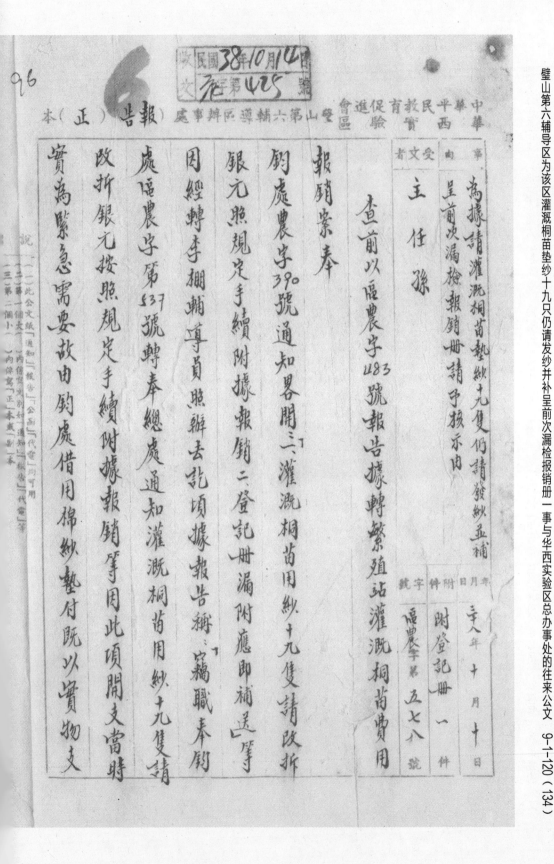

中華平民教育促進會華西實驗區璧山第六輔導區辦事處 報告（正）本

事由	為據請灌溉桐苗墊紗十九隻仍請發紗並補呈前次漏檢報銷冊請予核示由
受文者	主任孫
年月日	三十八年十月十日
附件	附登記冊一件
字號	區農字第五七八號

查前以區農字483號報告據轉繁殖站灌溉桐苗費用報銷案奉鈞處農字390號通知畧開「灌溉桐苗用紗十九隻請改折銀元照規定手續附據報銷」「登記冊漏附應即補送」等因經轉李棚輔導員照辦去訖頃據報告稱「竊職奉鈞處區農字第537號轉奉總處通知灌溉桐苗用紗十九隻請改折銀元按照規定手續附據報銷等因此項開支當時實為緊急需要故由鈞處借用棉紗墊付既以實物支

說明：
（一）此公文紙「通知」「報告」「公函」「代電」均可用
（二）第一個大（ ）內依需要分別填「通知」「報告」「代電」等
（三）第二個小（ ）內依需寫「正」本或「副」本

97

用自應以實物歸還始符實際且近日物價漲跌率頗大一日數易究以何日為折率標準殊難指定如以早已支用之十九隻紗改折銀元實有事實上不可解決之困難特此懇請鈞座鑒核轉請准予核發棉紗以憑歸墊」等情查所稱各節的係事實為求兼顧計擬請鈞處照發棉紗即按發時折合銀元登帳尚覺便利謹附呈前次漏檢之報銷登記冊請予核示飭遵！

附登記冊一份

璧山第六輔導區主任　何子清

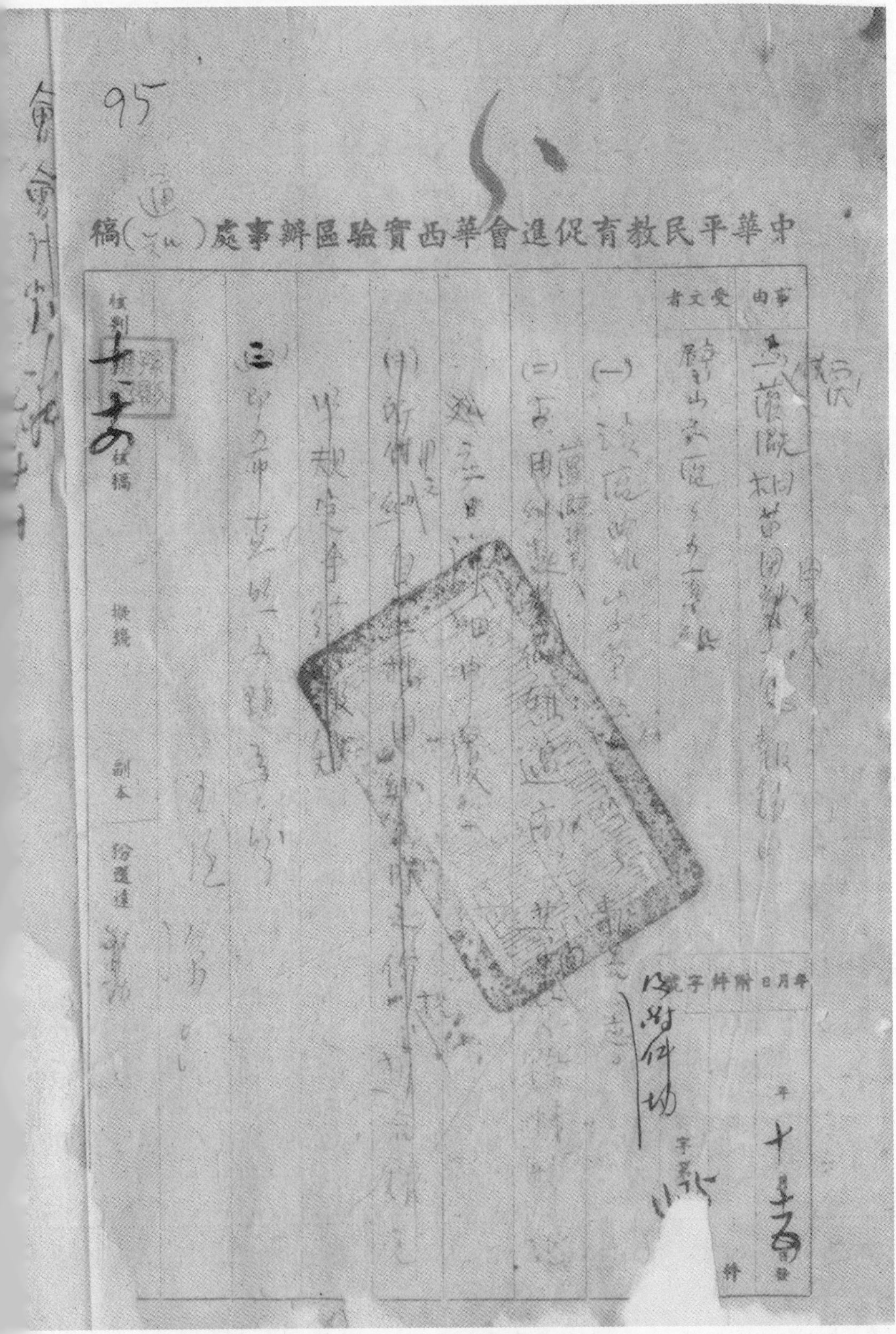
中華平民教育促進會華西實驗區辦事處（　）稿

事由	
受文者	
核判	
核稿	
擬稿	
副本	
份送達	
年月日附件字號	年　月　日發　字第　號　件

璧山第六辅导区为该区灌溉桐苗垫纱十九只仍请发纱并补呈前次漏检报销册一事与华西实验区总办事处的往来公文　9-1-120（133）

璧山第六辅导区办事处为呈报桐苗地租单据请予核销一事呈华西实验区总办事处报告　9-1-120（132）

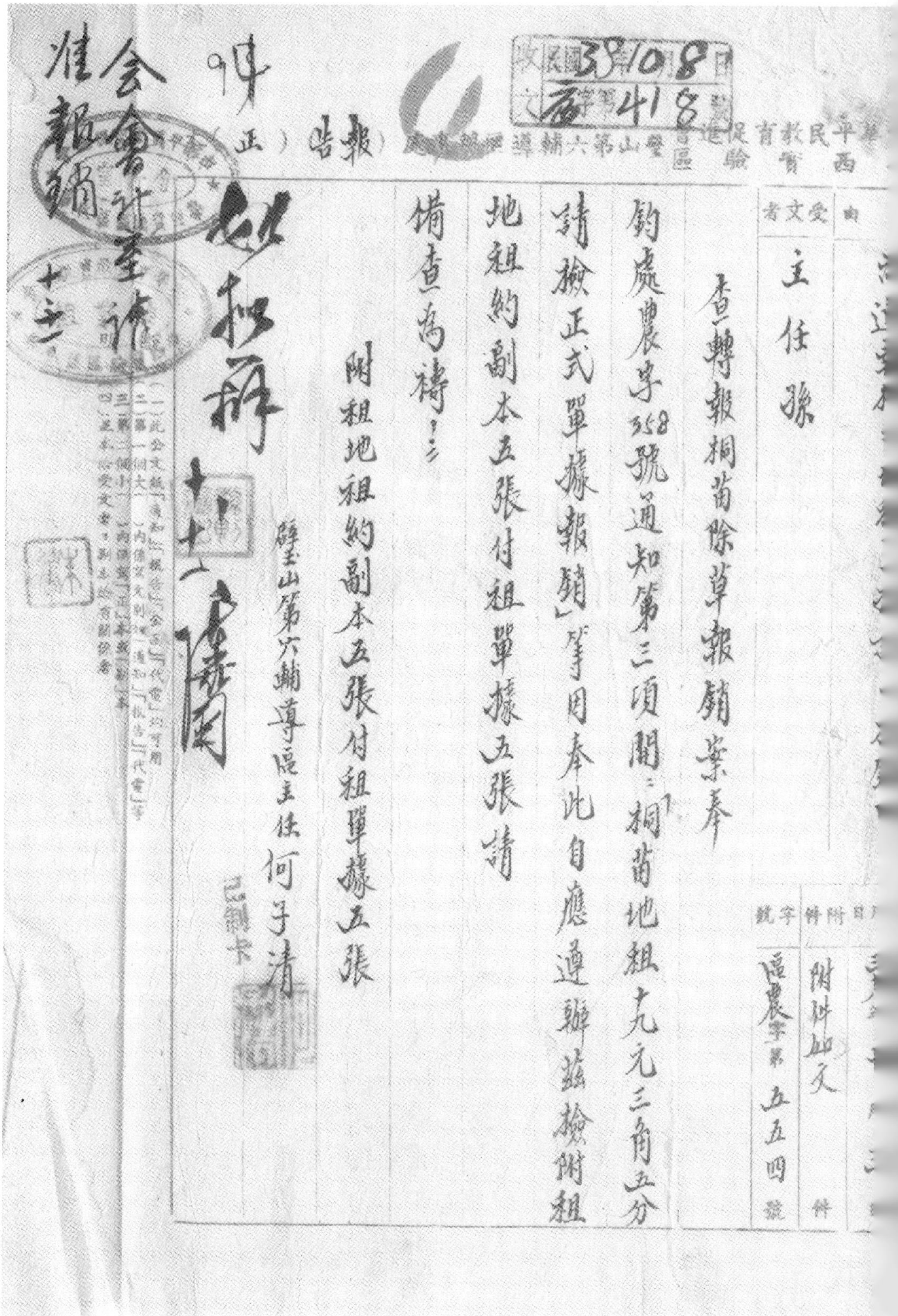
華西實驗區 平民教育促進會璧山第六輔導區辦事處 報告（正）

收文 民國38年10月8日 農字第418號

受文者：主任孫

附件：附件如文

字號：區農字第五五四號

查轉報桐苗除草報銷案奉
鈞處農字358號通知第三項開：「桐苗地租九元三角五分請檢正式單據報銷」等因奉此自應遵辦茲檢附租地租約副本五張付租單據五張請
備查為禱！

附租地租約副本五張付租單據五張

璧山第六輔導區主任 何子清

已制卡

准報銷

会會計室核

如擬

江北县第二辅导区办事处为核发约克斜种猪及桐苗事宜呈华西实验区总办事处报告 9-1-120（136）

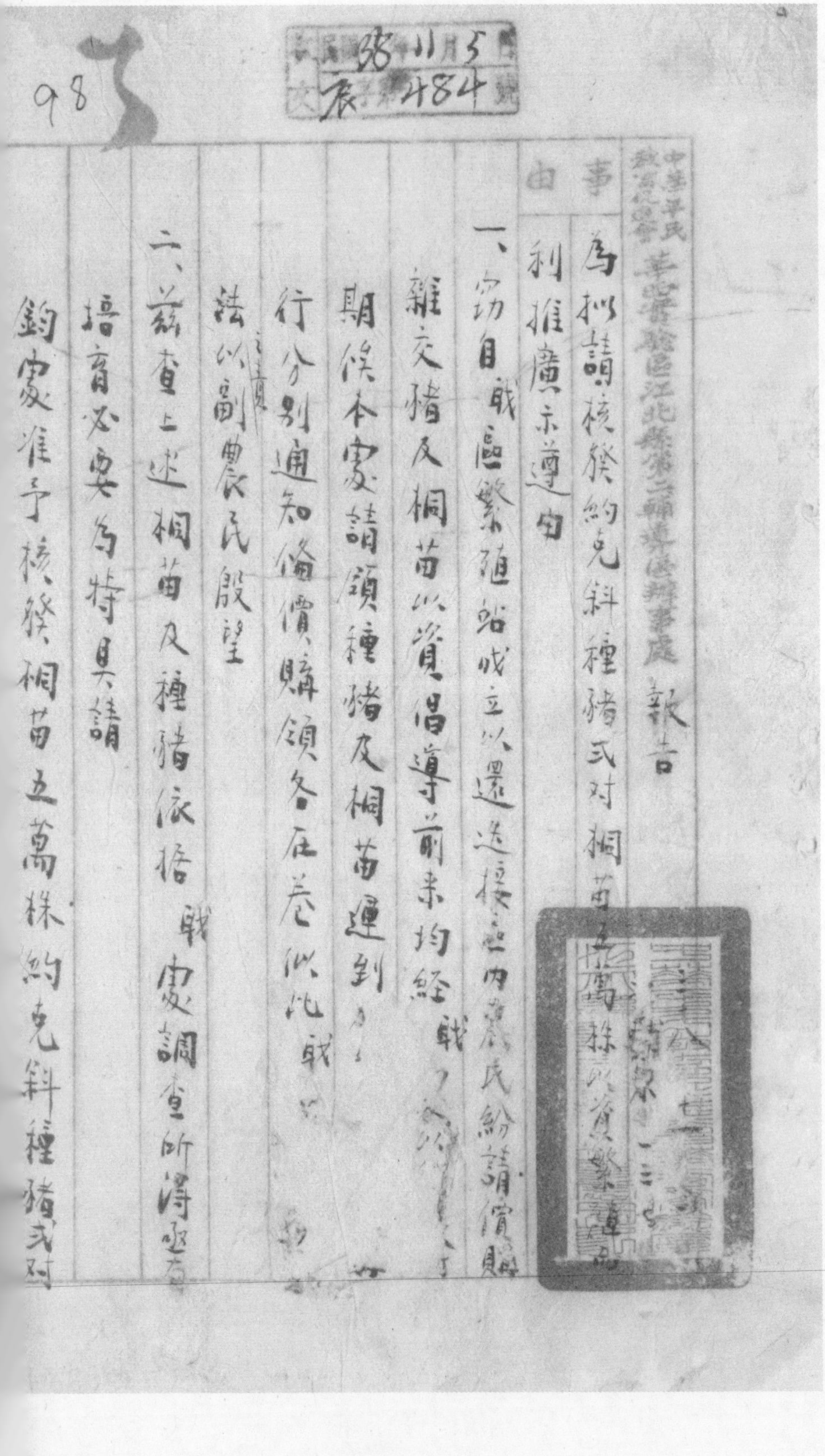
98

民国38年11月5日 收文 辰字第484号

中华平民教育促进会华西实验区江北县第二辅导区办事处 报告

事由：为拟请核发约克斜种猪式对桐苗五万株以资繁殖而利推广示遵由

一、窃自职区繁殖站成立以还，迭接区内农民纷请价购杂交猪及桐苗以资倡导前来，均经职以期俟本处请领种猪及桐苗运到后，再行分别通知备价购领，各在卷。似此职法以副农民殷望。

二、兹查上述桐苗及种猪依据职处调查所得，适合培育必要，为特具请钧处准予核发桐苗五万株、约克斜种猪式对

江北县第二辅导区办事处为核发约克斜种猪及桐苗事宜呈华西实验区总办事处报告　9-1-120（137）

99

分别運發以便轉站從速繁殖用符推廣，是否
可行併祈
示遵！
謹呈
主任秘書郭核轉
兼主任孫
區主任吳昇東

已制卡

璧山县中兴乡推广桐苗数及成活数统计表 9-1-132（53）

32 1000 400

中興鄉推廣桐苗數及成活數

學區別	領種人姓名	甲別	領種株數	成活株數	備攷
1	萬慶元	9	一五〇	一三〇	
1	郭文峯	7	一〇〇	八五	
1	何宗倫	7	五〇	四六	
1	王樹之	7	二〇〇	一五	
1	蔡天祥	9	二〇〇	一七	
1	傅銀洲	10	六〇〇	五〇	
4	張文淵	3	一〇〇	七四	
4	郭俊臣	1	三〇〇	二四七	
4	尹瑞閣	5	一〇〇	七三	
4	徐澤高	7	二〇〇	一六二	
4	徐勳和	7	一五〇	一一六	
4	盧甫臣	4	一五〇	一二一	
7	張茂林	2	一四〇	一一三	

璧山县中兴乡推广桐苗数及成活数统计表　9-1-132（54）

38　　600

7	張泉湧	2	五〇	四三
7	張仲達	12	五〇	四八
7	張壽廷	11	三〇	二〇
7	何介眉	8	五〇	四一
7	張一策	9	三〇	二七
7	張俊良	9	六〇	四五
7	朱澤霖	7	六〇	四〇
7	彭錫永	6	五〇	三五
7	廖森林	4	三〇	二三
7	譚怡圃	9	五〇	四一
9	龔榮高	3	二五〇	二〇三
9	熊澤森	7	一〇〇	七九
9	龔炳發	7	五〇	二四
9	龍廷坤	6	五〇	三一

39

750

9	曾鶴齡	6	五〇	四〇
9	龍子卿	6	五〇	三四
9	張世華	1	三〇	二七
9	王子猷	1	五〇	四七
9	王榮華	7	五〇	四三
9	劉永康	3	七〇	四八
9	郭炳輝	7	五〇	四二
合計			二、八〇〇、	二、二三〇、

华西实验区一九五〇年桐苗推广办法（原稿） 9-1-145（48）

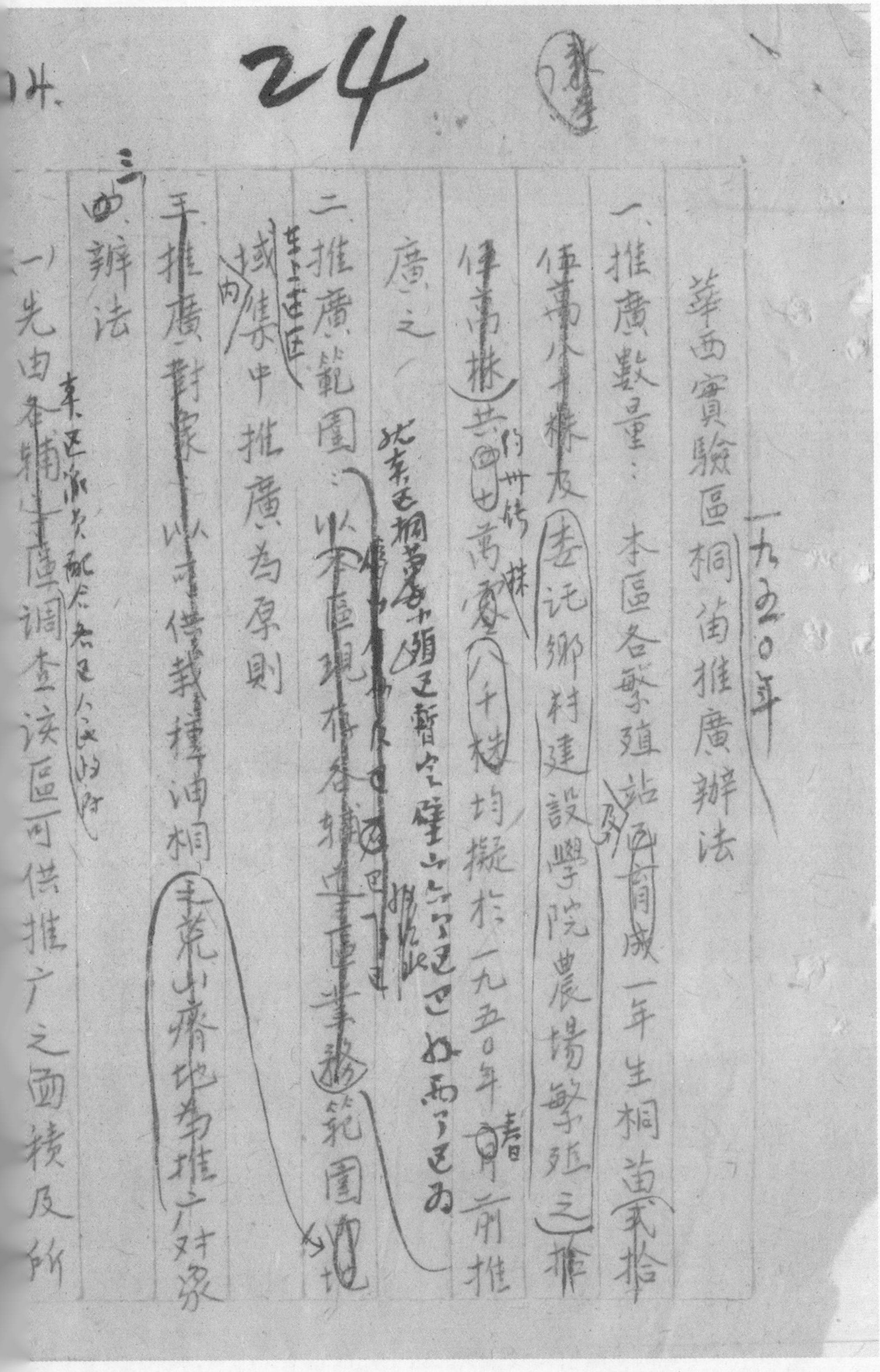

24

華西實驗區桐苗推廣辦法 一九五〇年

一、推廣數量：本區各繁殖站及育成一年生桐苗貳拾伍萬八千株及委託鄉村建設學院農場繁殖之桐苗株共四十萬八千株均擬於一九五〇年春月前推廣之

二、推廣範圍：以本區現有各輔導區業務範圍內地域集中推廣為原則

三、推廣對象：以可供栽種油桐之荒山瘠地等推廣對象

四、辦法：

一）先由各輔導區調查該區可供推广之面積及所

需桐苗数量并发起植桐运动

（二）由各乡公所根据宜于植桐之土地，凡愿栽植桐苗农民得向辅导区办事处申请登记所需苗木株数，再由辅导区转报总处核定。每户植株不得少于五百株。今年本区之桐苗圃地点。

（三）每户申请苗木株数不得少于五百株，免使栽植零散管理困难。栽植土地须由土地使用人自行负责。

（四）成本费暂按桐苗每五百株收中熟米叁市斗计算。

（五）前项成本费分两次交付，第一次于申请登记时缴三分之一，第二次于领取苗木时完全交清

25

(六)栽植知識及技術由本區派員協助指導之，

(七)各輔導區須與領種桐苗農民取得密切聯繫並將苗木成活及生長情形隨時報告農場以資考查

四、進行步驟

一、由本區先行徵求各縣人民政府之同意並請求協助

二、組織推桐隊八隊每隊五人每區一隊

三、調查及發動期間自二月十日起至二月底止

三、三月一日起至三月卅日止由各區隊依照實際情況決定推桐辦法及步驟

华西实验区一九五〇年桐苗推广办法（原稿） 9-1-145（50）

华西实验区一九五〇年桐苗推广办法（原稿） 9-1-145（51）

四、自三月份起每[illegible]由县[illegible]

五、三月份至六月份内每区已讨论工作结果[illegible]报告

[illegible]以后按时缮造[illegible]报表[illegible]至月向每月

两次，自七月起每月一次

五、经费估计

一、薪酬 工作人员共计四十二人（八区每区五人共四十人，[illegible]二人）

需米三千一百五十斤

二、旅费 三月份 三百廿六斤

四月份 三百廿六斤

五月份 一六八斤

六月份 一六八斤

三、印记及工作时之纸张文具共[illegible]〇一五八斤

华西实验区一九五〇年桐苗推广办法 9-1-145（52）

3. 26

華西實驗區桐苗推廣辦法

一、推廣數量：本區各繁殖站已育成一年生桐苗貳拾伍萬八十株及委託鄉村建設學院農場繁殖之拾伍萬株共四十萬零八十株均擬於一九五〇年二月前推廣之

二、推廣範圍：以本區現存各輔導區業務範圍內地域集中推廣為原則

三、推廣對象：以可供栽種油桐之荒山瘠地為推廣對象

四、辦法

（一）先由各輔導區調查該區可供推廣之面積及所

需桐苗数量并發起植桐運動

（二）凡願栽植桐苗農民得向輔導區辦事處申請登記所需苗木株数再由輔導區彙報總處核定之

（三）每户申請苗木株数不得少於五百株免使栽植零散管理困難

（四）成本費暫按桐苗每五百株收中熟米叁市斗計算

（五）前項成本費分兩次交付第一次於申請登記時繳三分之一第二次於領取苗木時完全交清

27

（六）栽植知識及技術由本區派員協助指導之
（七）各輔導區須與領種桐苗農民取得联繫密
切联繫并將苗木成活及生長情形隨時報
告總處以資考查

华西实验区一九五〇年桐苗推广办法　9-1-145（54）

华西实验区一九五〇年桐苗推广办法　9-1-145（54）

孙则让关于油桐挖运费用暂予垫付致顾润民信函 9-1-161（143）

106

已发 元六

全衔笺函稿

芸字实秘字第七号

民国三十八年元月六日发

润民吾兄勋鉴：查巴璧两县农业生产合作社多已次第组成，各社业务亦多已分别展开，璧山各乡颇适于油桐之推广，用是前已与北碚中农分行洽妥价让桐苗四十五万株，并须于元月内挖运，以免误栽植之期。经饬核算挖运费以目前工运价计，则需壹万伍仟叁百元。刻农复会款未拨到，自无从支用，时间又至迫急，故特函达，对于此费壹万伍仟元拟请吾

兄暂予垫付，以便即行挖运而免遗误，至为感

幣值賤落，計此款即可按當時米價折合為米

數，俟將來農復會撥到，再照彼時米價折合舊

還，似此公款當不致受損也。為此迫急，特以奉

聞，尚祈

俞允，無任公感。並頌

勛綏

弟 孫〇〇拜啓 元月六日

璧山专署梁滩河农业生产指导所桐苗浸种试验初步结果报告　9-1-227（96）

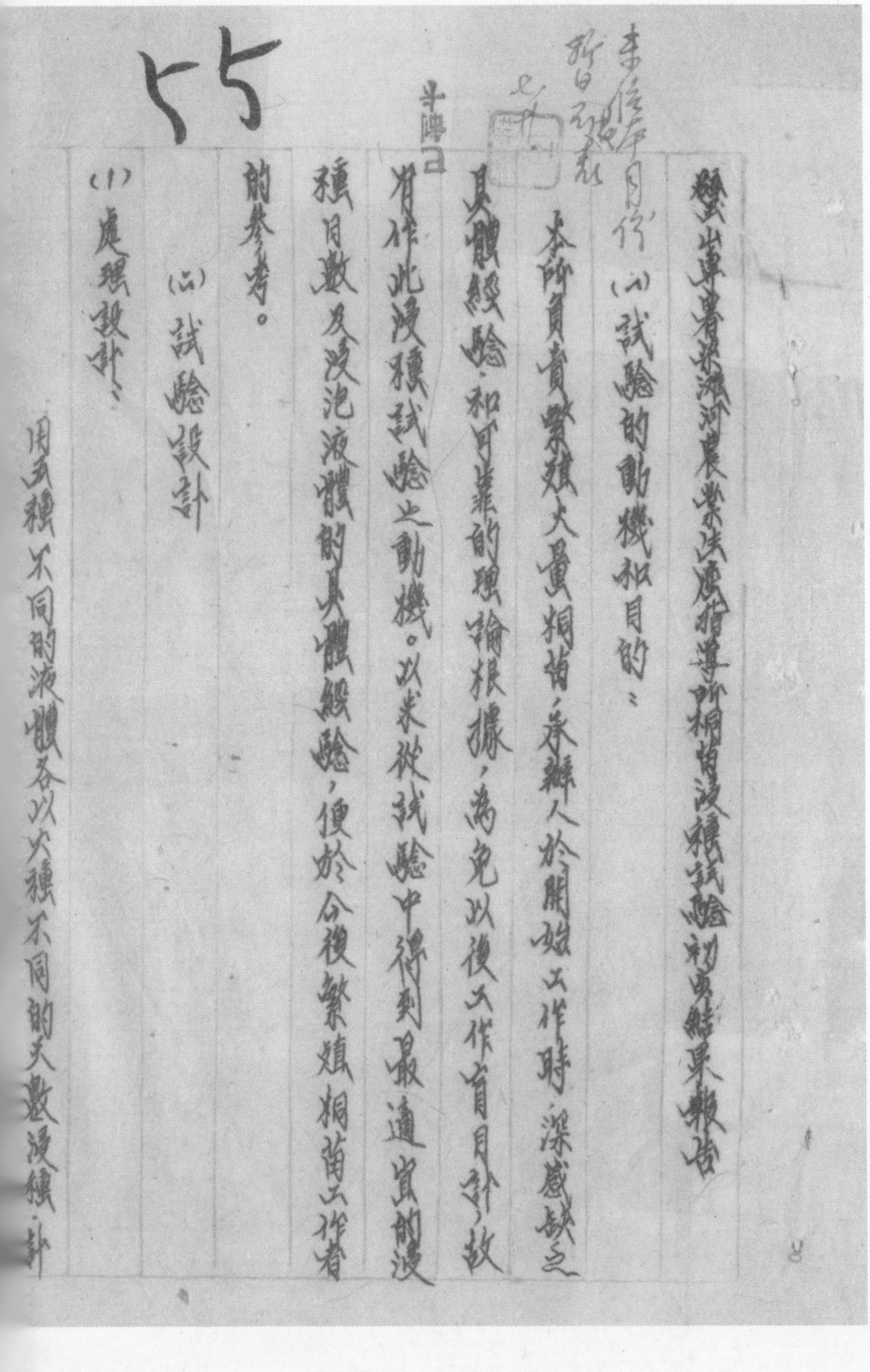

璧山專署梁灘河農業生產指導所桐苗浸種試驗初步結果報告

(一)試驗的動機和目的：

本所負責繁殖大量桐苗，承辦人於開始工作時，深感缺乏具體經驗，和可靠的理論根據，為免以後工作盲目計，故有作此浸種試驗之動機。以求從試驗中得到最適宜的浸種日數及浸泡液體的具體經驗，便於今後繁殖桐苗工作者的參考。

(二)試驗設計

(1)處理設計：

用五種不同的液體各以六種不同的天數浸種，計

璧山专署梁滩河农业生产指导所桐苗浸种试验初步结果报告　9-1-227（97）

三十個處理，四個重復共八十行，依隨機排列法種植。

(2) 處理說明：

五種液體為：開水(A)、冷水(B)、灰液(C)、鹹水(D)用桐殼灰以八十度開水中泡浸冷後浸種(C)，不浸種(E)作為標準行。六種不同的天數為浸種：二天、四天、六天、九天、十二天、十五天。

(3) 種植設計：

先作好大畦，取行長二丈，行距二尺二寸，株距二寸(密植)，每種處理取一百粒種子用橫條播(成雙行)播下。

(4) 檢查辦法：

於桐苗開始出土日起，間隔二日檢查一次，逐行

璧山专署梁滩河农业生产指导所桐苗浸种试验初步结果报告　9-1-227（98）

56

記發芽株數（出土株數以看見桐苗為準）

（三）現階段的結果：

1、從浸泡液來看：

a 開水泡：最高發芽率66%與標準行65.5%相比差異不大

b 冷水泡：最高發芽率83%比標準行超出17.8%

c 菜液泡：最高發芽率71%與標準行相比雖有超出但浸種九天後即全部失去其發芽力。

d 鹼水泡：最高發芽率82.5%比標準行超出17.0%

e 不浸泡：最高發芽率67.5%以其總平均數65.5%作為標準行

各種液體中以冷水和鹼水浸種最好與標準行相比差異顯著

五、從浸種日數來看：

⑴浸種六天者以灰水浸種發芽率最高71%超出標準行17%

⑵浸種三天、六天、九天、十二天者均以冷水浸種為佳比標準行高即73%

⑶浸種九天者以鹼水浸泡為最佳發芽率82.5%

— 83%

各種浸種天數中以六天至十二天為佳其中尤以鹼水浸泡九天及冷水浸種十二天者最佳，至目前為止其發芽率均達82%以上，足見其出土比以觀整齊而迅速。

附錄統計表

浸種天數
[illegible]
三
六
九
十二
十五

璧山专署梁滩河农业生产指导所桐苗浸种试验初步结果报告　9-1-227（100）

			30.18	
3.25	26.00	33.50	33.50	
50	82.75	66.75	78.50	
0	0	0	29.04	
.50	77.50	80.75	72.83	~~25.00~~
25	65.25	67.50	65.54	
.70	45.7	49.7	總平均	
	50.70			

璧山专署梁滩河农业生产指导所桐苗浸种试验初步结果报告　9-1-227（100）

開水	A	10.50	66.00	11.5
冷水	B	58.25	71.00	72.7
尿液	C	71.25	68.25	34.7
鹹液	D	65.50	69.50	71.2
(不浸种) 桐壳灰1斤 開水10斤	E	66.00	66.25	63.0
		54.3	68.2	50.6
				50.6

璧山专署梁滩河农业生产指导所推广小米桐苗成活情形检查报告（一九五〇年六月三十日） 9-1-227（115）

璧山專署梁灘河農業生產指導所推廣小米桐苗成活情
形檢查報告 一九五〇年六月三十日

一、推廣時所遭遇的困難

當我們在三月二十二日以前將各种水稻良种貸放後隨
即檢查各繁殖户是否如數播种工作確屬緊張五月底接
平家巷西實驗区通知囑即推廣該区於一九四九年在鄉
建院所繁培育之小米桐苗我們立即一面展開宣傳一面登
記惟此時一般農民已知政府將於明年實行土改土权誰屬
尚不可知故多不願接受恐徒勞栽种曾將中央土地改革
詳作解釋以加強其自栽自收之信心而收效仍甚微

至有不明是非的地主如巴县凤凰二保地主陈永禄竟将佃户领种的桐苗拔掉这就是我们在推广时所遭遇到地权问题的困难

二、当时登记领苗数是二二九六五株

願意领苗的农户经我们登记即持领条径至院领取计当时登记领桐苗的凤凰乡公所统领我在果树试验场道的有一万株凤凰三保一八〇〇株四保一一〇〇株五保五五〇株，另院四保二五〇〇株廿一保四八〇株廿三保一五二〇株两即共农去领条为二二九六五株（没经查实领苗人的保别及领苗数均有变更有的少领有的多领有的转让别人领去了）我们除

璧山专署梁滩河农业生产指导所推广小米桐苗成活情形检查报告（一九五〇年六月三十日） 9-1-227（117）

66

指导农户播种良种水稻外并分出精力来指导农户栽植桐苗的技术

三、检查桐苗成活情形

我们於六月十二日起费一周时间分户实地检查桐苗成活情形结果如後表：

乡别	领苗户	领苗数量（株）	成活数量（株）	备考
凤凰乡公所代领栽在梁滩河沿岸一带		一〇，〇〇〇	二，九六〇	
凤凰	九四	六，四九〇	二，三一七	
兴隆	五	五，二〇〇	一，五八七	
合计	九九	二一，六九〇	六，九六四	领苗户数皆计苗并计凤凰乡公所负责召集

璧山专署梁滩河农业生产指导所推广小米桐苗成活情形检查报告（一九五〇年六月三十日） 9-1-227（118）

四、桐苗成活率較低的原因

(一)栽植时間太遲每农縣的二月尾三月初苗已發芽不易栽活

(二)桐苗領運以後適逢農民不善保護有一部份運回業已枯萎

(三)栽後近二十多天未下雨農民对植桐苗以土板向起来解决多不按心不願澆水乾死不少

(四)时值農忙农民雖領了桐苗而無时間兼無興趣来好好的照我们所規定的办法去栽植

五、根據本次推廣所發經驗

璧山专署梁滩河农业生产指导所推广小米桐苗成活情形检查报告（一九五〇年六月三十日） 9-1-227（119）

67

(一)桐苗的移植期最好在发芽前的腊月及正月初以此时苗未发芽正是休眠期容易栽活若在正月以后移植则成活率便低了。

(二)要仔细的指导农民的栽植方法栽后检查的工作也要作到则就移植后迟亦多能栽活如本次凤凰四保二甲马槙伯对植桐很有信心又能照规定方法栽植虽在旱日下仍经常灌水故彼本次领苗一千株都栽活八百五十株即是一例。

（附小米桐成活情形检查表一份）

84

蔬菜害蟲防治預算　1950，2月份

項目	摘要	總計（人民幣）
日用費	工作人員二十人，期間一個月 每人每日食米六斤共计3600斤合8[illegible]	2,000,000
舟車費	每人往返估計72,000，二十人計	1,440,000
药械運费	每隊估计500,000，共计四隊	2,000,000
	総计	5,440,000元

华西实验区农业组蔬菜害虫防治及桐苗推广费预算　9-1-266（150）

华西实验区农业组蔬菜害虫防治及桐苗推广费预算 9-1-266（152）

桐苗推廣費預算

項目	説明	総計（人民幣）
日用费	工作人员四十人，期間一個月每人每日食米六斤共7200斤合16老石	4,000,000
舟車费	每人往返估计72000，十人计	720,000
苗木運輸	每隊估计30000，共计四隊	120,000
	総计	4,840,000元

6

华西实验区农业组工作人员呈推广良种工作所遇困难信函 9-1-95（13）

87

收文 1950年10月4日 ?字第619号

孙主任：

一、我们（王宪章、许建中、王应纶）十七日来到荣县，住何子华县农推所。十八日是星期例假，十九日到专署，专员去重庆，副专员王向全会见建设科刘昌言科长，叙述了农业生产指导所成立经过，工作范围，领导机关等情形，并请专署决定：①派人领导 ②指定地址 ③拨给用具。

二、十九日在何子华附近对地理环境作了初步了解，并访问了钱家农户。廿日到距何子华廿华里的龙宝乡，去了解一般情形，考虑农指所的地址问题，该乡原设有农校，有田廿余亩，该校地较宽，适于[illegible]，[illegible]四

近田土肥沃，出產豐富，有小田一二邊，田中[illegible]

件方面，對於四農業機構，至專縣尚不多見，惟①為農校歸專縣本村，就是果花園；②距江邊約五華里，交通不太方便。

三、廿日再赴專署洽詢前提待決之問題，與在清正副專員見面，適逢專會，僅將所領導人及地址問題，提請決定，嗣獲答覆①由建設科直接領導②地址暫在沙河子。從專署歸來，見到建設科劉科長並沙河子農推所等後，我們，劉科長並我，商過了一個整天，詳查看水稻左倉，討論繁殖稻種的農家外，並宣佈我所暫由他去領導。

华西实验区农业组工作人员呈推广良种工作所遇困难信函　9-1-95（15）

88

经
许先生登记
工作计划

2

随着我们提出了这些问题：①农推所内房屋不够用（我们六人住了一间宽的公房，兼办公的房子）②过去有关单位，根据本所成立③农指所图章及负人员认的制农业④有关推广小麦的几个问题。其次又把我们最近的工作计划大纲，作了一个报告：①许骨小麦推广②计划小麦比较栽培③收储稻种入仓④准备收储南瑞苕（分查看南瑞苕生长情形等）⑤准备推广油桐（先调查可种油桐地址等）⑥发动农家优良稻种相互交换⑦发动农家南瑞苕换种⑧发动农家冬耕板田⑨发动农家修补塘堰⑩结合农家实际经验，今后再会议，并

华西实验区农业组工作人员呈推广良种工作所遇困难信函　9-1-95（16）

去看[illegible]

四、廿二日在别科長的提示下，我們又到了双溪鄉（距协兴十華里），作作地区調查，備作農指所的固定地址，這個鄉底点組織虽然很有基礎，但因地特别，自然條件，不適合于農業机構。

五、自廿六日起分為兩組，前往佈置小麥推廣，重点放在协兴子三四兩保，約佔全數五分之四，其餘五分之一在試宝鄉推廣。這次麥種是金大二九〇五号，以稻麥場繁殖的（中大2419号二〇〇斤，中農28号五〇〇斤，金協五号五〇〇斤，戴兩麥二〇斤共三二〇斤）由農林廳分给我們帮來的。至佈置前

华西实验区农业组工作人员呈推广良种工作所遇困难信函　9-1-95（17）

39

本区决定负责赔偿，并奉区办事处[illegible]推广示范[illegible]同时可与农业种作推广股[illegible]方能决定是否应该赔偿。

3

我们作了一次讨论，发现了两个问题：（一）按照农人要求规定，麦种一斤换黄谷一斤半，比市价小麦一斤只等于黄谷壹斤，取价较高，不易推广。（二）黄来麦种，都是初试品种，第一收获减产，农人受了损失，那个负责呢？上年我们实验区在此地推广水稻时，曾与农人讨论，规定一若有减产，负责赔偿，这是合理而能得到农人信任的办法，由于推广稻种的基础，此次向他登记小麦推广，都很踊跃。在农人思想中「增产是自己的，减产有人赔偿」，为何不可试种呢！可是农人要求规定里，没有赔偿这一条，农民提出来，没有答复。我们这[illegible]

华西实验区农业组工作人员呈推广良种工作所遇困难信函　9-1-95（18）

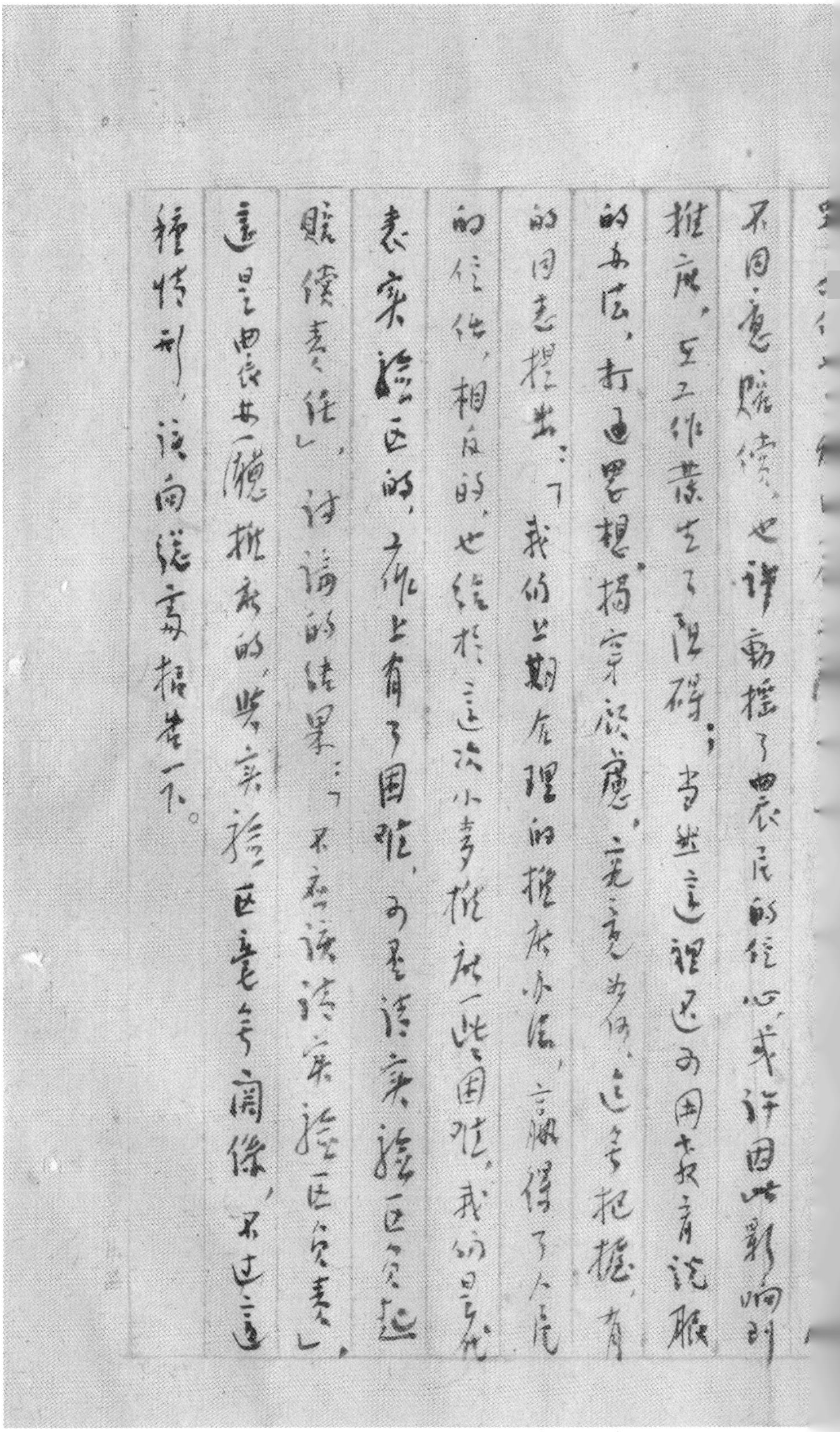

不同意賠償，也许動搖了農民的信心，或许因此影响到推廣，在工作發生了阻碍；当然這裡還可用教育說服的方法，打通思想揭穿顧慮，究竟如何，這是把握，有的同志提出：「我們上期合理的推廣办法，贏得了人民的信任，相反的，也给於這次小麥推廣一些困難，我們是代表實驗區的，在工作上有了困難，可是該實驗區负起賠償责任」，讨論的结果：「不应该該實驗區负责」，這是由农业組推廣的，與實驗區毫無關係，不过這種情形，该向總處報告一下。

华西实验区农业组工作人员呈推广良种工作所遇困难信函　9-1-95（19）

90

4

只廿三日前各種活動，都是我們五個人一齊出發，為了需要合作瞭解情況，合作貢獻意見。這九天的觀察瞭解，証明了上半年在此向的工作人員，也確實費了氣力，樹下了基礎，有了一定的成績，雖然範圍不大，那是人力不够，雖然上級不很知曉，那是地方政府瞭解不够，反应不够。第三保裡的人，三排，蘇（克鈞）張（運宣）兩同志都熟了，見面都可喊出名字來，分散在山坡山脚的住戶都可找到了，农民協会開会，都自動來請他們參加，向农民推廣小麥，問他們種不種，他們說：「當然種，前向的種不会不同，這[illegible]也[illegible]

本組實在需要安蘇同志回來。

們一致[illegible]

蘇同志也同意這個意見。

七、最後談到我們的生活

起床——六時由值日督促

學習——六時半至八時

(一)業務學習——結合目前工作，先推廣小麥，先對實推

廣的品種各方面，詳加研討，務求人人都清楚地瞭

解，以便向農民解說。

(二)政治學習——先從下列文件著手

(1)農業稅條例(2)賦稅退押條例(3)土地改革法

华西实验区农业组工作人员呈推广良种工作所遇困难信函　9-1-95（21）

91

5

（四）劃分階級　（五）農協會組織章程

（三）学習方法——每一種文件前，選定一人負責，先作準備，学習時由負責人領導，另選一人作書記錄，每次有一小結，一種文件完畢時，作一總結，学習領導與学習記錄，都採輪流方式。

早餐——八時

上午工作——八時至十二時——二時

午餐——十二時——二時

下午工作——二時或三時至六時或七時

晚餐——六時——七時

华西实验区农业组工作人员呈推广良种工作所遇困难信函　9-1-95（22）

全华宝

阅

时间，把对的错的都检查一下，以便作将来的借镜，

检讨后就作为明日的工作，这是今日最重要

的会，要然尽才把握时间，更可是迅常之前到

十一十二点。

伙食特别　我们和著县农推所本人同样伙食，

每隔十日打一次「牙祭」，每天二干一稀，每月共用

约四万元左右

八、渝万间航船没有定期，因此信件汇兑也不正常，

我们本年每月薪金提前汇出，收到时可能就已当然

华西实验区农业组工作人员呈推广良种工作所遇困难信函　9-1-95（23）

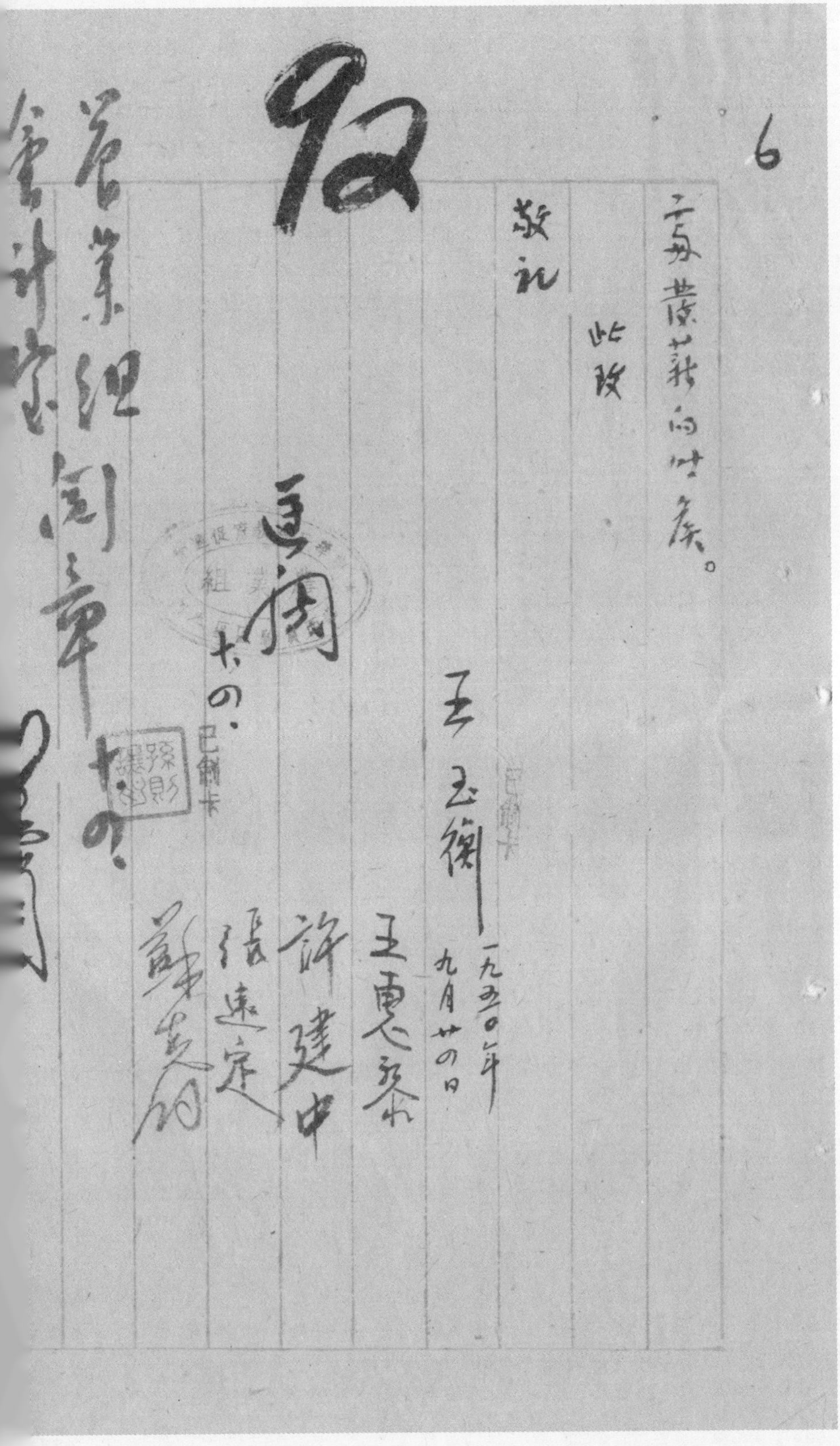

6

事務荒蕪的時候。

此致

敬礼

王玉衡

一九五〇年九月廿四日

王惠森
許建中
張遠定
蘇英明

农林部中央农业实验所北碚试验场与华西实验区办事处及各辅导区为配合推广良种一事的往来公文 9-1-102（42）

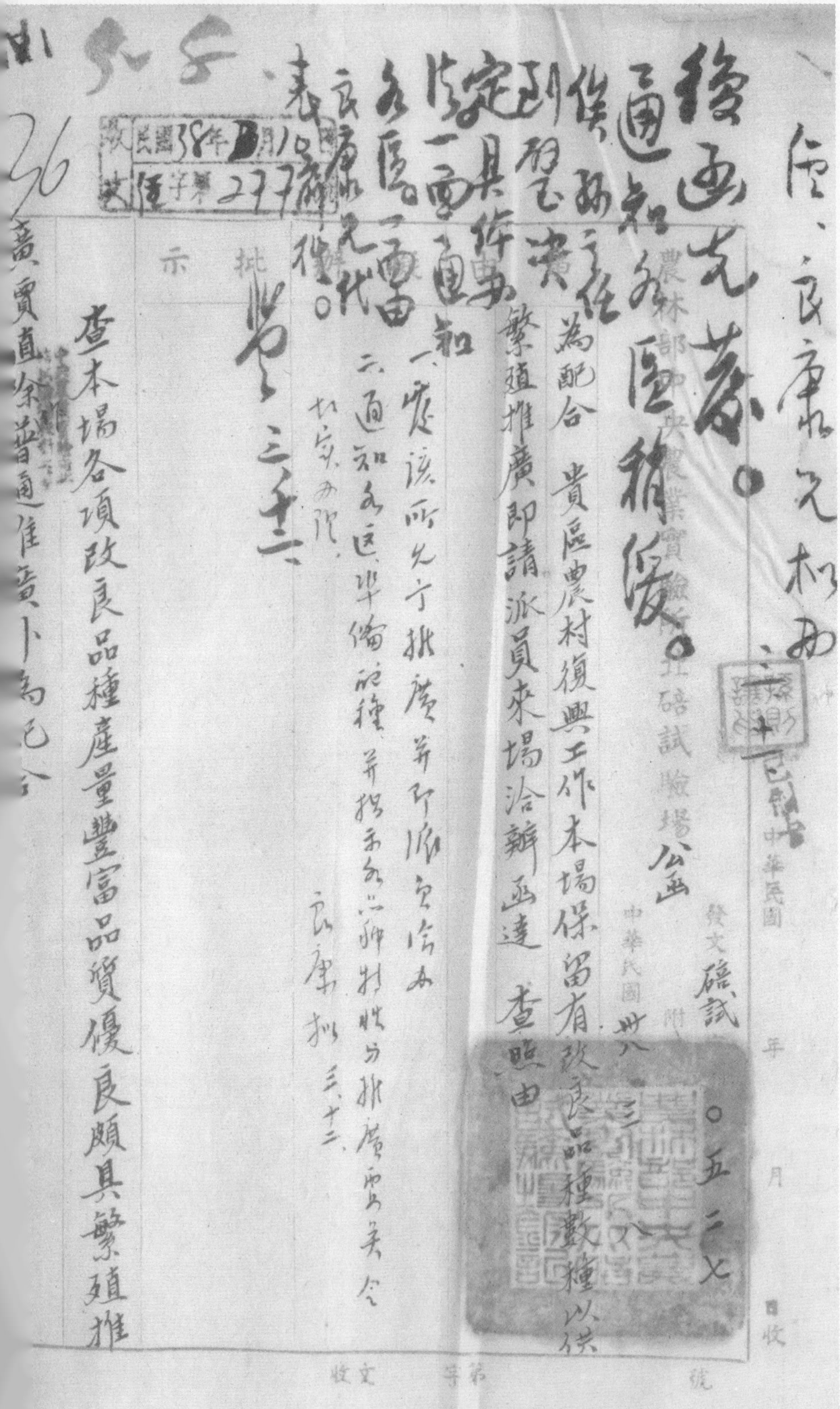
農林部中央農業實驗所北碚試驗場公函
發文碚試（三八）字第〇五二七號
中華民國卅八年三月八日
收文 民國38年3月10日 經字第277號
為配合貴區農村復興工作本場保留有改良品種數種以供繁殖推廣即請派員來場洽辦函達查照由
查本場各項改良品種產量豐富品質優良頗具繁殖推

农林部中央农业实验所北碚试验场与华西实验区办事处及各辅导区为配合推广良种一事的往来公文　9-1-102（43）

貴區農村復興工作特保留有水稻良種「中農卅四號」原始種三〇〇〇斤原種一五〇〇斤「中農四號」原始種一〇〇〇斤原種七、〇〇〇斤「勝利秈」原始種一、〇〇〇斤原種四、〇〇〇斤及南瑞苕種七、〇〇〇斤以供繁殖推廣而增生產至於分讓辦法照本所規定貿物掉換原始種加四成原種加二成如以現金購買則按當日市價原始種加六成原種加四成收費相應函達即請查照從速派員來場洽辦免誤農時為荷

此致

中華平民教育促進會華西實驗區

場長李士勳

監印　校對　李

农林部中央农业实验所北碚试验场与华西实验区办事处及各辅导区为配合推广良种一事的往来公文 9-1-102（48）

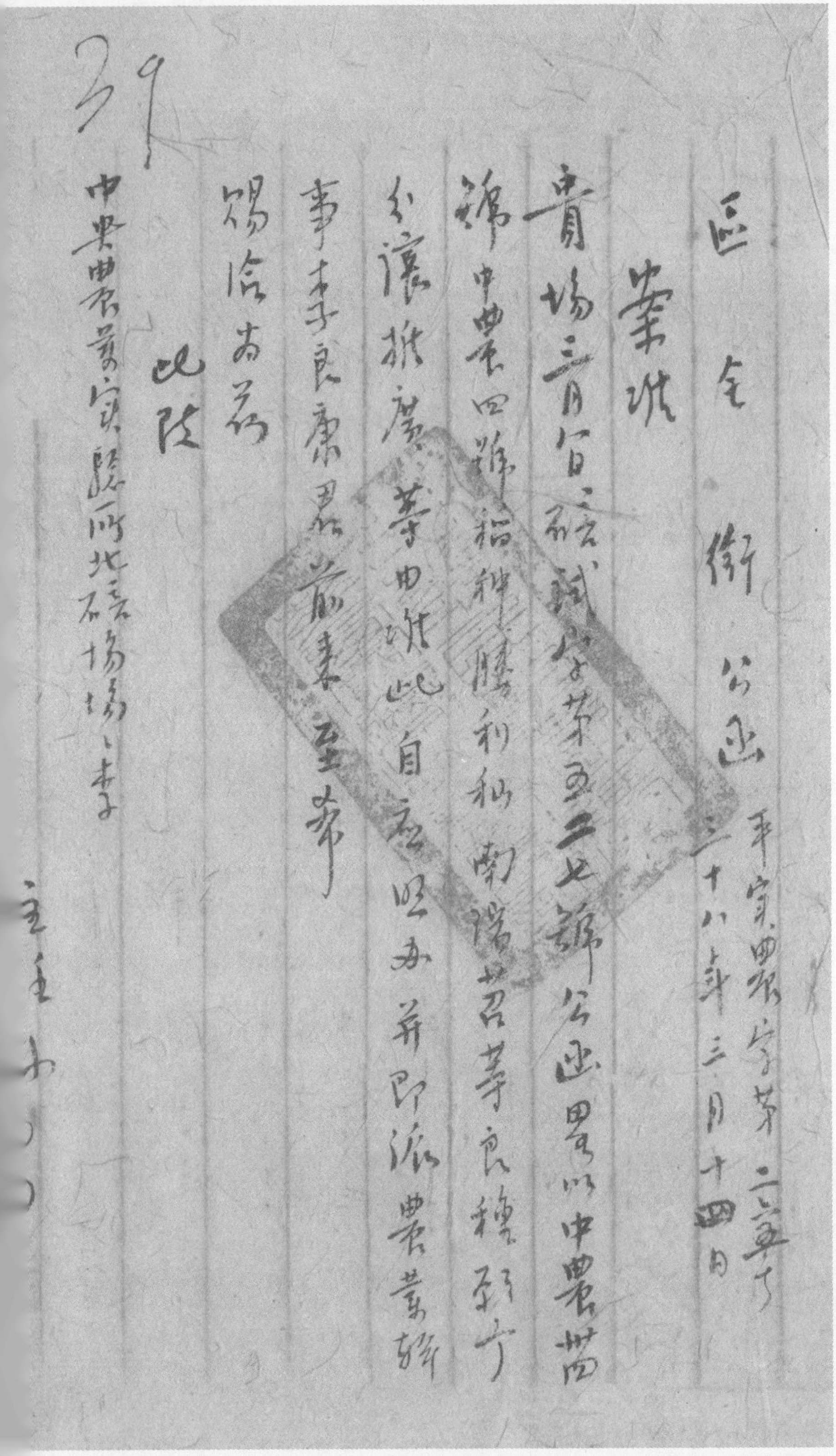

函 全衔 公函 年实四农字第二三五号 三十八年三月十四日

案准

贵场三月官碚试字第五二七号公函略以中农所

请中农四号稻种胜利籼南瑞苕等良种拟

分让推广等由准此自应照办并即派农业辅

事李良康君前来至希

赐洽为荷

此致

中央农业实验所北碚试验场场长李

农林部中央农业实验所北碚试验场与华西实验区办事处及各辅导区为配合推广良种一事的往来公文　9-1-102（44）

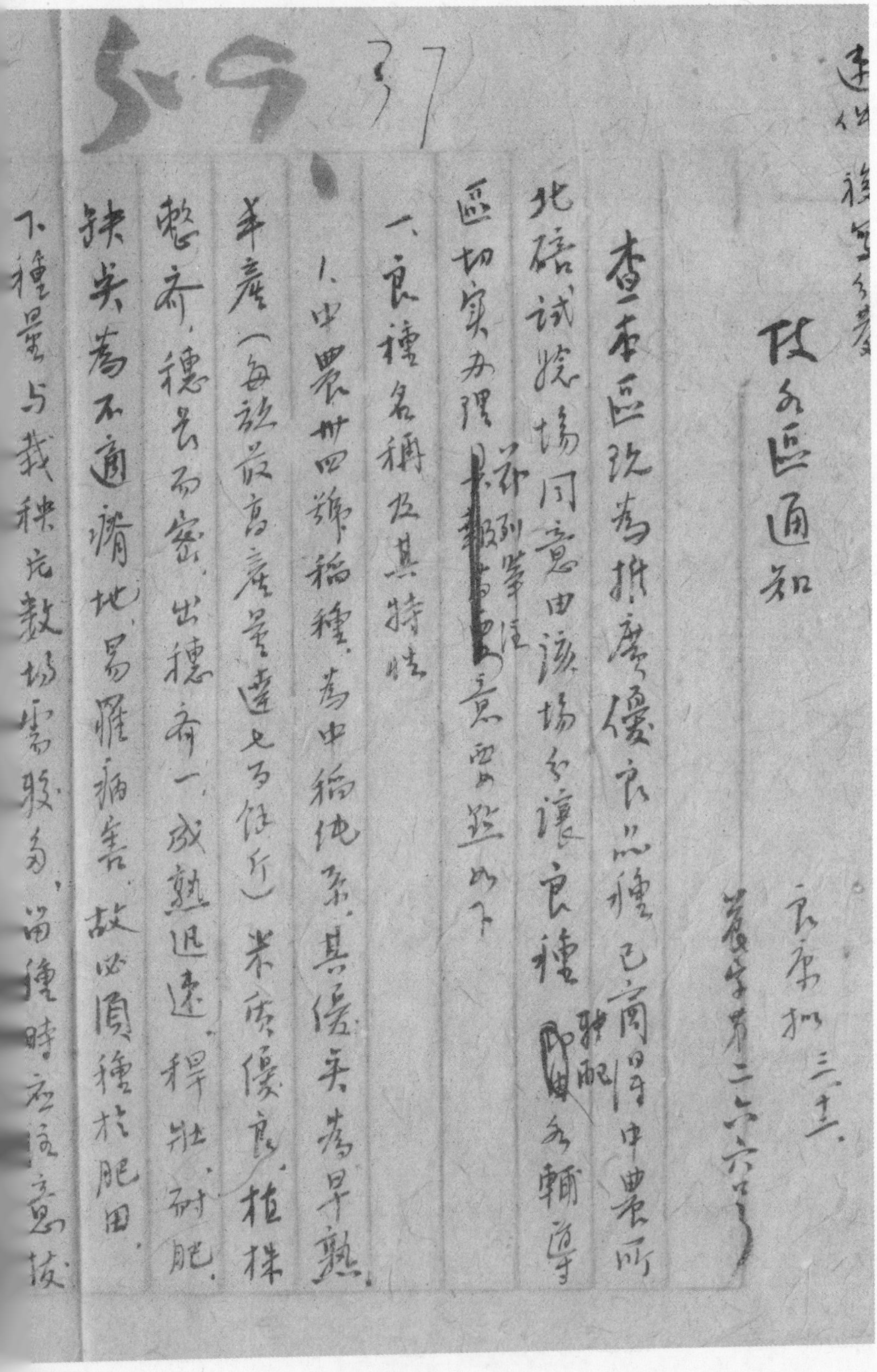

送华[illegible]

致各區通知

良秦擬　三十五

蘋字第二六六□號

查本區現為推廣優良品種，已商得中農所北碚試驗場同意，由該場分讓良種，即由各輔導區切實辦理，茲列舉注意要點如下：

一、良種名稱及其特性

1. 中農卅四號稻種，為中稻純系，其優点為早熟、豐產（每畝最高產量達七百餘斤），米質優良，植株整齊，穗長而密，出穗齊一，成熟迅速，稈壯，耐肥，缺点為不適瘠地，易罹病害，故必須種於肥田，下種量與栽秧窩數均需酌多，播種時應注意拔

农林部中央农业实验所北碚试验场与华西实验区办事处及各辅导区为配合推广良种一事的往来公文　9-1-102（45）

除病穗

二、中農四號稻種，為中稻純系，其特性為早熟，產量較高（每畝最高產量約六百八十斤左右）稈硬不倒，能耐旱，成熟整齊，不能耐肥，能避免螟害，米質中等，適於丘陵地區。

3、勝利秈，為早稻品種，收穫能較其他早稻略遲，但產量穩定，其稈能硬，然肥田仍有倒伏，選田以中等肥田為宜。

4、南瑞苕，本產質優，~~[illegible]~~因其生長期短，須多留苗秧，又因其產量特高，必須多施肥料。

5、以上各項特性，應於推廣時指示各農家。

二、推廣對象必須為農業生產合作社中表證農家

领種後必須接受技術指導，原始種尤須分配予適當農家特别栽培，

三、至於分讓办法照中農所規定以實物換實物，原始種加四成，原種加二成，如以現金購買則按當日市價原始種加六成，原種加四成收費。

三　各区於奉文後應即填報下表：

良種名稱	推廣对象 小地名	農民姓名	擬種植面積	需種量	備考

农林部中央农业实验所北碚试验场与华西实验区办事处及各辅导区为配合推广良种一事的往来公文　9-1-102（46）

業由表達擬領種量，路程遠近分攤，並呈即派員赴北碚

中農所具条領種、

六、領用良種之合作社或農家，栽培时应注意保持

品種純度，勿与其他品種混雜，於收獲後必須繳出

良種，照原領量加二成以作來年換種推廣之用、

以上各項，即請

查照提前辦理具報為要

此致

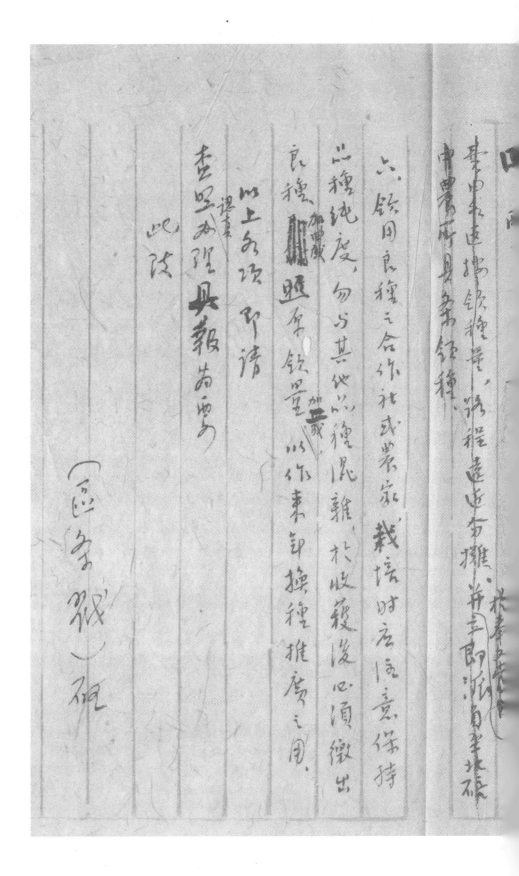

（區全銜）碩

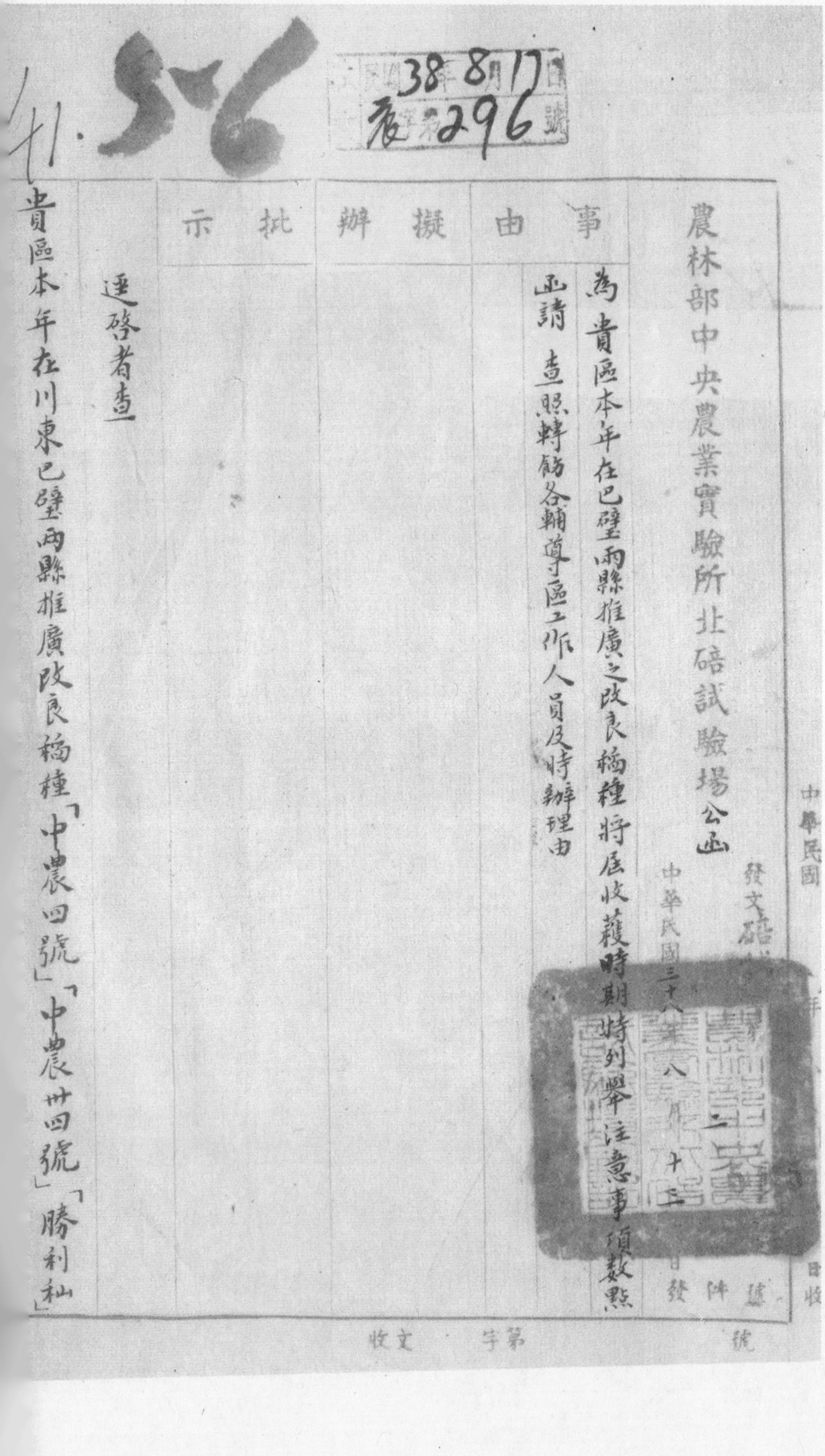
56

民國38年8月17日
農字第296號

農林部中央農業實驗所北碚試驗場公函

發文碚字第　號

中華民國三十八年八月十三日發

事由	擬辦	批示
為貴區本年在巴壁兩縣推廣之改良稻種將屆收穫時期特列舉注意事項數點函請查照轉飭各輔導區工作人員及時辦理由		

逕啓者查

貴區本年在川東巴壁兩縣推廣改良稻種「中農四號」「中農卅四號」「勝利秈」

收文　字第　號

中華民國　年　月　日收

农林部中央农业实验所北碚试验场与华西实验区办事处及各辅导区为配合推广良种一事的往来公文　9-1-102（50）

經本場日前派員分赴各地視察[illegible]
詢觀其收成當較本地稻種高產惜未屆收穫時期實際產量無法測知茲為明瞭
各該種產量增減成數起見擬請
貴區速賜轉飭各輔導區工作人員注意下列數點並及時進行藉供下年大量推
廣之依據
一、測定產量：改良種與本地種於收穫時各測定其一市畝（即六百平方尺）面
積之產量以評定該種在該區是否適宜
二、勸導各示範農戶保留種子勿使混雜並指導附近農民換種以擴大栽培
面積
三、召開田園觀摩會使各界人士對改良種有所認識以資宣揚

农林部中央农业实验所北碚试验场与华西实验区办事处及各辅导区为配合推广良种一事的往来公文 9-1-102（52）

42

四、指導特約農户揀選單穗留作明年種用

以上四點關係明年水稻推廣至為重要相應函請

查照辦理並希將結果情形見示為荷

此致

中華平民教育促進會華西實驗區

場長 李士勲

已制卡

又附寄水稻南瑞苕調查表格式各一份即請印發各繁殖站按期填報逕寄

敝場以資參考為感

已制卡

农林部中央农业实验所北碚试验场与华西实验区办事处及各辅导区为配合推广良种一事的往来公文　9-1-102（49）

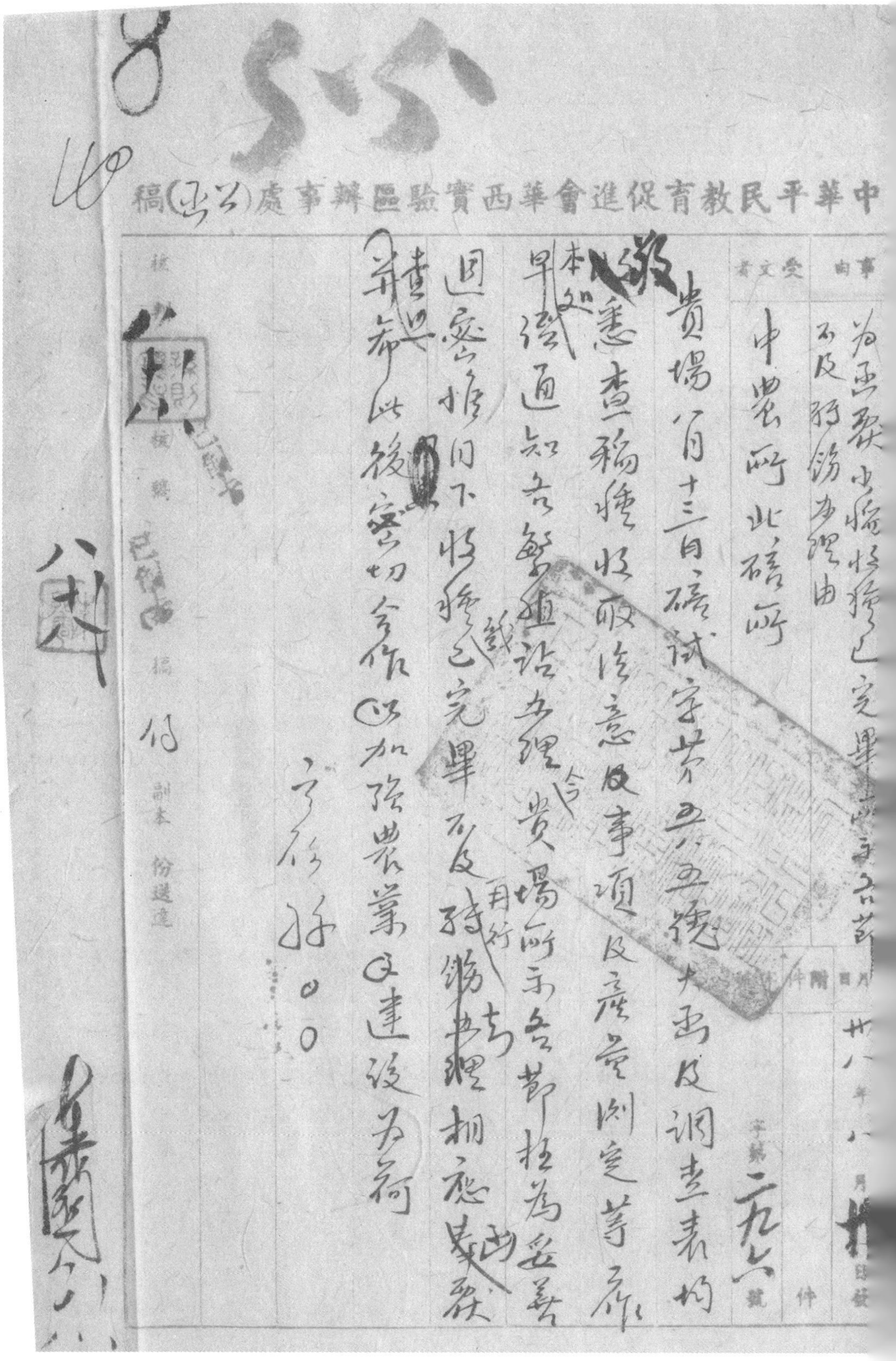

中華平民教育促進會華西實驗區辦事處稿（公函）

事由：為函復小麥收穫已完畢……不及轉飭辦理由

受文者：中農所北碚所

卅八年八月　日發　字第二九六號

敬啟者：貴場八月十三日碚試字第五五號大函及調查表均悉。查稻種收成注意事項及產量測定等本處早經通知各輔導區主任辦理，貴場所示各節經轉令為照辦，因當時稻種收穫已完畢，不及轉飭辦理，相應函復，並希此後密切合作，以加強農業之建設為荷。此致

孫〇〇

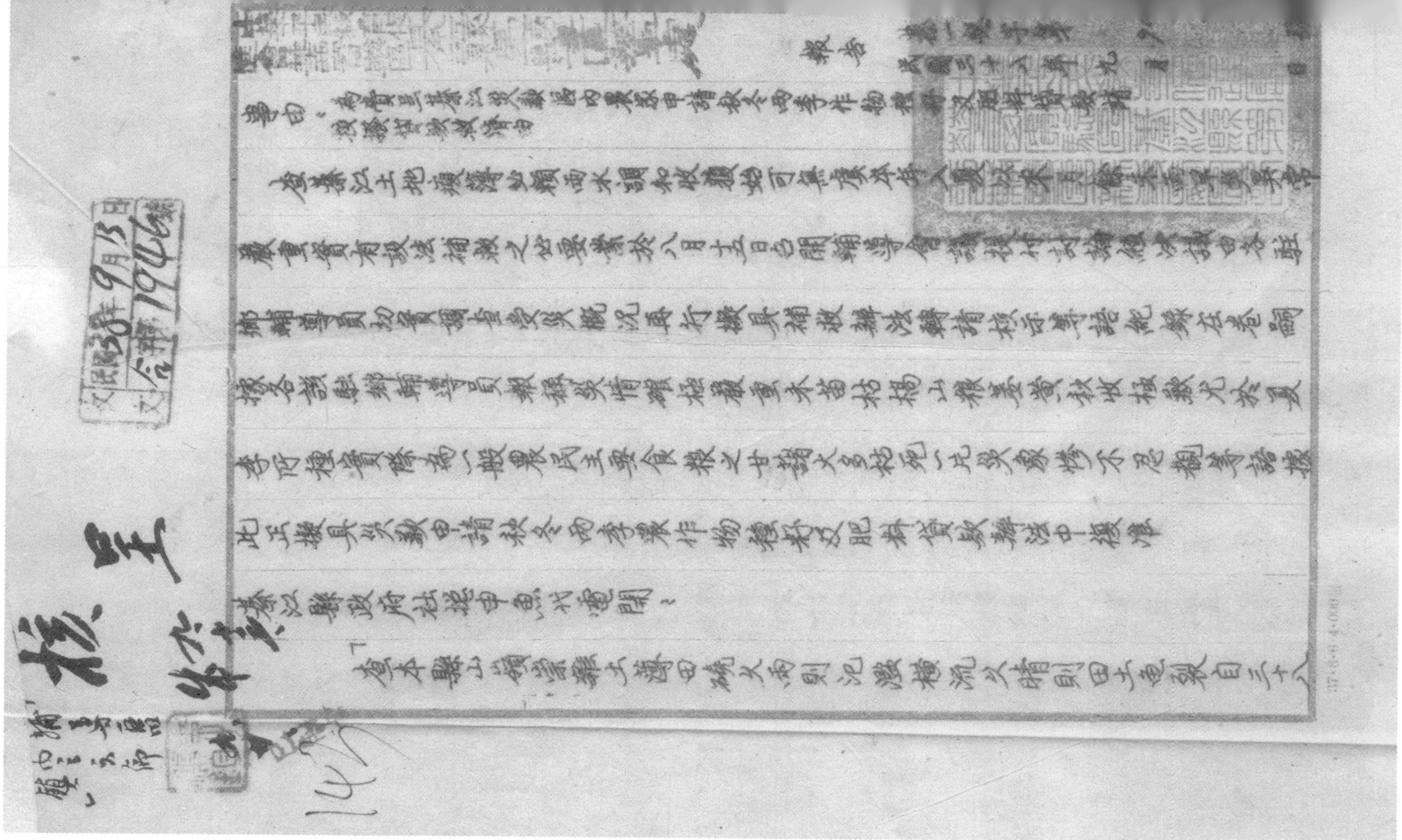

文 民國38年9月13日 合字第1946號

核呈

核准

綦一(?)字第 號

報告 民國三十八年九月 日

事由：為賞县綦江災歉區內農家申請秋冬兩季作物種籽及肥料貸款請援撥貸款救濟由

查綦江土地瘦薄，必賴雨水調和收獲始可無虞。本年入夏以來，亢旱異常嚴重，實有設法補救之必要。業於八月十五日召開輔導會議，提付討論，經決議由各駐鄉輔導員切實調查受災概況，再行擬具補救辦法，轉請核示等語紀錄在卷。嗣據各該駐鄉輔導員報稱：災情確極嚴重，禾苗枯槁，山糧萎黃，秋收極歉，尤於夏季所種實際為一般農民主要食糧之甘薯，大多枯死，一片災象，慘不忍睹等語。據此，正擬具災歉申請秋冬兩季農作物種籽及肥料貸款辦法中，復准綦江縣政府社建申魚代電開：「查本縣山嶺崇雜，土薄田磽，久雨則氾濫橫流，久晴則田土龜裂。自三十八

綦江县第一、第二辅导区办事处与华西实验区办事处为申请秋冬两季作物种子及肥料贷款事宜的往来公文　9-1-102（164）

綦江县第一、第二辅导区办事处与华西实验区办事处为申请秋冬两季作物种子及肥料贷款事宜的往来公文　9-1-102（165）

144

年五月正值春耕農忙以[illegible]秋之際連月陰雨綿綿極少放晴秧苗發生黃萎鬚根朽黑化纖虫竟遍生蟲蝗人心咸惑不安當久雨停止後苗未元氣未復乃於六月又以驕陽肆虐不雨月餘正值水稻含苞穀粒甫熟之際水源旱涸乎溪澗龜裂已形乎田疇方禾奄奄曰枯曰槁四民喁喁且泣且悲災情慘重無過於斯瞻念秋成良深惶惑除由本府已於本年八月以社社賑字第(1722)號代電將本縣災情報請省府派員踏勘拯救外復查本縣禾苗既受災歉影響今後農民所賴為生者當為附產品之種植為此特檢附本縣各鄉鎮受災狀況表一份電請查照請煩撥給秋冬兩季農作物貸款俾資貸給貧民種植附產物而維生計臨電無任企禱」等由附各鄉鎮災旱狀況表一份准此查本區工作目標既在建設農村經濟當

37·8·6·4·000張

145

此農民受災慘重農村經濟行將破產之際自應儘可能設法補救幾經考慮再四補救之道欲爲盡量提倡受災區農民儘可能就適宜耕種地區廣種秋冬兩季農作物以期大量增加食糧副產唯一般農民生活皆貧苦不堪實無力購買種籽肥料必須貸款以助再加切實輔導方能收到實效茲特參照本區內缺乏情況適宜耕種土地適宜農作物種籽種類所需數量及款額擬具秋冬兩季農作物種籽及肥料貸款預算表請予撥給貸款再查農作季節已屆白露秋季播種時機迫切不容稍事滯緩貸款必須儘速手續力求簡捷始能爭取時效故擬於貸款儘速領到後先以變通辦法貸出至貸款正式手續俟本區各鄉各社學區農業生產合作社成立再行依照規定辦理轉賬手續除發給貸款變通辦法於下次輔導會議討論決定後另案報核并電覆綦江縣府查照外理合檢同貸

37·8·6·4·000張

綦江县第一、第二辅导区办事处与华西实验区办事处为申请秋冬两季作物种子及肥料贷款事宜的往来公文 9-1-102（167）

146

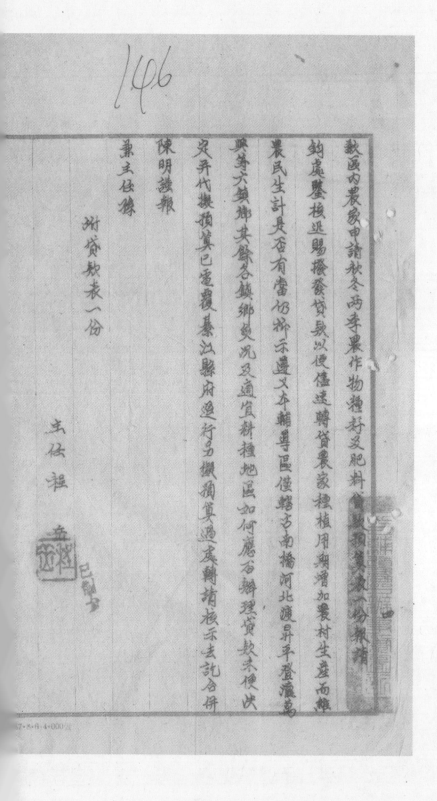

款區内農家申請秋冬兩季農作物種籽及肥料貸款預算表一份報請
鈞處鑒核迅賜撥發貸款以便儘速轉貸農家種植用期增加農村生産而維
農民生計是否有當仍祈示遵又本輔導區僅轄古南橋河北渡昇平登瀛萬
興等六鎮鄉其餘各鎮鄉實況及適宜耕種地區如何應否辦理貸款未便決
定并代擬預算已電覆綦江縣府逕行另擬預算送處轉請核示去訖合併
陳明謹報
兼主任孫

附貸款表一份

主任 程

57·8·6·4·000張

綦江县第一、第二辅导区办事处与华西实验区办事处为申请秋冬两季作物种子及肥料贷款事宜的往来公文　9-1-102（168）

中華平民教育促進會華西實驗區綦江縣第一輔導區辦事處[illegible]秋冬兩季農作物[illegible]

鄉鎮別	最宜耕種面積 / 成數	適宜耕種面積	適宜農作物及肥料種類	需要數量	目前單價（元）	貸款 共計價款	貸款 [illegible]
古南鎮	七成五以上	一、一三八畝	(一)洋芋 (二)小麥 (三)豌胡豆 (四)菜子 (五)油餅	[illegible]	[illegible]	七五八〇〇	一九四〇五
登瀛鄉	九成五以上	一、九五〇畝	(一)洋芋 (二)小麥 (三)豌胡豆 (四)菜子 (五)油餅	[illegible]	[illegible]	一三九三五〇	一八四八七五三
橋河鄉	九成以上	一、〇五五畝	(一)洋芋 (二)小麥 (三)豌胡豆 (四)菜子 (五)油餅	[illegible]	[illegible]	八三七三五	三四〇九 九五一五四
北渡鄉	九成五以上	一、一七五畝	(一)洋芋 (二)小麥 (三)豌胡豆 (四)菜子 (五)油餅	[illegible]	[illegible]	九二七三五	一三九〇九 一〇六六五四
萬興鄉	九成五以上	二、一二五畝	(一)洋芋 (二)小麥 (三)豌胡豆 (四)菜子 (五)油餅	[illegible]	[illegible]	一四九三〇〇	二一五 八五 一六五四八五
昇平鄉	八成以上	一、四二八畝	(一)洋芋 (二)小麥 (三)豌胡豆 (四)菜子 (五)油餅	[illegible]	[illegible]	一〇二六五〇	一五三九八 一一六〇四八
合計		八、八七一畝	(一)洋芋 (二)小麥 (三)豌胡豆 (四)菜子 (五)油餅	一八五〇〇〇〇 / 五〇〇〇〇〇 / 一四〇〇〇〇 / 一二〇〇〇〇 / 九八〇〇〇		六三三二五〇	九四〇七四 三三六四

附註

(一)本表所列[illegible]成數係根據[illegible]農家種籽[illegible]及[illegible]所列[illegible]適宜土地分配 (二)每畝土地[illegible] (四)肥料小麥及菜子[illegible]係照目前[illegible]計列 惟洋芋價格[illegible]目前本地[illegible] (五)[illegible]高低價格折沖計列 (六)運費係參照事實環境以種子價格[illegible]總數[illegible] (七)需要數量[illegible]洋芋油餅係以市「斤」為單位 餘皆以市「石」為單位

綦江县第一、第二辅导区办事处与华西实验区办事处为申请秋冬两季作物种子及肥料贷款事宜的往来公文 9-1-102（169）

148

核示

呈請

收文 民國38年9月16日 令字第2028號

農業一

本區亦極需[illegible]所[illegible] [illegible] 九月廿二日

報告 九月七日 于綦江縣石角鄉

綦二榮字第零二號

一、准綦江縣政府斌社字第一七九六號代電稱「中華平民教育促進會華西實驗區綦江縣第二輔導區辦事處主任盧勳鑒：查本縣山嶺崇雜，土薄田磽，久雨則氾濫橫流，久晴則田土龜裂。自三十八年五月正值春耕農忙插秧之際，連月陰雨綿綿，極少放晴，秧苗發生萎黃，鬚根朽黑，化纖生霓，遍生蟲蛭，人心惑不安。當久雨停止後，苗禾元氣未復，乃於六月又以驕陽肆虐，不雨月餘，正值水稻含苞雜糧角熟之際，水源旱涸，乎溪澗龜裂，衣已形乎田疇，萬卉奄奄，日枯日槁，四民喘喘，且泣且悲，災情慘重無過於斯。瞻念秋成，良深惶惑。除由本府已於本年八月以斌社賑字第(1742)號代電將本縣災情報請省府派員踏勘拯救外，復查本縣禾稻既受災歉，影響今後農民所賴為生者，當為附產品種植，為此特抄付本縣各鄉鎮受災狀况表一份電請查照請煩撥給秋冬兩季農作物貸款俾資貸給貧民種植附產物而維生計臨電無任企禱綦江縣縣長胡大斌斌社賑申魚印附表一份等由

二、本區災民深盼本會能予救濟尤以近日巴縣第十一區派員來縣收購洋芋來救更殷

三、謹將縣府所送旱災狀况表抄呈一份請賜查核准予撥發秋冬兩季農作物貸款叁仟伍百銀元以資貸給貧農是否可行敬請

鑒核示遵

謹呈

兼主任　孫

綦江县第一、第二辅导区办事处与华西实验区办事处为申请秋冬两季作物种子及肥料贷款事宜的往来公文 9-1-102（171）

149

附呈旱灾状况表一份

中華平民教育促進會華西實驗區綦江縣第一輔導區辦事處 主任 盧榮光

綦江县第一、第二辅导区办事处与华西实验区办事处为申请秋冬两季作物种子及肥料贷款事宜的往来公文 9-1-102（172）

150

四川省綦江县卅八年度旱灾损失状况

乡镇名称	被灾面积亩数	被灾原因	被灾状况	被灾成数	备考
东溪	一〇〇〇〇〇	天久不雨已达月余	水源涸竭田土龟裂稻穗枯槁	五成以上	
北渡	一〇〇〇〇	〃	〃	〃	
登瀛	一五〇〇〇	〃	〃	〃	
扶欢	二〇〇〇〇	〃	〃	〃	
瀛坪	三〇〇〇〇	〃	〃	〃	
万兴	二五〇〇〇	〃	〃	〃	
郭扶	二八〇〇〇	〃	〃	〃	
隆盛	三〇〇〇〇	〃	〃	〃	
永新	四〇〇〇〇	〃	〃	〃	
桥河	一〇〇〇〇	〃	〃	〃	
丙自	三〇〇〇〇	〃	〃	〃	
紫荆	三〇〇〇〇	〃	〃	〃	
迴龍	六〇〇〇〇	〃	〃	〃	
三会	三〇〇〇〇	〃	〃	八成以上	
中峰	二〇〇〇〇	〃	〃	〃	
昇平	四〇〇〇〇	〃	〃	〃	
石龍	六〇〇〇〇	〃	〃	〃	
赶水	三〇〇〇〇	〃	〃	〃	

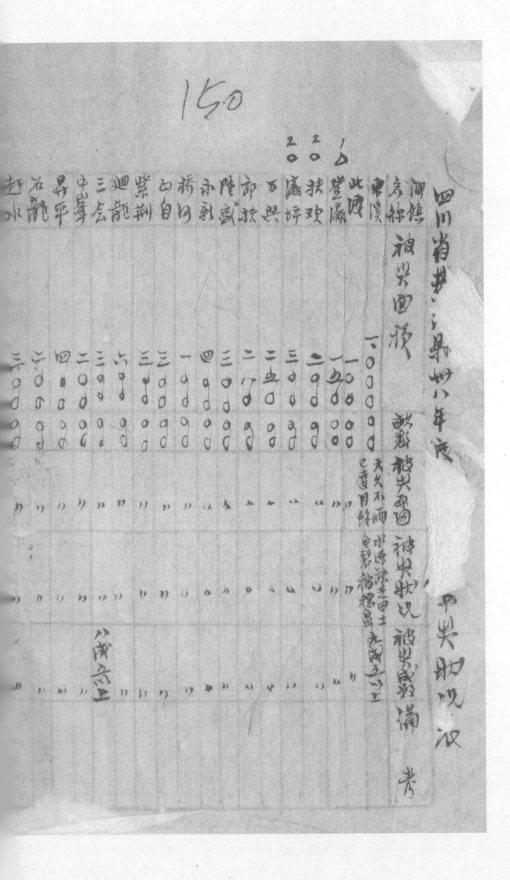

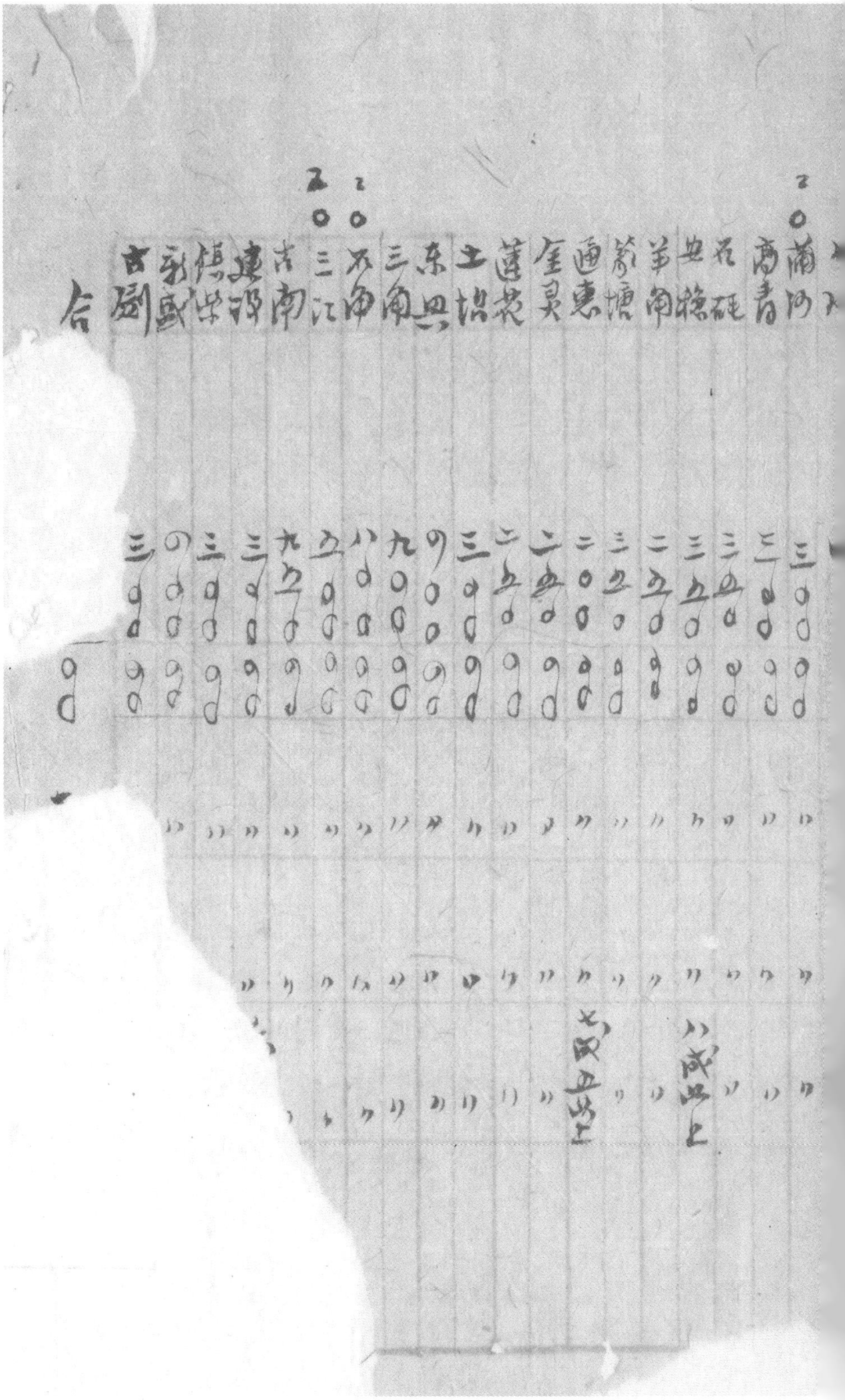

蒲河	三00	00	〃	〃	〃
高青	三00	00	〃	〃	〃
花砥	三五0	00	〃	〃	〃
安稳	三五0	00	〃	〃	〃
羊角	二五0	00	〃	〃	八成以上
篆塘	三五0	00	〃	〃	〃
通惠	二00	00	〃	〃	七成以上
金灵	二五0	00	〃	〃	〃
莲花	二五0	00	〃	〃	〃
土台	三00	00	〃	〃	〃
东兴	四00	00	〃	〃	〃
三角	九00	00	〃	〃	〃
石角	八00	00	〃	〃	〃
三江	五00	00	〃	〃	〃
古南	九五0	00	〃	〃	〃
建设	三00	00	〃	〃	〃
镇紫	三00	00	〃	〃	
永新	四00	00	〃	〃	
古剑	三00	00			
合		00			

綦江县第一、第二辅导区办事处与华西实验区办事处为申请秋冬两季作物种子及肥料贷款事宜的往来公文 9-1-102（162）

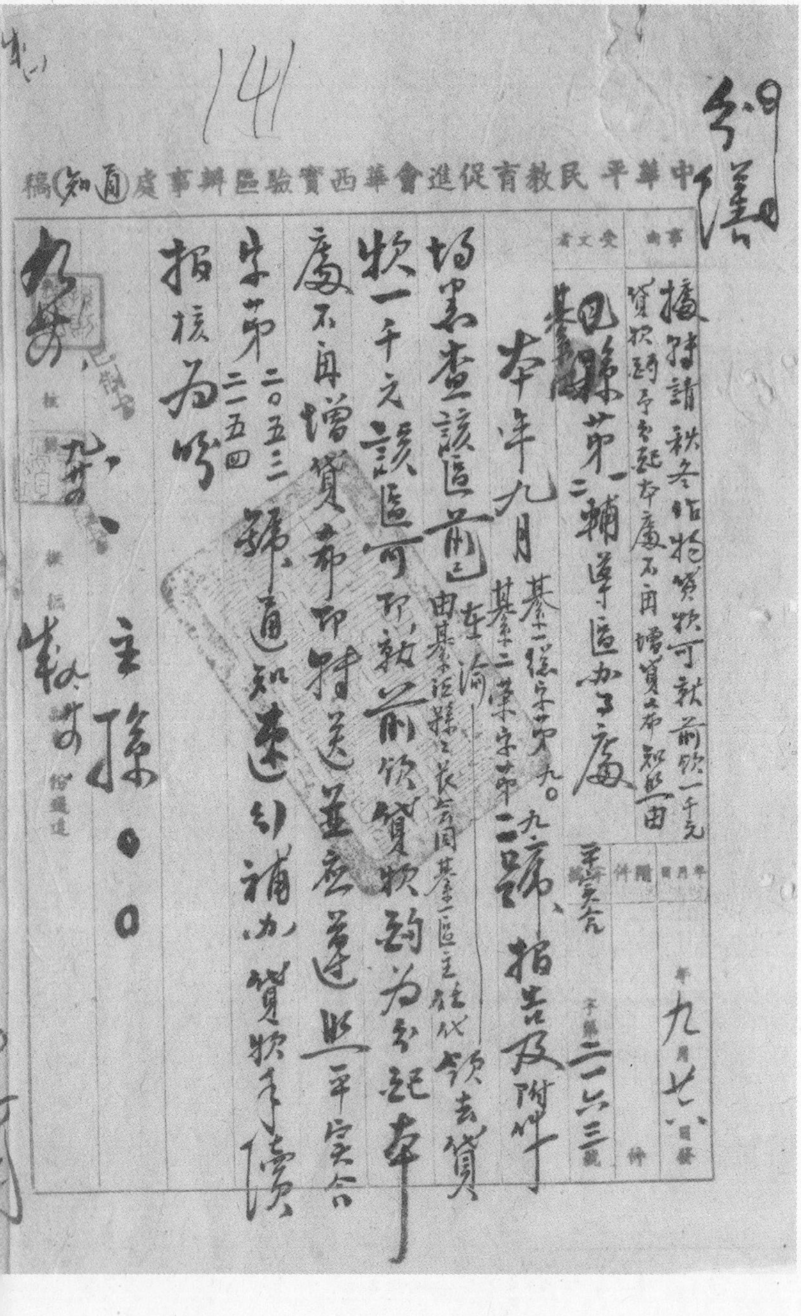

中華平民教育促進會華西實驗區辦事處（通）（知）稿

事由：據請秋冬作物貸款可就前欠一千元貸款酌予分配本處不再增貸肥料由

受文者：綦江縣第一、第二輔導區辦事處

年九月廿六日發　字第二一六三號

綦江縣第一、第二輔導區辦事處：本年九月綦一輔字第九〇、綦二輔字第二〇九號呈及附件均悉。查該區前由綦江縣第二區主任代在渝領去貸款一千元，該區可即就前欠貸款酌為分配，本處不再增貸肥料，特送並應遵照辦理手續，二〇五三、二二五四號通知送請補辦貸款手續，指核為時。

主任　孫○○

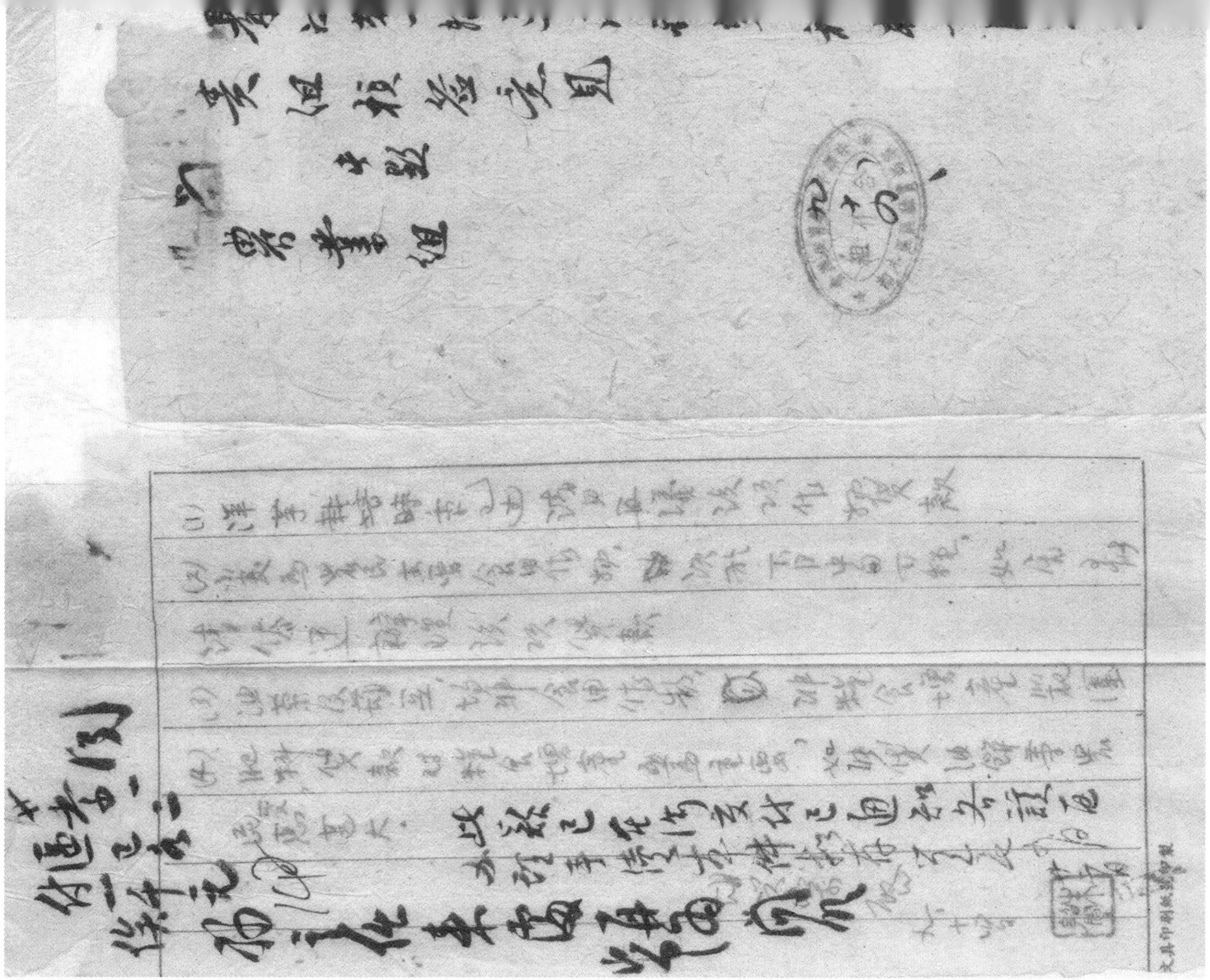

綦江县第一、第二辅导区办事处与华西实验区办事处为申请秋冬两季作物种子及肥料贷款事宜的往来公文　9-1-102（163）

綦江县第一、第二辅导区办事处与华西实验区办事处为申请秋冬两季作物种子及肥料贷款事宜的往来公文 9-1-102（174）

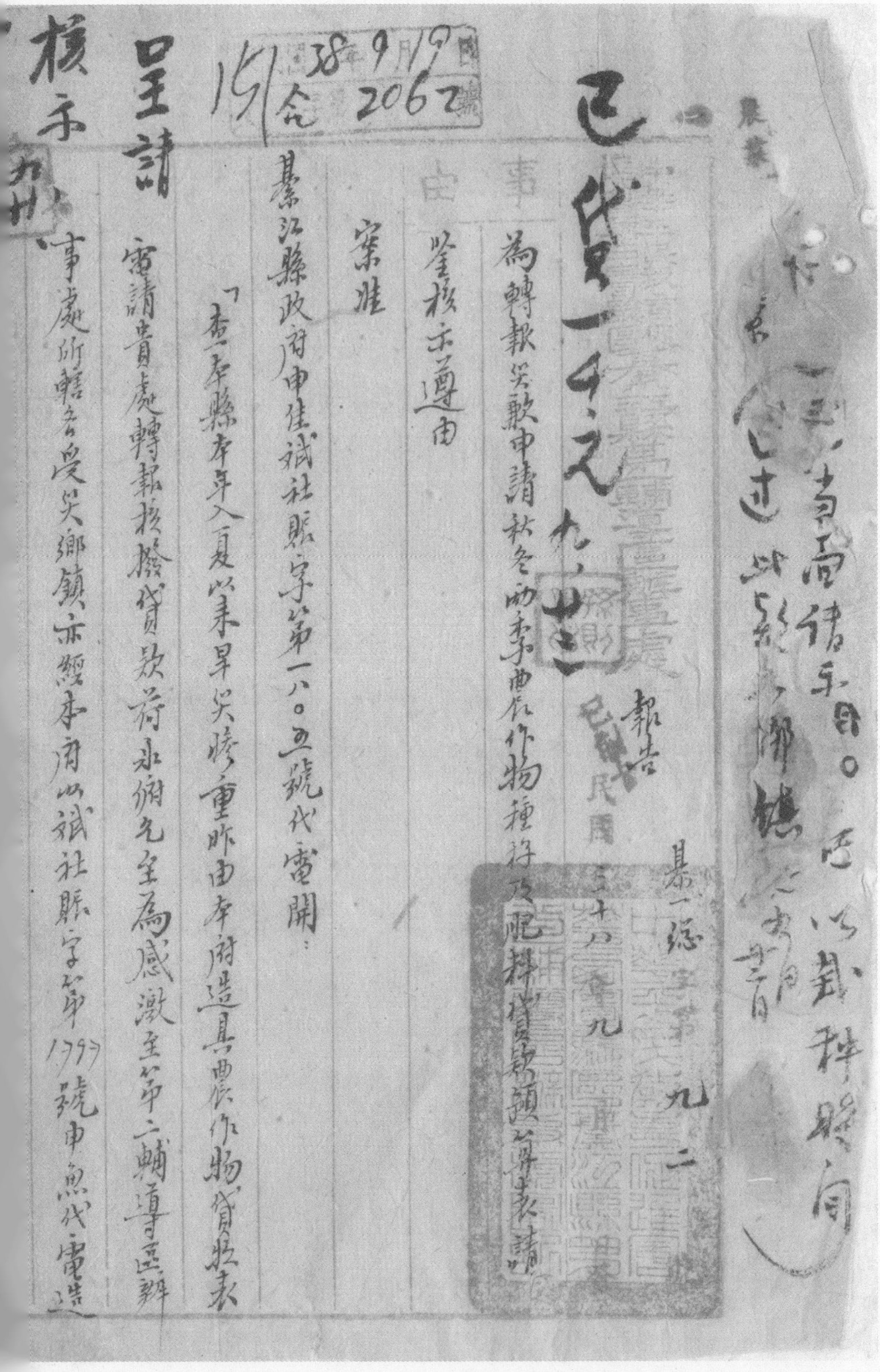
38 9月19
151 合 2062

已贷一千元 九 廿三

报告
綦一总字第九二

事由：为转报实験申请秋冬两季农作物种籽及肥料贷款预算表请
鉴核示遵由

案准
綦江县政府申佳祃社赈字第一八〇五号代电开：
「查本县本年入夏以来旱灾綦重，昨由本府造具农作物贷款表
呈请
密请贵处转报核拨贷款，荷承俯允，至为感激。兹据第二辅导区办
事处所辖各受灾乡镇亦经本府以祃社赈字第1797号申鱼代电造

綦江县第一、第二辅导区办事处与华西实验区办事处为申请秋冬两季作物种子及肥料贷款事宜的往来公文　9-1-102（175）

申請貸款事項，亟特擇其災情慘重之隆盛等十八鄉鎮，造具申
請貸款預算表一份，隨電送達，請煩查照，請予轉報核發貸款，
用資救濟」
等由附申請貸款表一份，准此。查本縣本年旱災確極嚴重，實有申請
秋冬兩季農作物種籽及肥料貸款，以期增產而資救濟之必要，曾將區內所
屬各鄉鎮災歉申請秋冬兩季農作物種籽及肥料貸款造具預算表以綦
一總字第九〇號報告報請核示在案，准電前由，除電覆外，理合檢同申請秋冬
兩季農作物種籽及肥料貸款預算表一份，賫請
鈞座鑒核示遵。
謹叔
兼主任孫
附貸款預算表一份
主任程岳

綦江县第一、第二辅导区办事处与华西实验区办事处为申请秋冬两季作物种子及肥料贷款事宜的往来公文 9-1-102（176）

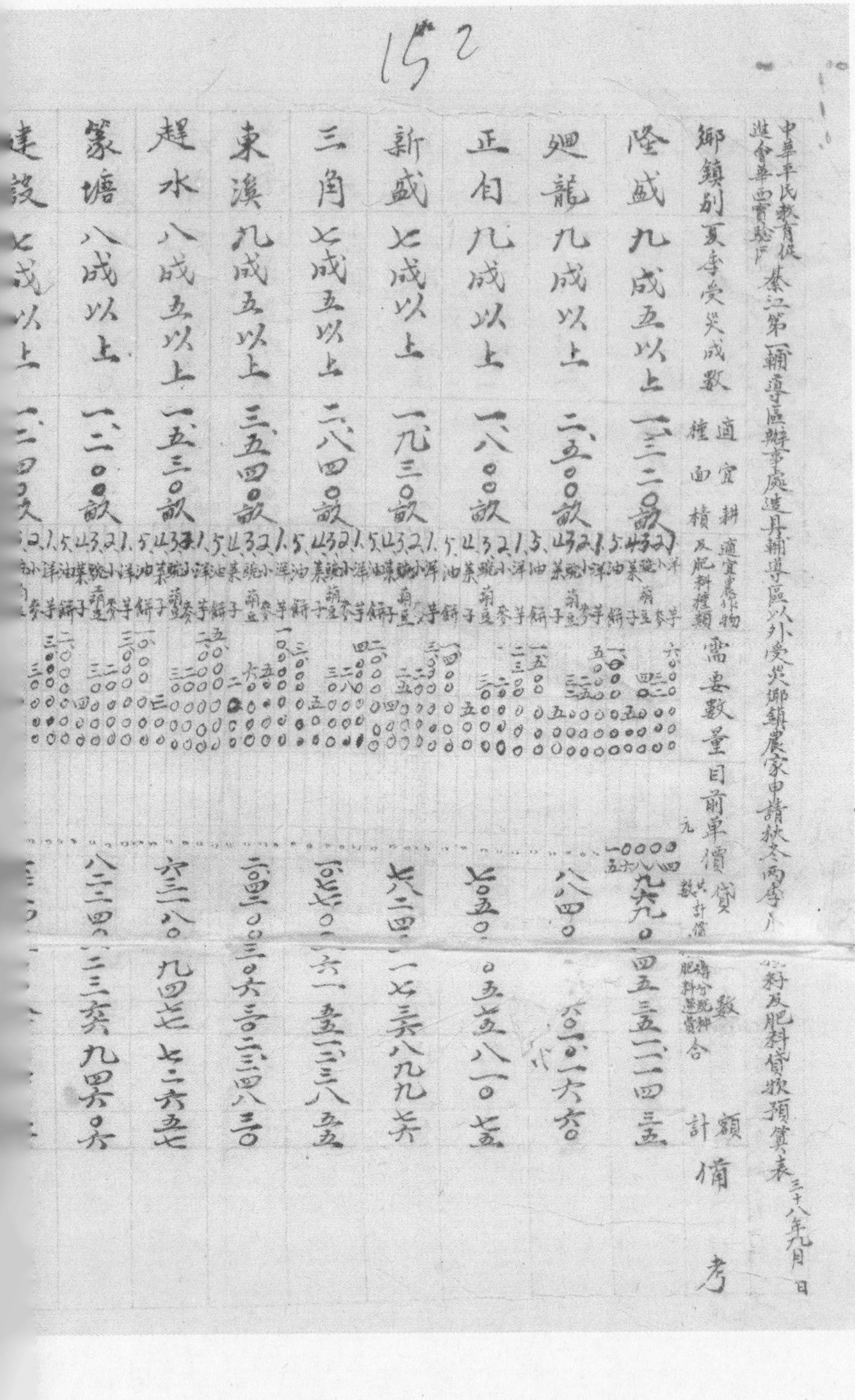

152

中華平民教育促進會華西實驗區 綦江第一輔導區辦事處造具輔導區以外受災鄉鎮農家申請秋冬兩季種籽及肥料貸款預算表

三十八年九月　日

鄉鎮別	夏季受災成數	適宜耕種面積	適宜農作物及肥料種類	需要數量	目前單價	貸款數共計	備考
隆盛	九成五以上	一、三二〇畝	[illegible]	[illegible]	[illegible]	[illegible]	
廻龍	九成以上	二、五〇〇畝	[illegible]	[illegible]	[illegible]	[illegible]	
正自	九成以上	一、八〇〇畝	[illegible]	[illegible]	[illegible]	[illegible]	
新盛	七成以上	一、九三〇畝	[illegible]	[illegible]	[illegible]	[illegible]	
三角	七成五以上	二、八四〇畝	[illegible]	[illegible]	[illegible]	[illegible]	
東溪	九成五以上	三、五四〇畝	[illegible]	[illegible]	[illegible]	[illegible]	
趕水	八成五以上	一、五三〇畝	[illegible]	[illegible]	[illegible]	[illegible]	
篆塘	八成以上	一、二〇〇畝	[illegible]	[illegible]	[illegible]	[illegible]	
建設	七成以上	一、二四〇畝	[illegible]	[illegible]	[illegible]	[illegible]	

鄉鎮	受災成數	畝數	1.洋芋 2.小麥 3.豌豆 4.菜子 5.油餅		
建設	七成以上	一二四〇畝	[illegible]	六七二四[illegible]	〇〇六八七七三六
古劍	七成以上	一一三〇畝	[illegible]	八二一八〇	二三二七九四五〇七
三會	八成五以上	一八二〇畝	[illegible]	一〇五三〇	五七九五一三一〇九五
通惠	七成五以上	一一二〇畝	[illegible]	四六六八〇	七一五三五四八三
永新	九成以上	二四八〇畝	[illegible]	三五四四	一八二三一三九七七一
中峯	八成五以上	一三六〇畝	[illegible]	六三四〇	九四六八七二七三六
紫荊	九成以上	一四二〇畝	[illegible]	九七二〇〇	四五九五一一八九五
分水	八成三以上	一三六〇畝	[illegible]	七三〇〇	〇六九五八一九九五
郭扶	九成五以上	一五〇〇畝	[illegible]	八三五〇〇	二三四五九四六四五
蓋石	九成五以上	一三〇〇畝	[illegible]	七七五〇〇	一六五八九一二五
合計		一三三九〇畝	[illegible]	六〇九四〇	四〇七二一八四八〇二

附註：(1)本表所列夏季受災成數係根據各鄉鎮公所呈報標準列入(2)每畝土地所需種子係按適當土地分配(3)各種種籽單價係按照目前市價列入(4)運費概係參照事實（數）量係按農民常年經驗列入(5)種籽種類數量概以洋芋及油餅以市斤為單位，其餘以市石為單位以種料價格總數百分之十五計算(6)需[illegible]

綦江县第一、第二辅导区办事处与华西实验区办事处为申请秋冬两季作物种子及肥料贷款事宜的往来公文　9-1-102（177）

綦江县第一、第二辅导区办事处、綦江县政府与华西实验区办事处为洋芋贷款事宜的往来公文（附：申请贷款暂行办法）
9-1-102（158）

138

收文 民國38年9月17日 合字第2053號

合作

中華平民教育促進會華西實驗區綦江縣第一輔導區辦事處用箋

簽呈 三十八年九月十四日于重慶

查本縣本年入夏以来天久不雨致成旱災尤以第一二兩輔導區所屬各鄉更為嚴重實有貸款購種增加農業副產以資救濟之必要業經面報

鈞座并蒙惠准每區各撥洋芋種籽貸款銀幣壹仟元茲為季節迫促爭取時效起見理合簽請

鈞座鑒核准將一二區貸款銀幣共貳仟元迅賜撥發以便轉貸購種而利增產

謹呈

專員兼主任孫

綦江县第一、第二辅导区办事处、綦江县政府与华西实验区办事处为洋芋贷款事宜的往来公文（附：申请贷款暂行办法）

9-1-102（146）

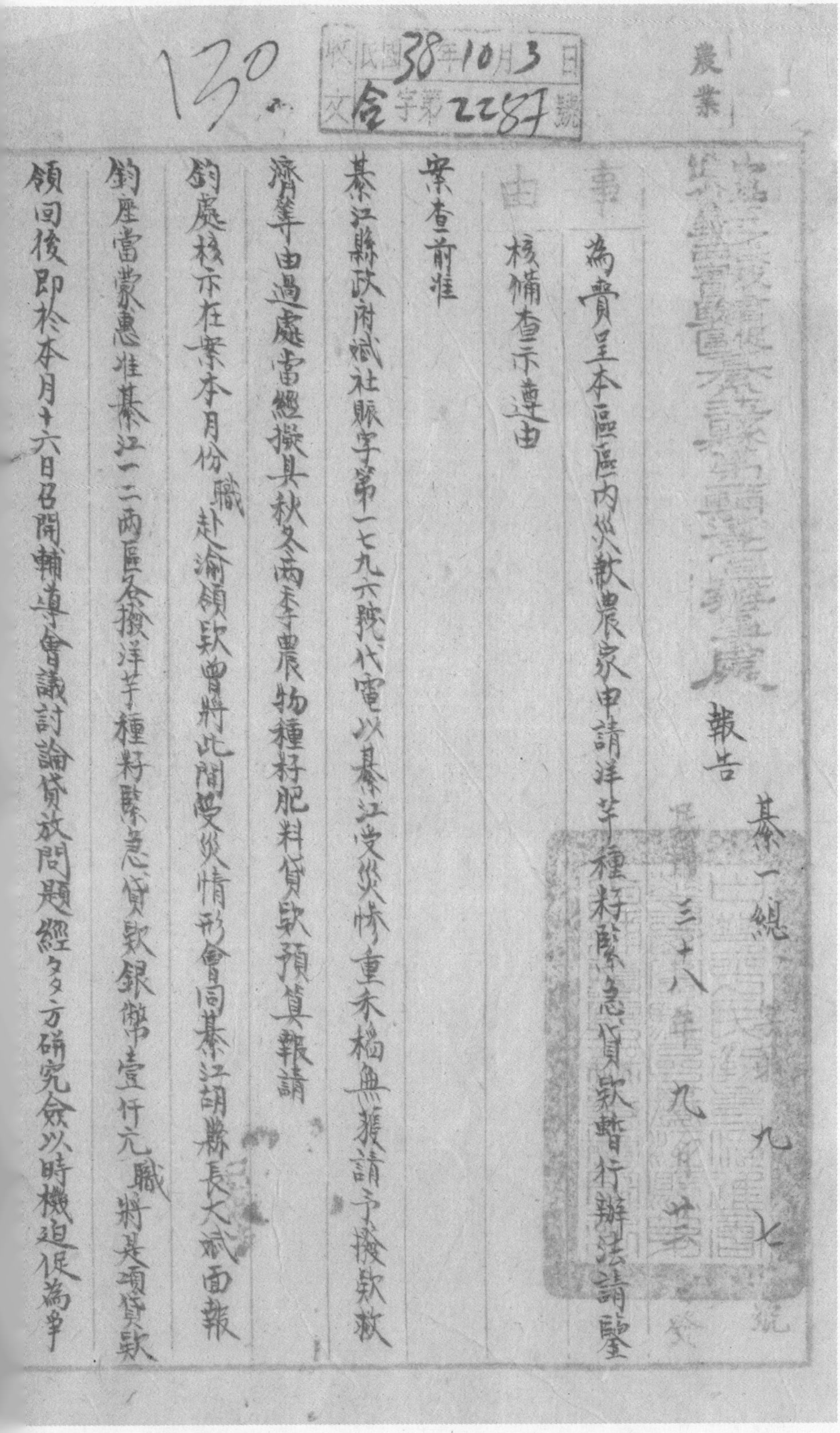

130

收文 民國38年10月3日 合字第2287號

農業

綦江縣第一輔導區辦事處報告

綦一總字第九七號

三十八年九月廿 日

事由：為賫呈本區區內災歉農家申請洋芋種籽緊急貸款暫行辦法請鑒核備查示遵由

案查前准
綦江縣政府賦社賑字第一七九六號代電以綦江受災惨重禾稻無獲請予撥款救濟等由過處當經擬具秋冬兩季農物種籽肥料貸款預算報請
鈞處核示在案本月份職赴渝領款曾將此間受災情形會同綦江胡縣長大斌面報
鈞座當蒙惠准綦江一二兩區各撥洋芋種籽緊急貸款銀幣壹仟元職將是項貸款領回後即於本月十六日召開輔導會議討論貸放問題經々々方研究僉以時機迫促為爭

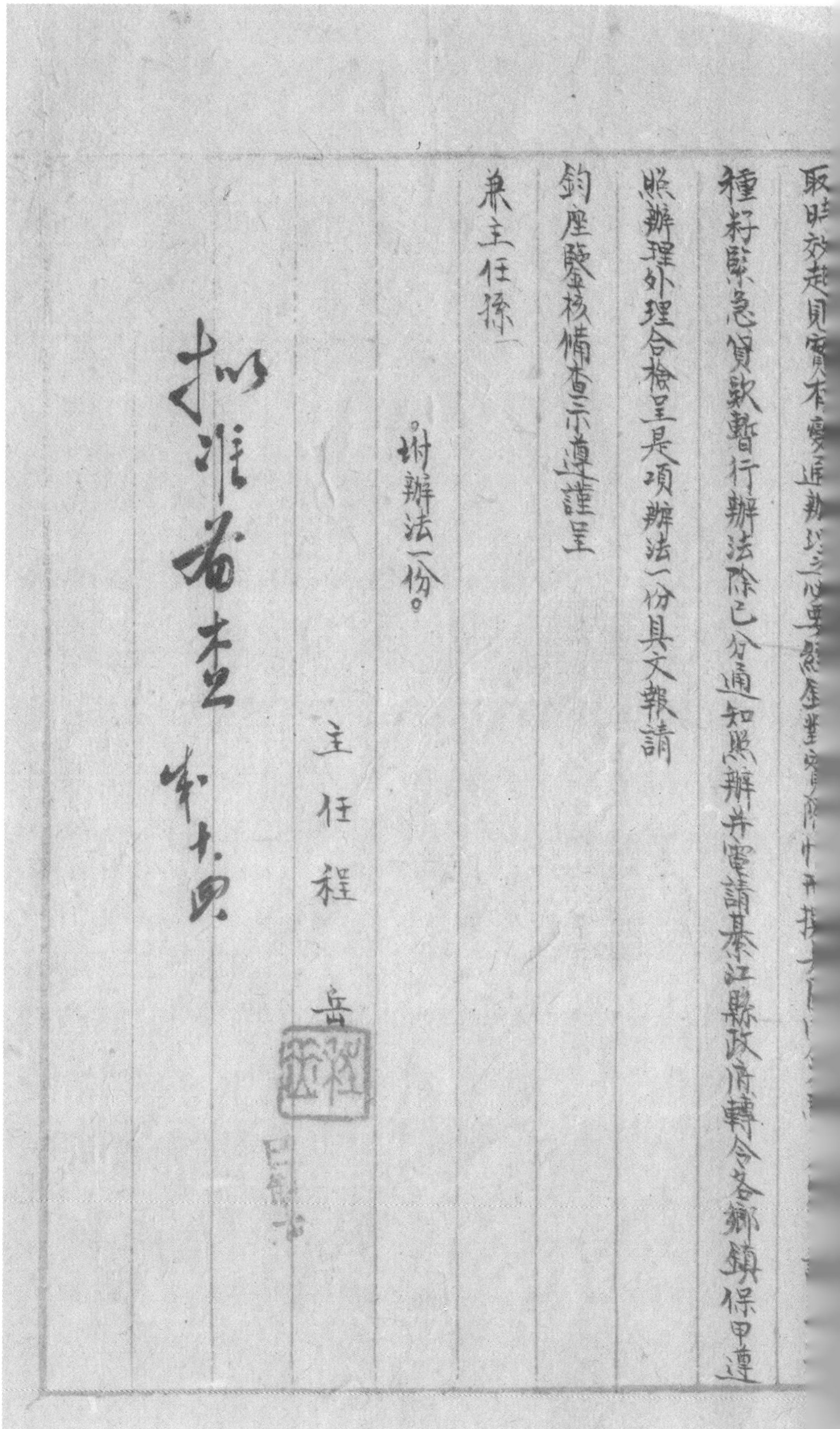

取時效起見實有變通辦理之必要

種籽緊急貸款暫行辦法除已分通知照辦并電請綦江縣政府轉令各鄉鎮保甲遵

照辦理外理合檢呈是項辦法一份具文報請

鈞座鑒核備查示遵謹呈

兼主任孫

附辦法一份。

主任程岳

擬准備查

綦江县第一、第二辅导区办事处、綦江县政府与华西实验区办事处为洋芋贷款事宜的往来公文（附：申请贷款暂行办法）

9-1-102（147）

綦江县第一、第二辅导区办事处、綦江县政府与华西实验区办事处为洋芋贷款事宜的往来公文（附：申请贷款暂行办法）

9-1-102（148）

131

中华平民教育促进会华西实验区綦江县第一辅导区区内贫苦农家申请洋芋种籽紧急贷款暂行办法

（一）本办法为洋芋下种季节迫促，争取时效起见，特斟酌当地环境及事实需要，并经本区第六次辅导会议讨论议决拟订之

二、本区各乡镇贫苦农家申请洋芋种籽紧急贷款，悉依本办法办理，俟各学区农业生产合作社正式组织成立，贷款办法奉颁到区时，再行依照[illegible]贷款手续

（三）洋芋种籽紧急贷款以直接贷放洋芋种籽为原则，但为争取时效起见，各辅导员得先督导各民教主任向各该区内农民自行借挪下种，事后经查明属实者，还以现金贷放之，其数额之分配暂定每一社学区贷放总数以银币贰拾元，各贷户申请贷款之最高额暂定为银币三元

（四）凡区内自耕农、半自耕农、佃农确能诚意接受平民教育及参加合作社组织，并有适宜种植洋芋之土地并具有[下]列资格之一者

甲、受灾较重者　乙、无力购买洋芋种籽者

（五）由各区民教主任分区开会宣告贷款内容，如有合于上列资格之一者，得填具申请书，呈由民教主任申请之（附格式）

（六）各民教主任将申请书汇案送交该管保长及代[illegible]办事处长及乡民代表会主席

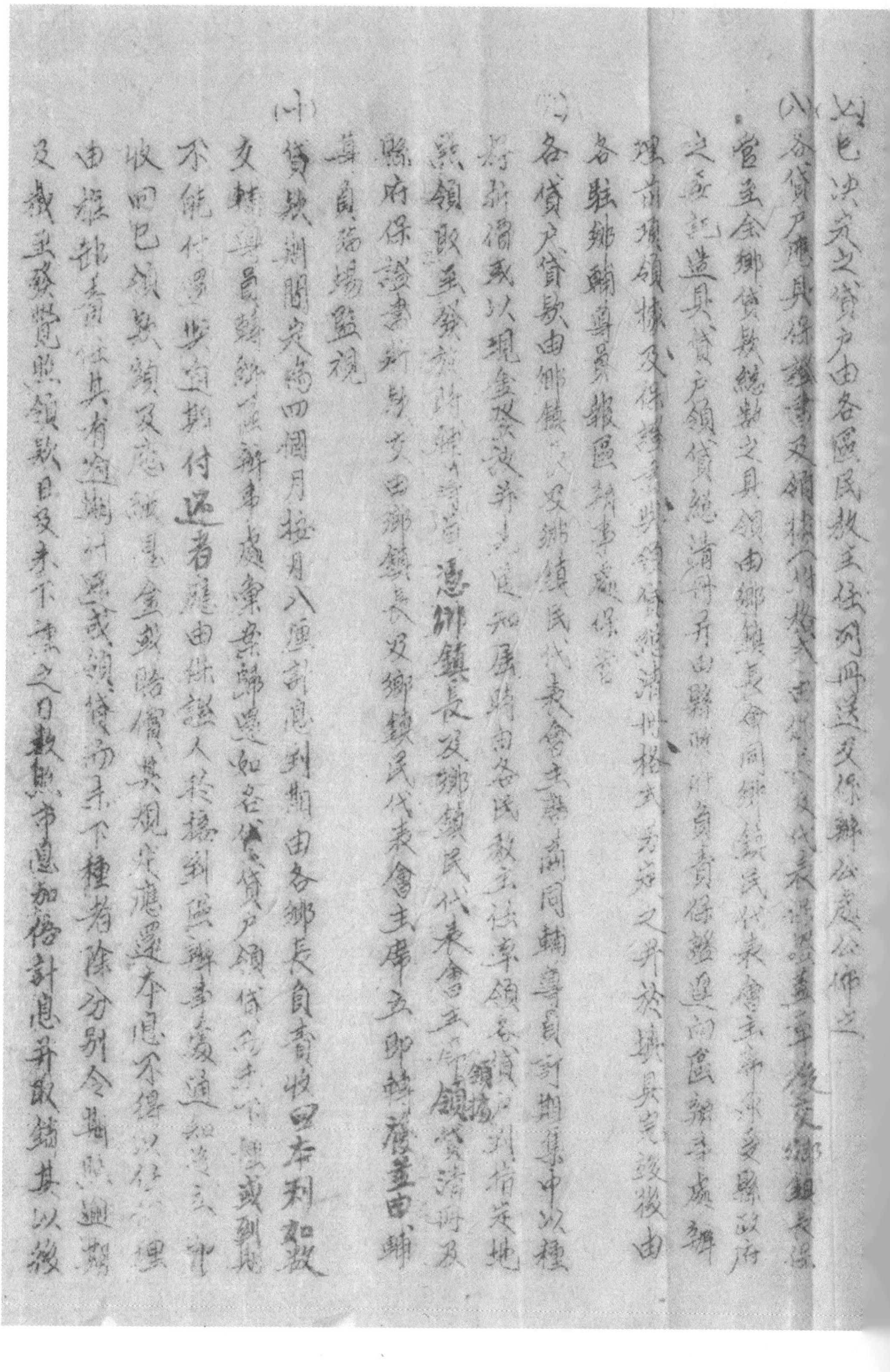

(七)已決定之貸户由各區民教主任列冊送交保辦公處公佈之
(八)各貸户應具保證書及領據(保據格式由[illegible])並[illegible]交鄉鎮長保
管並全鄉貸款總數之具領由鄉鎮長會同鄉鎮民代表會主席出具領據交縣政府
之委託造具貸户領貸總清冊并由縣府負責保證送向區辦事處辦
理前項領據及保證書[illegible]清冊格式另定之并於填具完竣後由
各駐鄉輔導員報區辦事處保管
(九)各貸户貸款由鄉鎮公所及鄉鎮民代表會主席商同輔導員訂期集中以種
籽肥料或以現金[illegible]發并[illegible]通知屆時由各民教主任率領各貸户到指定地
點領取並發放時[illegible]憑鄉鎮長及鄉鎮民代表會主席領據[illegible]清冊及
縣府保證書[illegible]交由鄉鎮長及鄉鎮民代表會主席立即轉發並由輔
導員蒞場監視
(十)貸款期間定為四個月按月八厘計息到期由各鄉長負責收回本利如數
交輔導員轉[illegible]辦事處彙案歸還如各貸户領貸後未下種或到期
不能付還[illegible]逾期付還者應由保證人於接到區辦事處通知之日[illegible]
收回已領貸款及應[illegible]金或賠償其規定應還本息不得以任何理
由推諉其有逾期[illegible]或領貸而未下種者除分別令其照[illegible]逾期
及截至發覺照領款日及未下種之日數照市息加倍計息并收繳其以後

綦江县第一、第二辅导区办事处、綦江县政府与华西实验区办事处为洋芋贷款事宜的往来公文（附：申请贷款暂行办法）

9-1-102（149）

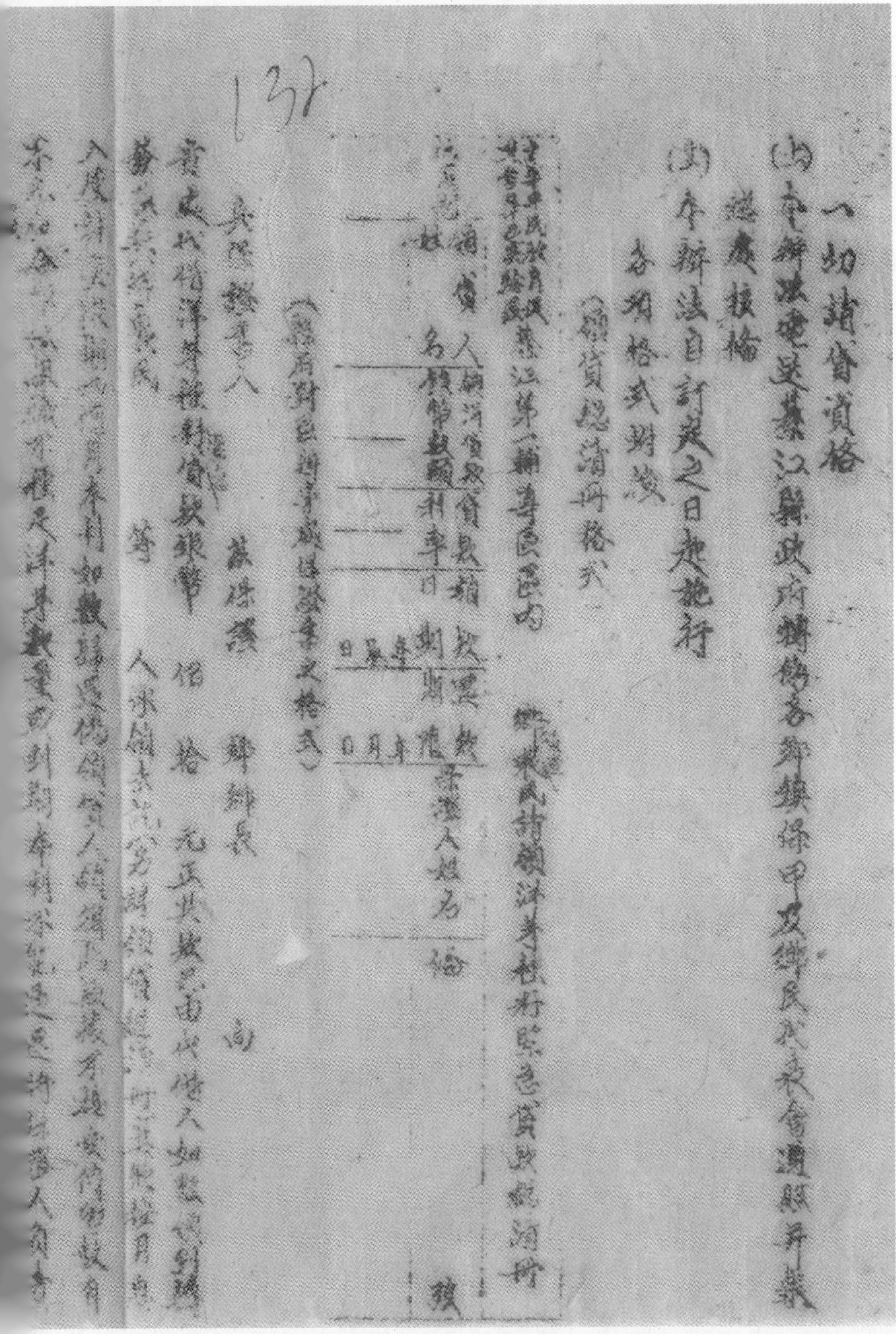
一切請貸資格
(四)本辦法電送綦江縣政府轉飭各鄉鎮保甲及鄉民代表會遵照并報
總處核備
(五)本辦法自訂定之日起施行
各項表格式附後
(領貸總清冊格式)
[illegible]綦江第一輔導區區內[illegible]鄉農民請領洋芋種籽緊急貸款總清冊

領貸人姓名	領洋芋貸款金額	貸款數額	利率	到期日期	貸款期限	擔保人姓名	備考
				年 月 日	年 月 日		

(縣府對區辦事處保證書式格式)
具保證書人 綦江縣 鄉鄉長 向
實在代領洋芋種籽貸款銀幣 佰 拾 元正 其款已由代領人如數轉
發該鄉農民 等 人承領[illegible]
入農貸[illegible]本利如數歸還[illegible]
[illegible]

綦江县第一、第二辅导区办事处、綦江县政府与华西实验区办事处为洋芋贷款事宜的往来公文（附：申请贷款暂行办法）
9-1-102（150）

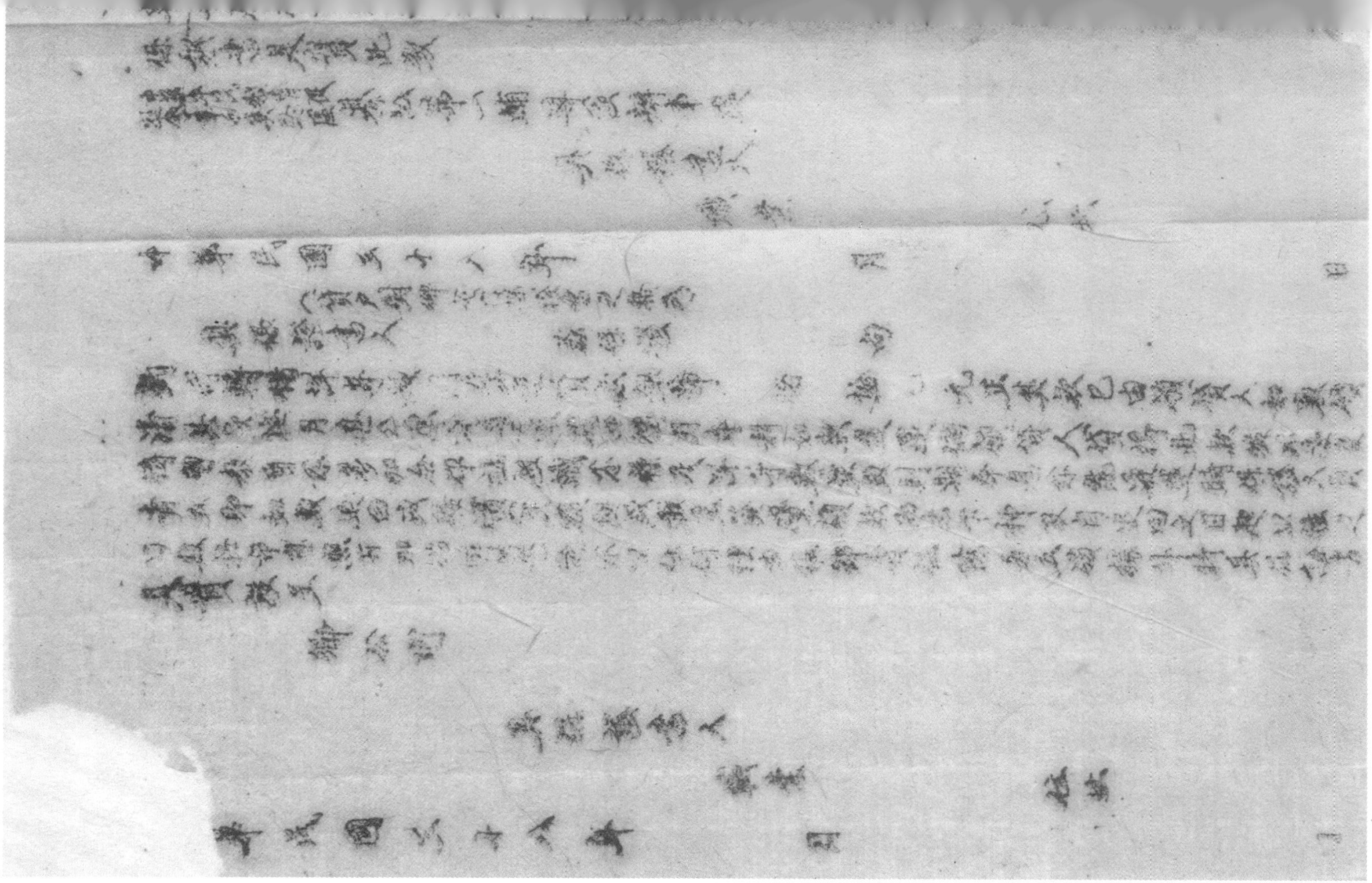

綦江县第一、第二辅导区办事处、綦江县政府与华西实验区办事处为洋芋贷款事宜的往来公文（附：申请贷款暂行办法）
9-1-102（151）

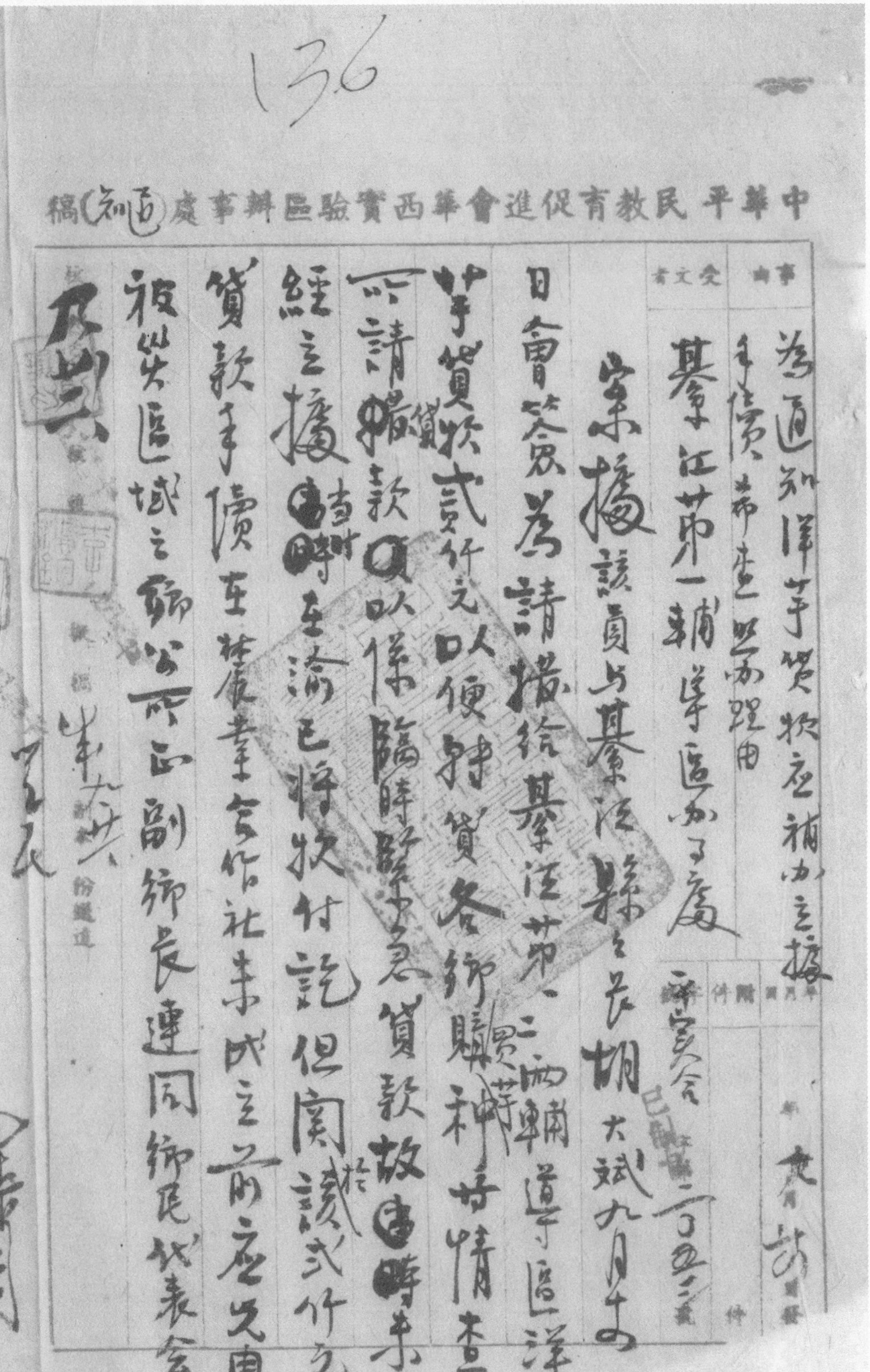
中華平民教育促進會華西實驗區辦事處稿（通知）

事由：為通知洋芋貸款應補辦之手續希查照辦理由

受文者：綦江第一輔導區辦事處

案據該員與綦江縣長胡大斌九月十日會簽為請撥給綦江第一、二兩輔導區洋芋貸款貳仟元以便轉貸各鄉農種洋芋情查所請撥貸款項以係臨時緊急貸款故當時未經立據當時在渝已將款付訖但關於貳仟元之貸款手續在綦農業合作社未成立之前應先由該區區域之鄉公所正副鄉長連同鄉民代表會

綦江县第一、第二辅导区办事处、綦江县政府与华西实验区办事处为洋芋贷款事宜的往来公文（附：申请贷款暂行办法）
9-1-102（156）

綦江县第一、第二辅导区办事处、綦江县政府与华西实验区办事处为洋芋贷款事宜的往来公文（附：申请贷款暂行办法）
9-1-102（157）

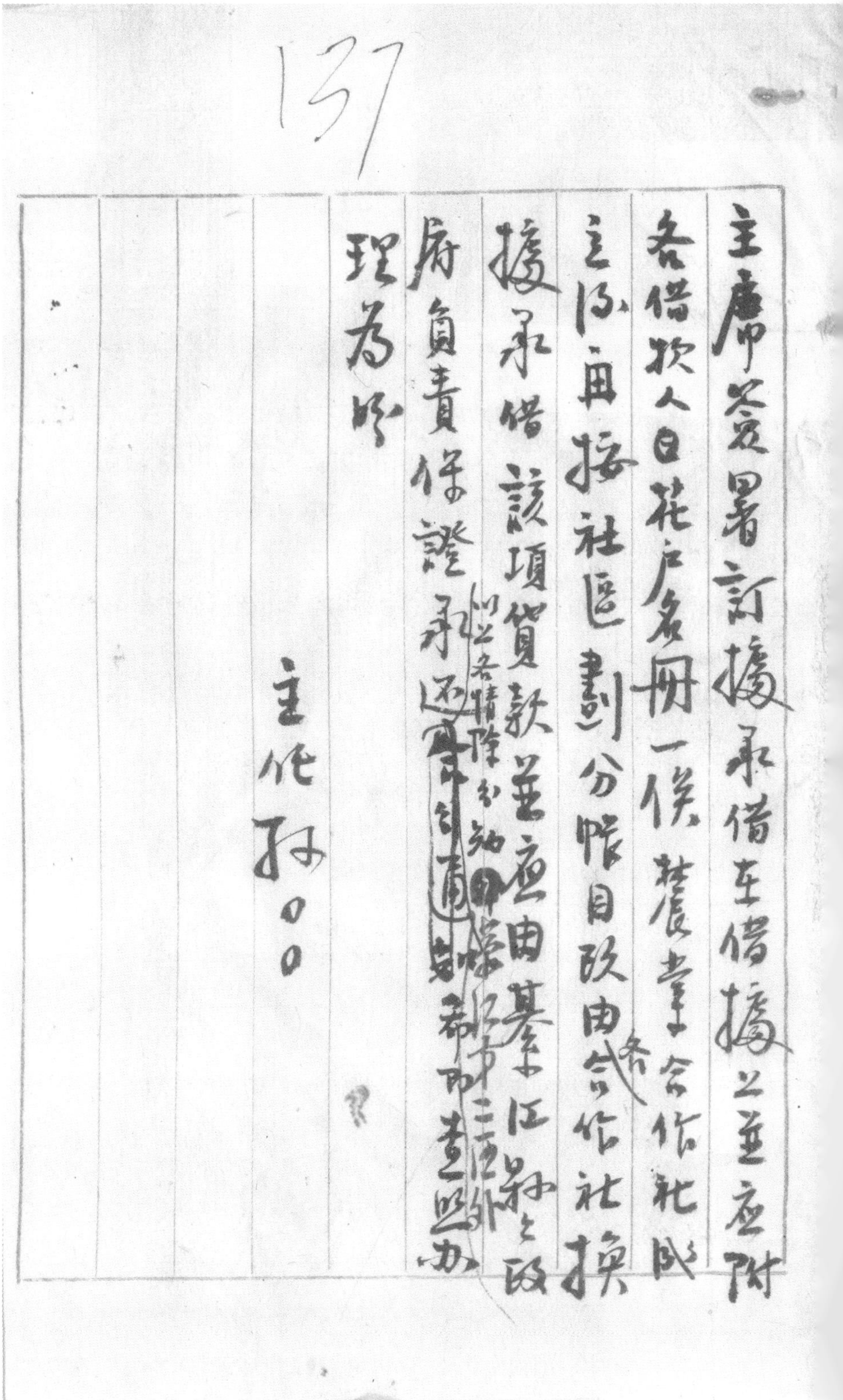
137

主席簽署訂據承借，在借據上並應附各借款人日花户名册一份，農業合作社成立後，再按社區劃分帳目，改由各合作社換據承借。該項貸款並應由綦江縣政府負責保證承還。（以上各情除分知田糧[illegible]第一二區外）[illegible]即希查照辦理為盼。

主任 孫○○

綦江县第一、第二辅导区办事处、綦江县政府与华西实验区办事处为洋芋贷款事宜的往来公文（附：申请贷款暂行办法）
9-1-102（159）

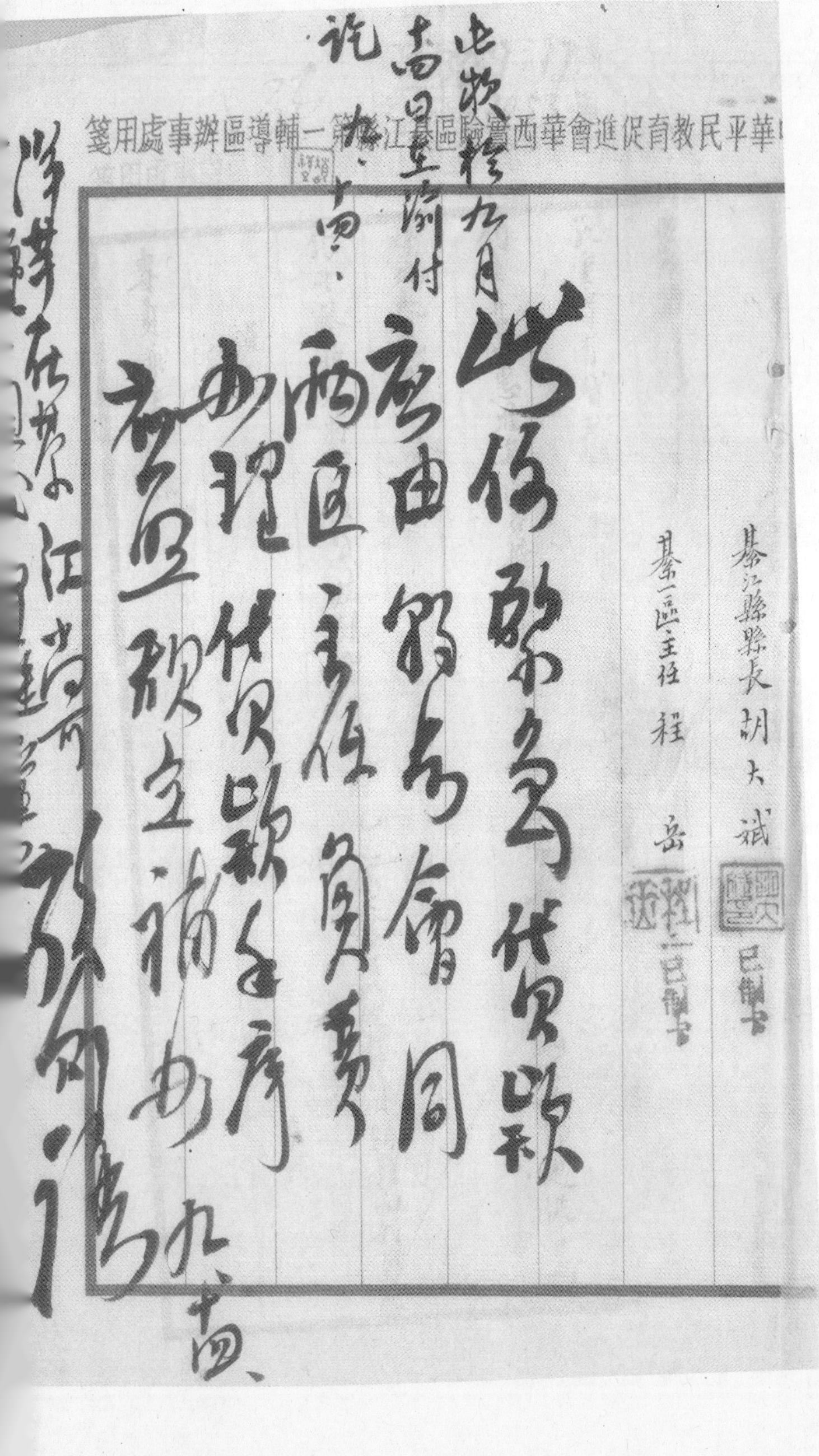
中華平民教育促進會華西實驗區綦江縣第一輔導區辦事處用箋

綦江縣縣長 胡大斌

綦一區主任 程岳

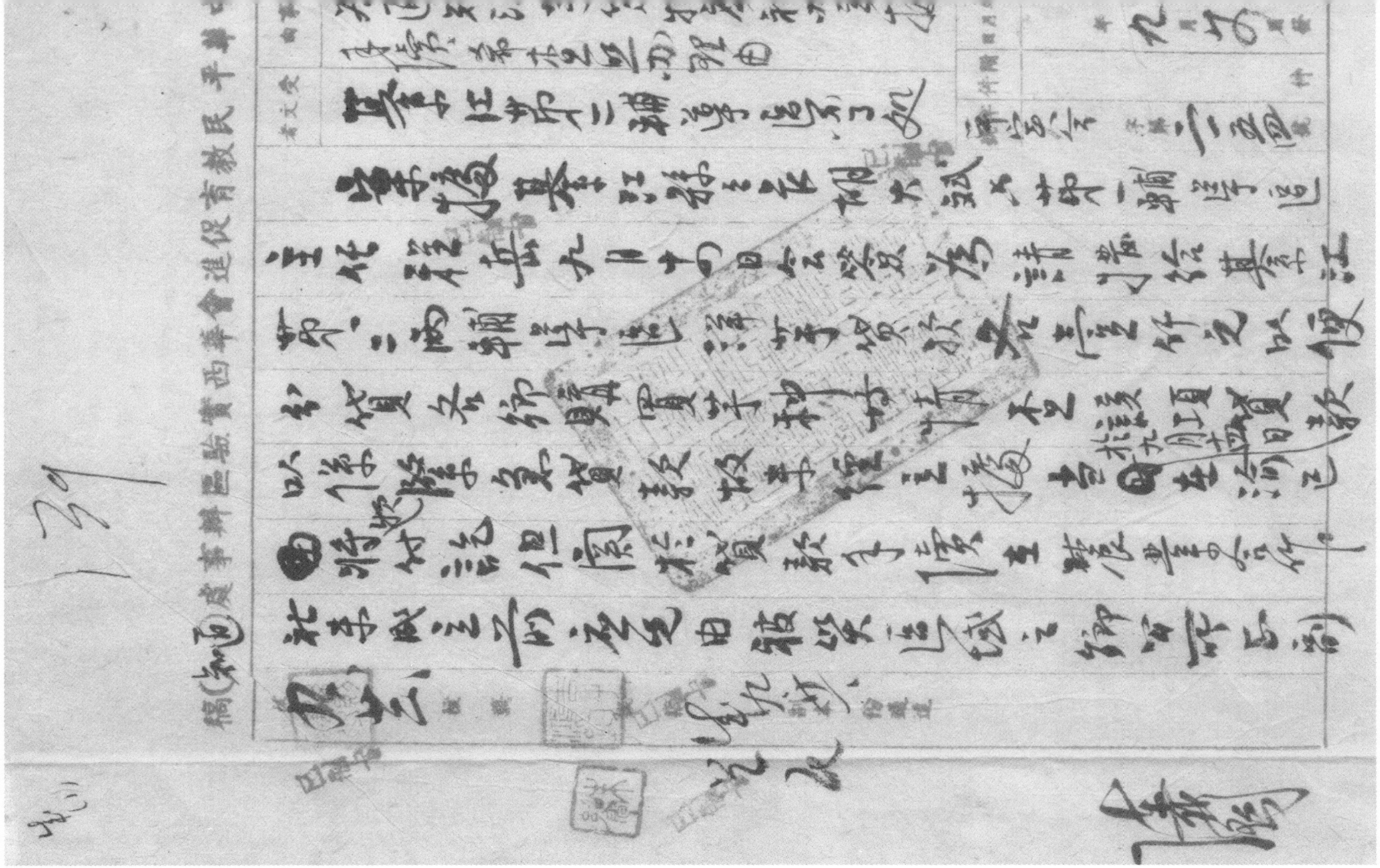

中華平民教育促進會華西實驗區辦事處（稿）

綦江第二輔導區辦事處

九月廿四日

平字第二一五四號

綦江县第一、第二辅导区办事处、綦江县政府与华西实验区办事处为洋芋贷款事宜的往来公文（附：申请贷款暂行办法）
9-1-102（160）

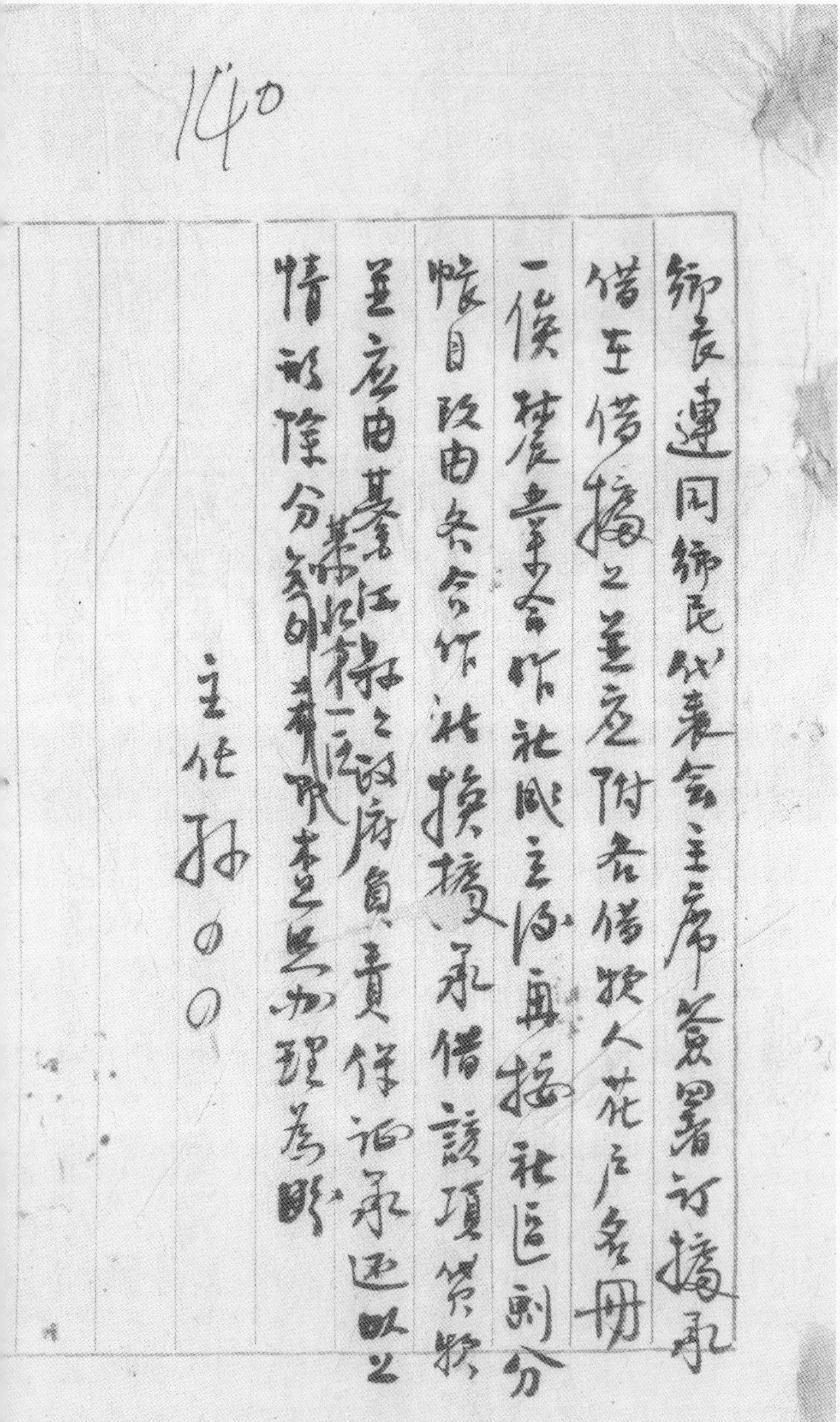
140

鄉長連同鄉民代表會主席簽署訂擔承
借至借擔之並應附各借款人花戶名冊
一份俟農業合作社成立之後再按社區劃分
帳目改由各合作社換擔承借該項貸款
並應由綦江縣政府負責保證承還以上
情形除分令綦江縣府及本區照辦理為盼
主任 孫〇〇

綦江县第一、第二辅导区办事处、綦江县政府与华西实验区办事处为洋芋贷款事宜的往来公文（附：申请贷款暂行办法）
9-1-102（161）

綦江县第一、第二辅导区办事处、綦江县政府与华西实验区办事处为洋芋贷款事宜的往来公文（附：申请贷款暂行办法）

9-1-102（145）

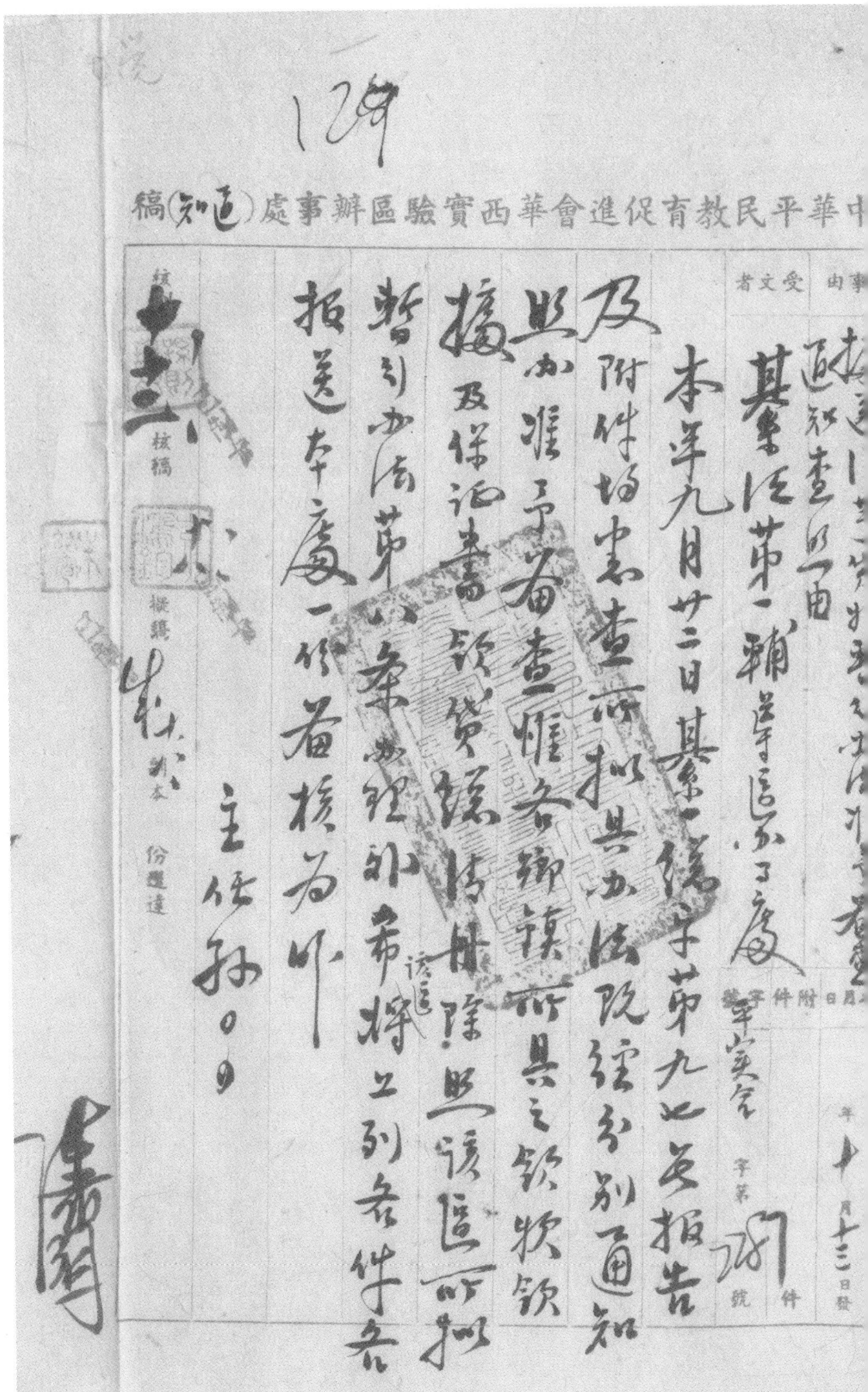

中華平民教育促進會華西實驗區辦事處稿（通知）

事由：據送□□□□□由 通知查照由

受文者：綦江第一輔導區辦事處

附件：

年十月十三日發 字第 號

本年九月廿二日綦第一輔字第九七號報告及附件均悉。查所擬具辦法，殊經分別通知照辦，准予備查。惟各鄉鎮所具之領狀、領據及保證書、領貸鎮結清冊，除照該區所擬暫行辦法第八條辦理外，希將上列各件呈報送本處，以憑核備為要。

主任孫○○

綦江县第一、第二辅导区办事处、綦江县政府与华西实验区办事处为洋芋贷款事宜的往来公文（附：申请贷款暂行办法）
9-1-102（142）

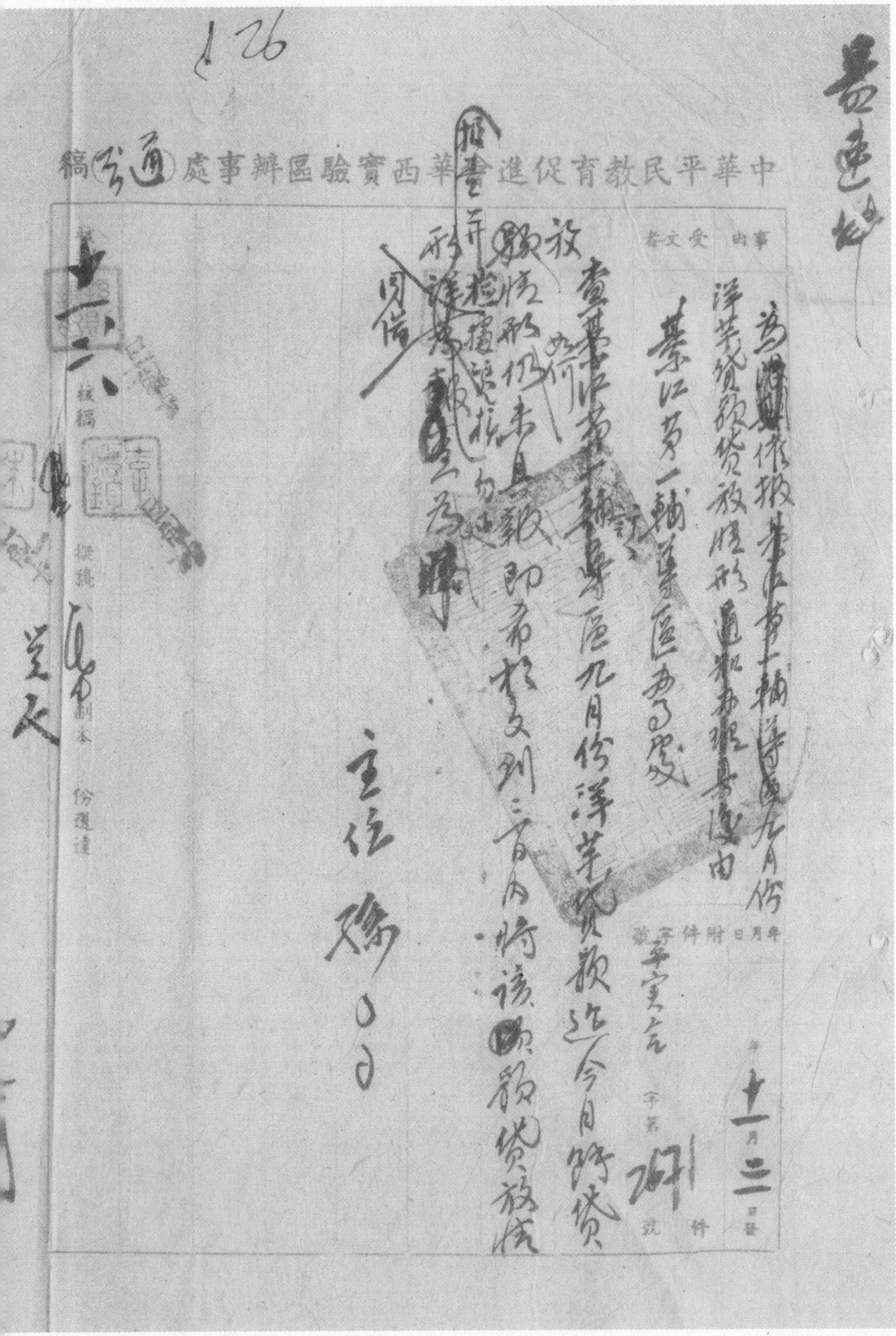
中華平民教育促進會華西實驗區辦事處稿

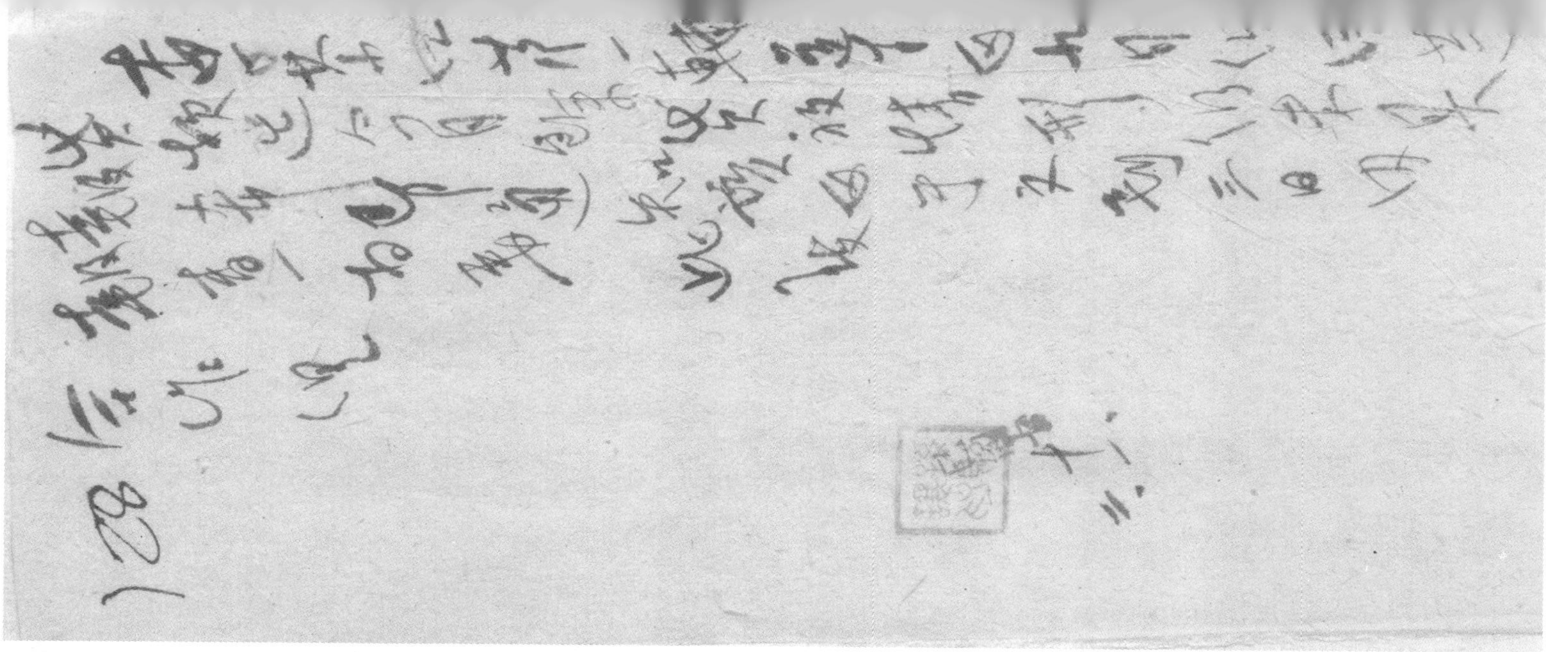

綦江县第一、第二辅导区办事处、綦江县政府与华西实验区办事处为洋芋贷款事宜的往来公文（附：申请贷款暂行办法）
9-1-102（144）

綦江县第一、第二辅导区办事处、綦江县政府与华西实验区办事处为洋芋贷款事宜的往来公文（附：申请贷款暂行办法）
9-1-102（141）

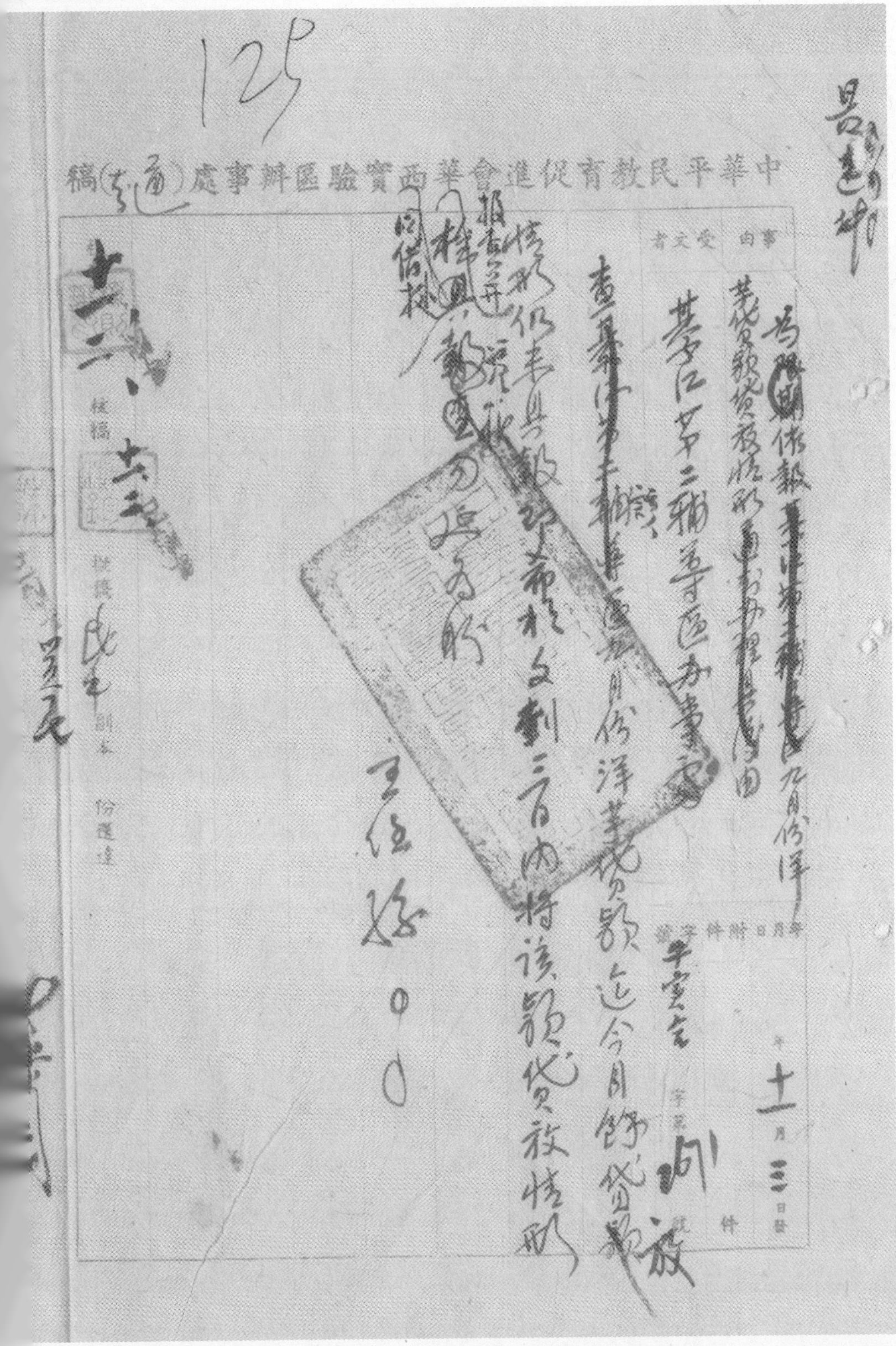

綦江县第一、第二辅导区办事处、綦江县政府与华西实验区办事处为洋芋贷款事宜的往来公文（附：申请贷款暂行办法）

9-1-102（140）

124

收文 38年11月17日 農字第2368號

農業

中華平民教育促進會華西實驗區綦江第二輔導區辦事處（報告）

事由	為呈送洋芋貸款各鄉鎮長借據及各鄉鎮領款總清冊報請鑒核備查由
受文者	萬主任孫
年月日	卅八年十一月六日
件數	十三件
字號	綦二業字第〇三五號

一、十一月三日平實合字第1691號通知奉悉

二、查九月份請領之洋芋種籽緊急貸款業已遵照貸發完竣

三、所餘之伍元伍角已由輔導會議決定權作印製此項表冊油墨紙張等費用

兹謹將各鄉鎮長借據及各鄉鎮領款總清冊各六份報請

鑒核備查

主任盧榮先

綦江县第一、第二辅导区办事处、綦江县政府与华西实验区办事处为洋芋贷款事宜的往来公文（附：申请贷款暂行办法）
9-1-102（138）

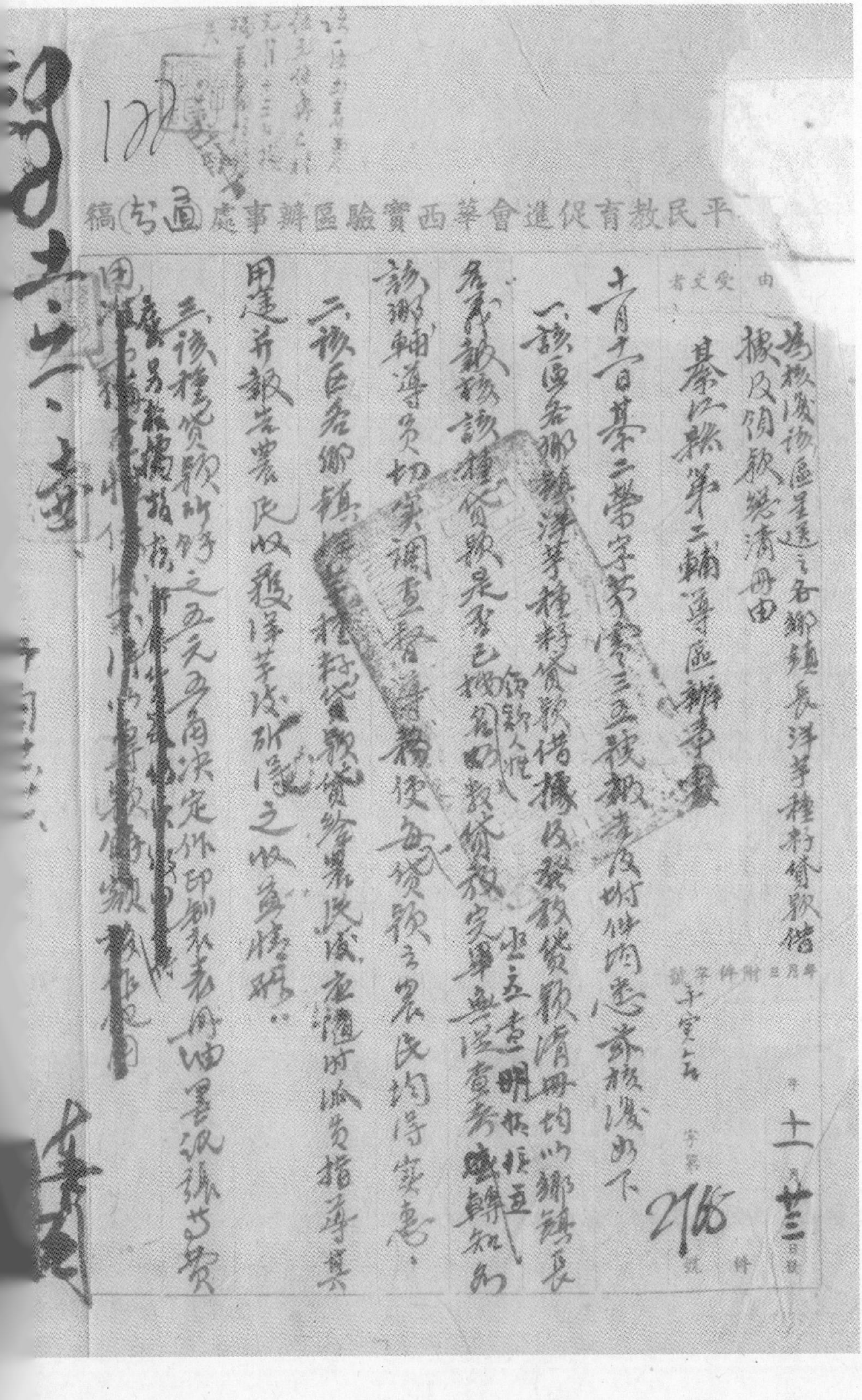
平民教育促進會華西實驗區辦事處（函）稿

由：為核復該區呈送之各鄉鎮長洋芋種籽貸款借據及領款總清冊由

受文者：綦江縣第二輔導區辦事處

十一月十一日綦二輔字第零三五號報告及附件均悉，茲核復如下：

一、該區各鄉鎮洋芋種籽貸款借據及發放貸款清冊均以鄉鎮長名義報核，該種貸款是否已按名如數貸放，實無從查考，……

該鄉輔導員切實調查督導，務使每貸款之農民均得實惠。

二、該區各鄉鎮種籽貸款貸給農民後，應隨時派員指導其用途，並報告農民收穫洋芋後所得之收益情形。

三、該種貸款所餘之五元五角，決定作印刷表冊油墨紙張之費……

年 十一 月 廿三 日

字第 2168 號

綦江县第一、第二辅导区办事处、綦江县政府与华西实验区办事处为洋芋贷款事宜的往来公文（附：申请贷款暂行办法）
9-1-102（139）

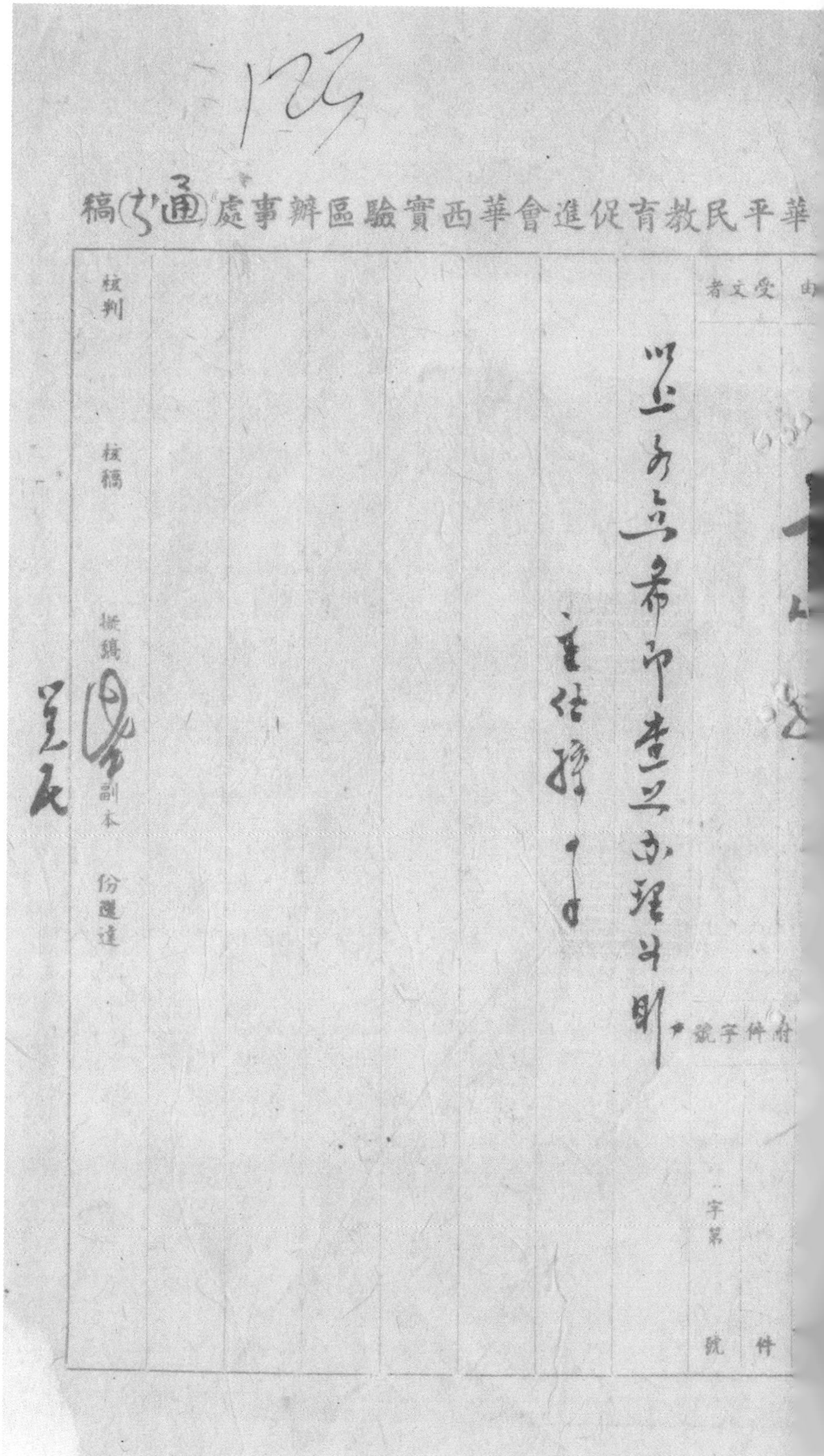

綦江县第一、第二辅导区办事处、綦江县政府与华西实验区办事处为洋芋贷款事宜的往来公文（附：申请贷款暂行办法）

9-1-102（137）

120

民國38年11月25日 收文 會字第2916號

報告 綦一總字第一二三號

民國三十八年十一月 日

事由：為呈報本區辦理洋芋貸款情形及領據保證書貸户總清冊請
鑒核備查示遵由

查本區前准綦江縣政府電請撥發洋芋貸款以資救濟夏季旱災等由過處經呈准 鈞處核准撥發洋芋貸款壹仟元。職將是項貸款領得後即分發各輔導員轉借各該鄉鎮覈實貸放去後茲據各鄉輔導員檢呈各鄉所具領據保證書及貸户總清冊報處共計貸出銀幣八八九元（計古南鎮一〇三元（登瀛鄉一六二元）橋河鄉一四一元昇平鄉一三二元北渡鄉一三二元萬興鄉二二〇元）尚餘壹佰壹拾壹元前支承領洋芋種籽貸款旅費一二、六〇元承領合作社書表旅費九、〇六元及辦貸款表冊費六、四〇元均以此款挪墊又橋河鄉應退餘款尚未繳還雖即可收回但兌幣至感困難

37·8·6·4·000張

綦江县第一、第二辅导区办事处、綦江县政府与华西实验区办事处为洋芋贷款事宜的往来公文（附：申请贷款暂行办法）
9-1-102（135）

118

寄闻溪承
南泉新村
五德

中華平民教育促進會華西實驗區辦事處（函）（簽）稿

事由：據呈送辦理洋芋貸款表冊請查核希將餘款銀元玖元即日繳還由

受文者：綦江第一輔導區主任程□安

一、三十八年十一月綦第一區字第123號報告暨附件均悉。

二、洋芋貸款原撥該區銀元壹仟元，除放貸農戶銀元捌佰捌拾玖元，移支旅費貳拾壹元，又舟車費壹元六角及雜費表冊費陸元四角，餘款捌拾貳元玖角四分，則應繳回銀元壹佰另貳元，兩不相符，究係如何情形，並查復。

三、該旅費及表冊費用未據檢據，無法作帳，應勿

年 十二月 日發

附件 本實台字 號

核判 核稿 繕寫 副本 份送達

会计室

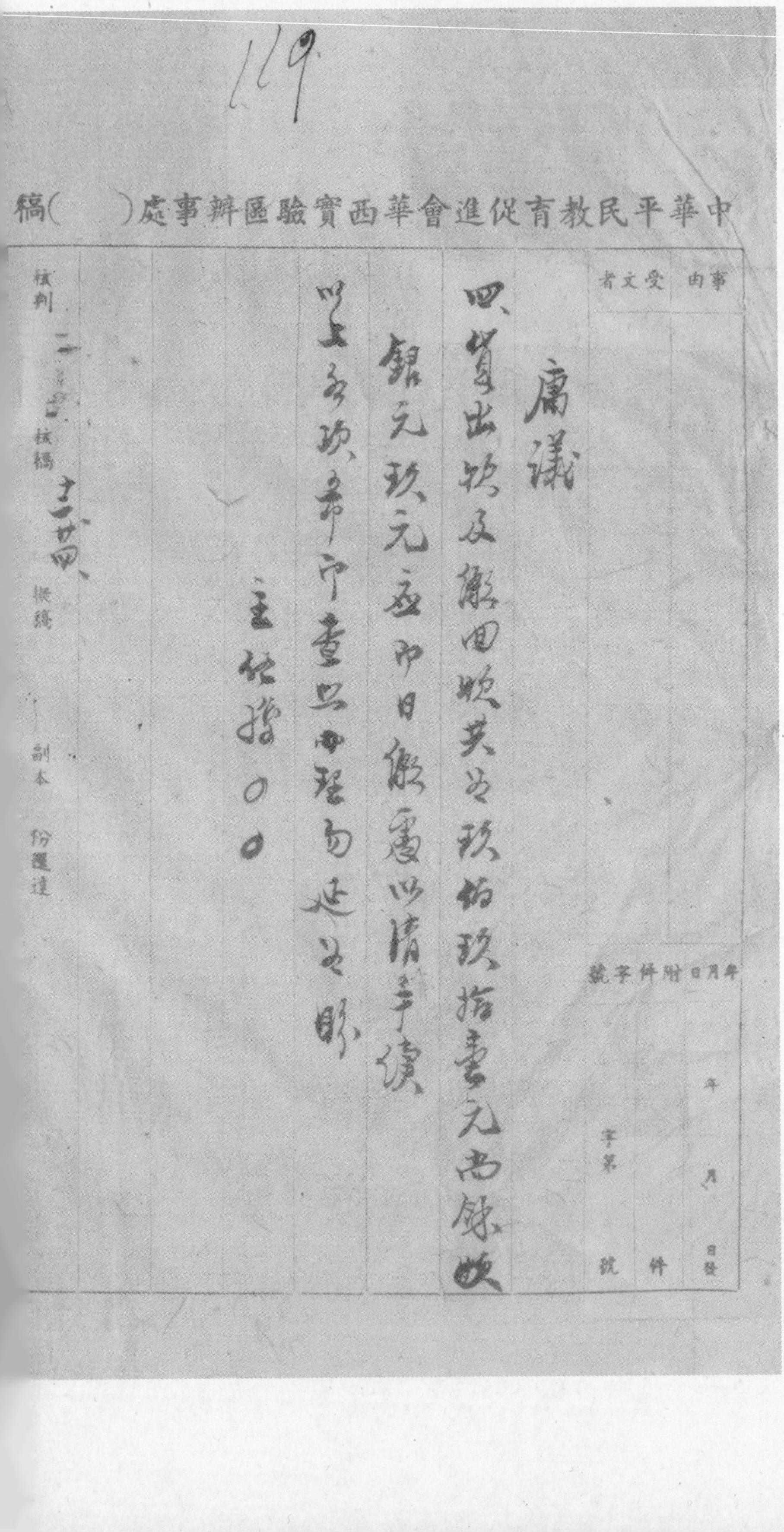

119

中華平民教育促進會華西實驗區辦事處（　　）稿

事由

受文者

膺議

四、貸出款及繳回數共若干款，的款指壹元尚缺欠

銀元玖元，玖元應即日繳還以清手續

以上各項，希即查照辦理為速為盼

主任 孫○○

核判 十二月廿四

核稿 十二月廿四

擬稿

副本　份送達

年月日附件字號

年　月　日發

字第　號

件

綦江县第一、第二辅导区办事处、綦江县政府与华西实验区办事处为洋芋贷款事宜的往来公文（附：申请贷款暂行办法）
9-1-102（136）

綦江县第一、第二辅导区办事处、綦江县政府与华西实验区办事处为洋芋贷款事宜的往来公文（附：申请贷款暂行办法）

9-1-102（132）

收文 1950年1月12日 字第61號

115

中華平民教育促進會華西實驗區綦江縣第一輔導區辦事處用箋

報告　公曆一九四九年十二月廿八日於巴縣南温泉南泉新村五號

為聲覆洋芋貸款繳還餘數詳情由（綦一結字第一號）

平貸合字第四二號通知奉悉。茲分覆如次：

一、洋芋種仔緊急貸款壹仟元原領係銀圓及銀券各半數，當時再三向出納人員請求全數發給銀圓，然未蒙允，領回後係分發各駐鄉輔導員轉發餘款亦係據各該輔導員悉以銀圓券繳回，當時因政府明令規定對銀元券不得歧視，自不能拒絕收受，又無法換得銀元作保值處分，故不得不將該項繳回之銀元券保存待扣除該項貸款結繳，寄呈後直至卅八年十一月廿三日在渝承領

綦江县第一、第二辅导区办事处、綦江县政府与华西实验区办事处为洋芋贷款事宜的往来公文（附：申请贷款暂行办法）
9-1-102（133）

116

中華平民教育促進會華西實驗區綦江縣第一輔導區辦事處用箋

經費將仍未奉到 核定通知當以結束在即應繳餘款銀元券未敢延存經
鈞座批准於應領款內扣除銀元券壹百零貳元在案。
簽請
二、扣除應繳餘款將因無案可查不明貸出確數當經向經辦人輔導
員姜經緯查詢曾於該員隨帶之日記本內查得貸出數為八百九十
八元故應繳还壹百零二元奉
示貸出數為八百八十九元如無錯誤則應補繳銀元券九元唯該
項銀元券業經禁止使用准照人民幣一百比一掉換可否即照此比

綦江县第一、第二辅导区办事处、綦江县政府与华西实验区办事处为洋芋贷款事宜的往来公文（附：申请贷款暂行办法）
9-1-102（134）

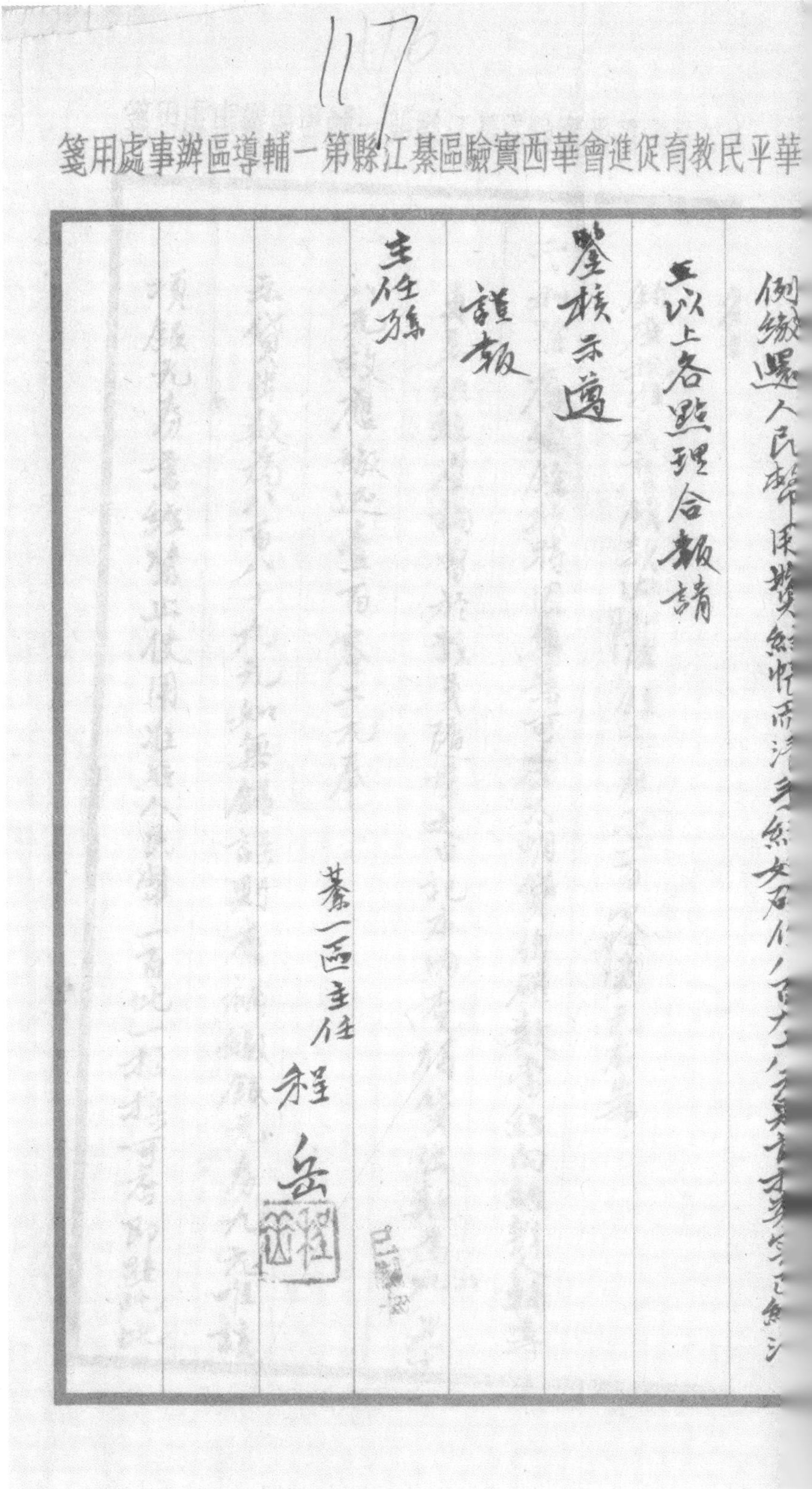
華平民教育促進會華西實驗區綦江縣第一輔導區辦事處用箋

例繳還人民幣[illegible]

以上各點理合報請

鑒核示遵

謹報

主任孫

綦一區主任 程岳

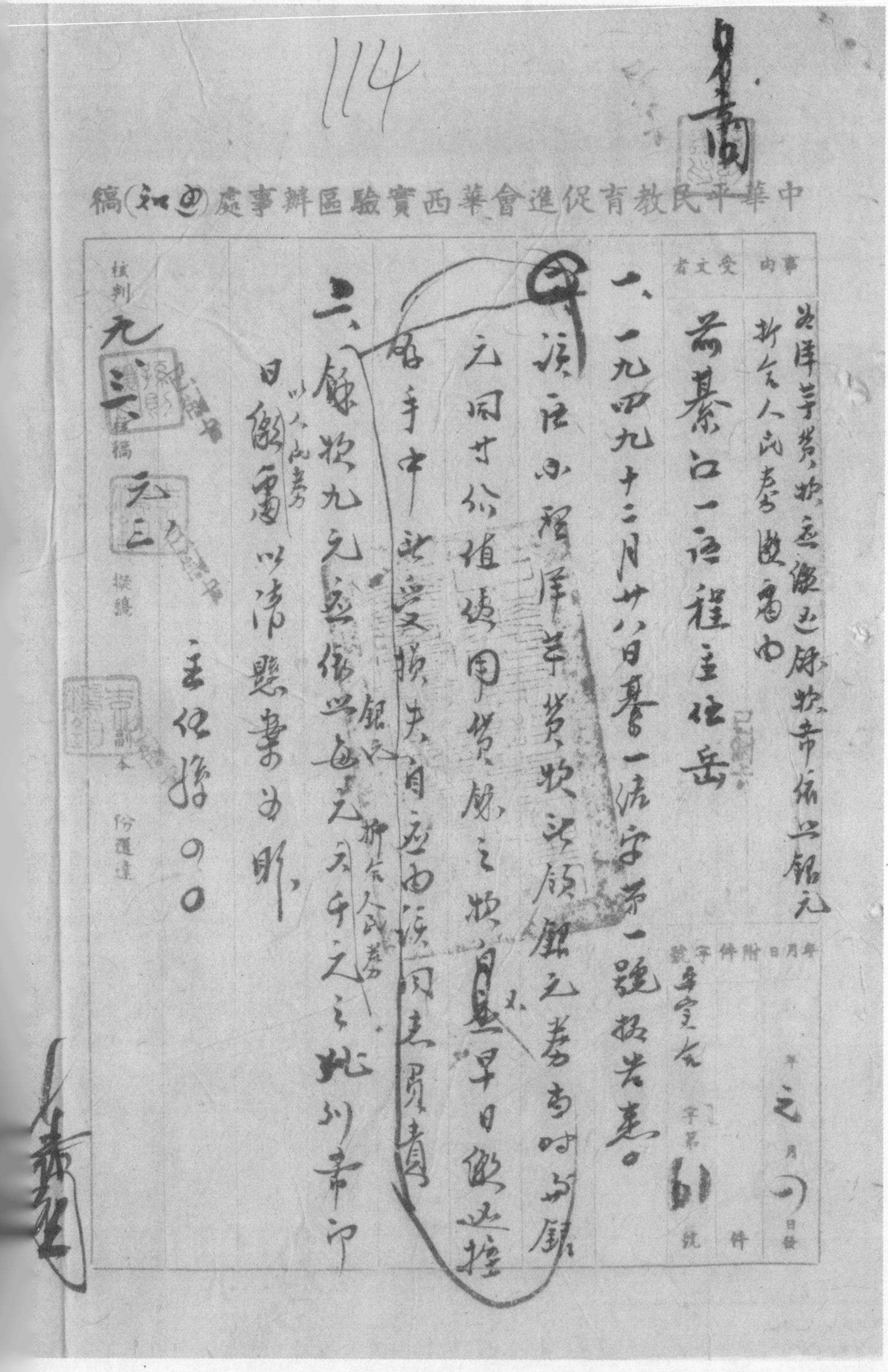
中華平民教育促進會華西實驗區辦事處（通知）稿

事由：為洋芋貸款應繳還時能否依照銀元折合人民券繳還由

受文者：前綦江一區程主任岳

一、一九四九年十二月廿八日綦一法字第一號報告悉。

二、該區所領洋芋貸款，係領銀元券，當時與銀元同等價值使用，貸款之收回，自應早日繳還，至中途所受損失，自應由該區同志負責。

三、該款九元應依照每元（折合人民券）……

日繳還，以清懸案為要。

主任 孫〇〇

綦江县第一、第二辅导区办事处、綦江县政府与华西实验区办事处为洋芋贷款事宜的往来公文（附：申请贷款暂行办法）
9-1-102（131）

綦江县第一、第二辅导区办事处、綦江县政府与华西实验区办事处为洋芋贷款事宜的往来公文（附：申请贷款暂行办法）

9-1-102（128）

110

收文 1950年1月19日 字第 67 號

中華平民教育促進會華西實驗區綦江縣第一輔導區辦事處用箋

報告

一九五〇年一月十五日 綦一結字第三號 於峰泉新村五號

為奉平実合字第六一號通知聲覆各点由

平実合字第六一號通知奉悉。茲再聲覆如次：

一、洋芋貸款係一九四九年九月十四日在渝領到，十五日返綦，十六日召開輔導會議，經決議按鄉平均分發各輔導員依照規定手續經辦轉發事宜去訖，因該項轉發手續繁複，各輔導員未能短期結報，正催促間適得家父病危消息，乃於九月廿九日報請准予辭職離綦返蒿縣服，有親所有處務即交由姜輔導員經辦代行，故貸餘之款全由姜輔導員經手處理，自未存岳手中，尤無「擅存手中」之事實可言

綦江县第一、第二辅导区办事处、綦江县政府与华西实验区办事处为洋芋贷款事宜的往来公文（附：申请贷款暂行办法）

9-1-102（129）

111

中華平民教育促進會華西實驗區綦江縣第一輔導區辦事處用箋

二、辦理未蒙核准乃於一九四九年十一月十六日返綦後始悉貸款報繳宜本辦先後向各鄉應繳餘款係陸續繳回而橋河鄉應繳之款直至岳返處後嚴催始行繳楚（十一月廿九日始繳清）該項繳款仍由姜輔導員保存又因本處自成立以來向例凡應繳還之款一律照例報請於下月份發給經費時照數扣繳反之凡應補領之款亦一律先行墊付（如臨時開支旅費等）報請於下月份發給經費時補發故藉有專人繳還或請領以及避免等用費與手續故該項應繳餘款亦係由姜輔導員於代行報結時報請於下月份發給經費時扣繳此未早日繳回之

綦江县第一、第二辅导区办事处、綦江县政府与华西实验区办事处为洋芋贷款事宜的往来公文（附：申请贷款暂行办法）
9-1-102（130）

112

中華平民教育促進會華西實驗區綦江縣第一輔導區辦事處用箋

實情也該代行人亦無擅存手中之事實可言

三、一九四九年十一月廿四日扣繳該項餘款時因鈞處既未將該項應繳確數核定臨時又無券可資查明其確數以致扣繳有誤該項差繳之銀元券九元實際上在當時已僅能換得銀元一元左右而事實上當時政府查禁銀元買賣嚴如密錢誰敢以之掉換銀元及至十一月廿九日時局已達極度緊張之際銀元黑市每元聞已可換銀元券至一百廿元之多事實上手中因存有銀元券不少然迫於此無可如何之事實亦唯啼笑皆非而

綦江县第一、第二辅导区办事处、綦江县政府与华西实验区办事处为洋芋贷款事宜的往来公文（附：申请贷款暂行办法）
9-1-102（125）

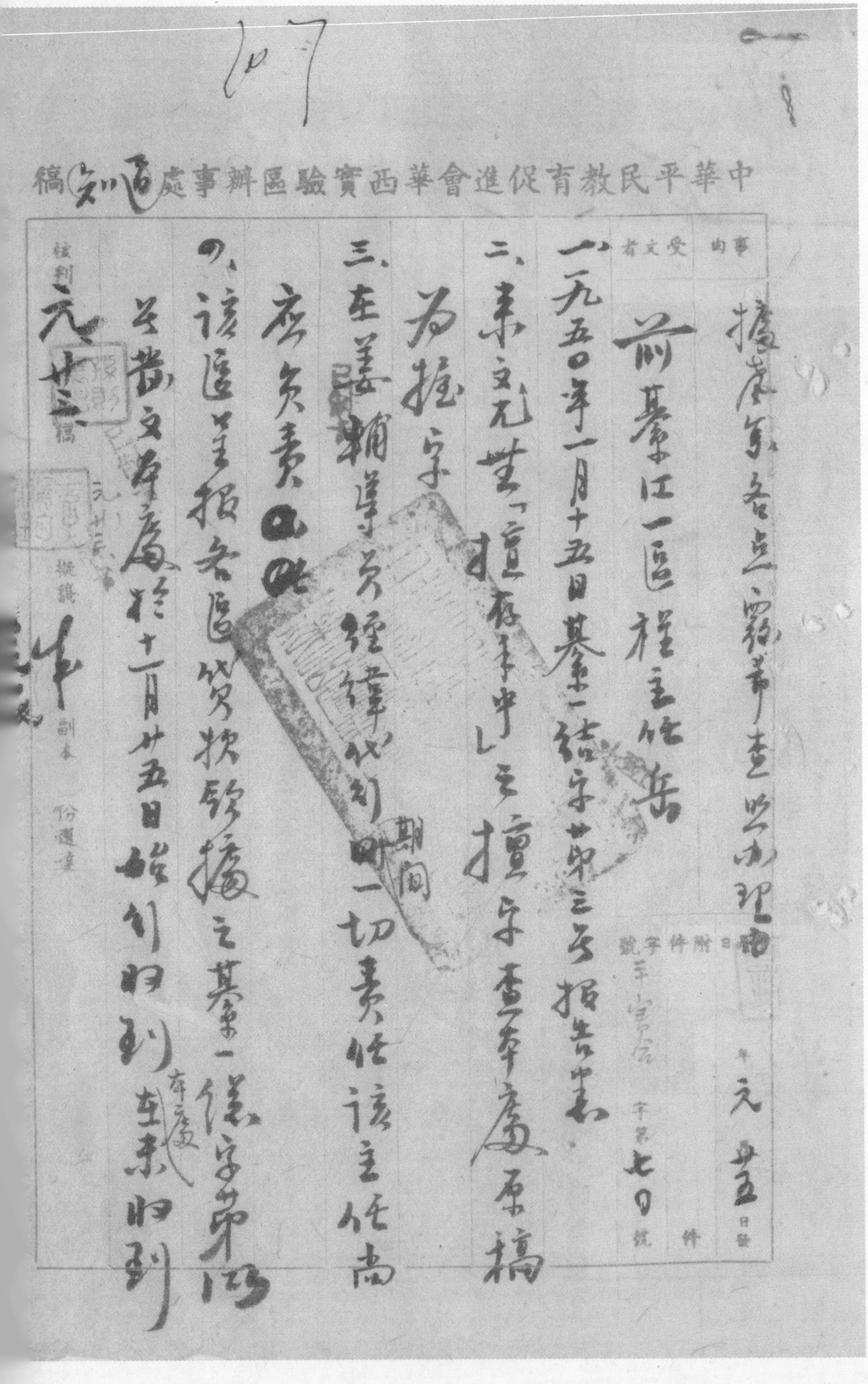
中華平民教育促進會華西實驗區辦事處公函稿

事由：
受文者：前綦江一區程主任岳

擬原簽各點辦理

一、一九五〇年一月十五日綦一輔字第三號報告中
二、來文尤其「擅存本中」之擅字原稿為擬字
三、在綦輔導員經辦貸款期間一切責任該主任尚應負責
四、該區並報各區貸款收據之綦第一輔字第 號呈報文本處於十一月廿五日始行收到

元年 月 廿五 日發
字第七〇號

校對 元廿三
擬稿
副本 份送達

綦江县第一、第二辅导区办事处、綦江县政府与华西实验区办事处为洋芋贷款事宜的往来公文（附：申请贷款暂行办法）
9-1-102（126）

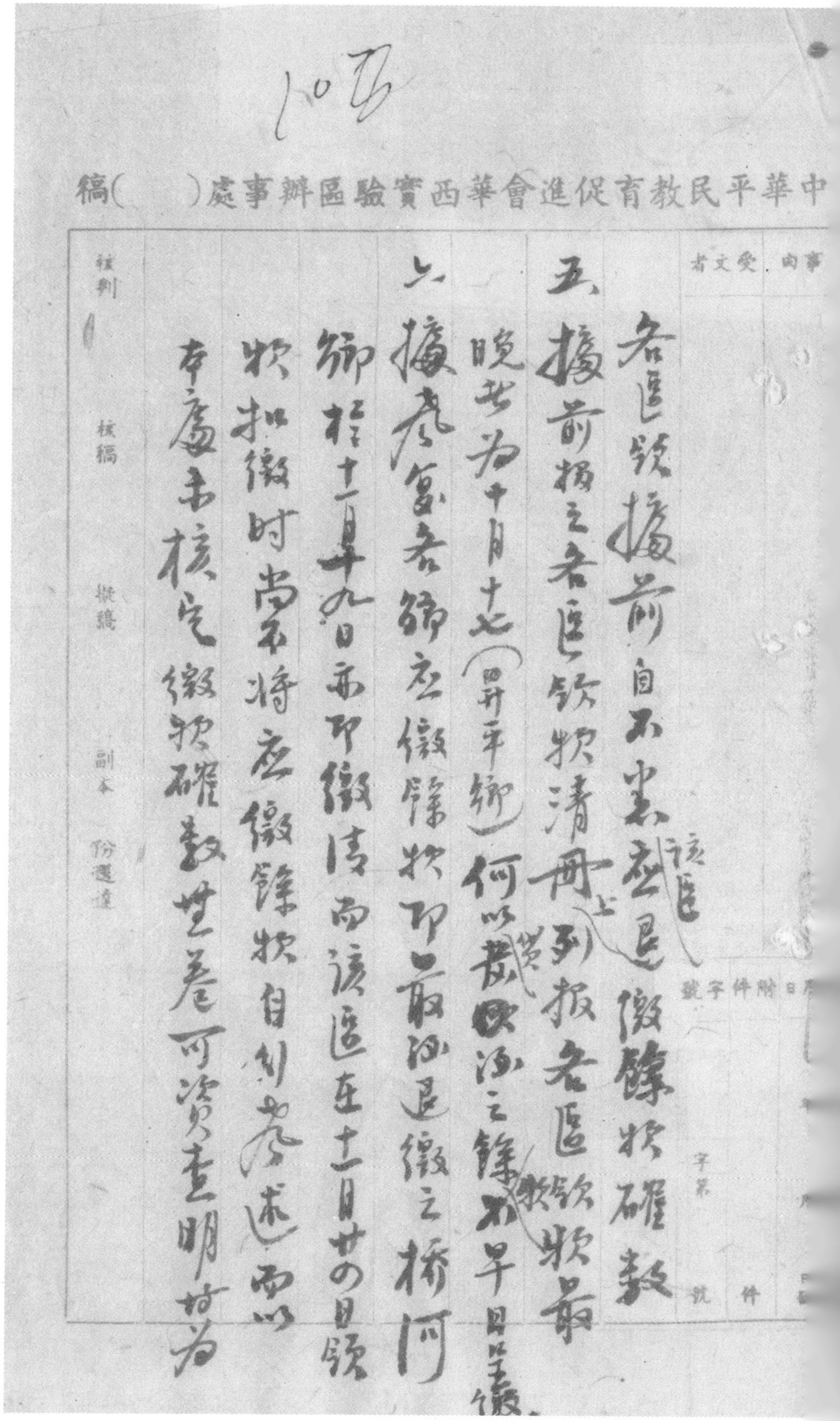
中華平民教育促進會華西實驗區辦事處（　）稿

事由　受文者

各區缺撥前自不出該區徵餘款確數
五、據前撥之各區缺款清冊上列報各區缺款最
晚者為十月十七（附平鄉）何以貴區該鄉之餘款不早日繳
六、據本處各鄉應徵餘款即前該區徵之橋河
鄉於十一月十九日亦即徵清而該區在十一月廿四日領
款和徵時尚未將應徵餘款自行如數述而以
本處未核定徵款確數無可資查明者為

綦江县第一、第二辅导区办事处、綦江县政府与华西实验区办事处为洋芋贷款事宜的往来公文（附：申请贷款暂行办法）
9-1-102（127）

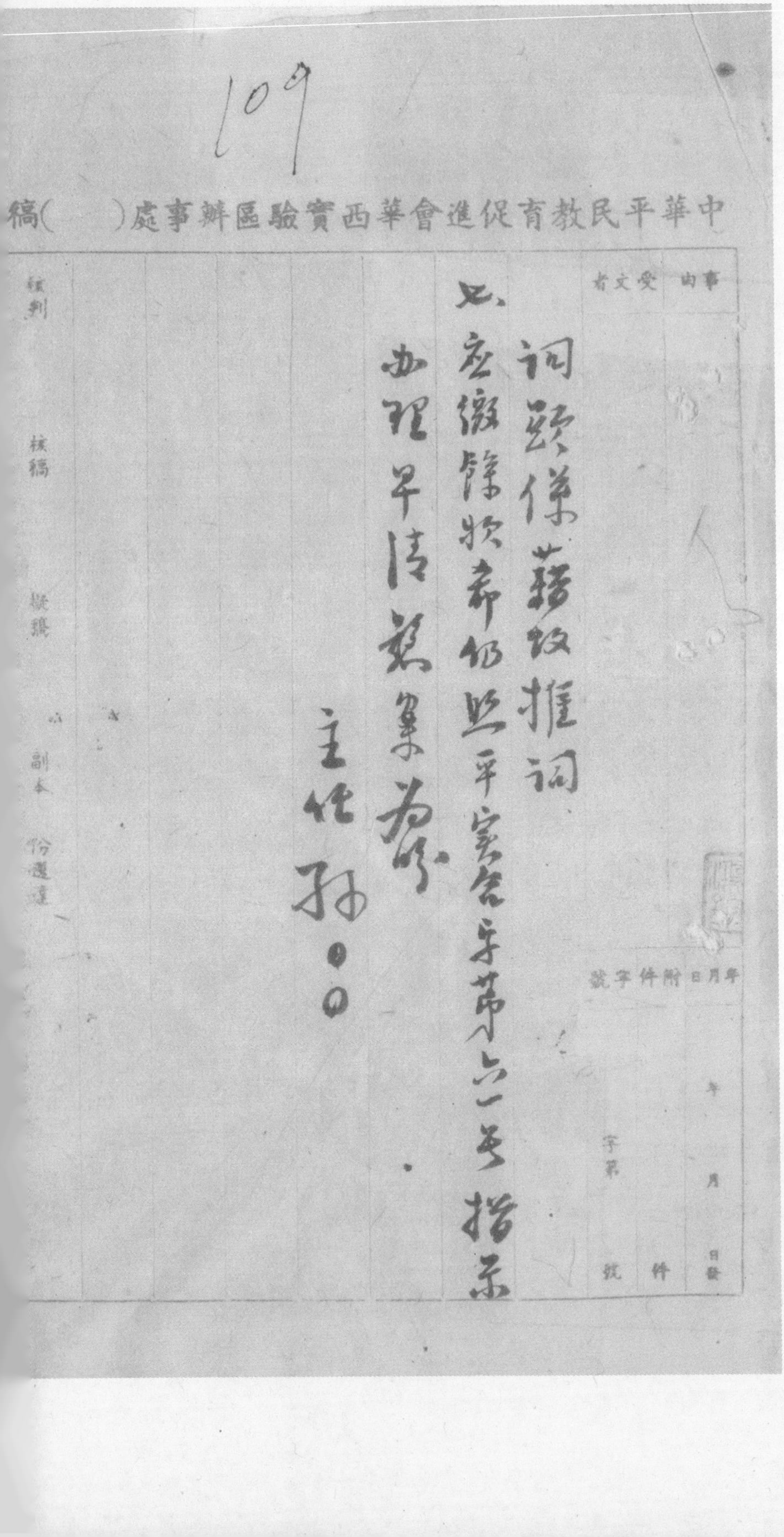

109

中華平民教育促進會華西實驗區辦事處（　）稿

事由
受文者

詞頌傑蔣竣推詞之應繳餘款希仍照平實合字第六一號指示辦理早清結案為荷。

主任 孫○○

年月日附件字號
年 月 日發 字第 號 件

核判
核稿
擬稿
副本
份選達

綦江县第一、第二辅导区办事处、綦江县政府与华西实验区办事处为洋芋贷款事宜的往来公文（附：申请贷款暂行办法）
9-1-102（122）

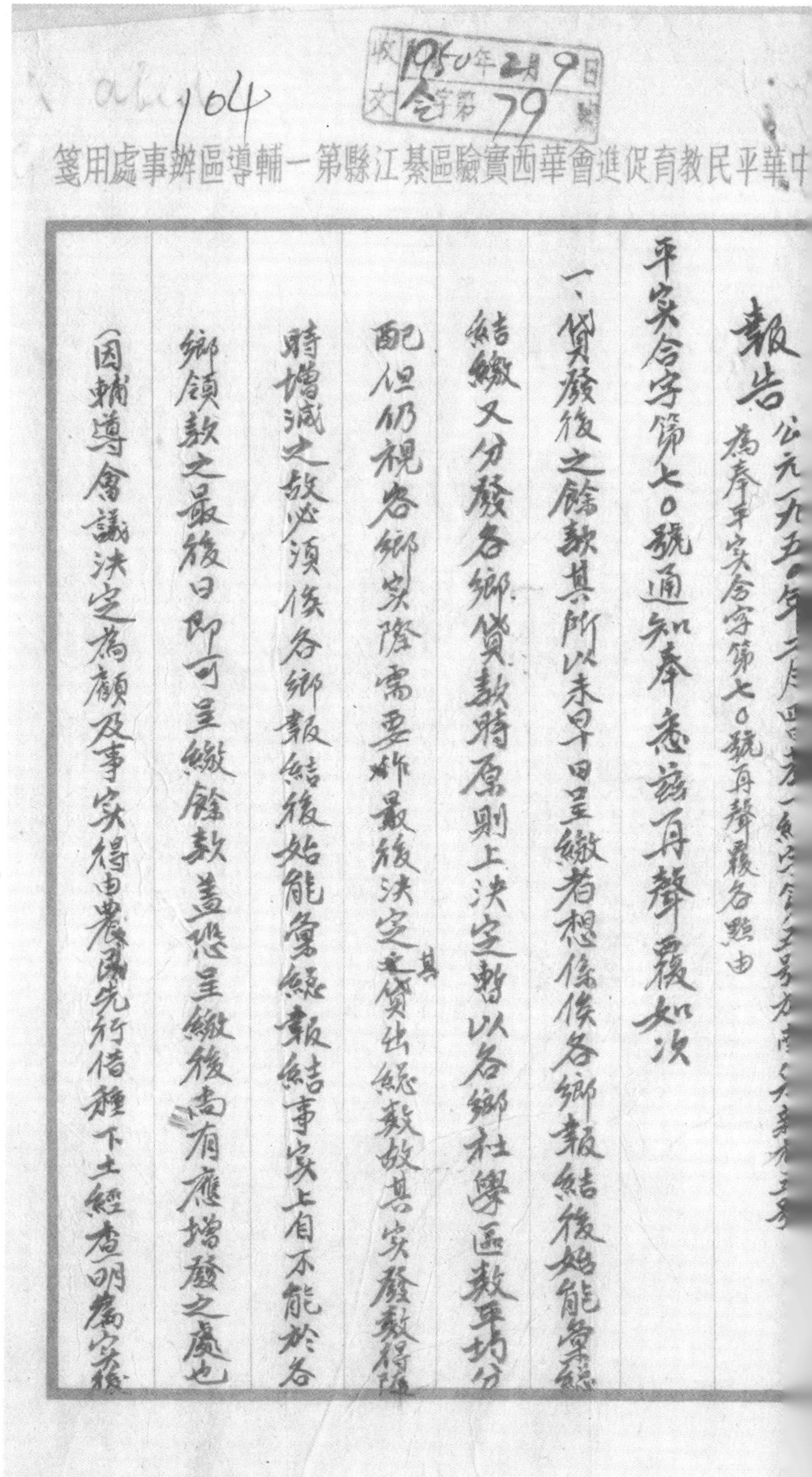
中華平民教育促進會華西實驗區綦江縣第一輔導區辦事處用箋

收文 1950年2月9日 令字第79號

104

報告　公元一九五〇年二月四日

為奉平实合字第七〇號再聲覆各點由

平实合字第七〇號通知奉悉茲再聲覆如次

一、貸發後之餘款其所以未早日呈繳者想係俟各鄉報結後始能彙總結繳又分發各鄉貸款將原則上決定暫以各鄉社學區數平均分配但仍視各鄉实際需要於最後決定其貸出總數故其实發數得隨時增減之故必須俟各鄉報結後始能彙總報結事实上自不能於各鄉領款之最後日即可呈繳餘款蓋恐呈繳後尚有應增發之處也（因輔導會議決定為顧及事实得由農民先行借種下土經查明屬实後

綦江县第一、第二辅导区办事处、綦江县政府与华西实验区办事处为洋芋贷款事宜的往来公文（附：申请贷款暂行办法）
9-1-102（123）

105

中華平民教育促進會華西實驗區綦江縣第一輔導區辦事處用箋

再予補貸）

六、屬區報結辦理洋芋種仔貸款一案發文日期為三十八年十一月十日距

十一月廿四日領款時已半月左右計

鈞處對本案必已核定並將應扣繳餘款數通知出納人員矣故不當

於事先自行查明確數以備扣繳時查對此實人情之常絕非藉故推

諉而對此無意間相差之九元於當時十分倉卒之際即預存非分之

念甚或事後復以此九元作任何運用藉以遂肥己之私蓋職縱不肖有（作任何事）

此類有損人格之卑鄙行為也（因辦理貸款而特別增加印製書表開

綦江县第一、第二辅导区办事处、綦江县政府与华西实验区办事处为洋芋贷款事宜的往来公文（附：申请贷款暂行办法）

9-1-102（124）

106

中華平民教育促進會華西實驗區綦江縣第一輔導區辦事處用箋

支銀六元四角曾於九月廿八日檢據報請核發竟未蒙准也吞氣自認貼賠矣又何必負此九元之款耶唯

鈞處迄於十一月廿五日始收到本案報結文件實出人意料之外而屬處不事先查明該項應繳確數以備如繳時查對實承辦人員確應負疏虞之咎敢不應負此連帶過失第此意外發生之問題究屬情有可原仍懇

鑒原斯情准免賠償此一意外損失是否有當理合報請

鑒核示遵謹報

主任陳

綦一區主任 程岳

綦江县第一、第二辅导区办事处、綦江县政府与华西实验区办事处为洋芋贷款事宜的往来公文（附：申请贷款暂行办法）
9-1-102（121）

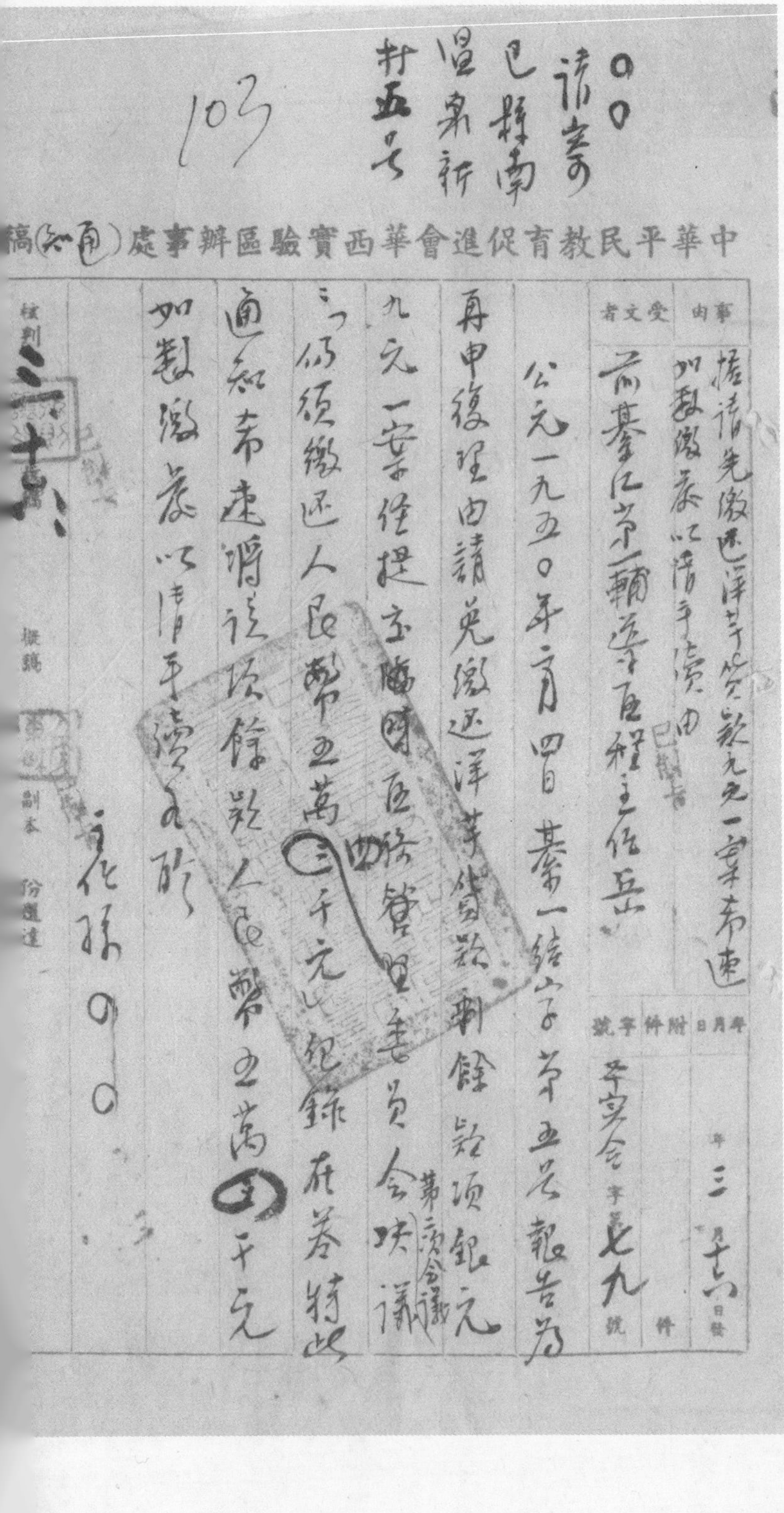

中華平民教育促進會華西實驗區辦事處（函）稿

事由：據請先繳還洋芋貸款九元一案希速如數繳存以清手續由

受文者：前綦江第一輔導區程主任岳

年月日：三月十六日發

字號：平實會字七九號

公元一九五〇年三月四日綦一結字第五號報告為再申復理由請免繳還洋芋貸款剩餘款項銀元九元一案經提交臨時區務會議（第三次會議）決議：仍須繳還人民幣五萬三千元記錄在卷特此通知希速將該項餘款人民幣五萬三千元如數繳存以清手續為荷

綦江县第一、第二辅导区办事处、綦江县政府与华西实验区办事处为洋芋贷款事宜的往来公文（附：申请贷款暂行办法）

9-1-102（119）

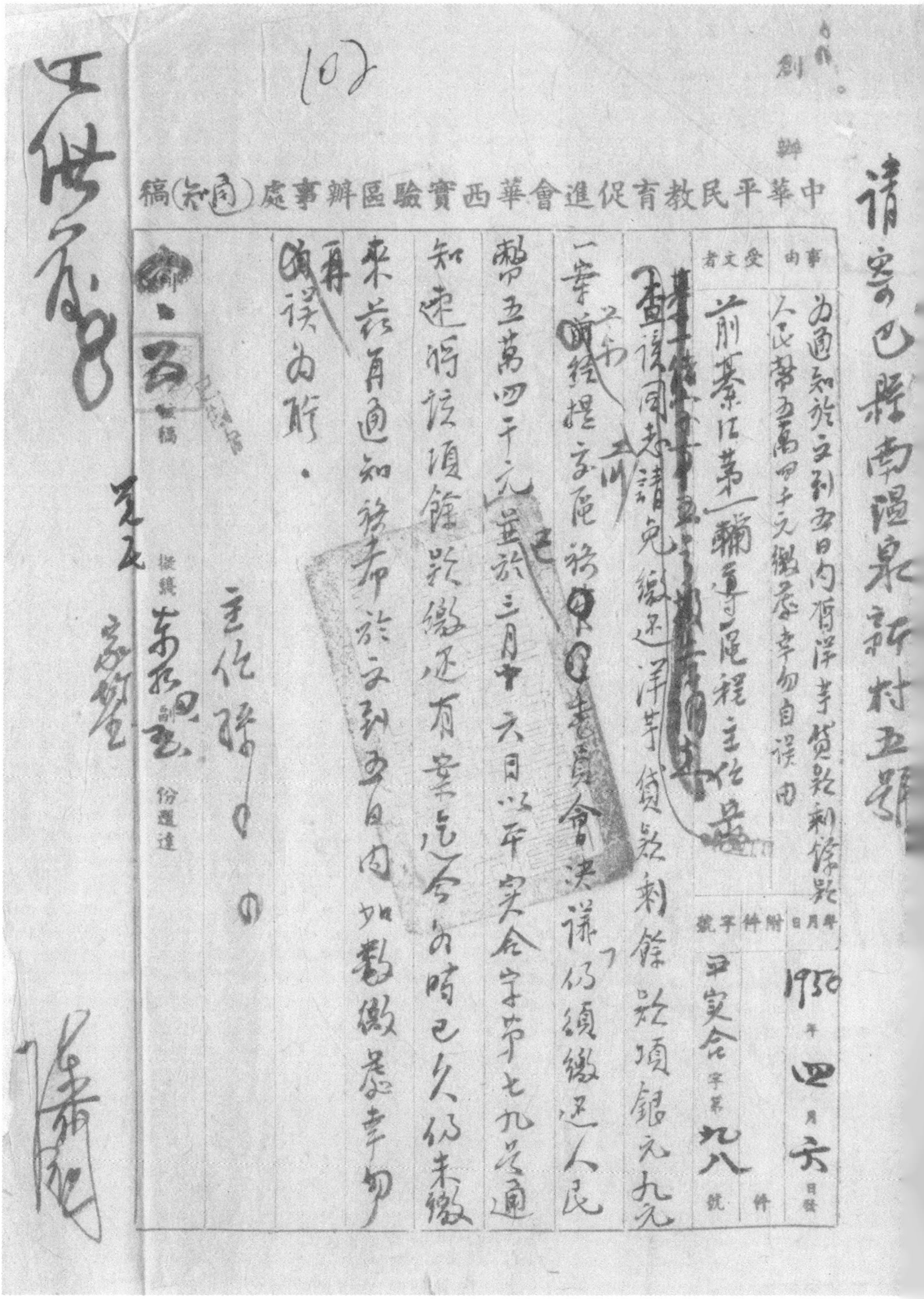
請寄巴縣南温泉新村五號

創辦

中華平民教育促進會華西實驗區辦事處稿（知通）

事由：為通知於文到五日內將洋芋貸款剩餘款人民幣五萬四千元繳齊幸勿自誤由

受文者：前綦江第一輔導區程主任

年月日：1950年四月六日發

附件：

字號：甲實合字第九八號

[illegible]查該同志請免繳還洋芋貸款剩餘款項銀元九元一案，前經提交區務委員會決議仍須繳還人民幣五萬四千元，並於三月廿六日以甲實合字第七九號通知速將該項餘款繳還有案，迄今為時已久，仍未繳來，茲再通知務希於文到五日內如數繳齊，幸勿再誤為盼。

主任 孫

擬稿

份送達

綦江县第一、第二辅导区办事处、綦江县政府与华西实验区办事处为洋芋贷款事宜的往来公文（附：申请贷款暂行办法）
9-1-102（117）

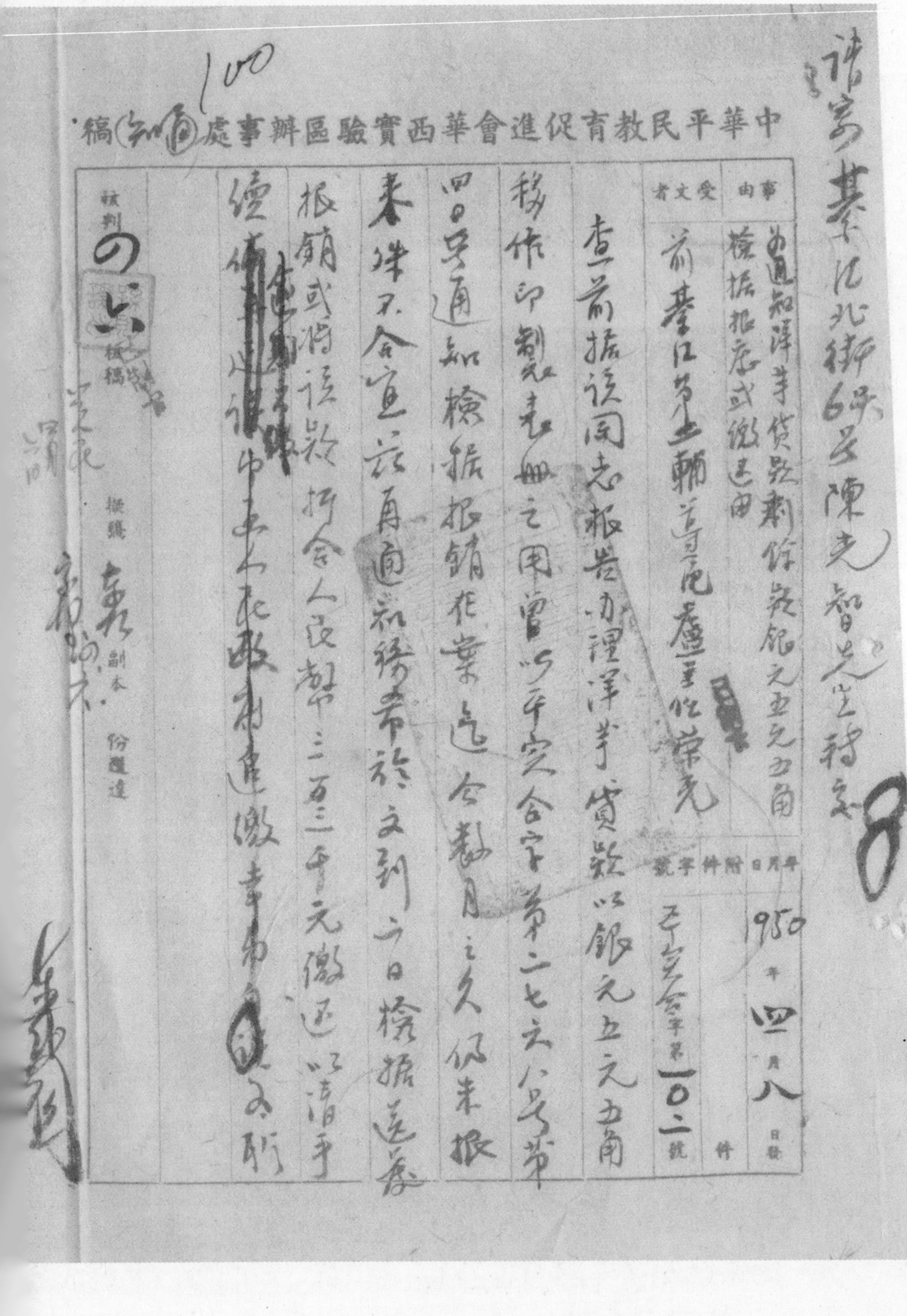
請寄綦江北街6號陳先智先生轉交
中華平民教育促進會華西實驗區辦事處稿（通知）

事由：為通知洋芋貸款剩餘銀元五元五角檢據報銷或繳還由
受文者：前綦江第二輔導區盧主任作榮先生
年月日發：1950年四月八日
字號：平實合字第一〇二號

查前據該同志報告辦理洋芋貸款以銀元五元五角移作印製表冊之用，曾以平實合字第二七六八號第四日通知檢據報銷在案，迄今數月之久，仍未報來，殊不合宜。茲再通知，務希於文到之日檢據送處報銷，或將該款折合人民幣二萬三千元繳還，以清手續。

綦江县第一、第二辅导区办事处、綦江县政府与华西实验区办事处为洋芋贷款事宜的往来公文（附：申请贷款暂行办法）

9-1-102（114）

中華平民教育促進會華西實驗區綦江縣第一輔導區辦事處用箋

收文 1950年4月15日 公字第110號

報告　為奉平資合字第九八號通知聲覆各点由

公元一九五〇年四月十四日綦一結字第七號於南泉新村五號

平資合字第九八號通知奉悉茲聲覆如次

一、平資合字第七九號通知迄未奉到不悉何故

二、洋芋種仔貸款餘數之所以未能於解放前繳放前繳清者

雖因事前既經聲請照數於下次發放經費時扣繳致無查對帳

目準備臨時在渝倉卒辦結之際又不及查一案僅憑經手人姜

經續算記簿所載數目扣繳遂未免誤但絕非故意短繳況

該項餘款實際收回者悉為銀元券自應悉數以銀元

綦江县第一、第二辅导区办事处、綦江县政府与华西实验区办事处为洋芋贷款事宜的往来公文（附：申请贷款暂行办法）
9-1-102（115）

中華平民教育促進會華西實驗區綦江縣第一輔導區辦事處用箋

劵繳回短繳之數僅銀元券九元短繳之日距渝市解放僅五日解放後岳手中實尚存銀元券達九十七元之多（因當時保存昇平鄉輔導員補導員移交導應領十一月份補發之銀元券十二元五角民教主任六人應領兩月之銀元券七十二元餘為岳私人所存當時渝市銀元黑價每元值（銀元券）百元至一百廿元不等（一日數價）即以全數收買銀元已不能買得一圓後雖數度漲跌但以未來情勢無從揣測亦未敢作收買銀元之處置及至十二月十日人民政重慶軍管會明令宣佈偽銀元券禁止流通并限三日內照一比一百兌換

綦江县第一、第二辅导区办事处、綦江县政府与华西实验区办事处为洋芋贷款事宜的往来公文（附：申请贷款暂行办法）
9-1-102（116）

中華平民教育促進會華西實驗區綦江縣第一輔導區辦事處用箋

90

人民幣岳恐逾期作廢乃於十二月十二日將所有銀元券持往
渝市黃家埡口原合作金庫內兌換處懇求掉換此爲鐵的事
實絕無將該項短纖銀元券運用漁利情事
三、短纖餘款既非故意漁利而該項餘款本質因禁止流通限期
兌換而貶值乃因時局劇變又非人力所能挽回及岳之過失所致仍
請准照綦一結字第一號及第三號報告所請辦理俾結懸案
謹報
主任陳
綦一區主任　程岳（印）

綦江县第一、第二辅导区办事处、綦江县政府与华西实验区办事处为洋芋贷款事宜的往来公文（附：申请贷款暂行办法）
9-1-102（112）

中華平民教育促進會華西實驗區辦事處（[illegible]）稿

事由：為剩餘貸款九元仍希按每元折合人民幣六千元繳属以清手續由

受文者：程前主任岳

年月日：四月廿日發

附件：件

字號：辛寬字第一一號

一、一九五〇年四月十日綦法字第七號報告悉。

二、剩餘貸款銀元九元按每元折合人民幣六千元繳属保經區務委員会決議並經呈文仍希照繳以清懸案。查到達同志他去清案件一併移交，示知不清擬多不設，併希注意為要。

主任
核稿
擬稿
副本
份送達

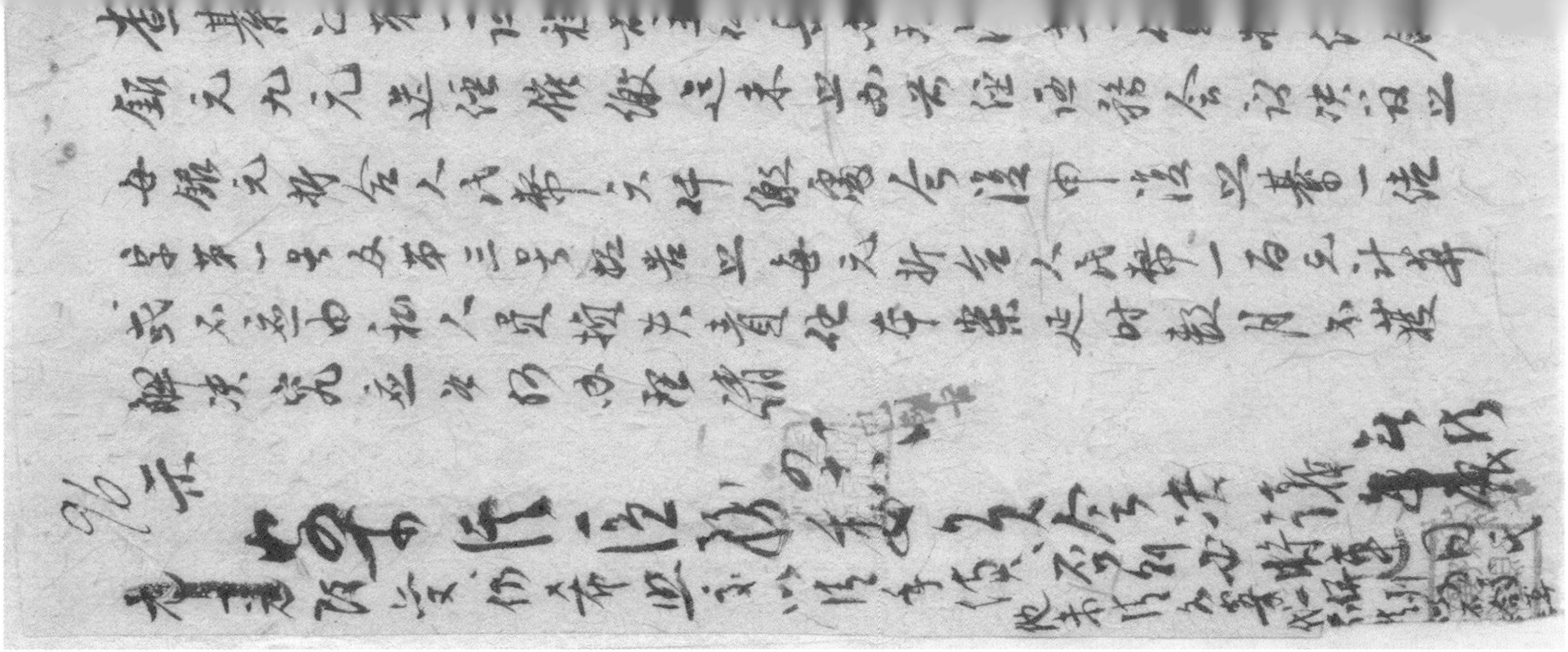

綦江县第一、第二辅导区办事处、綦江县政府与华西实验区办事处为洋芋贷款事宜的往来公文（附：申请贷款暂行办法）
9-1-102（113）

綦江县第一、第二辅导区办事处、綦江县政府与华西实验区办事处为洋芋贷款事宜的往来公文（附：申请贷款暂行办法）
9-1-102（111）

中華平民教育促進會華西實驗區綦江縣第一輔導區辦事處用箋

報告 為奉到平賓合字第二〇號通知聲覆各点由

公元一九五〇年四月廿六日於南溫泉南泉路六號三樓綦一結字第九號

平賓合字第二〇號通知奉悉茲再聲覆如次

一、剩餘貸款補繳辦法既無法变更唯有將情理法一概抹煞忍痛認繳

二、職前既無工作一家大小十餘口生活異常艱困已面臨饑餓境地一時無力照繳該項折繳款五萬四千元即請在將來應發之辦結旅運費內扣發抵繳（奉平賓秘字第二〇八號通知准發十五萬元以結懸案）謹報

主任孫

綦一區主任 程岳

綦江县第一、第二辅导区办事处、綦江县政府与华西实验区办事处为洋芋贷款事宜的往来公文（附：申请贷款暂行办法）

9-1-102（109）

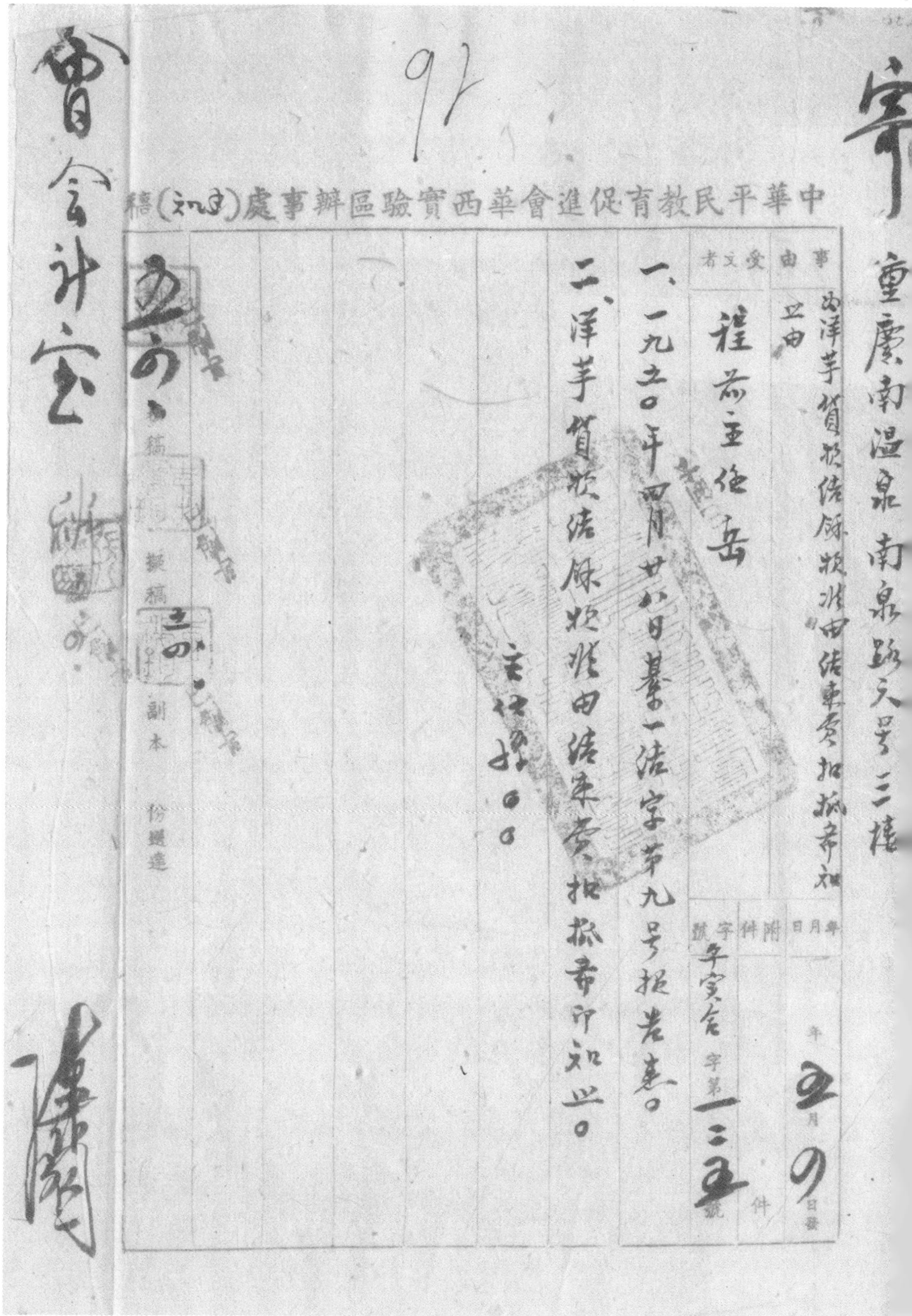

寄 重慶南温泉南泉路六號三樓

中華平民教育促進會華西實驗區辦事處稿（字）

事由：為洋芋貸款收據由綦東負担擬希知照由

受文者：程爲主任岳

一、一九五〇年四月廿六日綦一諾字第九號報告悉。

二、洋芋貸款收據由綦東負担擬希知照。

主任 孫○○

年 五月 四日發

字號：華實會字第一二三五號

會計室

稿 五、四

擬稿 五、四

副本 份送達

綦江县第一、第二辅导区办事处、綦江县政府与华西实验区办事处为洋芋贷款事宜的往来公文（附：申请贷款暂行办法）
9-1-102（110）

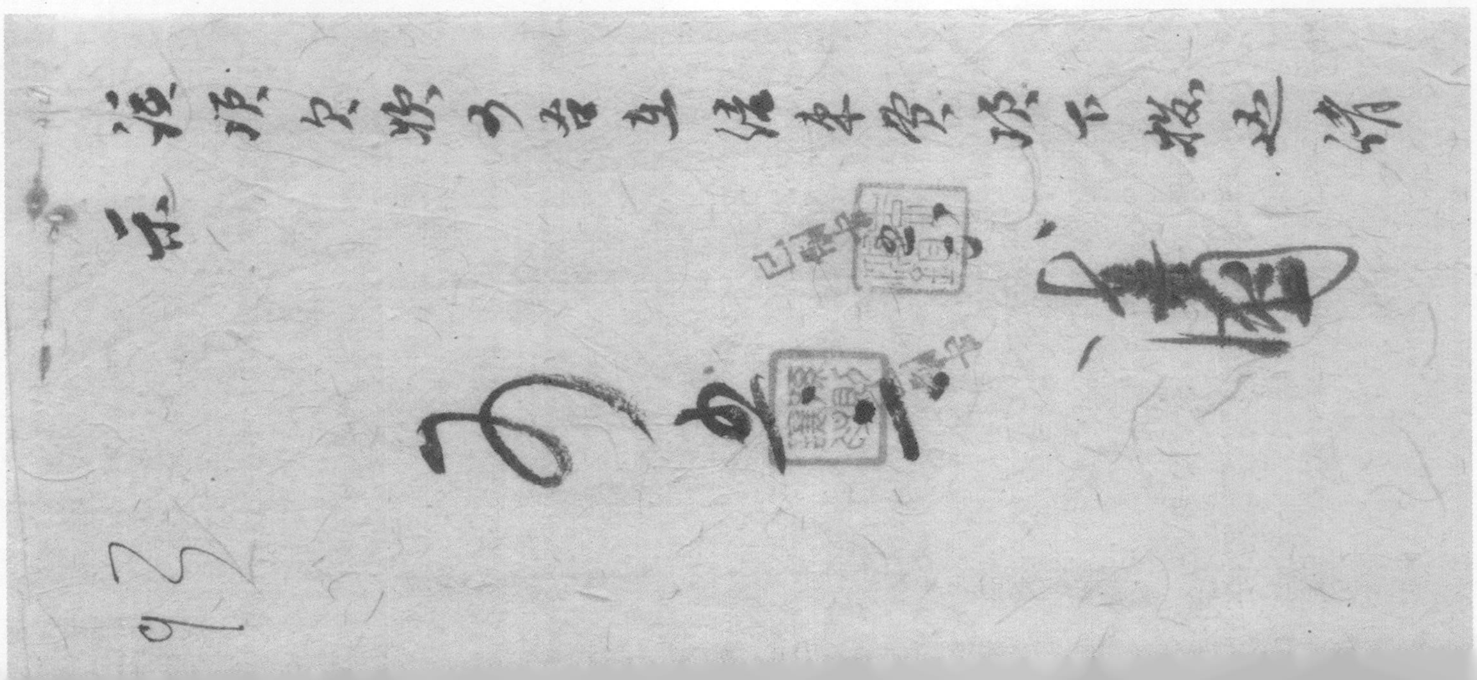
该项欠款可否直接来货项下拨还请
示

綦江县第一、第二辅导区办事处、綦江县政府与华西实验区办事处为洋芋贷款事宜的往来公文（附：申请贷款暂行办法）

9-1-102（118）

101

中華平民教育促進會華西實驗區辦事處（通知）稿

事由：[illegible]

受文者：綦江第二輔導區主任盧掌先

查該區承辦洋芋貸款[illegible]元已移作印製表之用，前經以本年寅會第二七六號函知希迅摺報在案。茲以本年度即將終了，帳務亟待清結，希於文到二日內即行摺報，速還所欠款，[illegible]手續，[illegible]自[illegible]。

主任 孫○○

附件

年　月　日　十二月　日

字第　號

核判

核稿

擬稿

副本　份送達

[illegible]江北街六十四號[illegible]陳光[illegible]

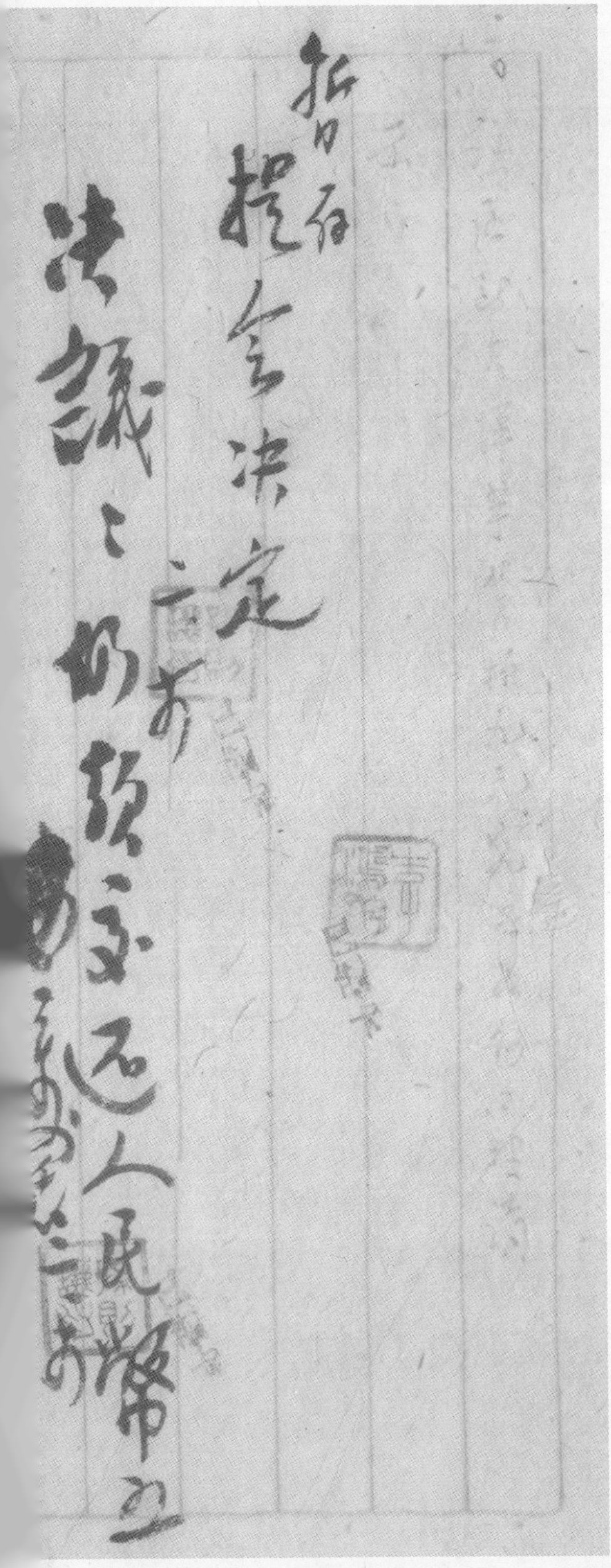

綦江县第一、第二辅导区办事处、綦江县政府与华西实验区办事处为洋芋贷款事宜的往来公文（附申请贷款暂行办法）
9-1-102（120）

5-7

40

收文　民國38年7月11日　农字第208號

中華平民教育促進會華西實驗區北碚辦事處　報告

碚字第六四號

民國卅八年七月八日發

事由：為請將各種虫害实驗費發下以便轉发由

查碚區民教傳習處各種虫害实驗費共計銀元壹佰元業經六月廿日孫主任至碚召開之區局座談會會議決紀錄在卷請即如數發給以便轉發　此上

總辦事處

北碚辦事處主任　田慰農

已制卡

北碚辅导区办事处为呈请拨发各种虫害实验费一事同华西实验区总办事处的公文 9-1-137（52）

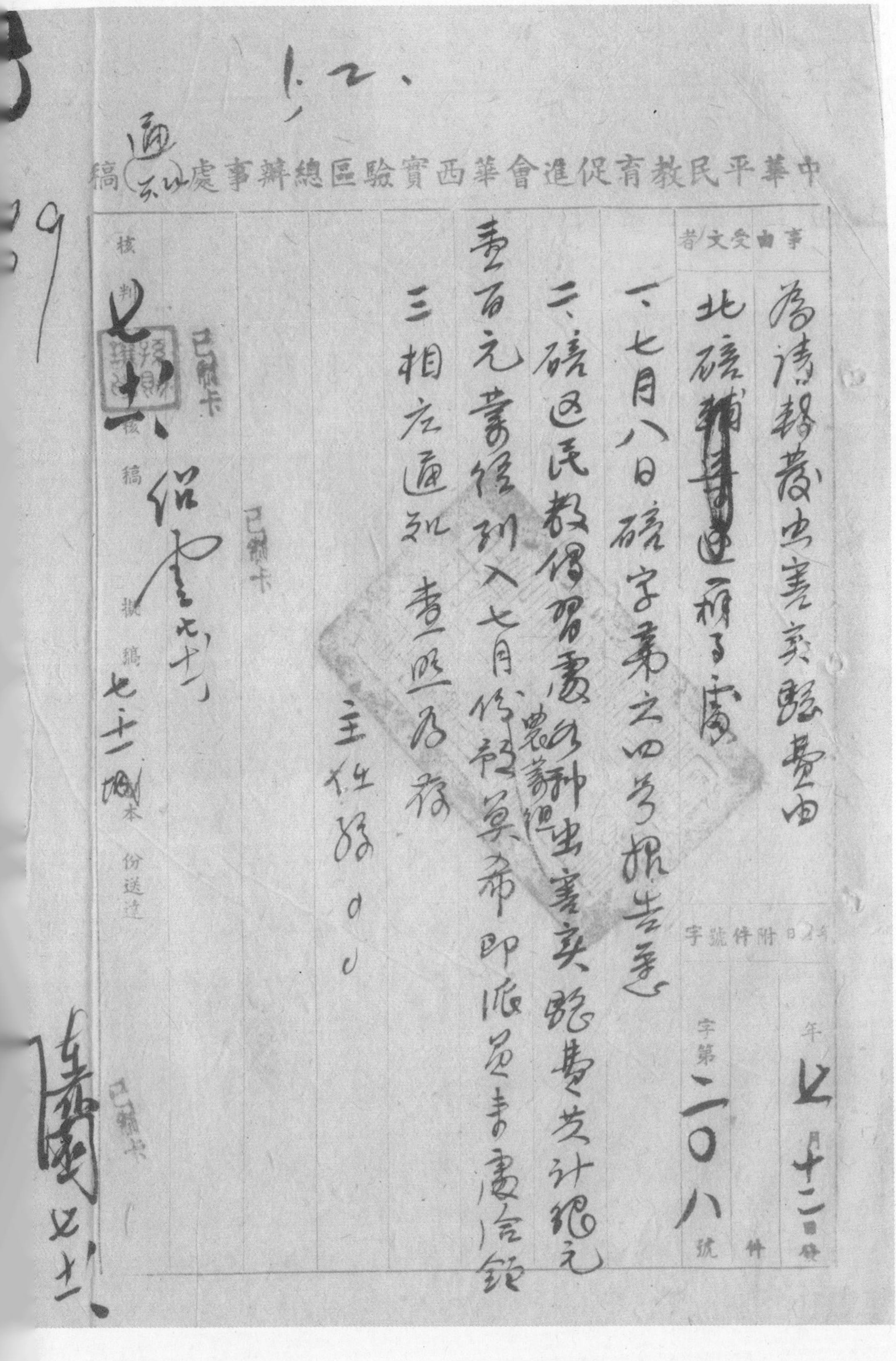

中華平民教育促進會華西實驗區總辦事處稿

事由：為請發蟲害實驗費由

受文者：北碚輔導區辦事處

一、七月八日碚字第之四號報告悉

二、碚區民教傳習處各種蟲害實驗費共計銀元壹百元業經列入七月份預算希即派員來處洽領

三、相應通知 查照為荷

主任 孫○○

七月十二日 字第二〇八號

合川县第一辅导区办事处为呈送农业推广繁殖站会议记录并请迅即发给防治药品器械事宜同华西实验区总办事处的往来公文（附：第一次会议记录） 9-1-137（29）

2 48

收文 民國38年10月3日 處字第2404號

華西實驗區合川縣第一輔導區辦事處 報告 合字第108號

民國卅八年九月廿九日發

事由	為呈送農業推廣繁殖站會議紀錄請迅即發給防治藥品器材由

據本區繁殖站兼主任龐一貴報告為呈送第一次會議紀錄請鑒核一案經查閱內有小麥播種前亟須炭酸銅五磅以預防黑穗病及各種防病害器材請總處發給以利工作等情查屬實情除將原紀錄呈請備查外祈即將防治病虫害藥品及器材迅予發給以利工作為盼

謹呈

合川县第一辅导区办事处为呈送农业推广繁殖站会议记录并请迅即发给防治药品器械事宜同华西实验区总办事处的往来公文（附：第一次会议记录） 9-1-137（30）

華西實驗區主任孫

附原紀錄乙份

合一區辦事處主任馬醒塵

已製卡

合川县第一辅导区办事处为呈送农业推广繁殖站会议记录并请迅即发给防治药品器械事宜同华西实验区总办事处的往来公文（附：第一次会议记录） 9-1-137（28）

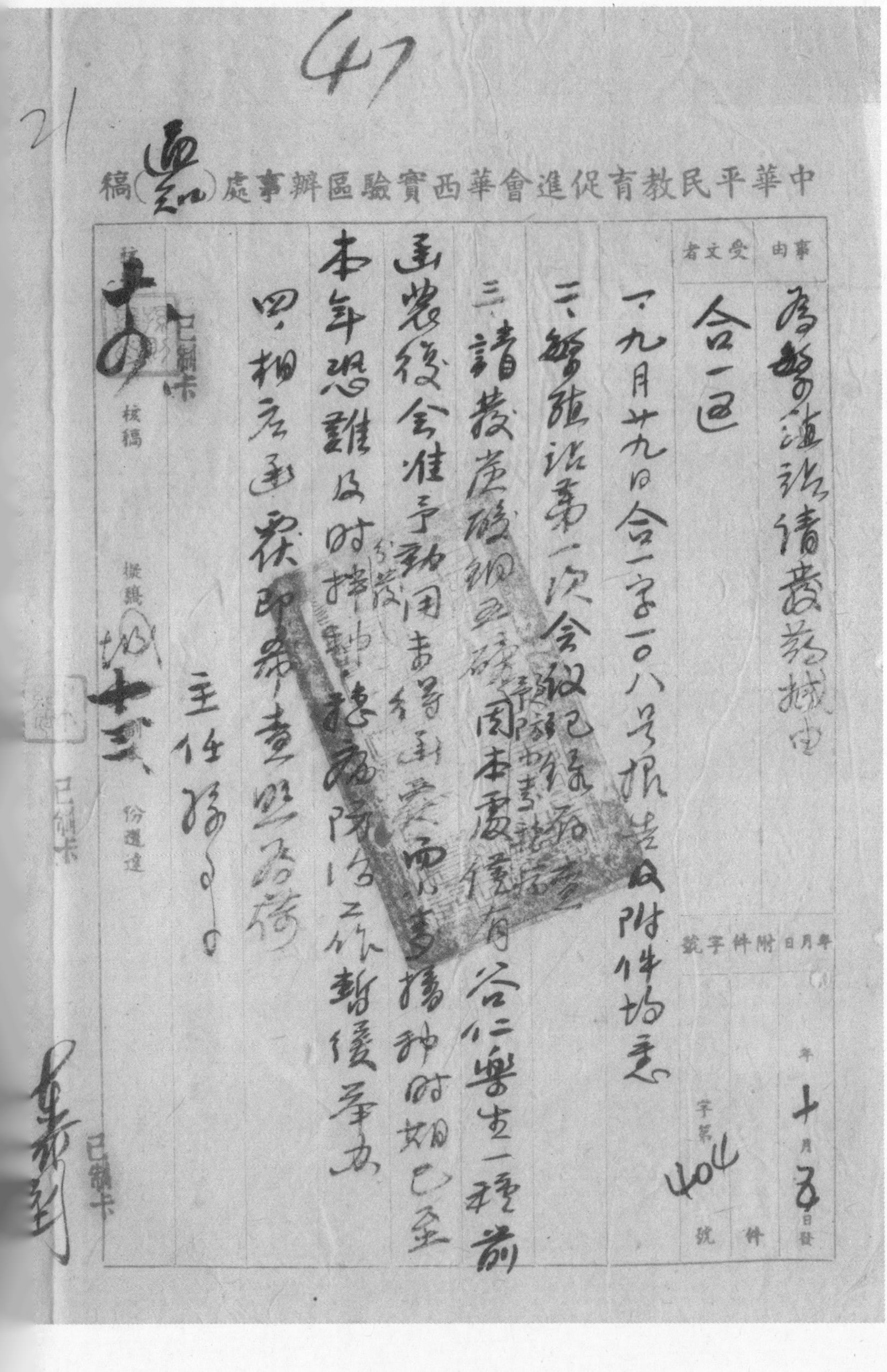
中華平民教育促進會華西實驗區辦事處稿

事由：為繁殖站請發藥械由

受文者：合一區

一、九月廿九日合一字一〇八号报告及附件均悉

二、繁殖站第一次会议纪录存查

三、請發虫藥械一節因本處僅有谷仁樂生一種前送農復会准予動用者得到要再以書播種时期已至本年恐難及时撥發總處防治工作暫緩举办

四、相應函覆即希查照為荷

主任 孫

已制卡 核稿 擬稿 份遣達

年 十月 日發

字第404号

合川县第一辅导区办事处为呈送农业推广繁殖站会议记录并请迅即发给防治药品器械事宜同华西实验区总办事处的往来公文
（附：第一次会议记录） 9-1-137（31）

23

合川縣第一輔導區農業推廣繁殖站第一次會議紀錄：

時間：卅六年九月廿八日午前十鐘

地点：第一輔導區办事處

出席人數：馬醒塵　陳士忠　龐一貴

胡崇倫　楊超群

主席：龐一貴

紀錄：楊超群

行礼如儀：

主席報告：畧

1. 馬主任醒塵指示：繁殖站是本區由本縣繁殖

合川县第一辅导区办事处为呈送农业推广繁殖站会议记录并请迅即发给防治药品器械事宜同华西实验区总办事处的往来公文（附：第一次会议记录） 9-1-137（32）

農業之基礎，希望龐主任[illegible]起責任來，輔助農民，幫助農民，其宗旨，乃繁殖各種種子及家畜繁殖，因現在是初步工作，又是兼任而没待遇，請大家多多的努力達到目的，開始时，務要周到踏实，以後才好推廣全鄉或全区全縣，達到整個的計劃。我今天的意思是說繁殖站的重要，其成績的好壞，亦是將來作事之基礎，希望大家注意。

2. 龐主任：責指示，這次奉高主任之指示，担任繁殖站之責任，前因堅請辭職，因個人能力有限，学識淺薄，同时此項責任関係本区之成績問題，昨經高主任再三

合川县第一辅导区办事处为呈送农业推广繁殖站会议记录并请迅即发给防治药品器械事宜同华西实验区总办事处的往来公文（附：第一次会议记录） 9-1-137（33）

-4

勸解個人才打消辭職之意，個人不辭則已，既辦當然應該負責，個人即行擬一種辦事細則與組織規程，今天因會峯未來指示，我們應先擬定計劃，請會峯核准，然後施行。

三、討論事項：

（一）本站工作如何推動案：

決議：先由龐主任擬定三年計劃及主要章則各一份。

（二）此次推廣幾種小麥如有病虫害如何辦理案：

決議：由區辦事處請會峯發給藥品（炭酸銅五磅）與噴具摘防

合川县第一辅导区办事处为呈送农业推广繁殖站会议记录并请迅即发给防治药品器械事宜同华西实验区总办事处的往来公文（附：第一次会议记录）　9-1-137（34）

(三)本站器具如何充實案：

決議：請總辦事處發給噴霧器、噴粉器各一套。

(四)本站麥種如何貸給办法案：

決議：由第九十、兩社學區集中貸放為原則。

(五)本站麥種如何分配案：

決議：以白麥(即三四一九號)兩區各半，其餘以黃麥種(即中農二八號)。

(六)本站麥種推廣如收穫失敗如何办理案：

決議：如收穫有損失時，由區办事處負責，請總办事處賠償損失。

(七)本站麥種貸放手續案：

決議：貸放手續依照總办事處之規定办理。

八、散会。

华西实验区总办事处为切实具报杀虫药械数量一事同璧山县第一、四、五、六辅导区繁殖站的往来公文及璧六区回函 9-1-137（46）

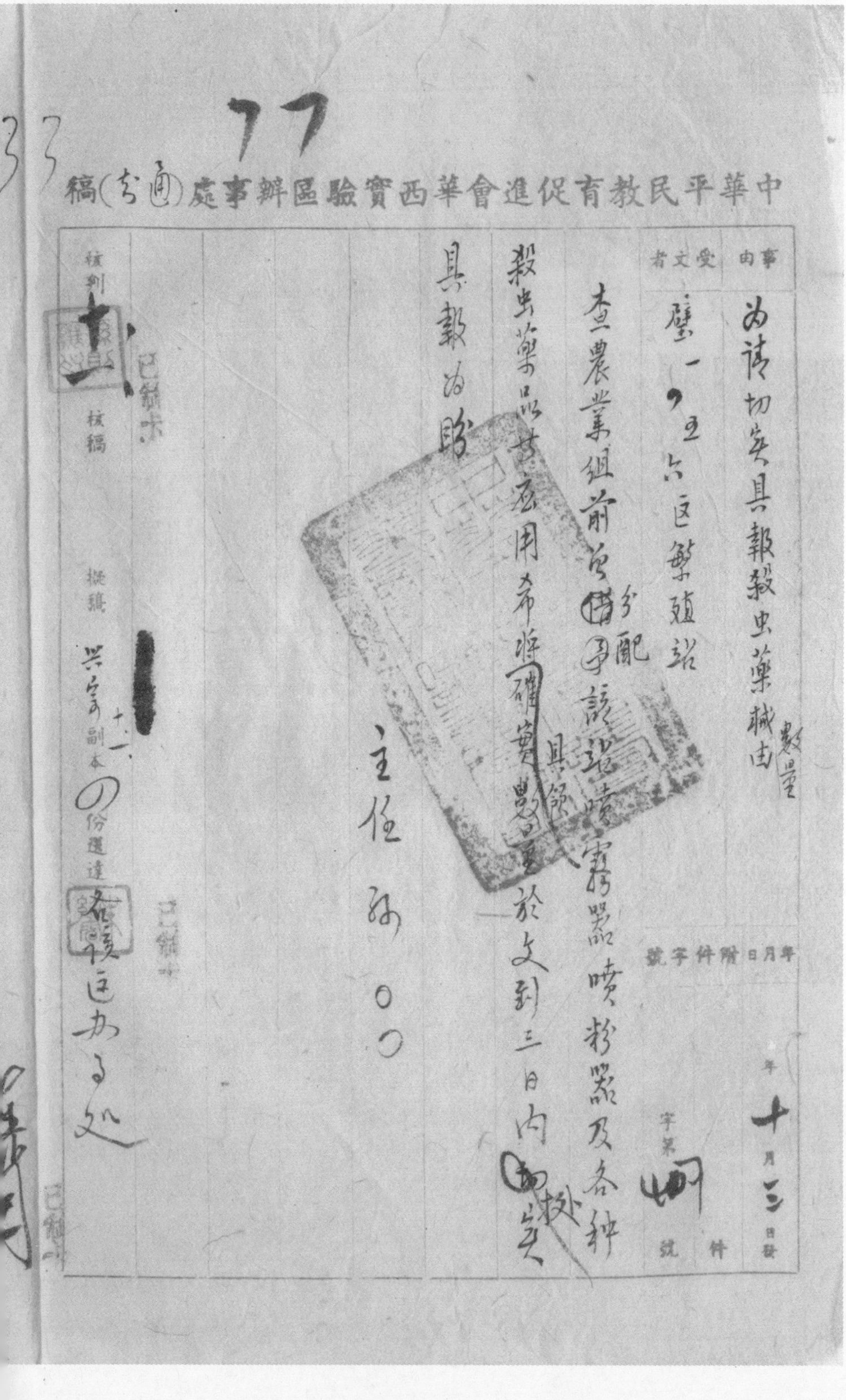
中華平民教育促進會華西實驗區辦事處稿（通字）

事由：為請切實具報殺虫藥械數量由

受文者：璧一、四、五、六區繁殖站

查農業組前曾分配你站噴霧器、噴粉器及各种殺虫藥品，其應用本年將確實數量於文到三日內擬具報為盼。

主任 孫○○

十月三日發

核判　核稿　擬稿　副本　份遞達

华西实验区总办事处为切实具报杀虫药械数量一事同璧山县第一、四、五、六辅导区繁殖站的往来公文及璧六区回函　9-1-137（47）

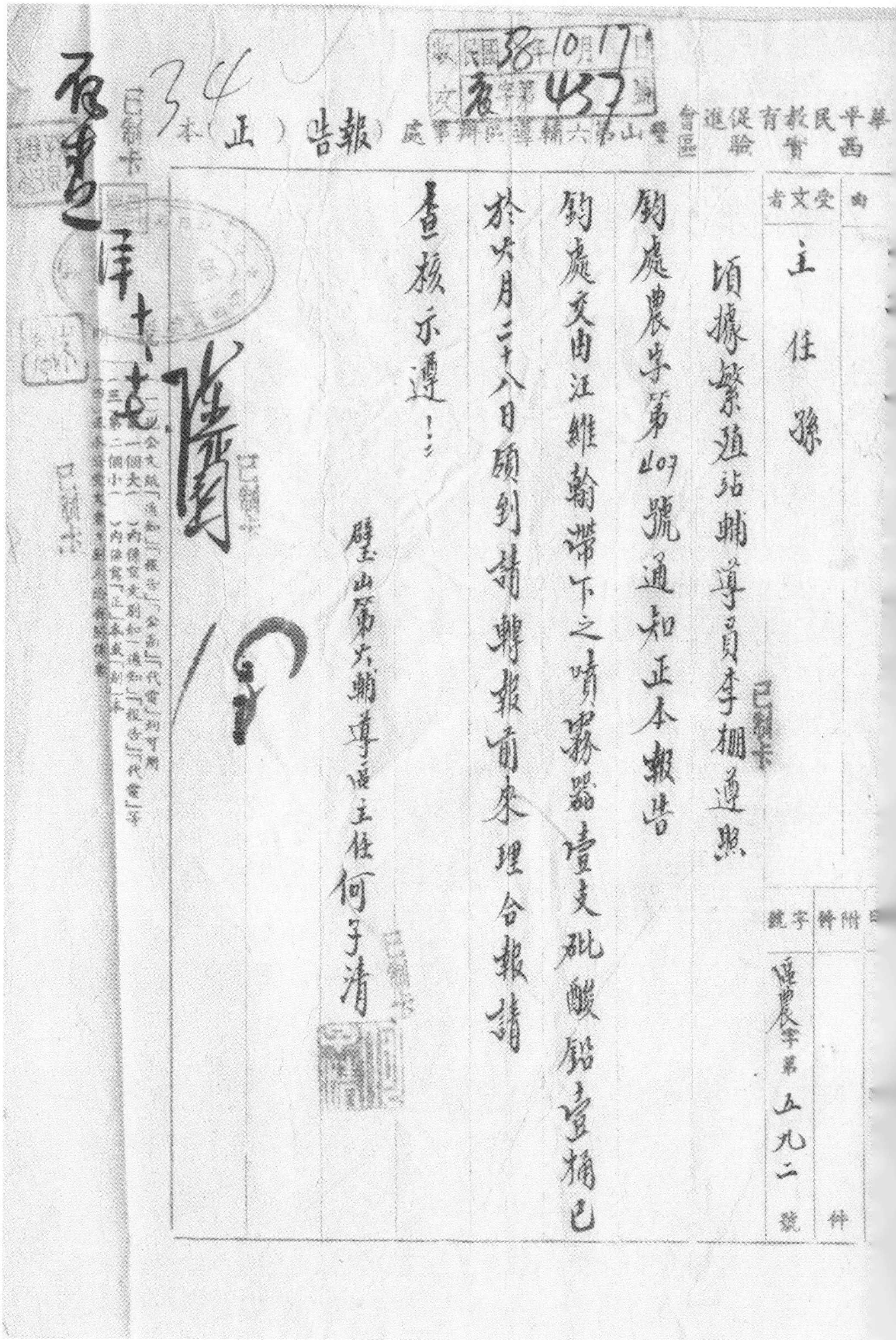
華西實驗區 平民教育促進會 璧山第六輔導區辦事處 報告（正）本

收文 民國38年10月17日 農字第457號

由

受文者 主任孫

頃據繁殖站輔導員李棚遵照
鈞處農字第407號通知正本報告
鈞處交由汪維翰帶下之噴霧器壹支砒酸鉛壹桶已於六月二十八日領到請轉報前來理合報請
查核示遵！！

璧山第六輔導區主任何子清

附件

字號 區農字第五九二號

华西实验区总办事处为知照派员前往指导蔬菜虫病防治一事致璧山县第一、二、三、四辅导区办事处，巴县各辅导区办事处，江津、合川等辅导区办事处通知　9-1-137（49）

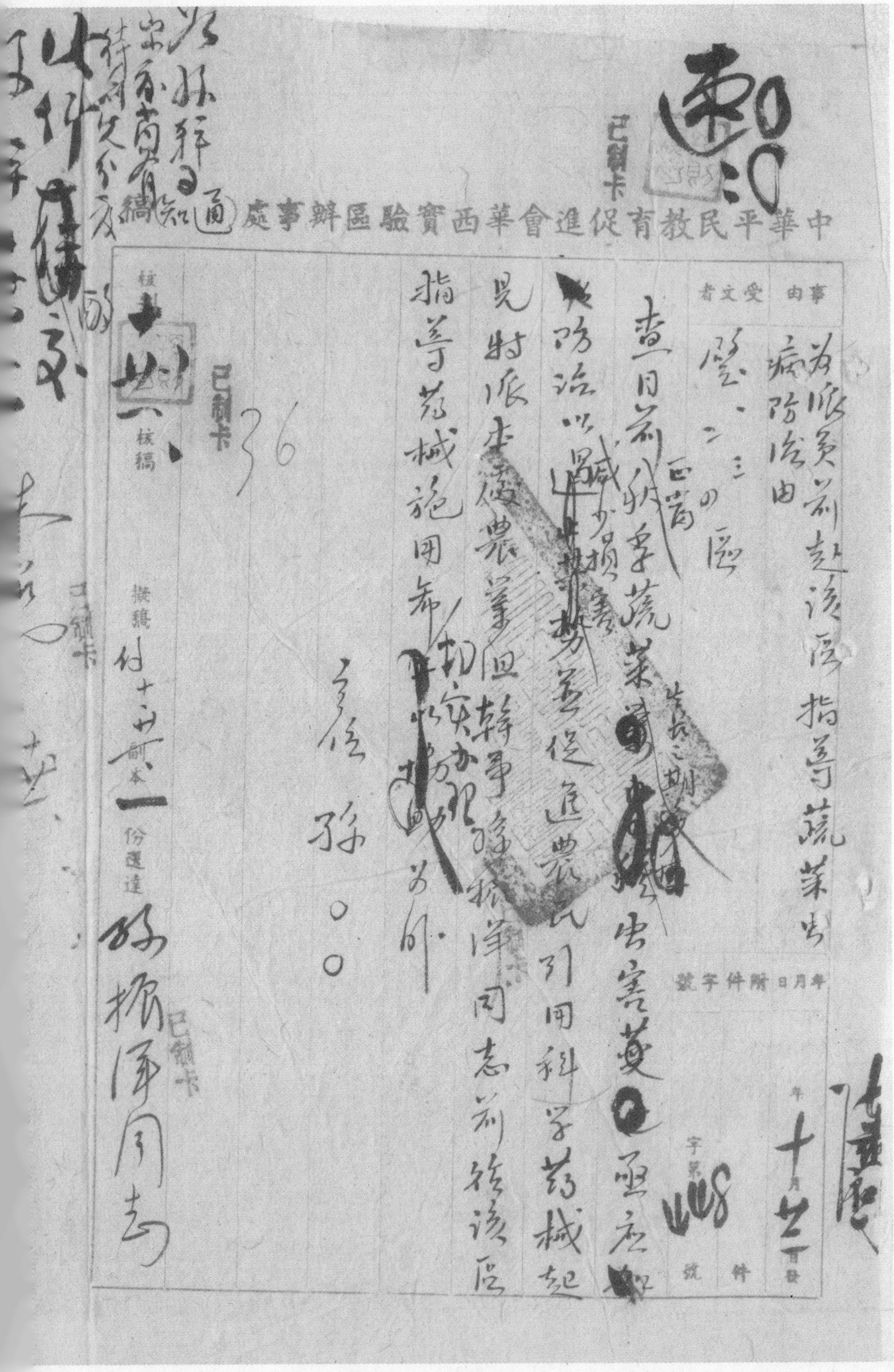

中華平民教育促進會華西實驗區辦事處

事由
受文者
年月日附件字號
核稿
擬稿
份選達

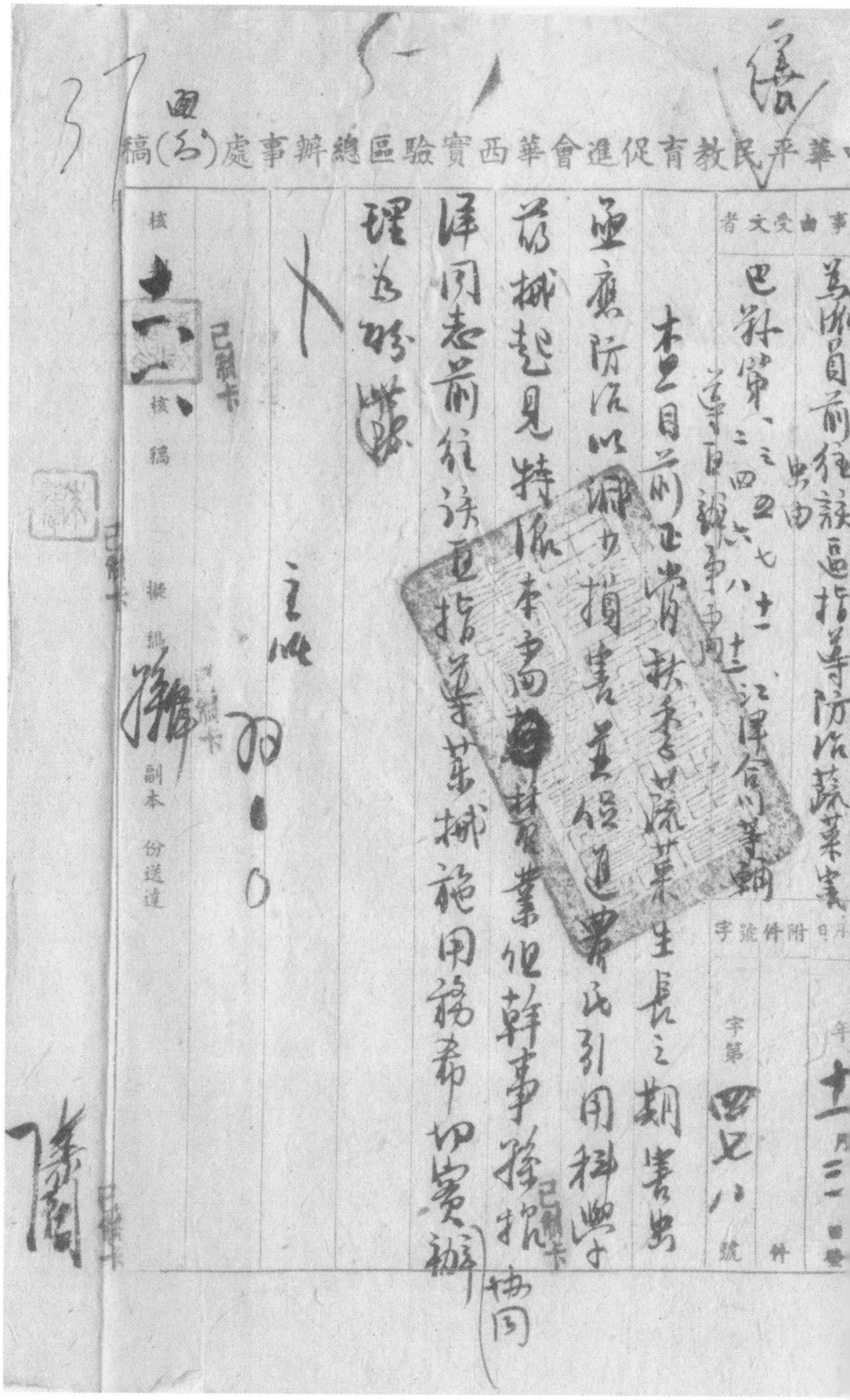
中華平民教育促進會華西實驗區總辦事處稿（字）

事由	為派員前往該區指導防治蔬菜害虫由
受文者	巴縣第一、二、四、六、七、八、十、十一、十二、江津、合川等輔導區辦事處

查目前正當秋季蔬菜生長之期，害虫亟應防治，以減少損害並領導農民引用科學藥械起見，特派本處農業組幹事孫抡同志前往該區指導蔬菜藥械施用，務希切實協同辦理為盼。

核　核稿　擬稿　副本　份送達

年　十一月三十日發　附件　字第四七八號

华西实验区总办事处为知照派员前往指导蔬菜虫病防治一事致璧山县第一、二、三、四辅导区办事处，巴县各辅导区办事处，江津、合川等辅导区办事处通知　9-1-137（50）

江北县第一辅导区繁殖站为请发给防治蚜虫药剂一事呈华西实验区总办事处报告及总办事处回函 9-1-137（37）

45
26

民國38年10月31
收 473

報告 三十八年十月廿七日 江一區繁殖站

事由、請發防治蚜虫藥劑

本鄉所種萊菔青菜近來普遍發生蚜虫為害，虫狀似跳蚤，寄生葉底，吸取葉汁，葉不凋穿，而漸就枯黃死亡，相繼甚為嚴重，受害農家紛紛前來繁殖站請求配藥防治。本站僅有硫酸銅、砒酸鉛，均為防治咀嚼口器害虫之用，對蚜虫無特效，擬請速印配發防治蚜虫之特效藥劑，或指示防治辦法，以便及早防除。

呈

區辦事處 轉

總辦事處 [redacted]

江北木在鄉輔導員
兼繁殖站負責人 袁啟興 上

經查確屬急需，切盼早日配發藥品並指示防治辦法
十月廿七日

呈華西局無防治蚜虫之藥劑，擬由該站[illegible]
告菜農自購[illegible]殺蟲[illegible]於二十市[illegible]
暫[illegible]

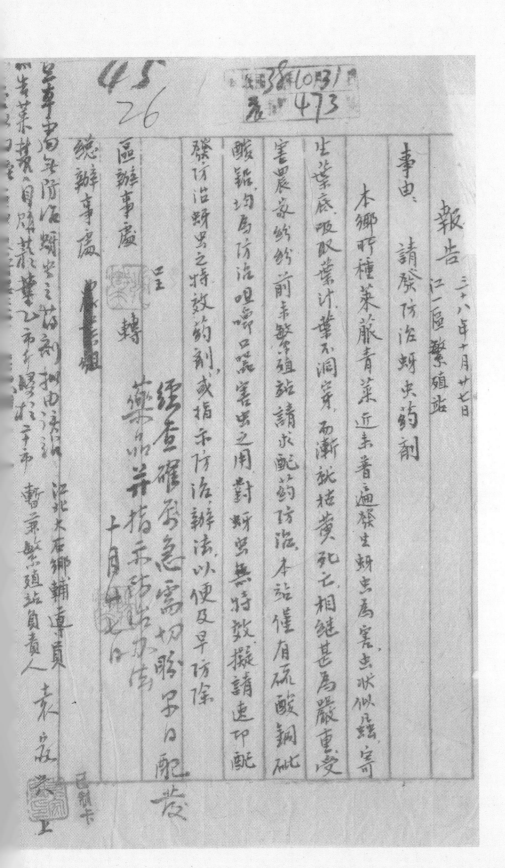

江北县第一辅导区繁殖站为请发给防治蚜虫药剂一事呈华西实验区总办事处报告及总办事处回函 9-1-137（35）（36）

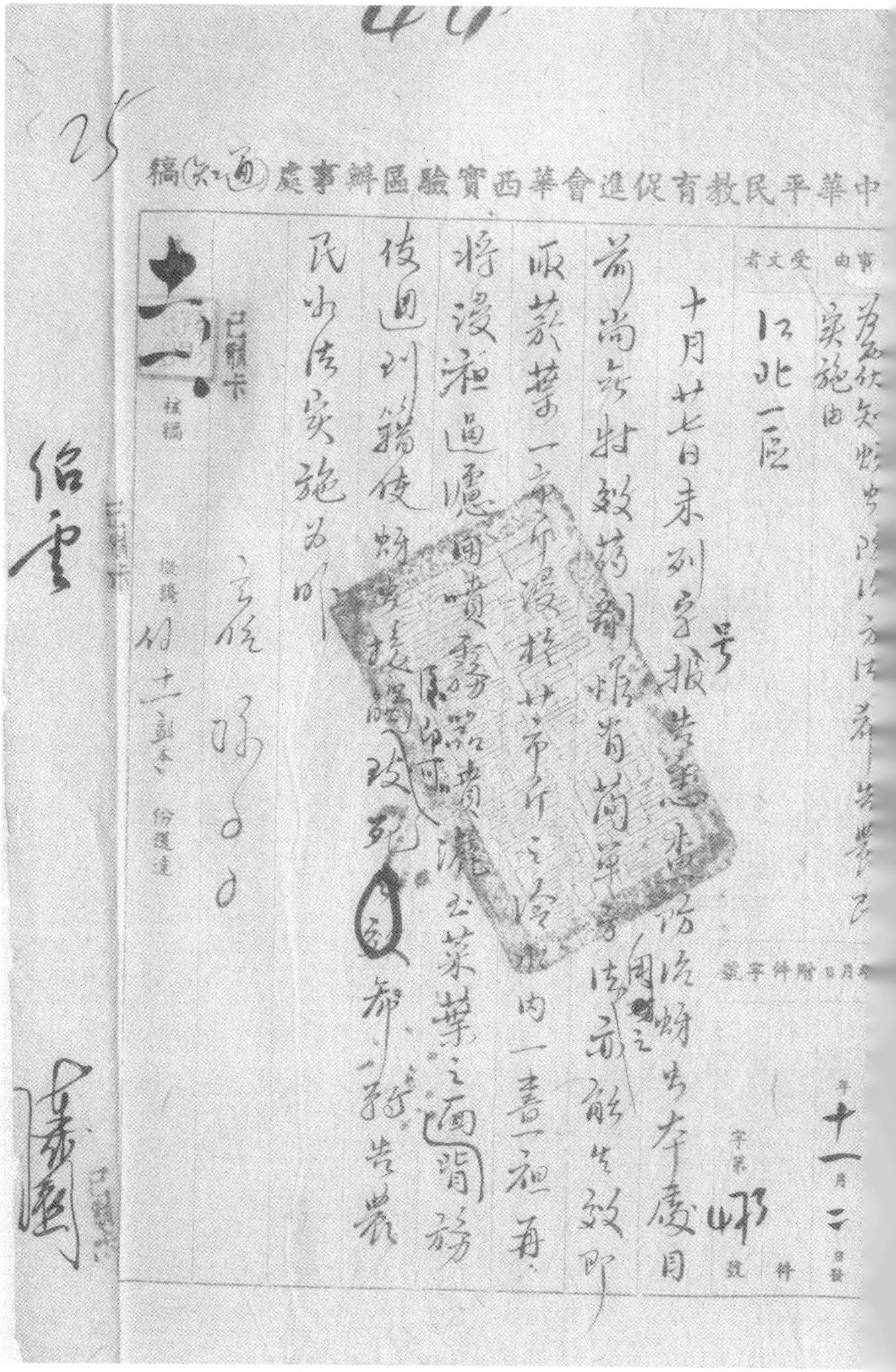
中華平民教育促進會華西實驗區辦事處（通知）稿

事由：為依知蚜虫防治方法希即告農民實施由

受文者：江北一區

十月廿七日未列字号報告悉為防治蚜虫本處目前尚無特效藥劑惟查菸草液能生效即取菸葉一斤浸于廿斤之冷水内一晝夜再將浸液過濾用噴霧器噴灑於菜葉之兩背務使通到藉使蚜虫接觸致死希即布告農民如法實施為盼

十一月二日發

璧山县政府为该县农业推广所插秧费用预算一事给农业推广所的指令（附：璧山县农业推广所一九四九年度插秧费用预算表）
9-1-157（86）

璧山縣政府指令 卅八建三 五 廿一 89

為仰即遵令重行造具插秧費用預算來府以憑核辦由

令農業推廣所

呈一件 為呈報本所農場插秧日期暨所需費用造具預算表一份恳予鑒核示遵由

呈暨附表均悉。查該預算表列工數過多，並斟酌實情核減為十六人，其工資照每工以三升米計算，口食每工五合米計算，猪肉按每工半斤計算，酒每工四兩，鹽每工六錢，統照市價折合食米，炭以壹百斤計，折合食米，小菜五十斤計，合

23

食米虽贵核计食米七市升之标准仰遵照重行造具预算
报府以凭核办为要！
此令。附件发还。
县长
遵 九五廿二

璧山县政府为该县农业推广所插秧费用预算一事给农业推广所的指令（附：璧山县农业推广所一九四九年度插秧费用预算表）
9-1-157（85）

璧山县政府为该县农业推广所插秧费用预算一事给农业推广所的指令（附：璧山县农业推广所一九四九年度插秧费用预算表）

9-1-157（87）

璧山縣農業推廣所三十八年度插秧費用預算表

民國三十八年五月十日

款項目科		目	預算數	備攷
一		本所插秧費用	貳石六斗捌升	上數均以食米老量計算
	一	工資	玖斗六升	三十二人計算每人三升
	二	伙食費	壹石陸斗柒升	
		一 食費	壹斗六升	每人五合計算
		二 肉	壹斗伍升	三十二人計算每人半斤合食米如上數
		三 酒	柒升	三十二人每人四兩計算
		四 盐	弍升	
		五 炭	壹石二斗	每日六斗 兩日如上數

以十六工核計
每工三升以十六工計算折米四八升
每工五合以十六工計算折米八升
每工半斤以十六工計算〔〕斤折米
每工四兩以十六工計算四斤折米
鹽二斤不計算
每日[illegible]折米[illegible]
共[illegible]

24

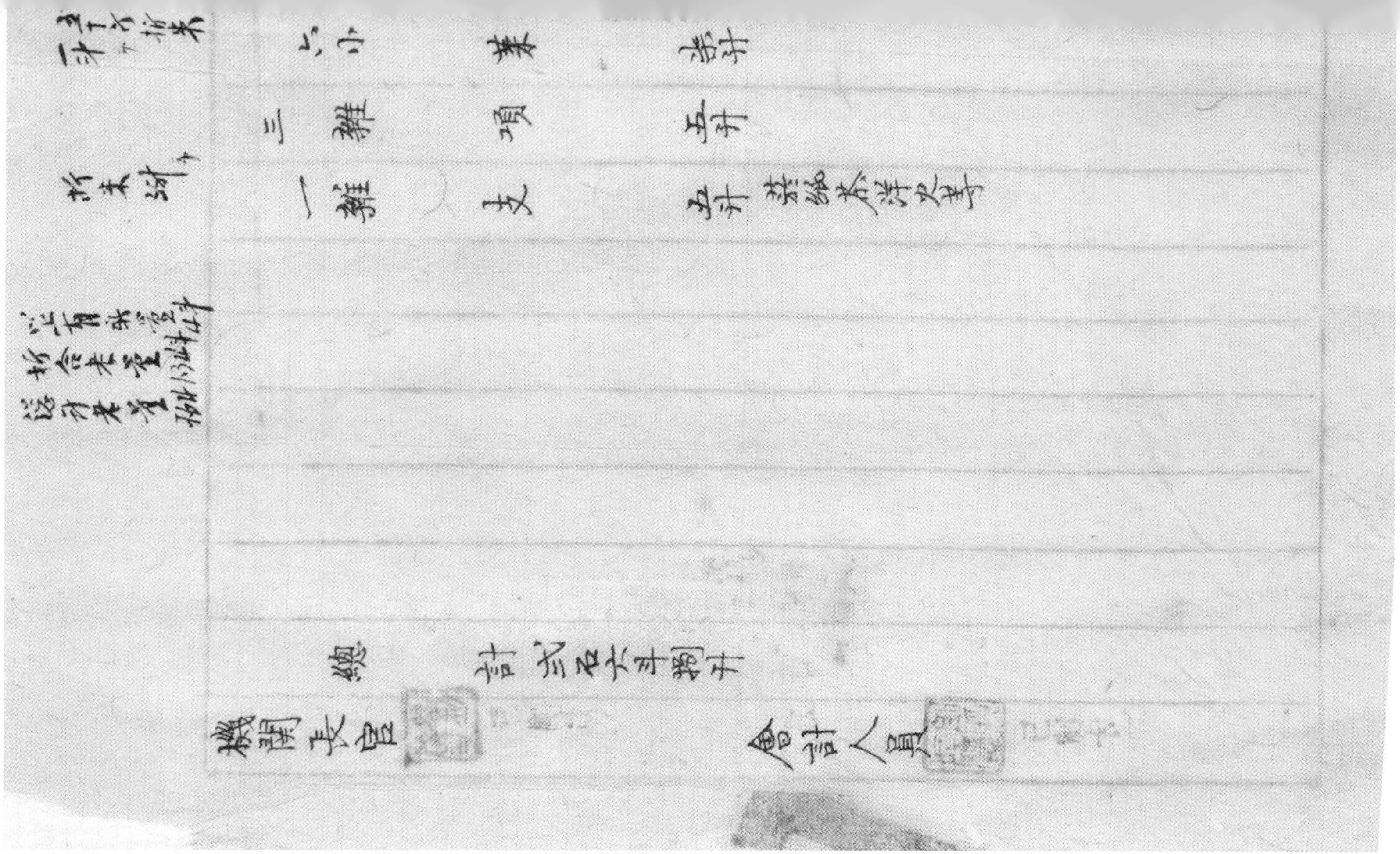

六小菜		柒升
三雜項		五升
一雜支		五升	菸紙茶洋火等

總計 貳石六斗捌升

機關長官　　　　會計人員

璧山县政府为该县农业推广所插秧费用预算一事给农业推广所的指令（附：璧山县农业推广所一九四九年度插秧费用预算表）
9-1-157（88）

王玉衡为呈报优良种子繁殖事宜致李焕章信函 9-1-165（55）

31

中華平民教育促進會華西實驗區 璧山縣第四輔導區辦事處用箋

字第 號第 頁

煥章組長吾兄勛鑒：頃奉本月十六日
函囑數點如次：
一、勝利秈稻種本區去年未曾推廣
[illegible]查或係別區領種，若確係本
區者，請將發給日期及經手人員姓名
見示，以便再查。
二、五十號推廣登記表已請從繁殖站交
來人任錫川同志帶報

地址：四川璧山丁家坳

王玉衡为呈报优良种子繁殖事宜致李焕章信函　9-1-165（54）

30

中華平民教育促進會華西實驗區璧山縣第四輔導區辦事處用箋

書此敬候並頌
時祺

弟　王玉衡拜上
六、廿

中華民國　年　月　日

地址：四川璧山丁家坳

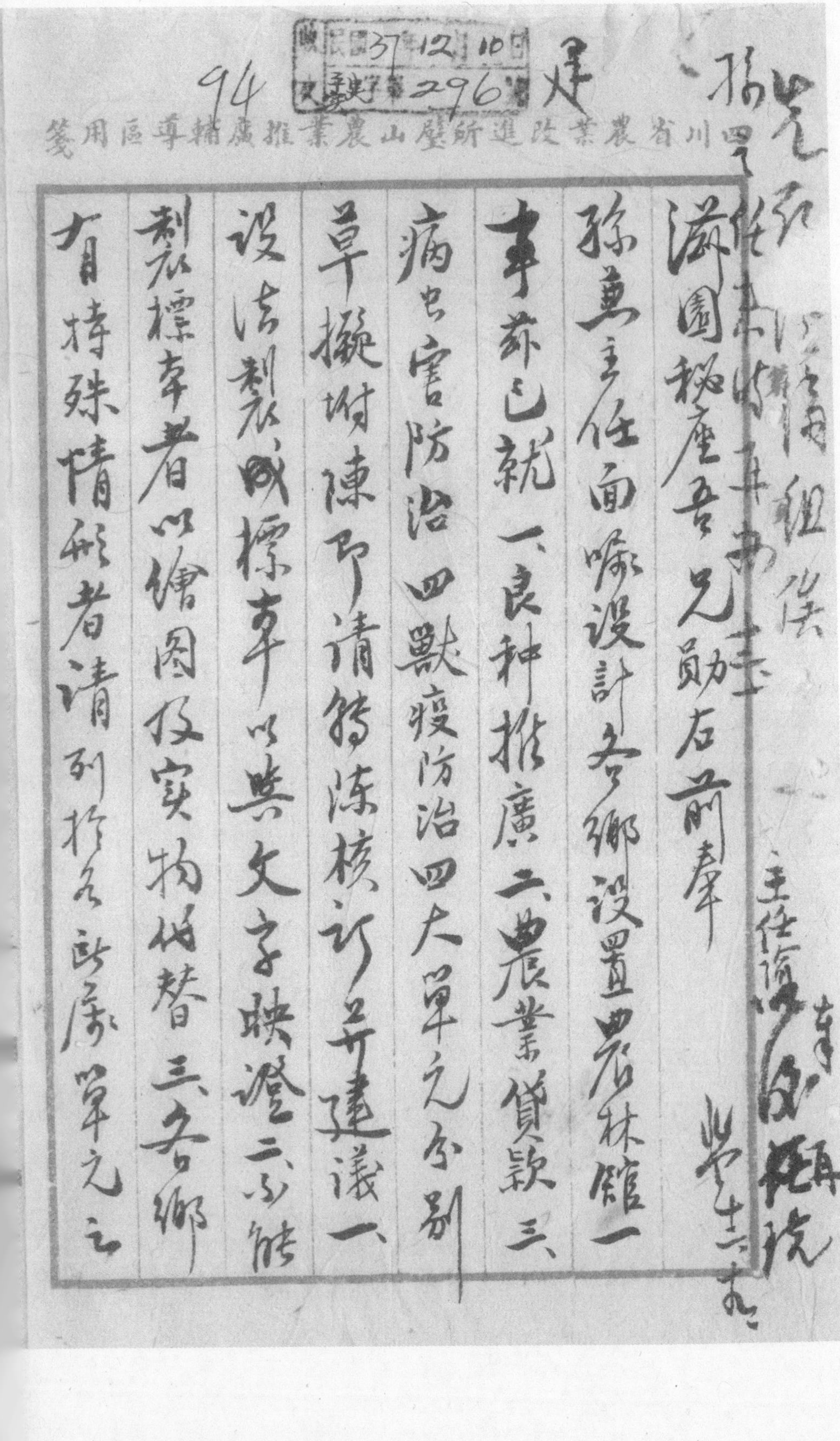
四川省農業改進所璧山農業推廣輔導區用箋

收文 民國37年12月10日 字第296號

滋園秘書吾兄勛右：前奉
孫惠主任面囑設計各鄉設置農林館一
事，茲已就一、良种推廣 二、農業貸款 三、
病虫害防治 四、獸疫防治 四大單元分別
草擬樹陳，即請轉陳核訂並建議：一、
設法制成標本以與文字映證 二、不能
製成標本者以繪圖及實物代替 三、各鄉
有特殊情形者請列於各該單元之

四川省农业改进所璧山农业推广辅导区於孝思就各乡设置农林馆所呈现的内容及方式事宜致华西实验区总办事处秘书室陈滋园函
9-1-197（144）

四川省农业改进所璧山农业推广辅导区於孝思就各乡设置农林馆所呈现的内容及方式事宜致华西实验区总办事处秘书室陈滋园函
9-1-197（145）

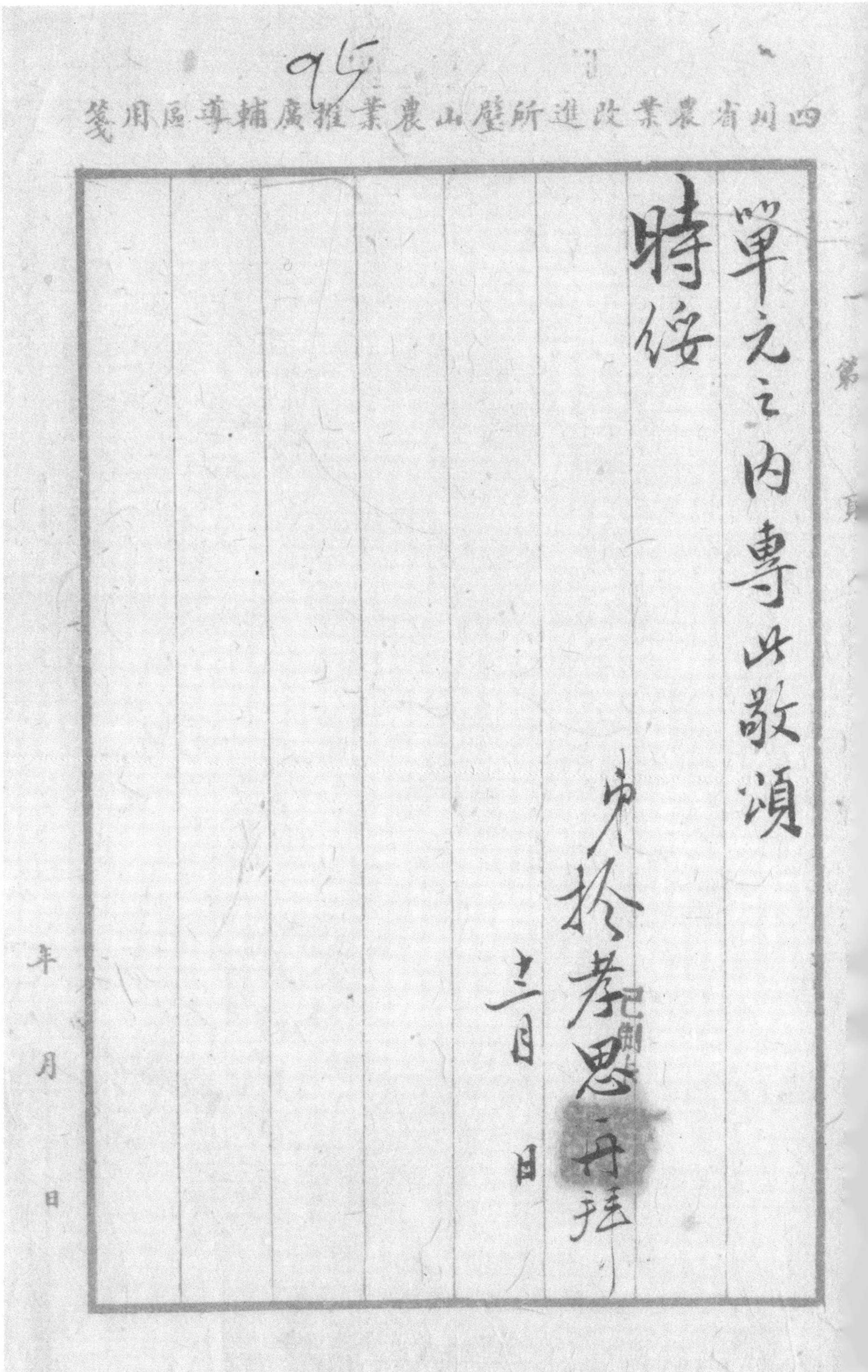
95
四川省農業改進所璧山農業推廣輔導區用箋
單元之內專此敬頌
時綏
弟於孝思再拜
十二月 日
年 月 日

四川省农业改进所璧山农业推广辅导区於孝思就各乡设置农林馆所呈现的内容及方式事宜致华西实验区总办事处秘书室陈滋园函
9-1-197（146）

96

（一）璧山縣良種推廣概況表

種類	品種名稱	特性	產量	備考
水稻	中農四號	稈強硬耐肥不易倒伏成熟較普通稻早五六日米質優良抽穗整齊	每畝產量約六佰餘市斤較土種增產百分之十至十五	分蘖弱插秧時應多植二三株
	勝利秈早稻	分蘖強成熟早稈強耐肥米質中等凝斂豐產	每畝產量平均四百五十市斤較一般早稻多收百分之五至十	
小麥	中農二十八號	抗病力強不感染黃銹散黑穗稈黑粉等病莖稈粗健不易倒伏	每畝平均產量為二九九市斤較本地種多收三十一市斤	肥土種植產量更多成熟遲
紅苕	南瑞苕	莖短而粗壯葉色濃綠大而肥厚薯形大小整齊紅心含糖多而纖維少成熟略早而耐儲藏	每畝產量約為二〇〇〇至二五〇〇市斤高出普通種產量一半以上	

（二）璧山縣各種農貸概況表

貸款名稱	申請時應送書表	備考

紡織副業貸款	申請書一份　業務計畫三份　借款細數表三份 紡織會員調查表二份
簡倉貸款	申請書一份　業務計畫二份　業務規則二份 押款細數表三份　倉別明細表二份　火險業務調查表一份 火險保險書一份　火險標的簡圖一份　入倉旬報表二份 儲押證一冊（每人一份）
水利貸款	申請書一份　担保品紀載表三份　借款分配明細表三份 水利計畫書六份　平面圖三份
推廣貸款	申請書一份　借款細數表三份
美蔗貸款	申請書一份　業務計畫三份　會員經濟概況調查 表三份　借款細數表三份
糧增貸款	申請書一份　借款細數表三份
纖織合作社貸款	

[illegible]知頭款發放

三、發放時由中農行及農推所共同監放

四、臨放前農會應將貸款人姓名及貸款額通告周知

五、貸款發放後農會應將發放情形及人數與金額函報農推所及中農行備查

六、貸款雖貴守信有舞弊者以會法論罪

七、農会第一項借款須增送組織章程二份、職員名冊二份、會員名冊二份、職員印鑑二份、會員經濟調查表二份

以上為縣農業推廣所主辦

四川省农业改进所璧山农业推广辅导区於孝思就各乡设置农林馆所呈现的内容及方式事宜致华西实验区总办事处秘书室陈滋园函
9-1-197（146）

97

（三）璧山县作物主要病虫害防治概况表

甲、病害

病名	病状	传染	防治方法	备考
大小麦散黑穗病（俗名火烟包）	麦穗变成黑粉，黑粉能随风飞散	黑粉飞到正开花的麦子上就受传染，明年生出黑穗来	于播种之前用温汤浸种，其法先浸于冷水中六七小时，入温水中稍浸一下，再投入摄氏五十二度温水浸十分钟，取出凉冷阴干播种	详细办法可询农推所指导员，参阅该所浅说
大麦坚黑穗病	麦穗内面为黑粉，但外面却有一层薄皮包着不易飞散	黑粉在打麦时粘到别的麦粒上而传染	于播种前施行炭酸铜粉拌种，每一市斗麦种用炭酸铜一市两放入拌种器拌和均匀即可播种	
小麦腥黑穗病	受害麦穗有一种腥臭气味	同右	同右	

乙、虫害

种类虫名	性状	为害情形	防治方法	备考
螟虫（俗名白吊虫）三化螟	一年发生三代，卵产在秧叶上，用集成块，盖有黄色茸毛，幼虫黄绿色，背有半透明腺管一条，蛹黄褐色，雌者前翅有小点一个，雄者前翅有小点二个	幼虫钻入秧子茎内，吃食髓心，待长出穗则变成白吊，白吊中无实	一、捕蛾：于秧田时期燃点诱蛾灯（诱蛾灯为一洋油灯下置水盆，散放油类于水内而成），或于清晨露水未干之际至秧田中捕捉。二、摘卵：依新式秧田摘卵为防治螟虫最有效的方法，新式秧田于播种时每宽四尺留一条一尺宽的空路以便摘卵。三、拔枯心苗：田中见有枯心苗即拔除烧毁。四、[illegible]	螟虫为害遍及各地，减少产量甚大，据调查四川因螟虫为害损失每年至少在一千五百万担黄谷以上

四川省农业改进所璧山农业推广辅导区於孝思就各乡设置农林馆所呈现的内容及方式事宜致华西实验区总办事处秘书室陈滋园函
9-1-197（147）

	（上接）……上有五條褐色縱紋；褐色蛾，前翅中央小黑點，邊緣有黑點七個	同右	同右	
地老虎俗名土蠶 小地老虎	幼虫初化時灰綠色，成熟時灰褐色或青褐色，腹面淡灰色，二齡時有群居性，隱居土隙縫裏，三齡以後就分居土隙縫裏	幼虫夜出，在棉花、玉米、辣椒、黃豆、綠豆、豌豆、胡豆、麥子、煙苗、東瓜、南瓜、絲瓜、黃瓜及蔬菜等近根處切斷莖苗，稍大攀莖葉上切斷嫩葉，然後拖入土穴内嚼食	雜草誘殺：于在作物未下種前，以新鮮雜草或菜葉堆成距離十市尺一堆，每清晨去堆下搜殺堆下之地老虎。毒餌誘殺：以砒一份、麥麩二〇份、雜水一份、糖水像餡脂一份、水二五份均勻調拌捻成小團，置地後於晴天黃昏時勻撒田内，每畝約二至三市斤。扒土搜殺：清晨在地老虎咬斷作物近根周圍，用竹尖撥土搜殺	
菜虫 守瓜俗名黃瓜虫	成虫橙黃色，長七八公厘，長橢圓形，於三四月間開始活動	成虫為南瓜、東瓜等瓜類之大害，食害各種瓜苗，使瓜苗生長不良，苗長大後在開花結實時又變為枯萎	以砒酸鈣一市斤和水二百至二百七十市斤，用噴霧器噴射，無噴霧器可用高粱帚澆洒；或以砒酸鈣一市斤和石灰粉一至三市斤，用噴粉器於露水未乾時噴散，無噴粉器可用布袋代替	甲為應注意事項：一、砒酸鈣及DDT均有毒，應防止人畜中毒。二、南瓜類不能用DDT防治，碍及類生長，不能用。三、食用之作物須於採收前一月施用。四、蔬菜食時宜清洗，亦須洗滌，方可喂飼家畜
大猿葉虫俗名黑毛虫，幼虫俗名肉虫	成虫作青黑色，有光澤，長橢圓形，背部高凸，頭部平時伏於前胸之下；幼虫淡灰黑色，圓筒形，頸部漆黑有光，口器發達，胸部有大小不同之黑色肉瘤多個	成虫幼虫均食害蔬菜	除用砒酸鈣和水噴射及和石灰粉噴撒外，亦可用DDT五至十市斤和米湯或熱水九十五市斤，用與DDT五至十市斤和柴灰九十五市斤粉用噴射，噴（法）同砒酸鈣	

四川省农业改进所璧山农业推广辅导区於孝思就各乡设置农林馆所呈现的内容及方式事宜致华西实验区总办事处秘书室陈滋园函
9-1-197（147）

四川省农业改进所璧山农业推广辅导区於孝思就各乡设置农林馆所呈现的内容及方式事宜致华西实验区总办事处秘书室陈滋园函
9-1-197（148）

98

菜白蝶（俗名白飛蛾，幼虫俗名青虫）	幼虫全部青色，故名青虫。背部中央有黄色之背面線，不明顯，各節有縱橫線，四條並有圓形黑色或大小不同之瘤狀物	幼虫喜食菜葉，食葉隨体增大，每一青虫自小至大須食葉一二十張，可見其害之烈	同右
菜蚜（俗名天蟖子）	分有翅無翅兩種，當地食料缺乏時生翅飛遷他地覓食。身体黄綠色，腹部膨大，有白色粉狀物覆蓋，体長六厘。有翅者身体黄綠色，翅透明，翅脈黑色，体長約半分	喜在菜嫩芽處群居，吸食菜之汁液，被害之菜莖葉縮黄萎，生殖力強，為害甚烈	同右
黄條菜蚤（俗名菜蚤）	成虫為長橢圓形甲虫，体細小，長不及一分，黑色，背部鞘翅上有黄色縱紋二條，後足粗大，善跳	喜食菜葉，使葉上成極密之小孔，為害烈時，所有菜葉全被食盡而成網狀	同右
蝗虫 竹蝗（俗名花蚱蜢）	一年發生一代，後足長大，善跳躍，喜合群，食量很大，能四處遷飛	喜食竹葉、稻、玉米、豆類之葉，亦喜食，受害之竹林只剩枝幹，全株[illegible]	人工捕[illegible]蝗卵：於九十月間標識蝗虫產卵區域，農閒時間翻出殺滅之；殺跳蝻（一）[illegible]

……捕飛蝗，隨即捏死。
（二）毒殺：用麥麩三十份、氟矽酸鈉一份、糖一份和水調勻，使濕潤成團，撒成條狀，於早晨撒佈於有蝗最多地面。

（四）璧山縣歷年各種獸疫防治概況表

畜別	病名	病原	病狀	治療	預防
牛	牛瘟（俗名爛腸瘟、脹肥癀）	濾過性毒素	病初身体的熱度升高，身体表面溫度分佈不勻，精神萎頓，頭耳下垂，眼有粘性分泌物，眼瞼流出淚，口腔的肌肉紅腫，及之覺發生潰瘍，凸出不起，後成潰瘍口腔發臭，痛不思飲食，至病溫下降時，大便稀薄，背拱起，排泄物中雜有血液及長條腸壞（即假膜）	用抗牛瘟血清注射皮下或靜脈注射，均可。每牛治療一次，用一五〇公分至二〇〇公分，連續二三次，每次隔四一五小時	病若牛群中有瘟者，立即將病牛隔離（即將好牛牽走，病牛仍留原處，以免傳染好牛），死牛屍体應深埋或煮熟，牛棚應撒石灰，用具用沸水洗滌，同群的牛應注射牛血清，以防傳染，在完全未染病的牛應該注射牛瘟臟器苗，免疫大牛一五cc，小牛減半
	炭疽病（俗名急性癀及脹肥癀）	炭疽桿菌（係細菌之一種）	最急性者猝然倒地而死，如人之中風無異，多在一小時內死亡。急性者病初体溫升高，近死前下降，精神萎頓，食慾減少，反芻停止，腹有膨氣，舌腫，將死時，鼻孔、肛門等天然流血。慢性者全身有膿著水腫（即用手壓之則凹下，復原遲慢）	局部者，則以皮癀即將皮癀割開，將濃潰液擠出，用石炭酸或雷佛奴耳沖洗，或在皮癀四周注射抗炭疽血清。全体者，多屬慢性，用炭疽血清皮下注射，四小時後繼續注射，直至体溫正常為止，份量一五〇公分至二〇〇公分。四肢症狀治療，用酒精及樟腦擦全身，皮膚可使血管流暢，不致使細菌阻塞血管	病畜隔離，糞便燒毀，以免病菌傳染，消毒用沸水，或升汞、石炭酸、雷佛奴耳洗畜舍，撒石灰，飼料改換（即此地產生病症，即應另地覓取草料），其他之牛應分別注射血清預防，倘為預防此病之發生，在病未流行時，應注射炭疽芽胞苗，每牛注射〇．二五公分——〇．五公分，七天後繼續一次

四川省农业改进所璧山农业推广辅导区於孝思就各乡设置农林馆所呈现的内容及方式事宜致华西实验区总办事处秘书室陈滋园函
9-1-197（148）

99

猪

猪丹毒（猪名打火印）	猪丹毒 猪丹毒杆菌（系细菌之一种）	1. 疹块性者初作不甚发热，则背胸头颈四肢发现四方形或圆形之疹块，大小如银币，家畜全身连成大块，肉印（俗名打火印），精神萎靡，食欲不振。 2. 败血性者乃猪急性热病，体温高，眼睑有水肿，眼结膜充血，有粘液流出，便秘后腹泻，腹中部及耳根有血斑，后腹部及四肢内侧有大红斑。 3. 慢性者乃急性之疹块未愈转成，小猪则发育不良，因营养不足，毒素侵害心脏，大坐状，呼吸急而快，皮肤变红紫，过后不死，则身体瘦弱后肢不能站立也。	1. 抗猪丹毒血清特效，皮下注射三〇—六〇公分，五—十二小时后倘病未减可继续一次。 2. 青霉素（5万）[illegible] 亦颇有效，用八杯分四次给之。 普通药物治疗无效	病畜隔离，用具消毒，病畜舍内应用石灰，病死之猪应焚毁或深埋，发生传染病之早春（每年三四月）用抗猪丹毒菌苗注射，可免猪群内之其他健猪染病，注射血清预防，以免传染。
猪肺疫（俗名猪瘟）出血性败血症	猪出血性败血症杆菌（系细菌之一种）	1. 最急性者神萎，倒地不起，走则摇摆不定，时有转圈，喉部红肿，压之疼痛，便带血，二十四小时内死亡。 2. 急性者病畜高热，咳嗽，呼吸短促，如犬坐，张口，粘液流出，呼吸迫促而困苦，鼻内有液，初便秘，后腹泻，粪内有血。 3. 慢性常咳嗽，呼吸困难，食欲不定（时间或食或不食），体瘦，间有慢性关节炎。	1. 血清每猪三〇—六〇公分，病初注射七头。 2. 青霉素（5万）[illegible] 亦颇有效，可试用。 3. 药物治疗无效	每年二三月用猪肺疫菌苗作预防，每猪仔重十市斤注射一公分，七天后发生免疫，续一次，其余预防方法同猪丹毒。

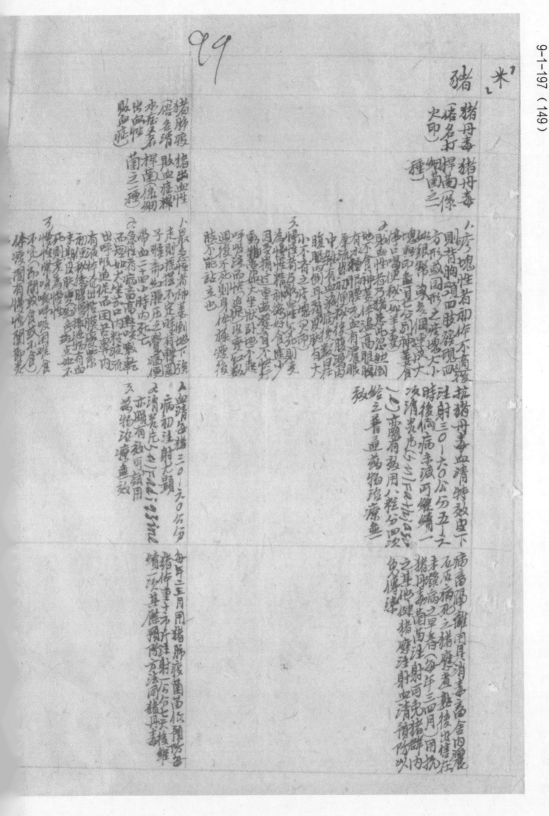

四川省农业改进所璧山农业推广辅导区於孝思就各乡设置农林馆所呈现的内容及方式事宜致华西实验区总办事处秘书室陈滋园函

9-1-197（149）

鷄

鷄瘟(俗名瘟頭、軟腳瘟)	為濾過性毒素所致，鷄鴨鵝子均可傳染	1.最急性者其病狀不顯，死亡甚速 2.急性者病鷄元氣消沉，食少，嗜眠，鷄冠及垂肉變紫或深紫色，[illegible]頭縮，站立不動，頭下垂，口內有粘液流出，[illegible] 3.慢性[illegible]不死亡亦不能正常發育	為物治療無效，死亡率高，惟病初可試用亞砒酸鉀液每次一公撮，或以百分之二[illegible]撮服有效	病鷄一經發生，應將死鷄深埋[illegible]
鷄霍亂(俗名[illegible]) 鷄鴨鵝均可傳染	本症為二種敗血症菌	1.最急性者生前不見任何症狀，忽然倒斃[illegible] 2.急性排泄物帶黃白色[illegible]羽毛不齊[illegible] 3.慢性[illegible]	病初用家禽霍亂血清頗有效，亦可試用[illegible]每隻0.01—0.05克，四小時一次，繼續三三次	預防可用家禽霍亂菌苗注射[illegible]

四川省农业改进所璧山农业推广辅导区於孝思就各乡设置农林馆所呈现的内容及方式事宜致华西实验区总办事处秘书室陈滋园函
9-1-197（149）

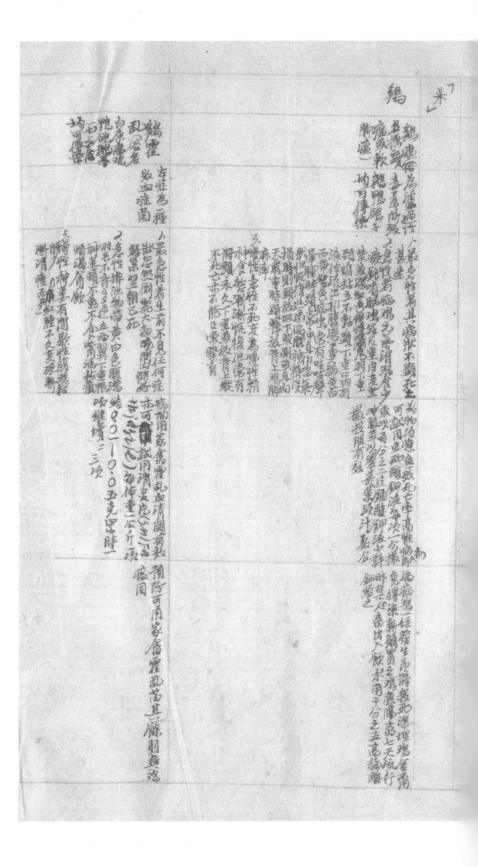

100

猫	猫瘟是一种滤过性毒素（俗名猫水症）	初体温升高不食，有神精沮丧，呕吐，吐出物为粘性清液或白色黄色泡沫物，但吐黄色者则甚严重（因胆汁已吐出），后则精神更萎靡，[illegible]不停，致体温过多，昏迷而死，死前体温下常。病期半天至三天，死亡率60%以上	此病治疗极难，一般药物鲜能为力，据云美国用猫瘟血清，对预防效果甚佳，惟我国尚无法购入，惟（1）病初用消炎片（Sulfadiazine）小片，打为0.五克分作三剂，每日三剂，（2）如体温已降，则于水中加樟脑0.四克，仍按前法给之，（3）如精神萎靡，则用番木鳖酊一一二公分，毛地黄酊一一二公分，加水共为三0公分，每日二次，每次五公分	1.死者须埋或烧毁，并将其病所严密消毒，一月以内不买新猫。2.不使食老鼠。3.发现病猫立即求治有效
「※」				

附注：每种家畜疫病后空格内注有「※」符号者，即系当地除上述病症外是否有其他病症，有则列入，无者空白

四川省农业改进所璧山农业推广辅导区於孝思就各乡设置农林馆所呈现的内容及方式事宜致华西实验区总办事处秘书室陈滋园函
9-1-197（150）

王承灌等就北碚大竹林蔬菜病虫害调查情况致李焕章信及李焕章回信　9-1-264（168）

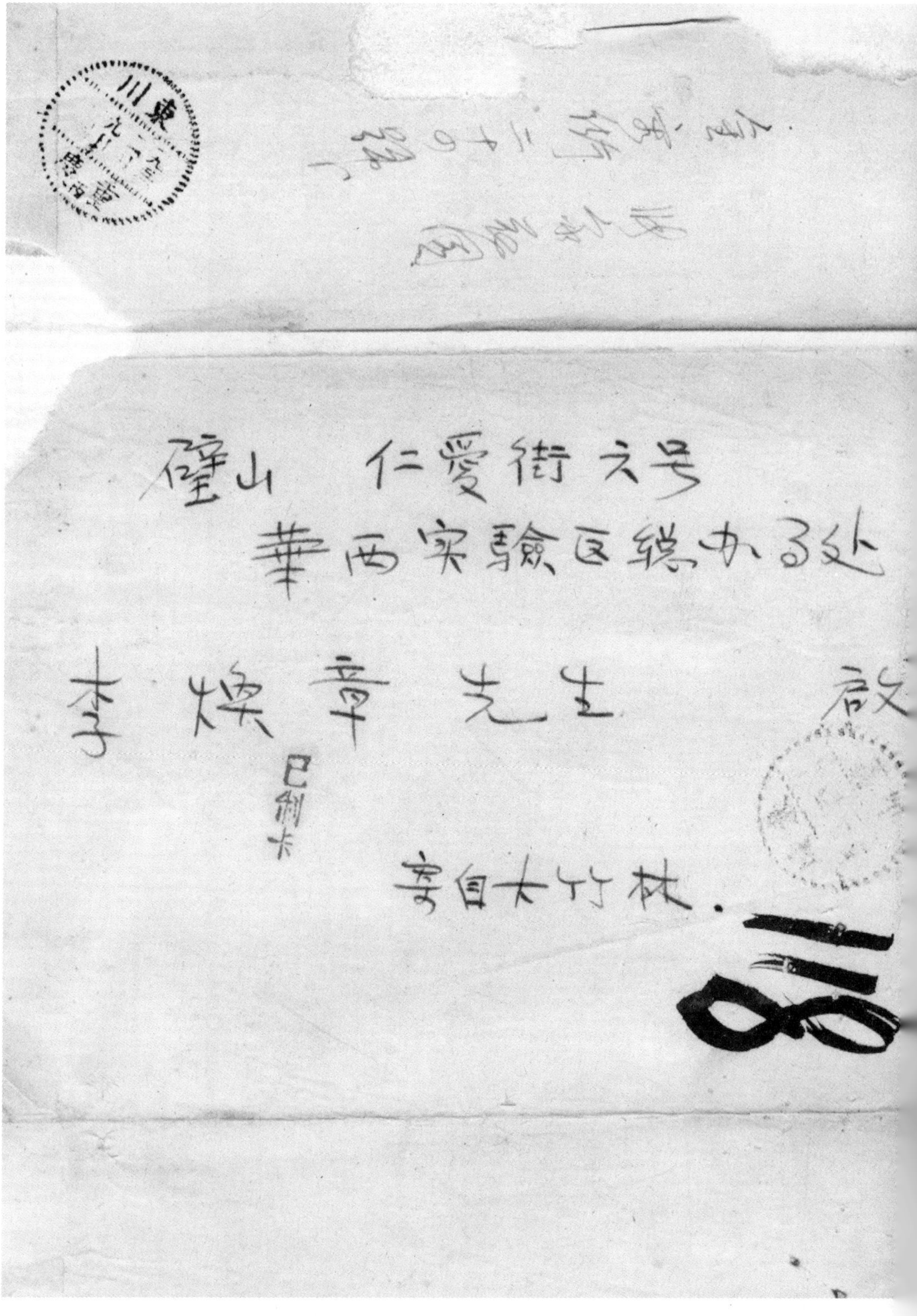

王承灌等就北碚大竹林蔬菜病虫害调查情况致李焕章信及李焕章回信　9-1-264（169）

119

焕章吾师：

五日离璧山赴北碚，六日抵北大竹林，当日与县府林农科接洽，食宿尚称方便，祈请勿念。

七日開始工作：首先下乡了解菜園及菜蔬情况，但今日巡視該[illegible]天，所見菜園不多，更無大菜園且害虫甚少。據該農民称，大竹林一带並無大菜園，僅春季之瓜類、豆類較多，現所栽蔬菜者多為副業，瓜豆類之害虫較多，今日去了一天所見菜园面積總數不过二十畝左右，以此情形来看，在此工作不會超过六天即可完畢，今特請示我們工作完後應如何處理？我們想去龍鳳溪看看，如果也似那边[illegible]

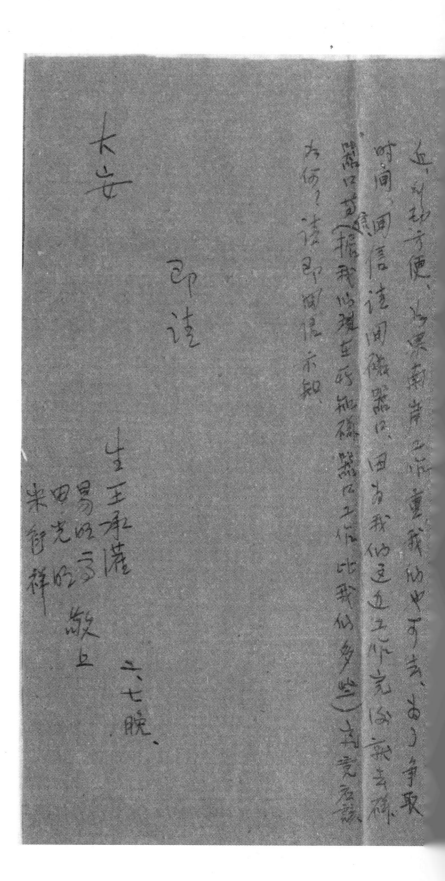

王承灌等就北碚大竹林蔬菜病虫害调查情况致李焕章信及李焕章回信　9-1-264（170）

近，外出方便，如果南岸工作重，我们也可去，为了争取时间，回信请回磁器口，因为我们这边工作完后就去磁器口考虑（据我们现在所知磁器口工作比我们多些）究竟应该如何？请即回信示知。

即请

大安

生　王承灌
易昭富
田光昭
宋钧祥　敬上

二、七晚。

王承灌等就北碚大竹林蔬菜病虫害调查情况致李焕章信及李焕章回信 9-1-264（166）

中華平民教育促進會華西實驗區總辦事處（ ）稿

事由：為關於防治虫害工作由

受文者：王承灌 孫燕如 [illegible]

承灌吾兄：二月廿日來函業悉。兄自下鄉為蔬菜虫害防工作備受辛苦，茲值歲暮大寒，尚能在外工作，此種精神，本處萬分敬佩。所談大竹林一帶虫害調查工作完竣，即熱孫燕如協助工作一節，當就工作之需要而自由調動到達孫燕如，以後仍希屢予能多作調查工作，務以不虛此行。至於原領經費，僅能維持廿天左右，現虫害既少，自可縮短工作日程，原領經費不足，暫作追加預算，並赴渝取款，維以早[illegible]

[illegible]

核判 核稿 擬稿 副本 份送達

年 月 日 附件 字號 字第 號

王承灌等就北碚大竹林蔬菜病虫害调查情况致李焕章信及李焕章回信　9-1-264（167）

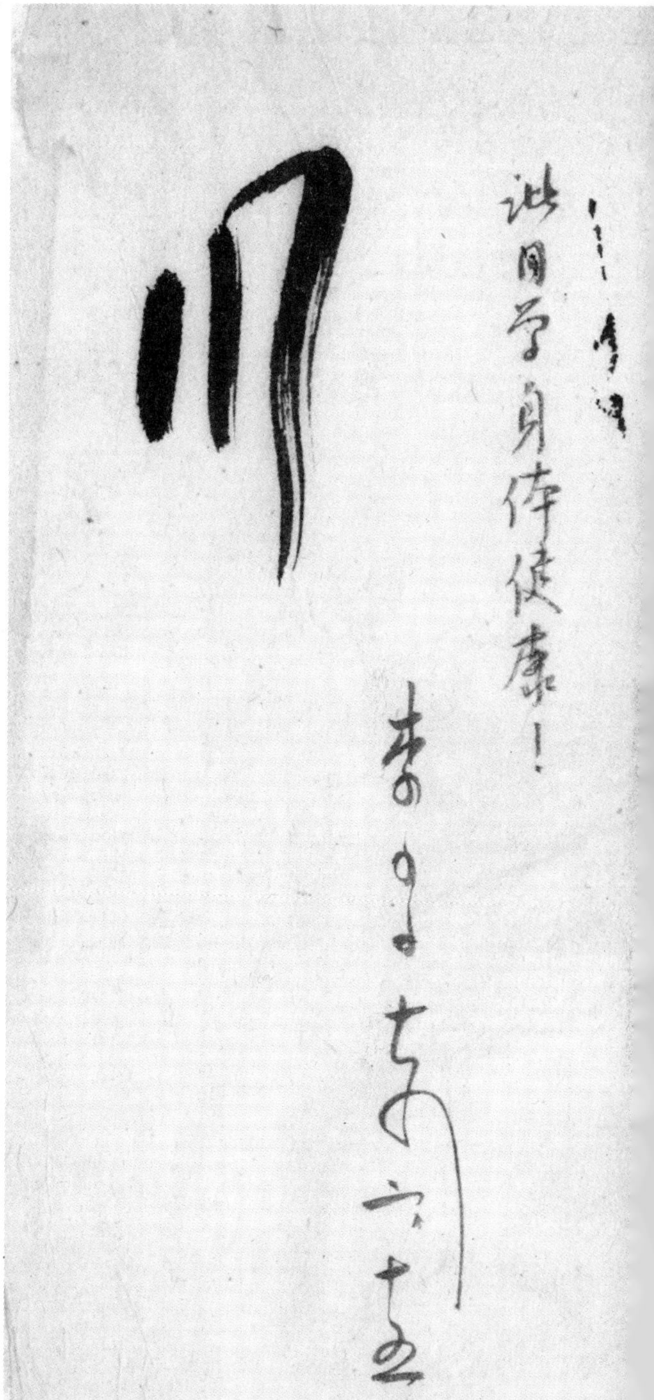

祝同学身体健康！

李焕章

四川省璧山县参议会为准函拟具本年度治蝗经费预算暨治蝗报告表及治蝗奖惩办法致璧山县政府函　9-1-134（15）

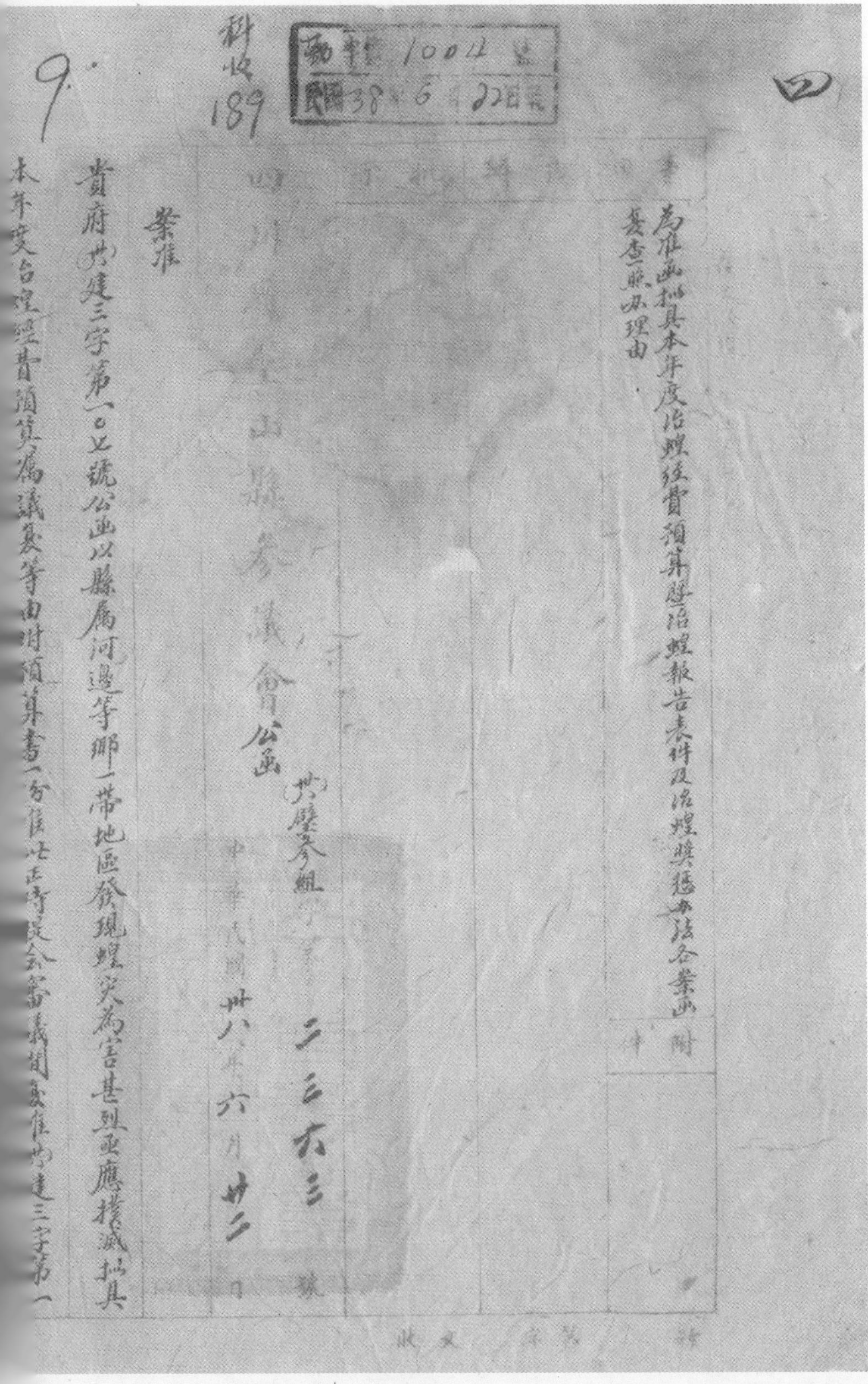
科收
189
1004
38 6 22
四
9

事由：為准函擬具本年度治蝗經費預算暨治蝗報告表件及治蝗獎懲辦法各案函復查照辦理由

附件

四川省璧山縣參議會公函

（卅八）璧參組字第二三六三號

中華民國卅八年六月廿二日

案准

貴府（卅八）建三字第一〇七號公函以縣屬河邊等鄉一帶地區發現蝗災為害甚烈亟應撲滅擬具

本年度治蝗經費預算編議表等由附預算書一份准此正待提交大會審議間復准（卅八）建三字第一

收文　字第　號

四川省璧山县参议会为准函拟具本年度治蝗经费预算暨治蝗奖惩办法致璧山县政府函　9-1-134（16）

二三號公函以竹蝗竄延依鳳大路等鄉造送治蝗經費追加預算暨卅建三字第一六五號公函以梓潼八塘等六鄉先後發現蝗災擬具治蝗奬懲辦法及報告調查表冊迅將治蝗經費議定以憑辦理各等由附追加治蝗經費預算書暨製發治蝗報告表治蝗調查表式及治蝗工作奬懲辦法各一份送會經併案提交本年六月廿一日本會各組委員會第廿八次聯席會討論決議：一、照縣府卅建三字第一二三號公函所造追加預算通過，惟原預算內所列宣傳辦公督導費等項一律改為實際出力人員奬金並函實驗區有力補助；至治蝗辦法仍由縣府商請實驗區辦理」等語紀錄在卷，除分函實驗區查照補助外，相應函复查照辦理為荷。此致

璧山縣政府

議長　何能

副議長　傅友仁

會計室　財政科　庶務室　會閱

华西实验区总办事处为派员协助八塘虫害防治一事致璧山县政府函（附：电话通知稿） 9-1-134（18）

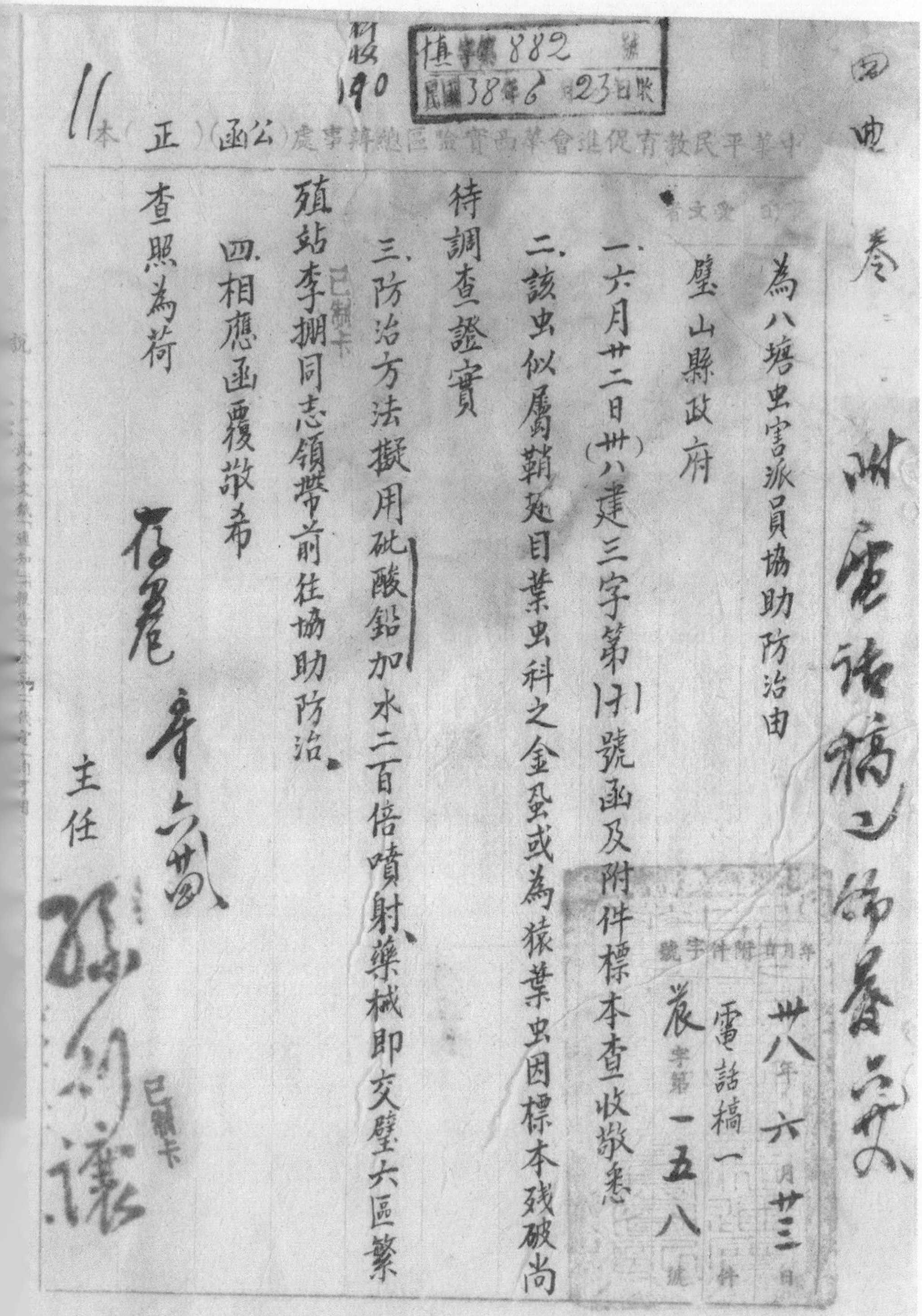

填字第882號
民國38年6月23日收

中華平民教育促進會華西實驗區總辦事處（公函）（正）本

附電話稿乙件

為八塘虫害派員協助防治由

璧山縣政府

一、六月廿二日（卅八）建三字第1811號函及附件標本查收敬悉

二、該虫似屬鞘翅目葉虫科之金蚤或為猿葉虫因標本殘破尚待調查證實

三、防治方法擬用砒酸鉛加水二百倍噴射藥械即交璧六區繁殖站李㮾同志領帶前往協助防治

四、相應函覆敬希

查照為荷

主任 孫則讓

卅八年六月廿三日
電話稿一件
農字第一五八號

华西实验区总办事处为派员协助八塘虫害防治一事致璧山县政府函（附：电话通知稿） 9-1-134（19）

12

請速電話通知

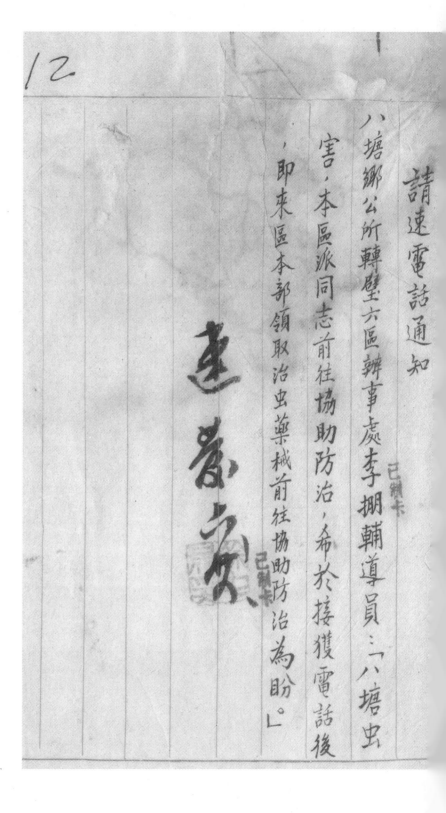

八塘鄉公所轉璧六區辦事處李搠輔導員：「八塘虫害，本區派同志前往協助防治，希於接獲電話後，即來區本部領取治虫藥械前往協助防治為盼。」

速發

已制卡

已制卡

夏立群就所拟病虫防治计划事宜致孙则让的函 9-1-137（123）

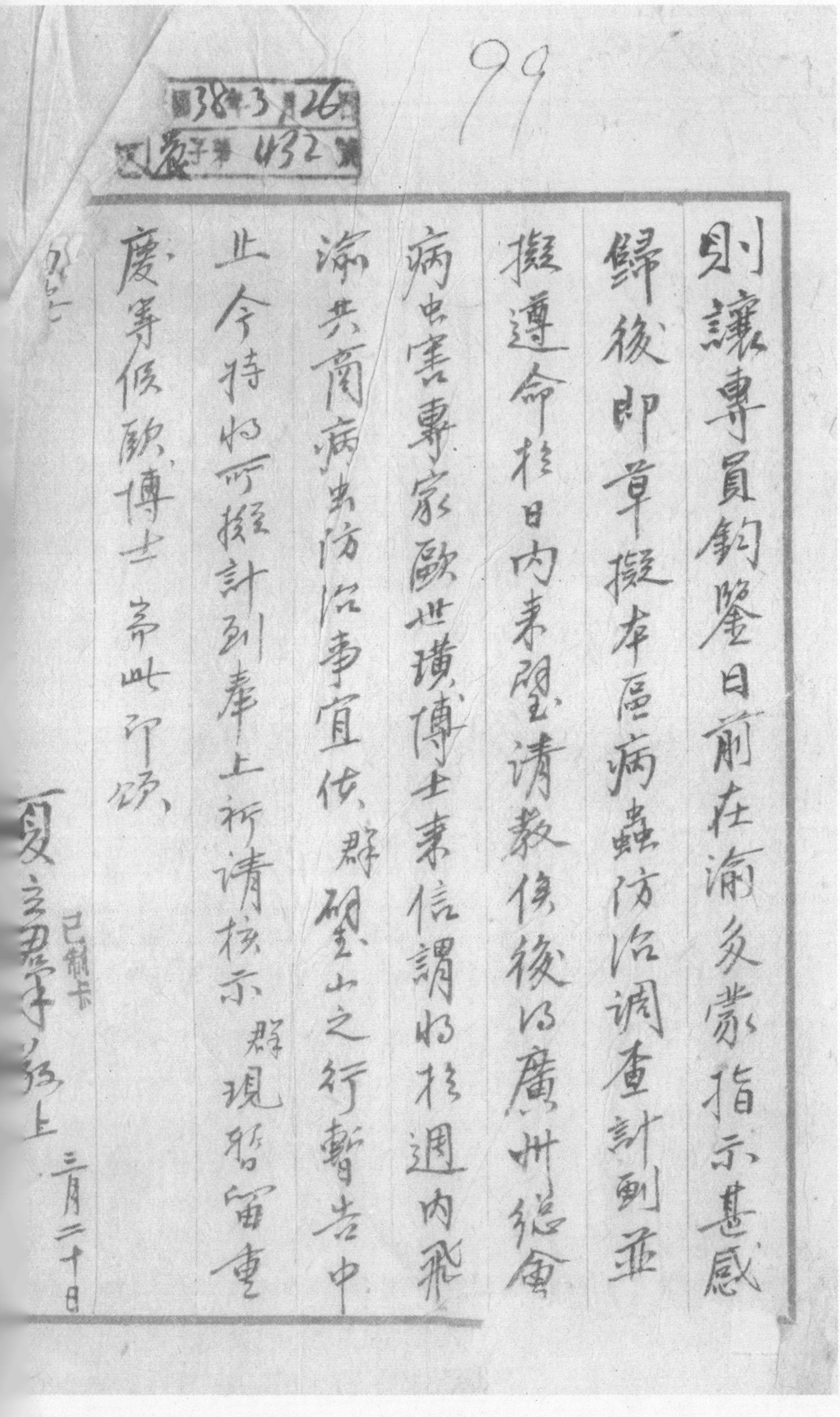
99

38年3月26

字第432號

則讓專員鈞鑒日前在渝多蒙指示甚感
歸後即草擬本區病蟲防治調查計劃並
擬遵命於日內來璧請教俟後以廣州總會
病虫害專家歐世璜博士來信謂將於週內飛
渝共商病虫防治事宜俟 群到璧山之行暫告中
止今特將所擬計劃奉上祈請核示 群現暫留重
慶等候歐博士 肅此即頌

夏立群手啟上 三月二十日

已制卡

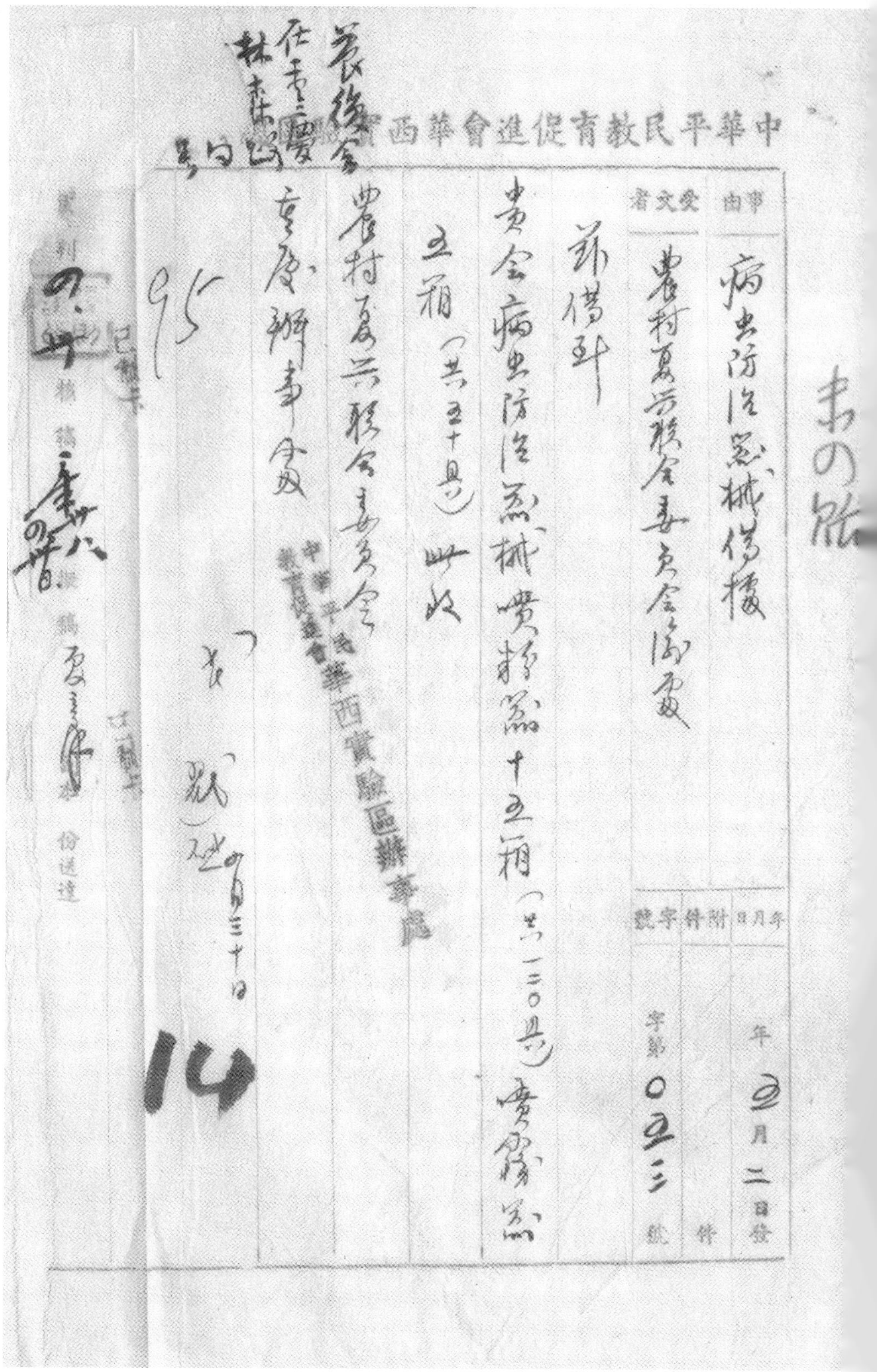
中華平民教育促進會華西實驗區

事由：病虫防治器械借撥

受文者：農村復興聯合委員會渝處

茲借到

貴會病虫防治器械噴霧器十五箱（共一二〇具）噴粉器五箱（共五十具）此收

農村復興聯合委員會重慶辦事處

年五月二日發

字第〇五三號

中華平民教育促進會華西實驗區辦事處

14

一九四九年五月至十一月，华西实验区为防虫药械管理、运拨、保存、使用等事与中国农村复兴联合委员会及其驻渝办事处、驻川办事处的往来公文　9-1-137（118）

一九四九年五月至十一月，华西实验区为防虫药械管理、运拨、保存、使用等事与中国农村复兴联合委员会及其驻渝办事处、驻川办事处的往来公文 9-1-137（120）

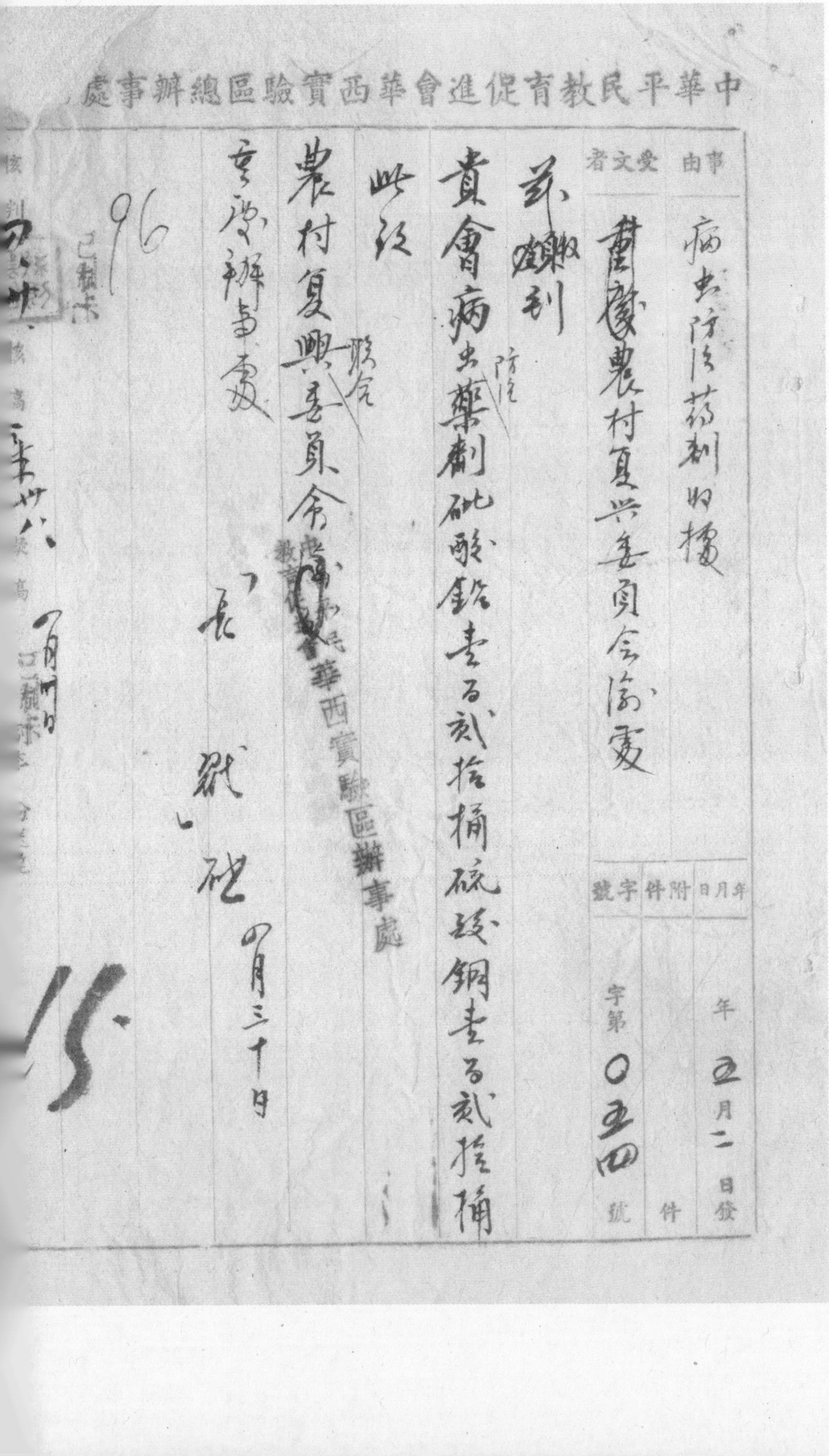
中華平民教育促進會華西實驗區總辦事處

事由：病虫防治藥劑回覆

受文者：農村復興委員會渝處

茲收到

貴會病虫防治藥劑砒酸鉛壹百貳拾桶硫酸銅壹百貳拾桶

此致

農村復興聯合委員會重慶辦事處

長 孫則讓

四月三十日

年 五月二日發 件 字第〇五四號

中華平民教育促進會華西實驗區辦事處

96

15

一九四九年五月至十一月，华西实验区为防虫药械管理、运拨、保存、使用等事与中国农村复兴联合委员会及其驻渝办事处、驻川办事处的往来公文　9-1-137（121）

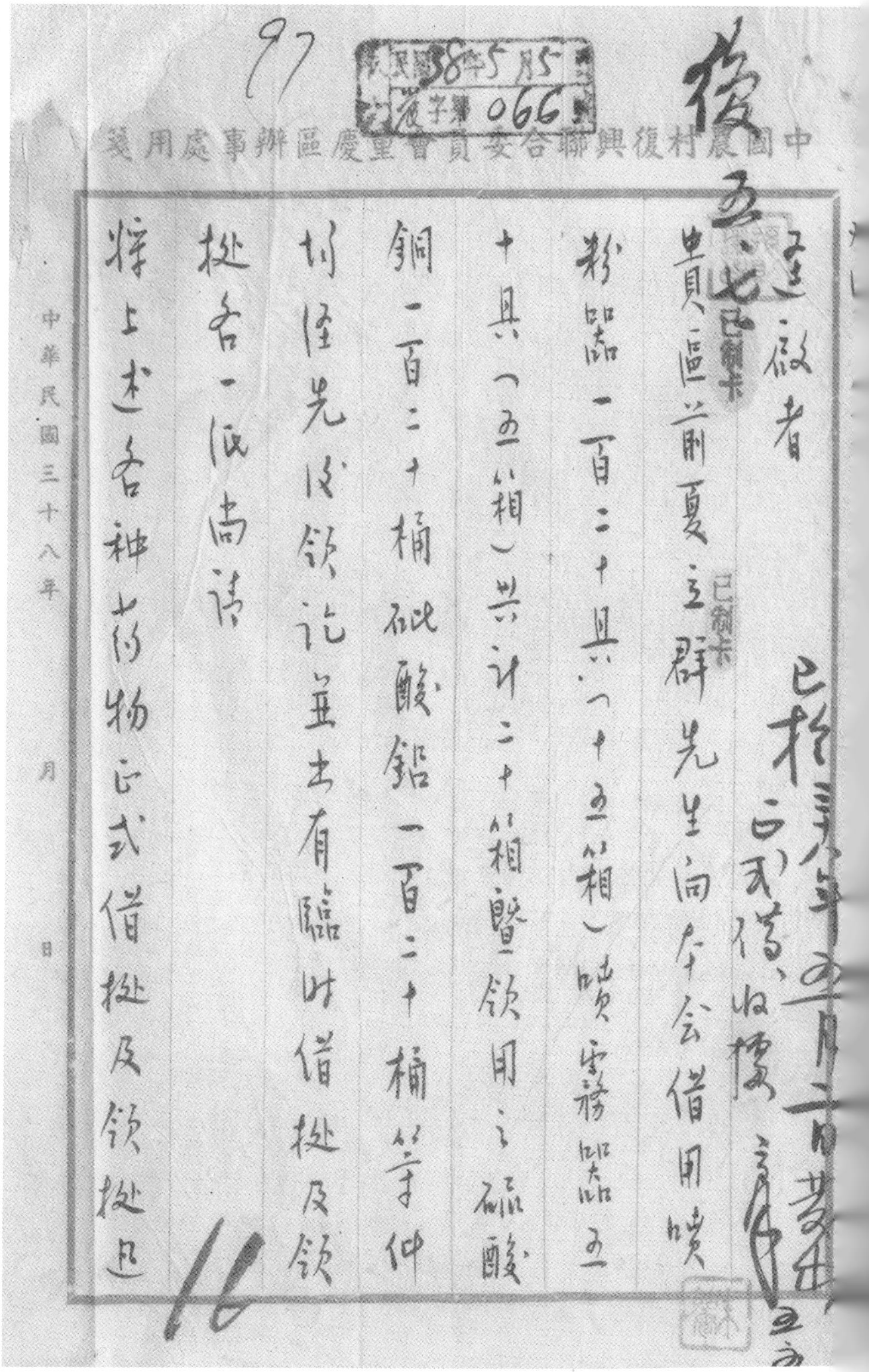

97

民國38年5月5
復字第066號

復
五七

中國農村復興聯合委員會重慶區辦事處用箋

逕啟者

貴區前夏立群先生向本會借用噴粉器一百二十具（十五箱）噴霧器五十具（五箱）共計二十箱暨領用之硫酸銅一百二十桶砒酸鉛一百二十桶等件均經先後領訖並出有臨時借據及領據各一紙尚請將上述各种药物正式借據及領據迅

已制卡

已制卡

已於三八年五月二十日……

中華民國三十八年　月　日

16

一九四九年五月至十一月，华西实验区为防虫药械管理、运拨、保存、使用等事与中国农村复兴联合委员会及其驻渝办事处、驻川办事处的往来公文　9-1-137（122）

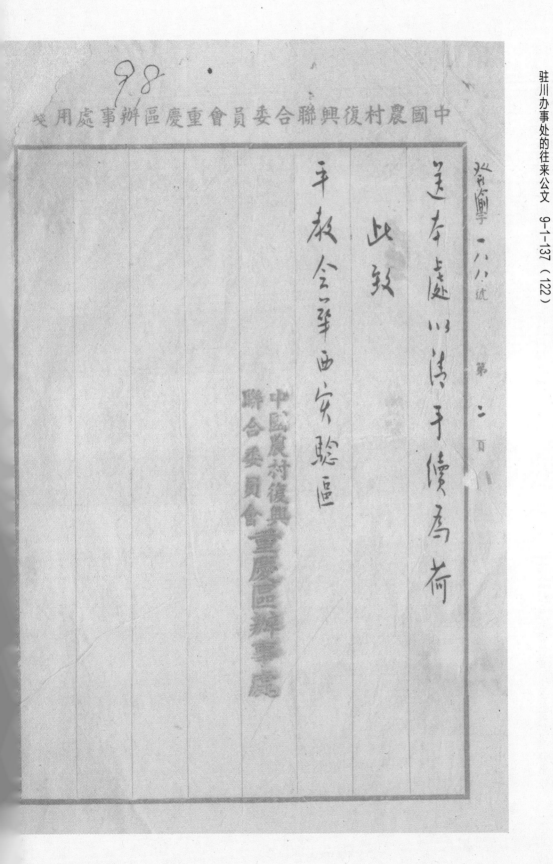

98

中國農村復興聯合委員會重慶區辦事處用箋

發渝字一八八號　第二頁

送本處以清手續爲荷

此致

平教會華西實驗區

中國農村復興聯合委員會重慶區辦事處

一九四九年五月至十一月，华西实验区为防虫药械管理、运拨、保存、使用等事与中国农村复兴联合委员会及其驻渝办事处、驻川办事处的往来公文　9-1-137（98）

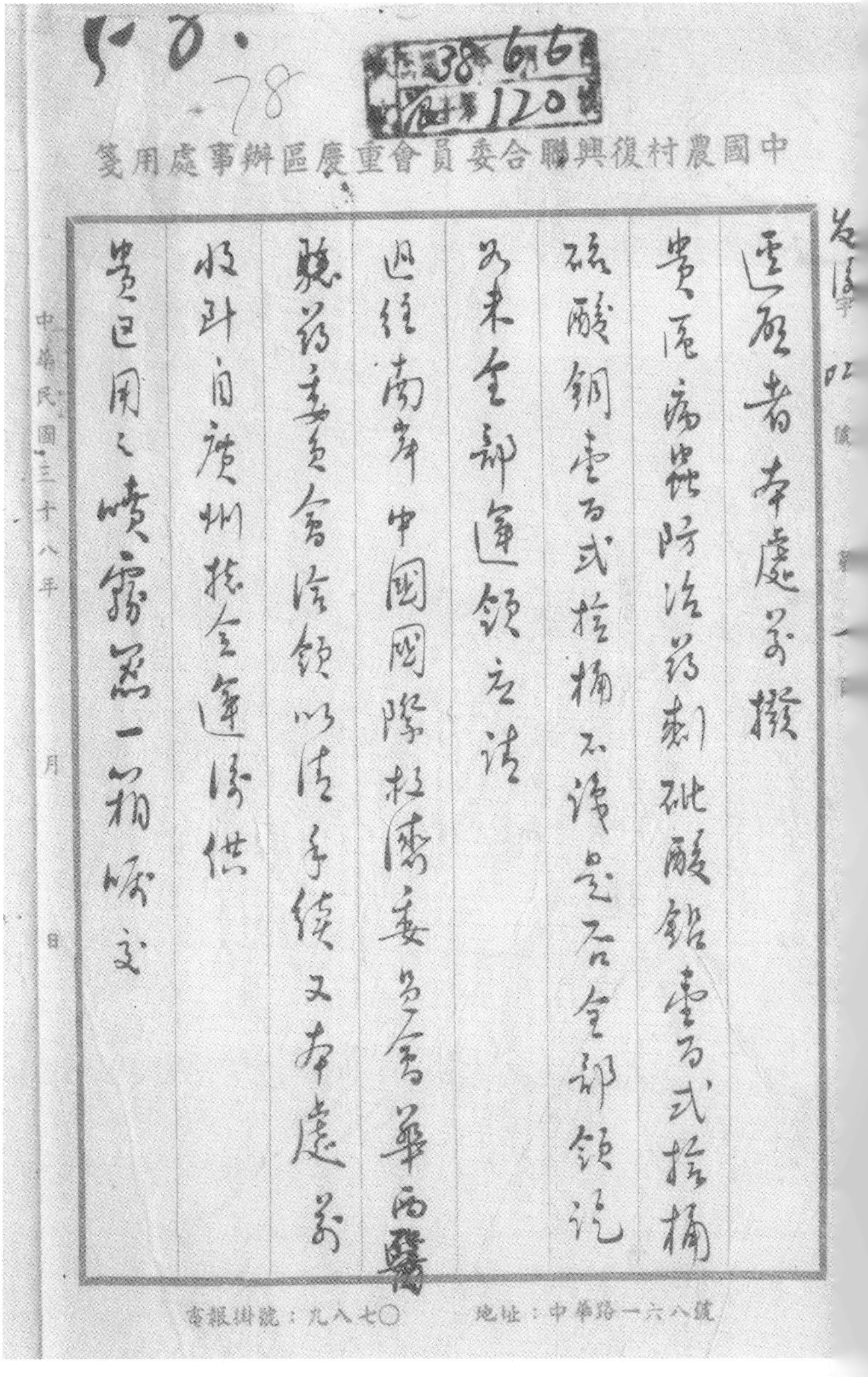

138

38 6 6
120
78

中國農村復興聯合委員會重慶區辦事處用箋

農渝字　號

逕啟者本處前撥
貴區病蟲防治藥劑砒酸鉛壹百式拾桶
硫酸銅壹百式拾桶不識是否全部領訖
如未全部運領應請
迅往南岸中國國際救濟委員會華西醫
藥委員會洽領以清手續又本處前
收到自廣州總會運渝供
貴區用之噴霧器一箱亦交

中華民國三十八年　月　日

電報掛號：九八七〇　　地址：中華路一六八號

一九四九年五月至十一月，华西实验区为防虫药械管理、运拔、保存、使用等事与中国农村复兴联合委员会及其驻渝办事处、驻川办事处的往来公文 9-1-137（99）

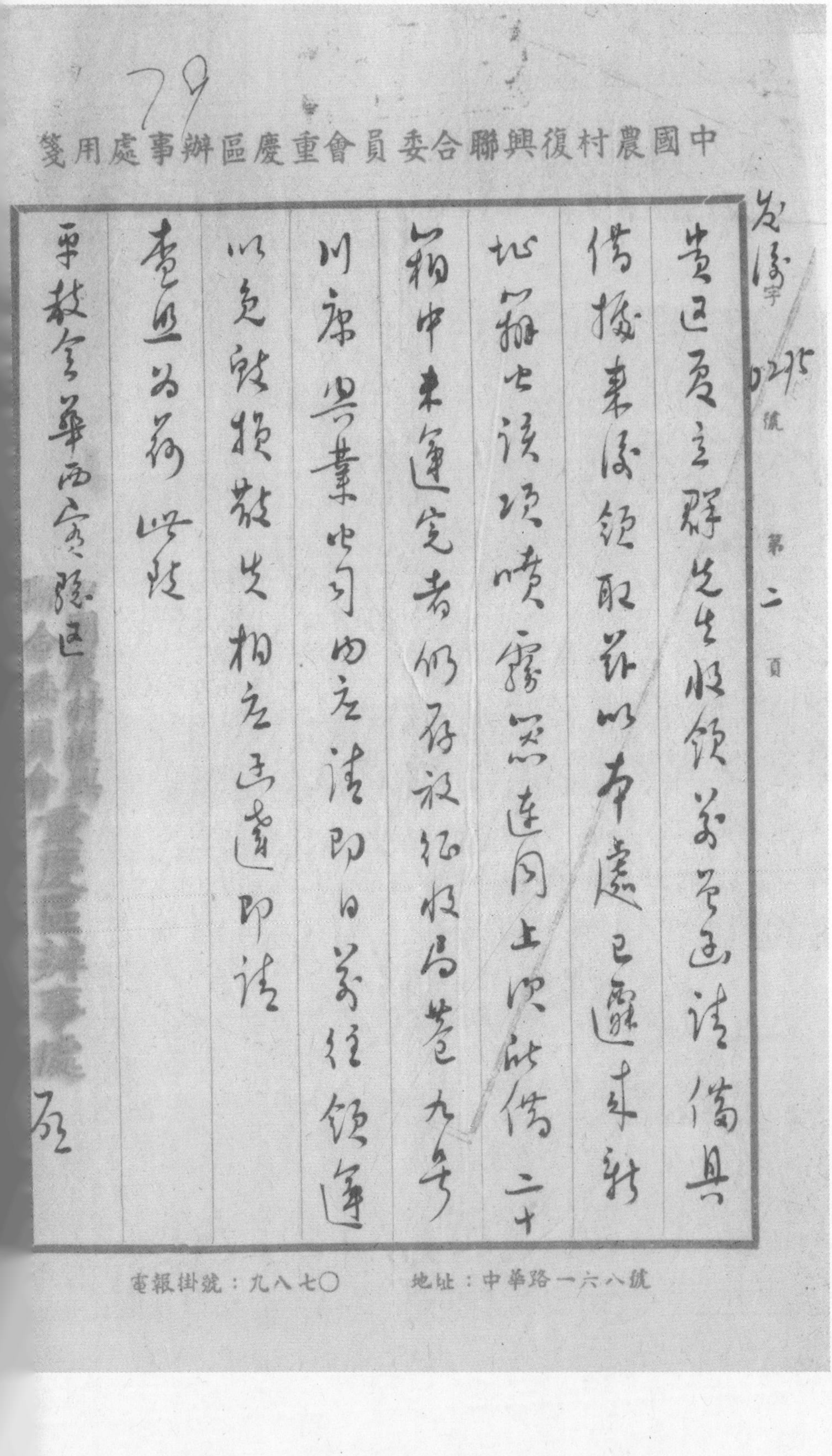

79

中國農村復興聯合委員會重慶區辦事處用箋

發渝字0235號 第二頁

貴區夏主群先生收領藥品送請備具
借據來渝領取茲以本處已蘇運來新
地箱七該項噴霧器連同上次所借二十
箱中未運完者仍存放征收局巷九號
川康興業公司內請即日前往領運
以免該損散失相應函達即請
查照為荷此致
平教會華西實驗區
啟

電報掛號：九八七〇　地址：中華路一六八號

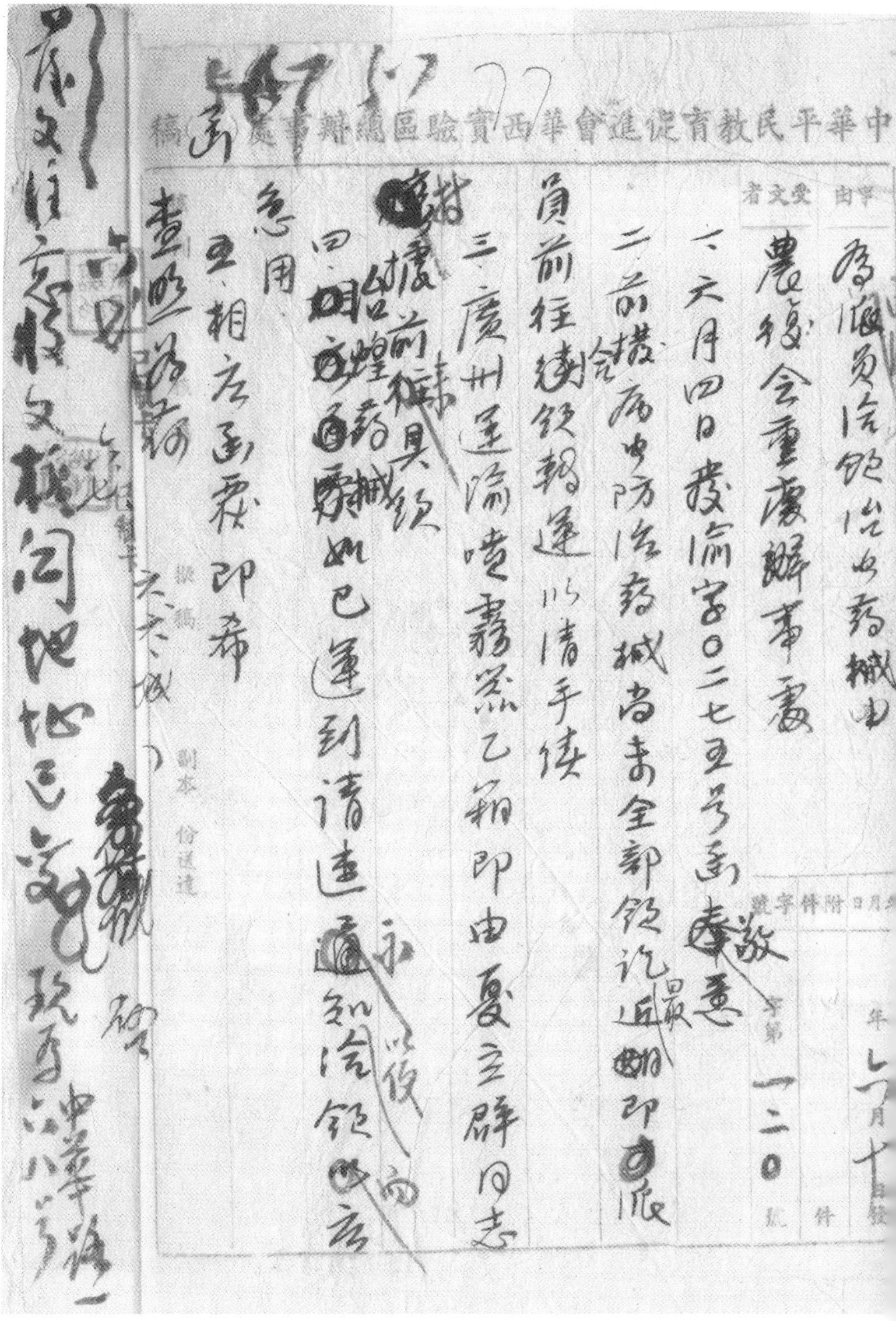
中華平民教育促進會華西實驗區總辦事處稿

事由：為派員洽領治虫药械由

受文者：農復会重慶辦事處

一、六月四日發渝字〇二七五号函奉悉

二、前撥本區防治药械尚未全部領訖，最近即日派員前往續領轉運，以清手續

三、廣州運渝噴霧器乙箱，即由夏立群同志携據前往具領

五、相應函覆，即希查照為荷

一九四九年五月至十一月，华西实验区为防虫药械管理、运拨、保存、使用等事与中国农村复兴联合委员会及其驻渝办事处、驻川办事处的往来公文　9-1-137（97）

一九四九年五月至十一月，华西实验区为防虫药械管理、运拨、保存、使用等事与中国农村复兴联合委员会及其驻渝办事处、驻川办事处的往来公文 9-1-137（101）

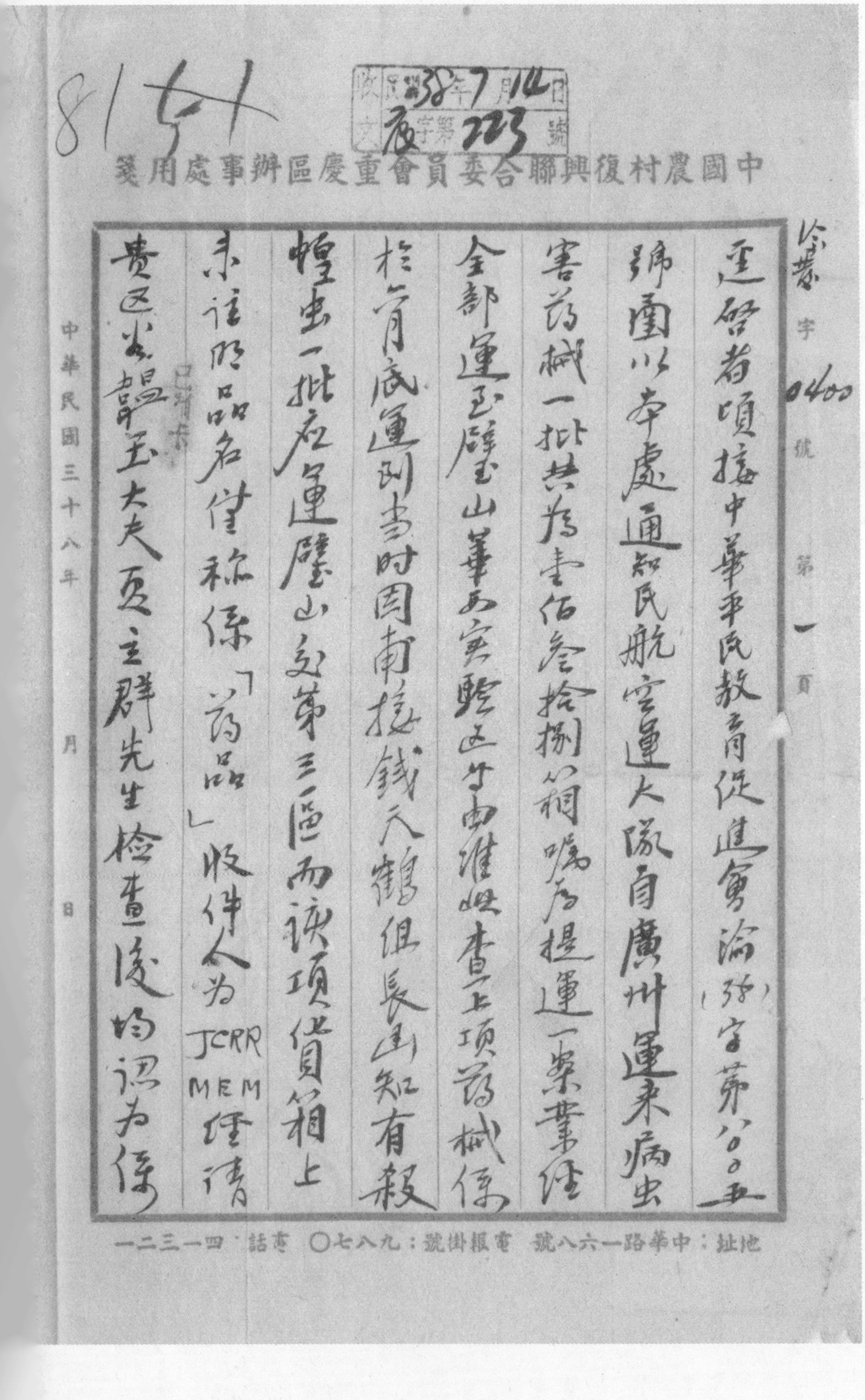

收文 38年7月14日 處字第223號

中國農村復興聯合委員會重慶區辦事處用箋

公農字0400號 第一頁

逕啟者頃接中華平民教育促進會渝(38)字第070五號函以本處通知民航空運大隊自廣州運來病虫害藥械一批共為壹佰叁拾捌箱嘱為提運一案業經全部運至璧山華西實驗區分由繼續查上項藥械係於月底運到當時因南接錢天鶴組長函知有殺蝗虫一批應運璧山並第三區而該項貨箱上未註明品名僅稱係「藥品」收件人為 JCRR MEM 經請貴區尚韓玉大夫及主群先生檢查後均認為係

中華民國三十八年 月 日

地址：中華路一六八號 電報掛號：九八七〇 電話：四一三二一

一九四九年五月至十一月，华西实验区为防虫药械管理、运拨、保存、使用等事与中国农村复兴联合委员会及其驻渝办事处、驻川办事处的往来公文　9-1-137（103）

82

中國農村復興聯合委員會重慶區辦事處用箋

華西實驗區所用殺蟲藥械已由平教會將上項藥械連同衛生器材全部運至璧山，前經邱式邦、夏主群君面告所運至璧山藥械經開箱檢視後，方知並非殺蝗藥品，現存璧山云云。此事本處業經報請總會指示辦法，在未奉決定前，即請煩為保存，暫勿動用，並希見復為荷。

此致

中華平民教育促進會華西實驗區

中華民國三十八年七月　日

地址：中華路一六八號　電報掛號：九八七〇　電話：四一三二一

一九四九年五月至十一月，华西实验区为防虫药械管理、运拨、保存、使用等事与中国农村复兴联合委员会及其驻渝办事处、驻川办事处的往来公文 9-1-137（104）

茲抄錄農復會渝發字0400號公函乙件

逕啓者頃接中華平民教育促進會渝(38)字第八〇〇五號函以本處通知民航空運大隊自廣州運來病虫害藥械一批共為壹佰叁拾捌箱囑為提運一案業經全部運至璧山華西實驗区等由准此查上項藥械係於六月底運到當時因甫接錢天鶴組長函知有殺蝗虫一批應運璧山交第三区而該項貨箱上未註明品名僅称係「藥品」收件人為JCRR MEM經請貴区谷韞玉大夫夏立群先生檢查後均認為係華西實驗区所用故已由平教会將上項藥械連同衛生器材全部運至璧山嗣經邱式邦夏立群君面告所運至璧山藥械經開箱

已制卡

一九四九年五月至十一月，华西实验区为防虫药械管理、运拨、保存、使用等事与中国农村复兴联合委员会及其驻渝办事处、驻川办事处的往来公文　9-1-137（105）

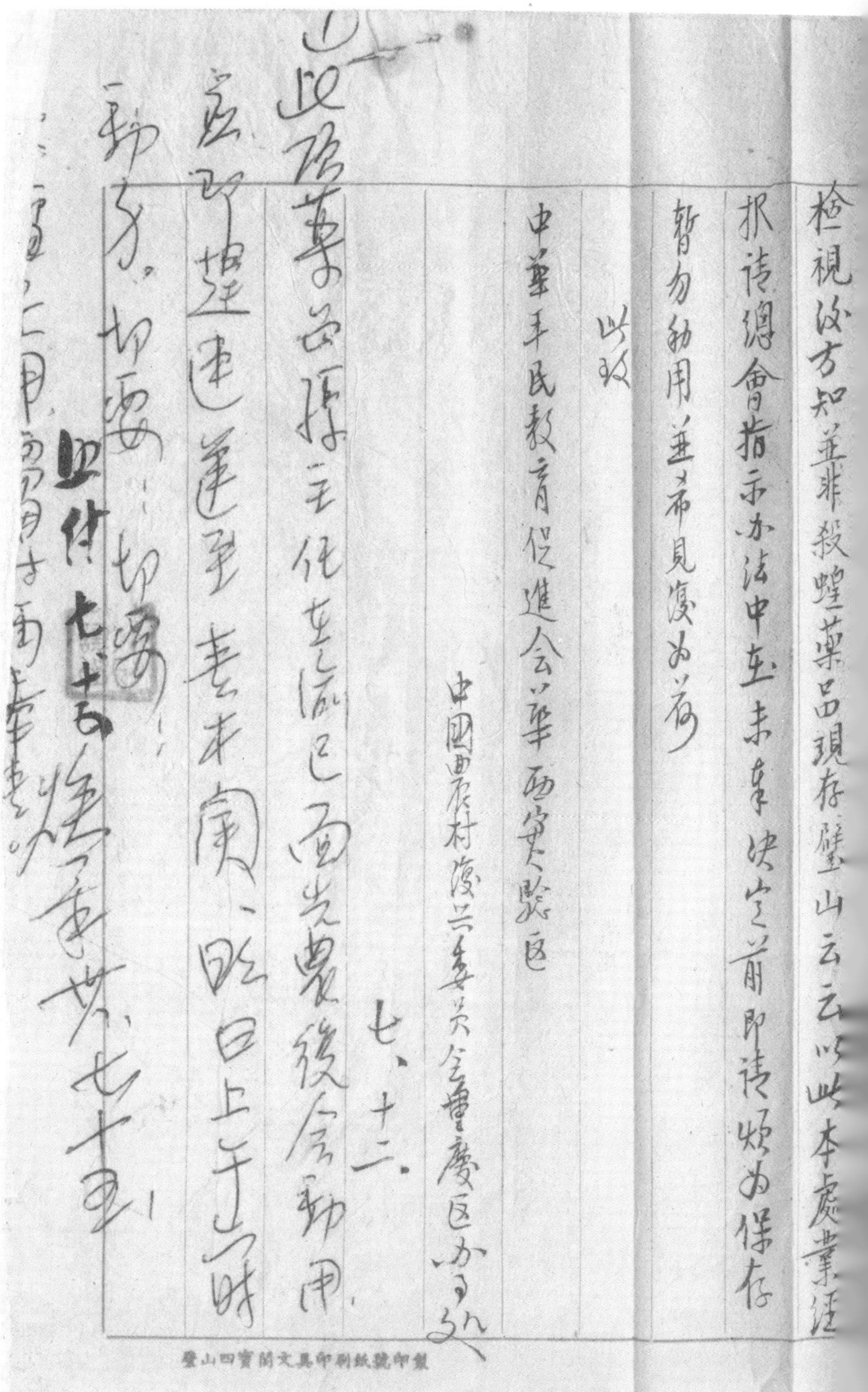

檢視後方知並非殺蝗藥品現存璧山云云，以此本處業經報請總會指示辦法中，在未奉決定前即請妥為保存，暫勿動用並希見復為荷。

此致

中華平民教育促進會華西實驗區

中國農村復興聯合委員會重慶區辦事處

七、十二

此項藥品據主任在流區面告農復會動用，應即速速呈表來閱。昨日上午已時動手，切要切要。

此件七、十三　……七、十三

璧山四寶閣文具印刷紙號印製

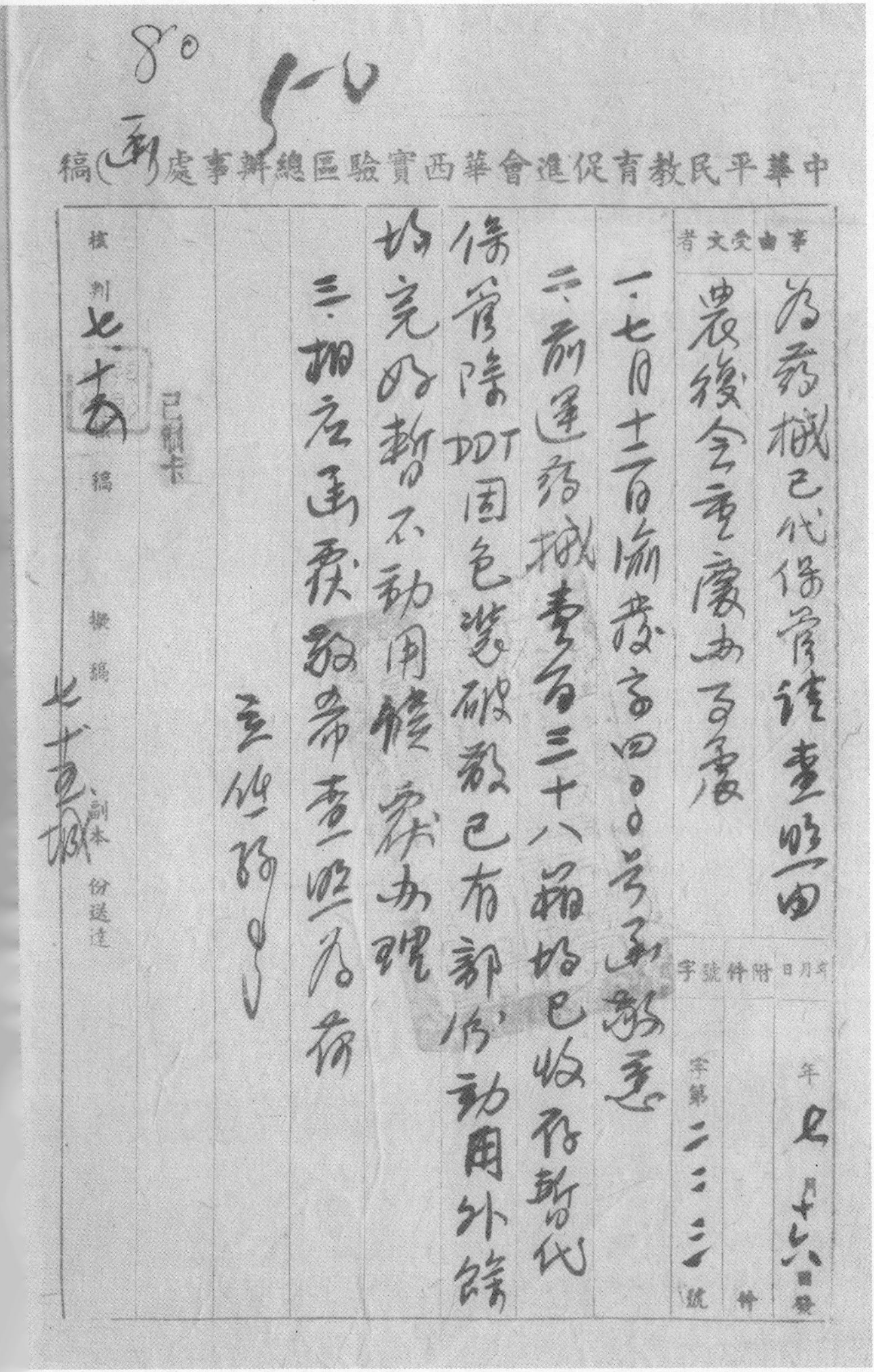

中華平民教育促進會華西實驗區總辦事處稿（新）

事由：為藥械已代保管請查照由

受文者：農復會重慶辦事處

一、七月十二日渝發字四〇〇號函敬悉

二、前運藥械壹百三十八箱均已收存暫代保管，除DDT因包裝破散已有部份動用外，餘均完好暫不動用，請察辦理

三、相應函覆，敬希查照為荷

主任

年七月十六日發

字第二二三號

核判 七、十六

擬稿 七、十五

已制卡

一九四九年五月至十一月，华西实验区为防虫药械管理、运拔、保存、使用等事与中国农村复兴联合委员会及其驻渝办事处、驻川办事处的往来公文　9-1-137（100）

一九四九年五月至十一月，华西实验区为防虫药械管理、运拨、保存、使用等事与中国农村复兴联合委员会及其驻渝办事处、驻川办事处的往来公文　9-1-137（108）

86　48

中國農村復興聯合委員會重慶區辦事處用箋

逕啟者　本處頃奉中國農村復興聯合委員會駐川辦事處 JCRR-50

-0085

指令內稱：「頃接本會第一組組長錢天鶴先生來函述及關於防治病蟲藥品二事，茲將原函抄附，請照下列辦法即速辦理：

(一) DDT谷樂生、魚藤精及器械業已由三區運至璧山本處曾

中華民國三十八年　月　日

地址：中華路一六八號　電報掛號：九八七〇　電話：四一三一二

一九四九年五月至十一月，华西实验区为防虫药械管理、运拨、保存、使用等事与中国农村复兴联合委员会及其驻渝办事处、驻川办事处的往来公文 9-1-137（109）

87

中國農村復興聯合委員會重慶區辦事處用箋

字號 第 二 頁

函請孫專員妥為保存請一再告孫
專員祈查明賜告
（二）Agrocide 一批運渝事前曾准 SWING 先
生來函告知將於七月卅一日止尚
未運到請再查詢函覆，等因相
應函達請即查明後賜覆俾
轉報本會駐川辦事處為荷
此致

中華民國三十八年 月

地址：中華路一六八號 電報掛號：九八七〇 電話：四一三二一

一九四九年五月至十一月，华西实验区为防虫药械管理、运拨、保存、使用等事与中国农村复兴联合委员会及其驻渝办事处、驻川办事处的往来公文　9-1-137（110）

88

中國農村復興聯合委員會重慶區辦事處用箋

平教會華西實驗區

孫專員廉泉

啟

八月十七日

（附件請閱後賜還）

中華民國三十八年　月　日

地址：中華路一六八號　電報掛號：九八七〇　電話：四一三二一

一九四九年五月至十一月，华西实验区为防虫药械管理、运拨、保存、使用等事与中国农村复兴联合委员会及其驻渝办事处、驻川办事处的往来公文　9-1-137（106）

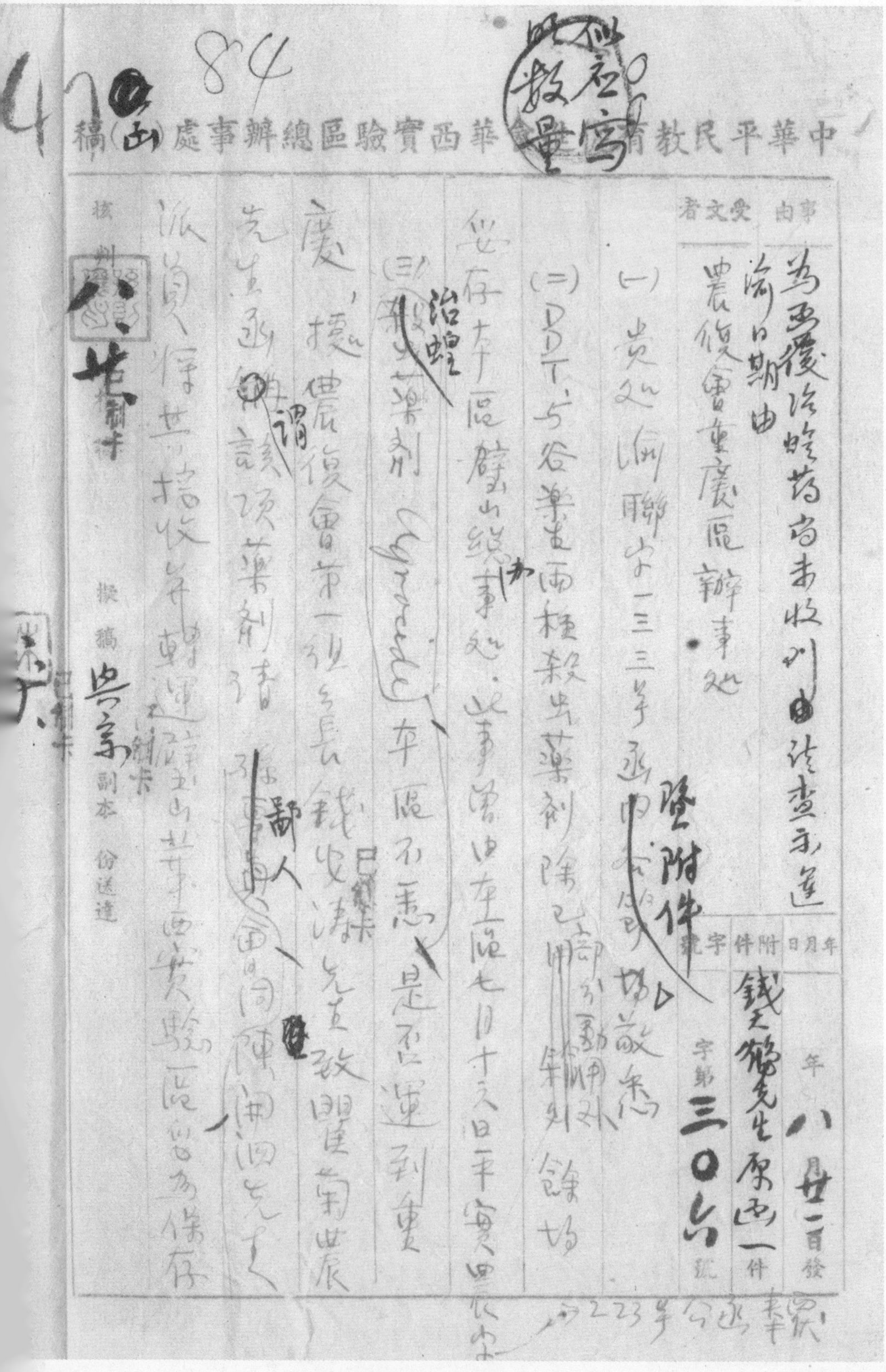
中華平民教育會華西實驗區總辦事處稿（函）

事由：為函復治蝗藥尚未收到由請查示遵
受文者：農復會重慶區辦事處
年月日：八月廿一日發
附件：錢天鶴先生原函一件
字號：字第三〇六號

（一）貴處渝聯字一三三號函暨附件均敬悉
（二）所示谷樂生兩種殺虫藥劑除已由部分……外，餘均……
（三）殺蝗藥劑Gyrocide本區不悉是否運到重慶……
安存本區璧山辦事處。此事曾由本區七月十六日……
慶，據農復會第一組組長錢安濤先生致……
先生函謂該項藥劑請……
派員……

擬稿
核判
副本　份送達

一九四九年五月至十一月，华西实验区为防虫药械管理、运拨、保存、使用等事与中国农村复兴联合委员会及其驻渝办事处、驻川办事处的往来公文　9-1-137（107）

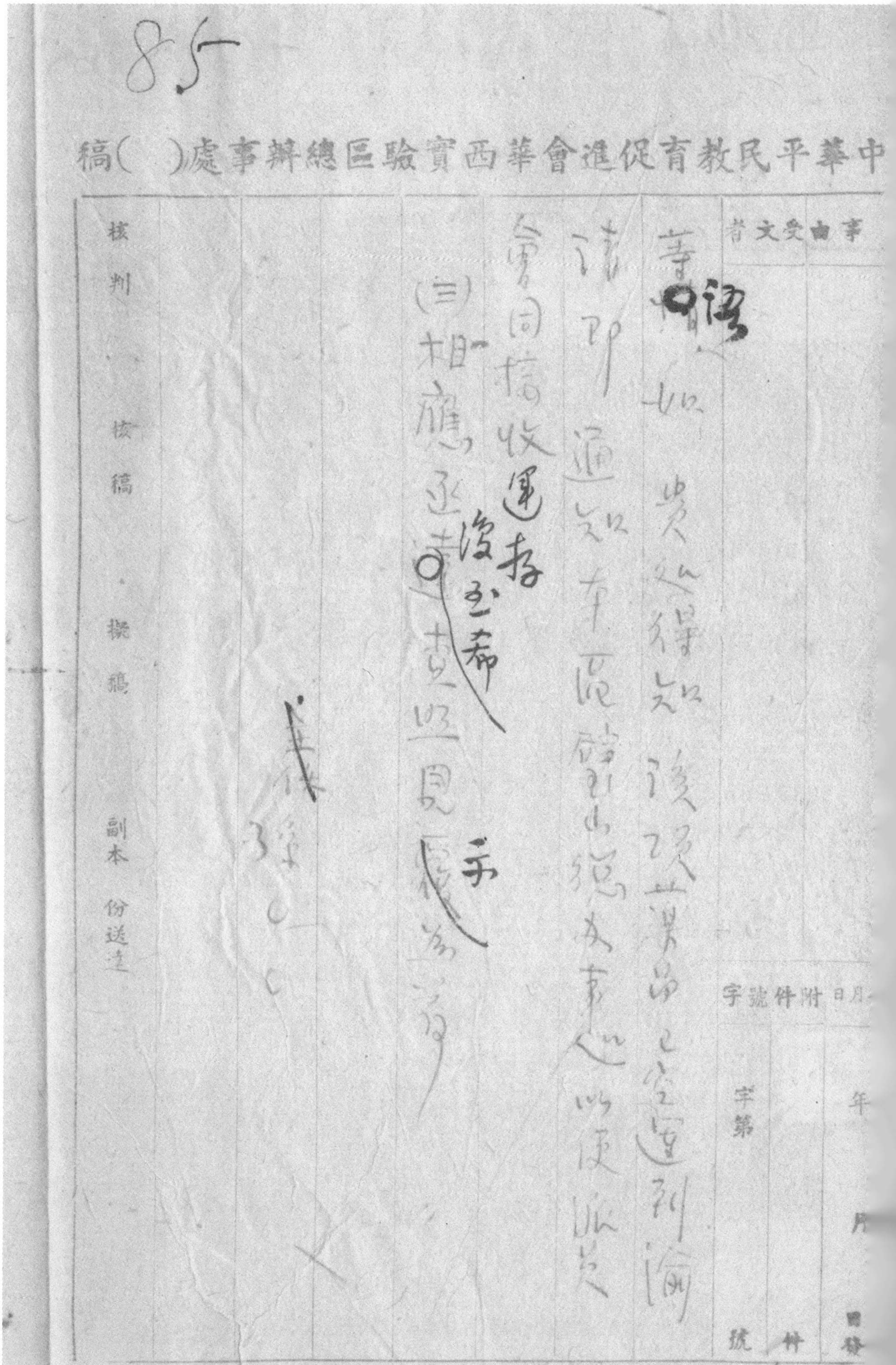
85

中華平民教育促進會華西實驗區總區辦事處（　）稿

事由　受文者

核判　核稿　擬稿　副本　份送達

附件號字　月日

字第　號　年　月

一九四九年五月至十一月，华西实验区为防虫药械管理、运拨、保存、使用等事与中国农村复兴联合委员会及其驻渝办事处、驻川办事处的往来公文 9-1-137（111）

89 401

開泗吾兄大鑒七月十三日所發手教業敬悉關於防治病虫藥品事謹奉覆如次至希台洽為荷：

（一）由民航隊運渝之DDT三十桶谷樂生八十桶魚藤精拾箱噴霧器陸箱噴粉器拾式箱除已由華西實驗區運去DDT拾桶及谷樂生壹桶至江津以作防治柑桔害虫之用外其餘請貴處飭商孫專員悉數運往璧山華西實驗區暫時妥為保存本會未決定其用途之前務請該區勿作任何分配或處理為禱

（二）接Swing先生函謂有治蝗藥Agrocide一批已由香港上內河公司轉託航空公司運至重慶不知已收到否如已收到請貴

一九四九年五月至十一月，华西实验区为防虫药械管理、运拨、保存、使用等事与中国农村复兴联合委员会及其驻渝办事处、驻川办事处的往来公文　9-1-137（112）

神通知孫廉泉專員轉運至璧山華西實驗區妥為保藏

勿使受損照[illegible]查詢并將運璧山為盼除

另函孫專員外敬此奉懇順請

大安

錢天鶴謹啓　八月八日

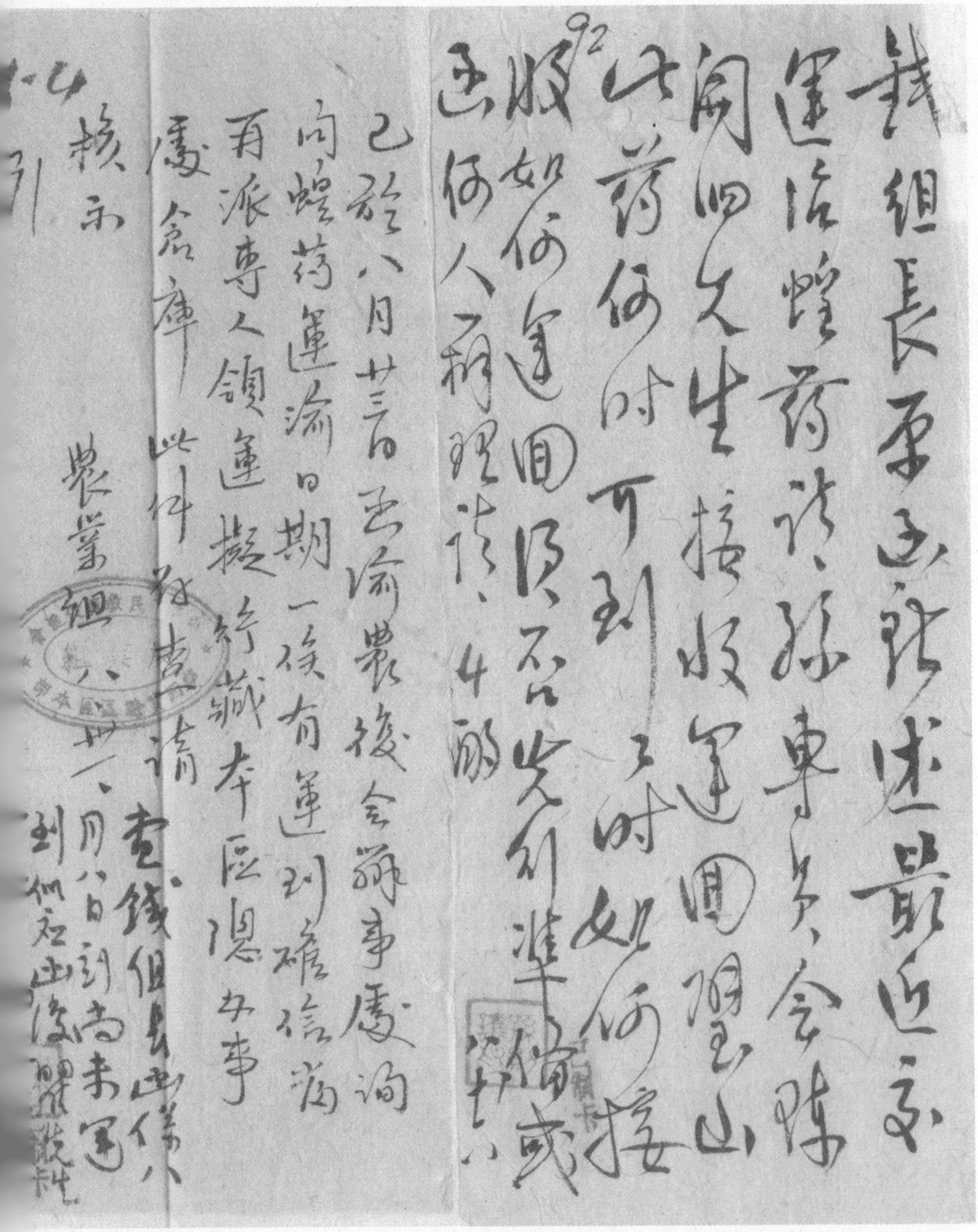
钱组长勇函述最近承
运给蝗药请孙事员会陈
阅四大生接收运回璧山
件药何时可到，届时如何接
收，如何运回，及否先行准备，
函何人办理，请示为祷。

已於八月廿三日函渝农复会办事处询
问蝗药运渝日期，一俟有运到确信，当
再派专人领运，拟请行知本区驻渝办事
处仓库。此件拟暂请
核示
农业组 八、卅一

查钱组长函系八月八日到，尚未运到[illegible]

一九四九年五月至十一月，华西实验区为防虫药械管理、运拨、保存、使用等事与中国农村复兴联合委员会及其驻渝办事处、驻川办事处的往来公文 9-1-137（114）

一九四九年五月至十一月，华西实验区为防虫药械管理、运拨、保存、使用等事与中国农村复兴联合委员会及其驻渝办事处、驻川办事处的往来公文　9-1-137（113）

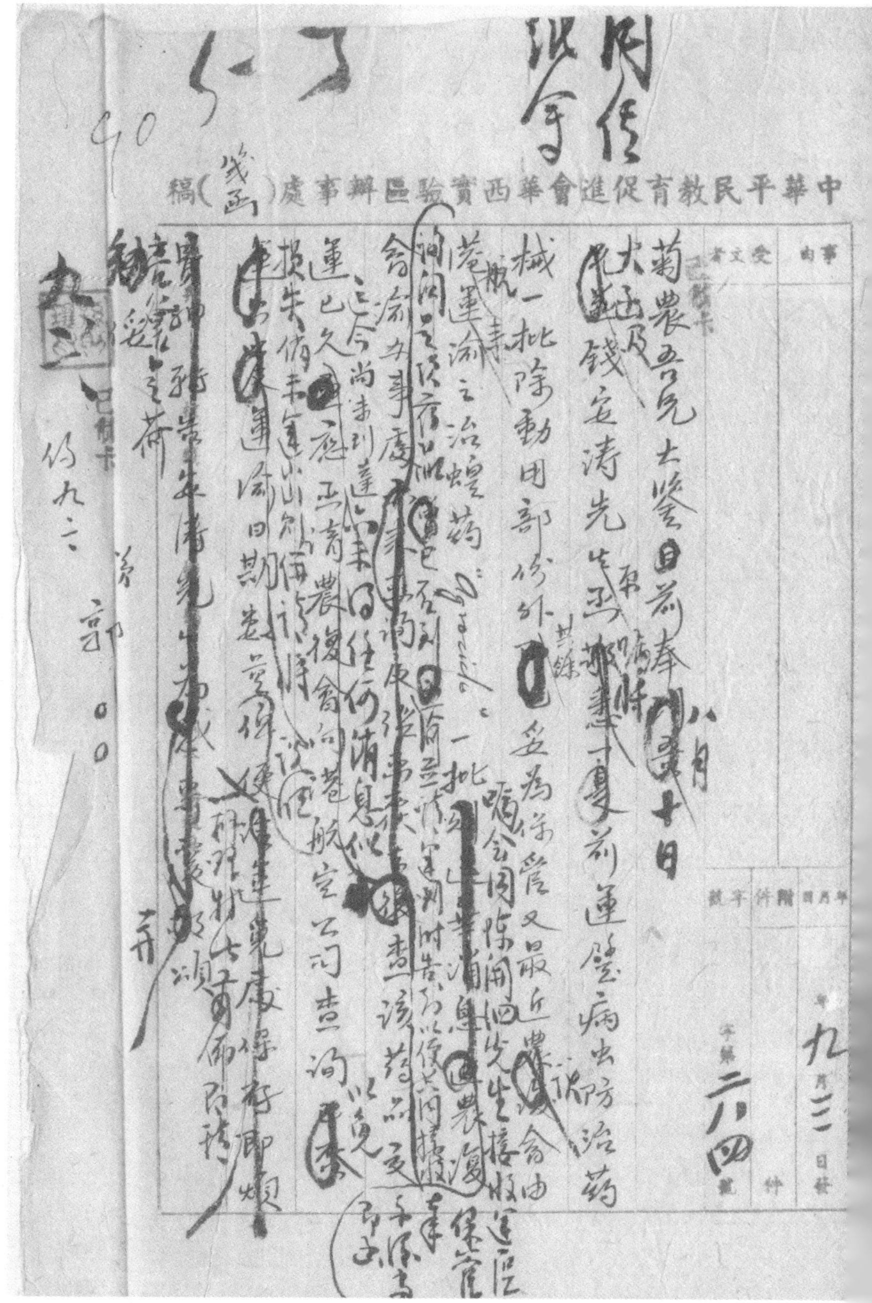

中華平民教育促進會華西實驗區辦事處（稿）

一九四九年五月至十一月，华西实验区为防虫药械管理、运拨、保存、使用等事与中国农村复兴联合委员会及其驻渝办事处、驻川办事处的往来公文 9-1-137（116）（117）

JOINT COMMISSION ON RURAL RECONSTRUCTION
18 CHU KONG ROAD (REAR ENTRANCE)
CABLE ADDRESS 5282. TEL. 18139. 18140.
SHAMEEN. CANTON.

5/16

410023

菊農吾兄大鑒：本組前託民航大隊運送病虫防治藥械計DDT三十桶、蛤粟生八十桶、魚藤精拾箱、噴霧器陸箱、噴粉器拾貳箱至重慶，原擬運用本會醫藥器材暫存北碚，以待在川計劃決定後再行分撥。不幸華西實驗區同人誤為係治蝗藥劑，逕將全部藥械運往璧山。查此項藥品用途尚未由本會核定，在未決定分配以前，除DDT拾桶及蛤粟生壹桶已運江津備作防治柑橘害虫之用外，其餘藥品敬請貴神轉告孫廉泉專員，請在璧山妥為保存，務勿再作任何分配，是為至禱。再者本會最近曾有治蝗藥"Agrocide"一批，交由香港十内门公司轉託航空公司運至重慶，亦希貴神轉請孫專員會同陳開泗先生派員將其接收并轉運至璧山華西實驗區妥為保存，勿使受潮，以備明年作治蝗之用。除另函陳開泗先生外，謹此奉懇，順請

大安

弟 [illegible] 上 [illegible]月

已照卡

14

一九四九年五月至十一月，华西实验区为防虫药械管理、运拨、保存、使用等事与中国农村复兴联合委员会及其驻渝办事处、驻川办事处的往来公文　9-1-137（115）

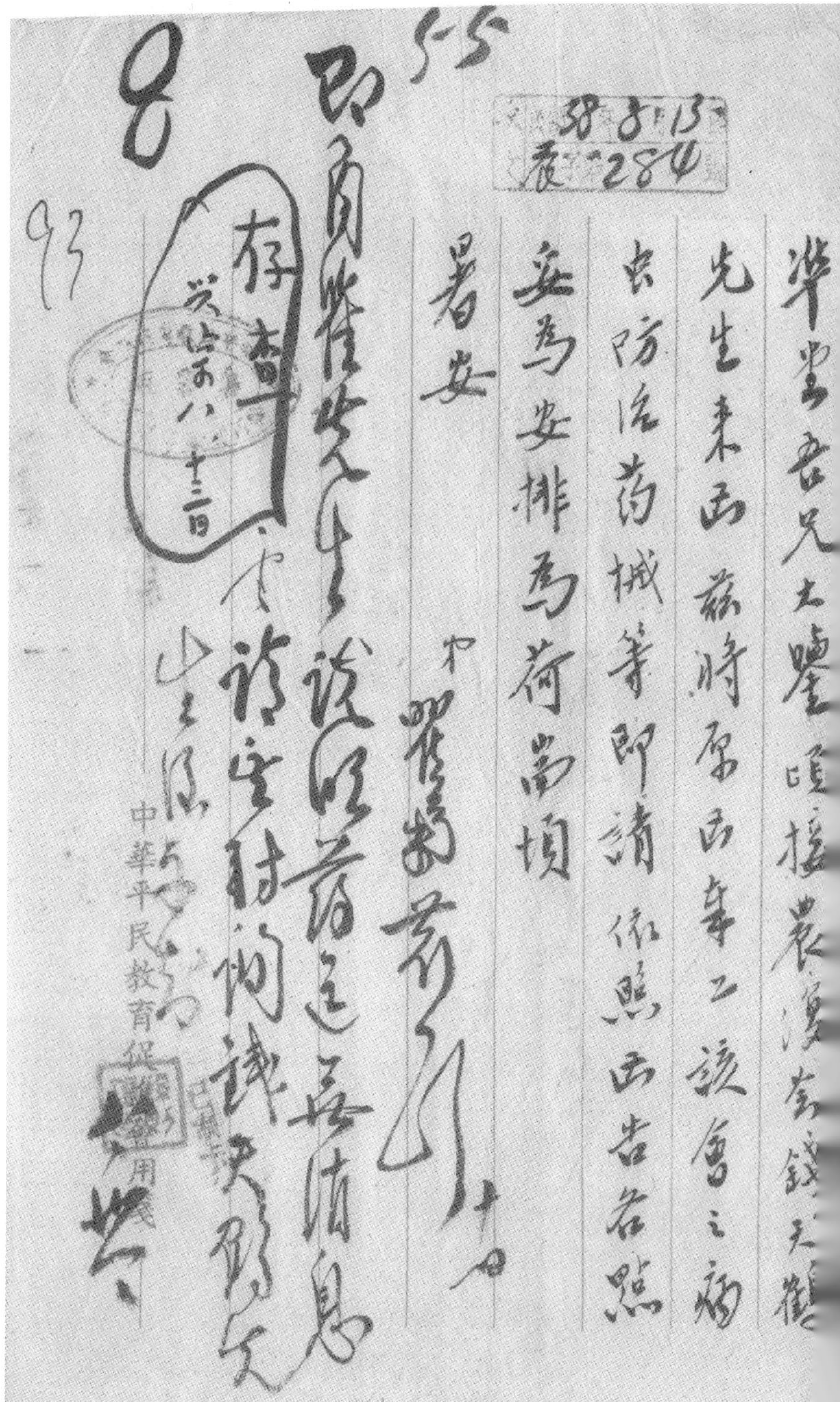

华农吾兄大鉴：顷接农复会钱天鹤先生来函，兹将原函奉上，该会之病虫防治药械等即请依照函告各点妥为安排为荷。当顿

暑安

弟　瞿菊农　十日

中華平民教育促進會用箋

一九四九年五月至十一月，华西实验区为防虫药械管理、运拨、保存、使用等事与中国农村复兴联合委员会及其驻渝办事处、驻川办事处的往来公文 9-1-137（83）

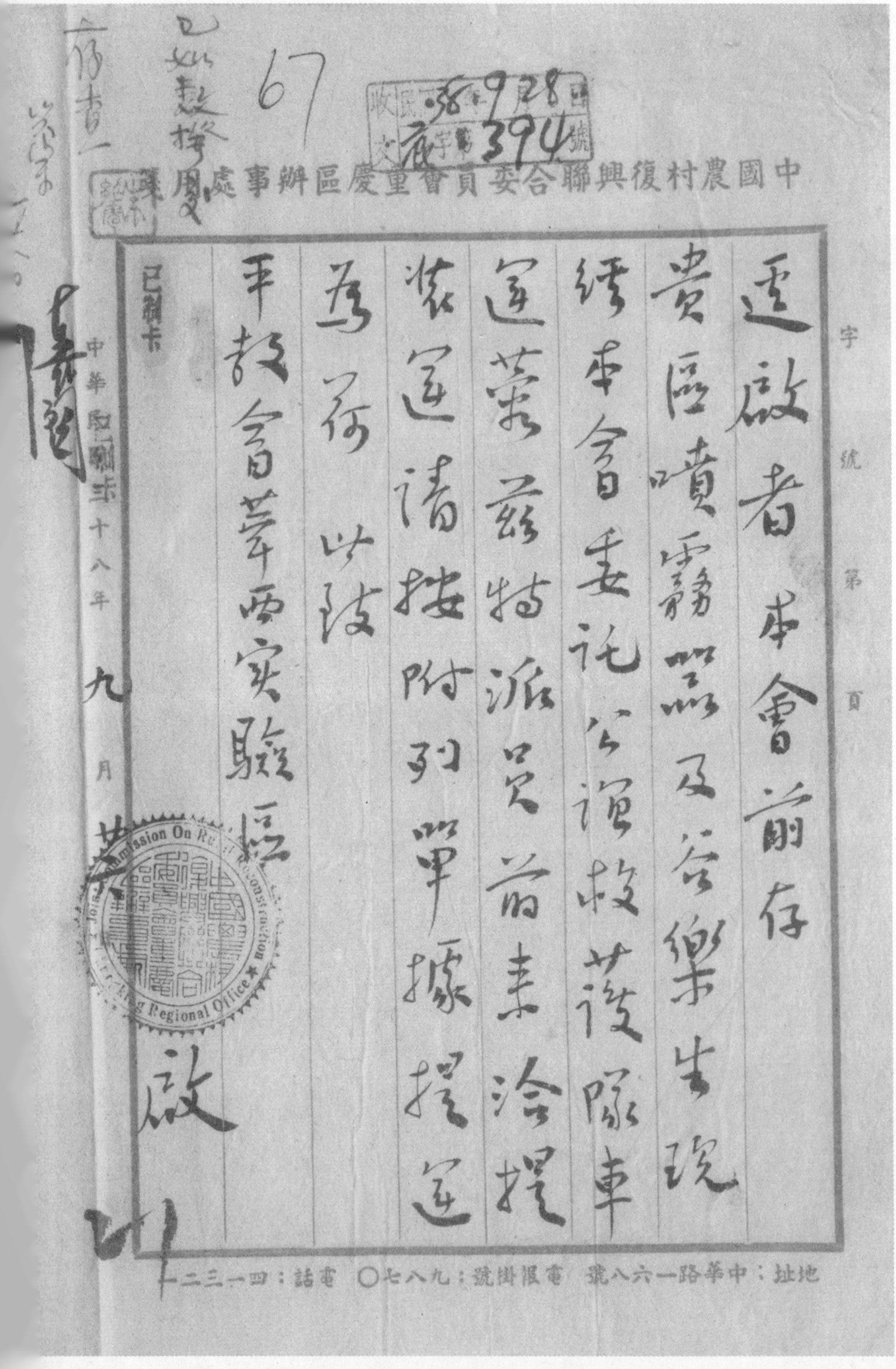

中國農村復興聯合委員會重慶區辦事處箋

字號第　頁

逕啟者：本會前存
貴區噴霧器及谷樂生現
經本會委託公路救護隊車
運蓉，茲特派員前來洽提
裝運，請按附列單據提運
為荷。此致
平教會華西實驗區

啟

中華民國卅八年九月　日

已制卡

地址：中華路一六八號　電報掛號：九八七〇　電話：四一三二一

一九四九年五月至十一月，华西实验区为防虫药械管理、运拨、保存、使用等事与中国农村复兴联合委员会及其驻渝办事处、驻川办事处的往来公文　9-1-137（84）

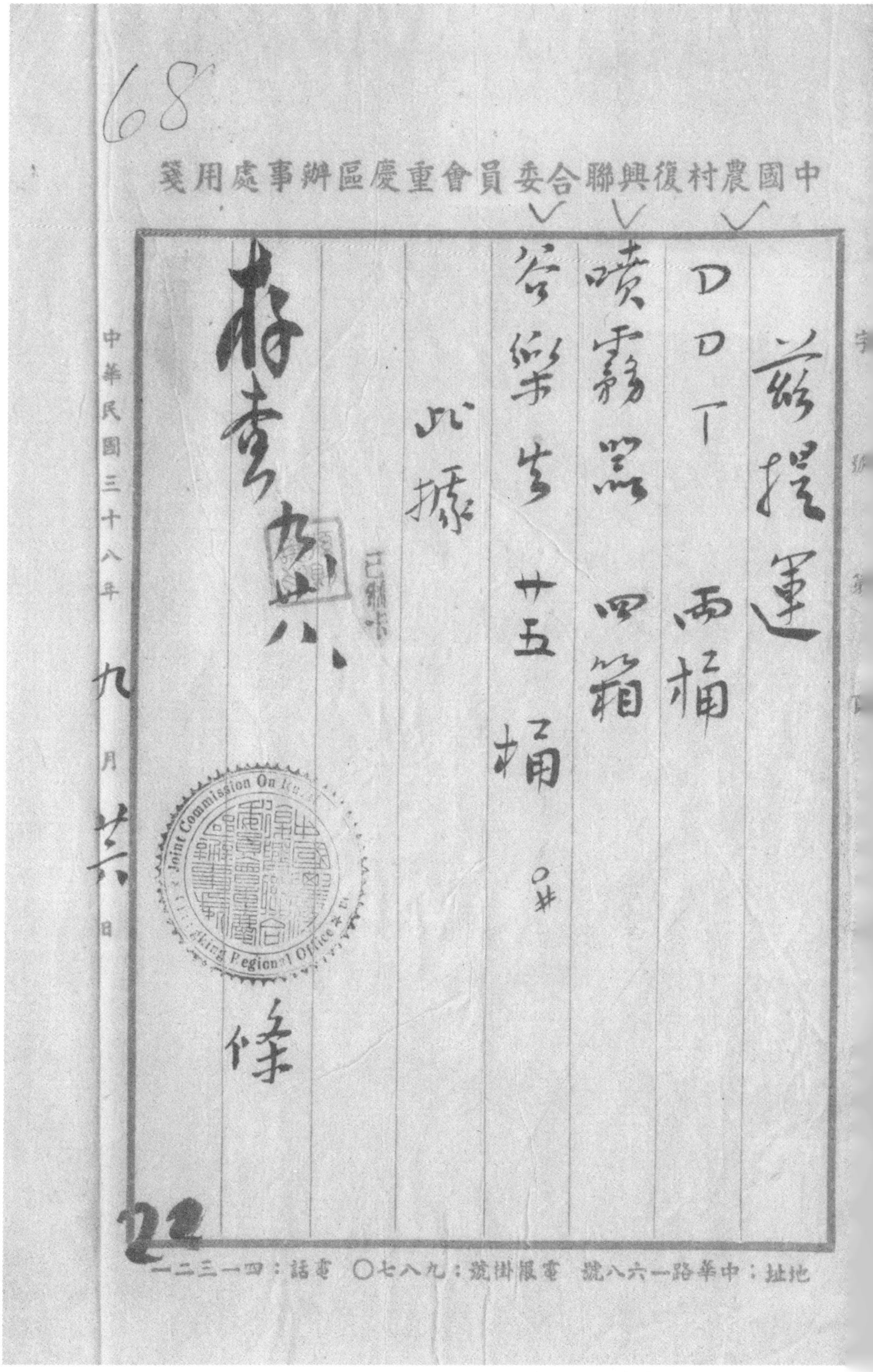

68

中國農村復興聯合委員會重慶區辦事處用箋

茲提運
DDT 兩桶
噴霧器 四箱
谷樂生 廿五桶 8#
此據

存查
[illegible]

中華民國三十八年九月廿六日

條

22

地址：中華路一六八號　電報掛號：九八七〇　電話：四一三二一

一九四九年五月至十一月，华西实验区为防虫药械管理、运拨、保存、使用等事与中国农村复兴联合委员会及其驻渝办事处、驻川办事处的往来公文 9-1-137（72）

57

收文 38.11.18 農字第532號

NOV. 14 1949

JCRR-SRC-

中國農村復興聯合委員會駐川辦事處公函 三十八年十一月十五日 發

逕啟者本會重慶倉庫尚存殺除病蟲藥劑及器械多種因
倉租滿期亟待清理擬請
貴組代為存儲保管俟本會使用時再行提取如荷
同意即請依照所附清單派員携同公函前往重慶中華路一六八
號本會重慶辦事處Moore先生處洽取並希在本月二十五日以前搬
運完竣相應檢附藥械清單一份函請
查照辦理惠復為荷
此致
中華平民教育促進会華西實驗區農業組

一九四九年五月至十一月，华西实验区为防虫药械管理、运拨、保存、使用等事与中国农村复兴联合委员会及其驻渝办事处、驻川办事处的往来公文　9-1-137（73）

药剂或器械名称	及数量
砒酸铅	五磅
谷乐诺生	〇、五磅
滴滴涕	〇、二磅
鱼藤酮精	三六〇瓶
喷雾器	二〇套

一九四九年五月至十一月，华西实验区为防虫药械管理、运拨、保存、使用等事与中国农村复兴联合委员会及其驻渝办事处、驻川办事处的往来公文 9-1-137（75）

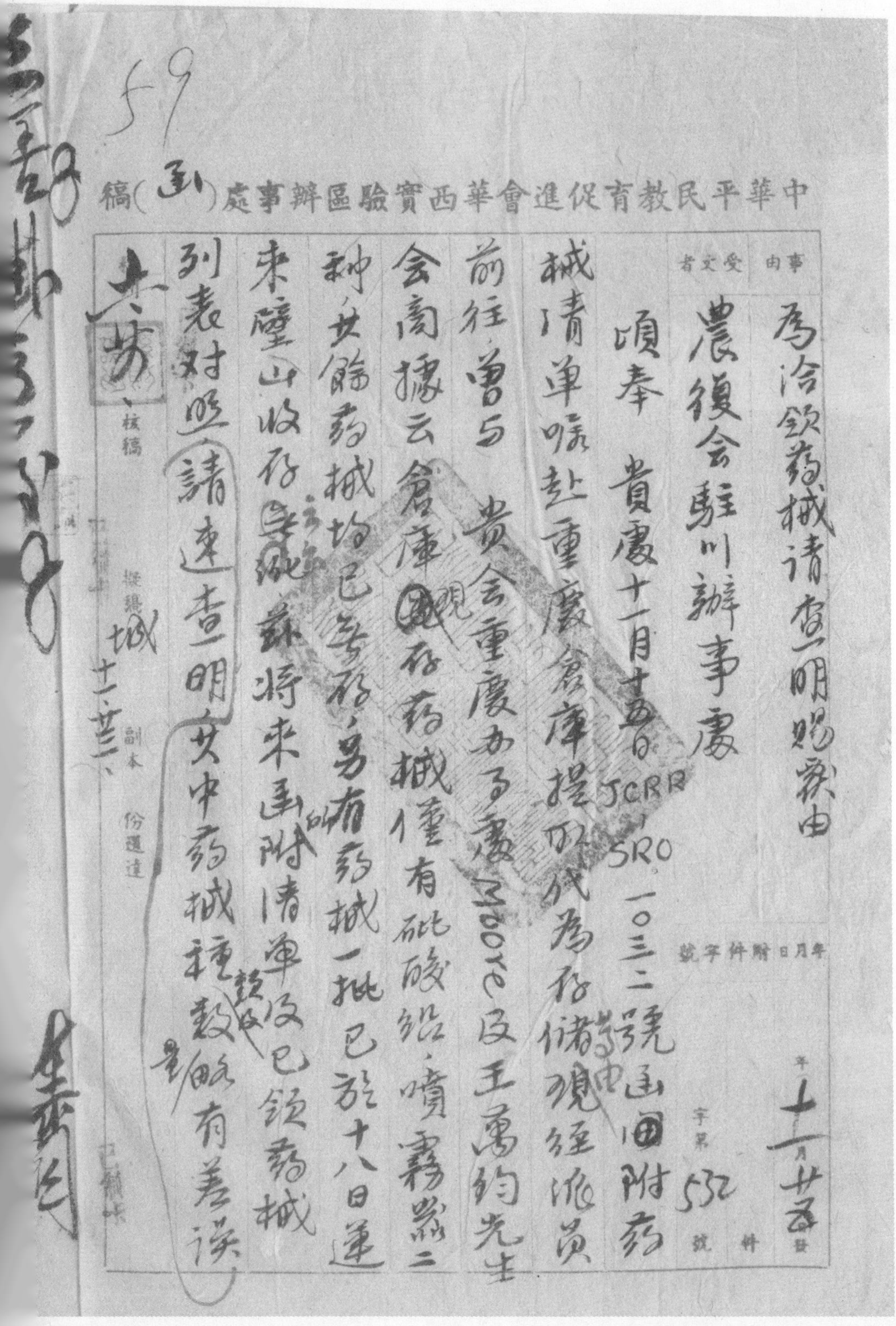

59

中華平民教育促進會華西實驗區辦事處（到）稿

事由：為洽領藥械請查明賜發由

受文者：農復會駐川辦事處

頃奉
貴處十一月十五日JCRR SRO一〇三二號函囑附藥械清單囑赴重慶倉庫提取所存儲，現經派員前往，曾與
貴会重慶办事處及王惠钧先生会商，據云倉庫內存藥械僅有砒酸鉛、噴霧器二种，其餘藥械均已無存，另有藥械一批已於十八日運來璧山收存，茲將來函附清單及已領藥械列表对照，請速查明其中藥械種數數量有差誤

年 十一月廿五日 發
字第 532 號

擬稿 城 十一.廿三
核稿
副本 份送達

一九四九年五月至十一月，华西实验区为防虫药械管理、运拨、保存、使用等事与中国农村复兴联合委员会及其驻渝办事处、驻川办事处的往来公文　9-1-137（70）

（無正式公文，僅有收條清單）

一、昨已收到農復会重慶办事處運来下列各种藥械

砒酸鈣　四四桶　四四〇〇磅（二噸）

硫酸銅　三〇桶　三〇〇〇磅（一、三噸）

谷樂生　一三桶　一三〇〇磅（〇、五八噸）

ＤＤＴ　三桶　三〇〇磅（〇、一三噸）

噴粉器　二〇箱　二四具

魚藤精　二箱　三八四瓶

二、今最通知前往重慶領運下列各种藥械

砒酸鉛　五噸（一一二〇〇磅）　一〇〇桶（連皮重）

谷樂生　〇、二五噸（三三六磅）　三桶（〃）

喷雾器　二〇套（三〇磅）　二箱

三、以上两项是否一事须运成都重庆两地农复会办事处查察再办

四、如此通知係另为一批，全重约为五吨半，大汽车一次当运不完，汽油（两次）及派员来回旅费约需三〇加仑，上下运力约需一六〇〇元，是否运请农复会补助或由本区负担，请

核示遵

农业组

十一、十八

先农兄即去渝[illegible]

一九四九年五月至十一月，华西实验区为防虫药械管理、运拨、保存、使用等事与中国农村复兴联合委员会及其驻渝办事处、驻川办事处的往来公文　9-1-137（71）

一九四九年五月至十一月，华西实验区为防虫药械管理、运拨、保存、使用等事与中国农村复兴联合委员会及其驻渝办事处、驻川办事处的往来公文　9-1-137（76）

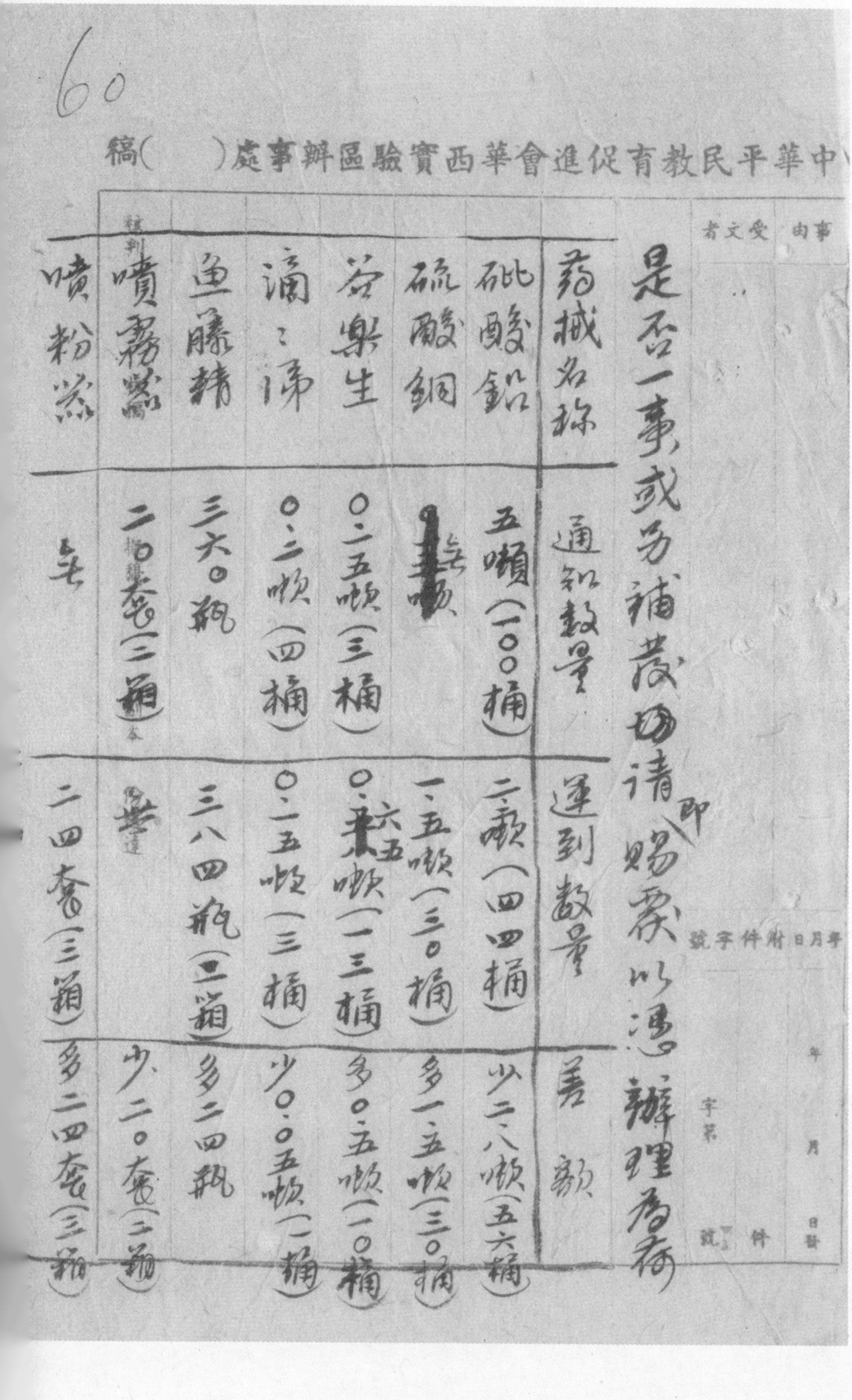

中華平民教育促進會華西實驗區辦事處（　）稿

事由

受文者

年月日附件字號

藥械名稱	通知數量	運到數量	差額
砒酸鉛	五噸（一〇〇桶）	二噸（四四桶）	少二·八噸（五六桶）
硫酸銅	無	一·五噸（三〇桶）	多一·五噸（三〇桶）
谷樂生	〇·二五噸（三桶）	〇·六五噸（一三桶）	多〇·五噸（一〇桶）
滴滴涕	〇·二噸（四桶）	〇·一五噸（三桶）	少〇·〇五噸（一桶）
魚藤精	三六〇瓶	三八四瓶（四箱）	多二四瓶
噴霧器	二〇套（三箱）	無	少二〇套（二箱）
噴粉器	無	二四套（三箱）	多二四套（三箱）

是否一事，或另補發，均請即賜覆以憑辦理為荷

一九四九年五月至十一月，华西实验区为防虫药械管理、运拨、保存、使用等事与中国农村复兴联合委员会及其驻渝办事处、驻川办事处的往来公文　9-1-137（81）

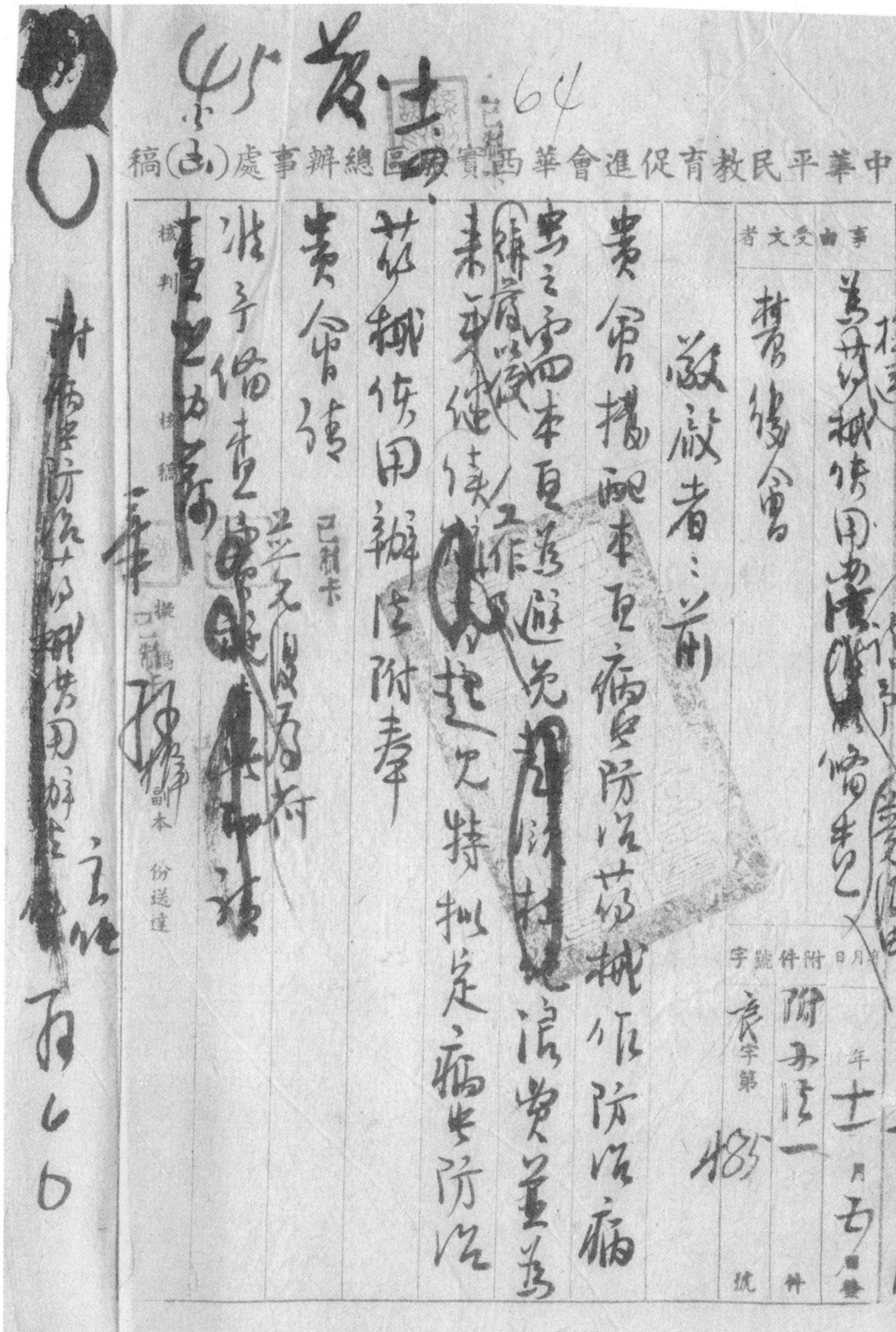
中華平民教育促進會華西實驗區總辦事處（函）稿

事由：檢送藥械使用辦法請查照備查

受文者：農復會

敬啟者：前 貴會撥配本區病虫防治藥械作防治病虫之需，本區為避免損失，維持以後工作繼續起見，特擬定病虫防治藥械使用辦法附奉 貴會，請准予備查。

十一月五日發

附件：附辦法一

字號：農字第485號

一九四九年五月至十一月，华西实验区为防虫药械管理、运拨、保存、使用等事与中国农村复兴联合委员会及其驻渝办事处、驻川办事处的往来公文 9-1-137（78）

民國38年11月23日 收文 農字第5417號

中國農村復興聯合委員會

中國農村復興聯合委員會函　農卅八字第391號　卅八年十一月十八日

謹啓者頃准

貴實驗區卅八年十一月五日農字第四八五號公函并附病蟲防治藥械施用辦法請予備查見復等由查本會病蟲害防治工作目標爲協助農民增加生產惟以目前一般農民對於應用此項藥劑尚未普及故以會中所有藥劑作爲大量示範以期一面防治病蟲同時指導農民應用並使農民對於藥劑之施用具有信心所有藥劑均爲無價供應若取值於農民則此項工作勢必遭受限制再則在目前狀況之下病蟲藥劑無法運輸入川市上無從購買故對於

62

中國農村復興聯合委員會

貴處所擬辦法中收回成本用爲來年該社繼續購藥一項用意固善惟在事實上恐不易做到在本會立場亦難同意故擬請

貴實驗區儘量推動示範工作如能使農民對施用藥劑確有信心則將來藥劑之供應當可另行設法

貴實驗區在鄉工作人員甚多當不難達到大量示範之目標耑此奉復即請

查照辦理爲荷此致

中華平民教育促進會華西實驗區

主任委員

已抽卡

通訊處：臺灣臺北市寶慶路一號
電報掛號：八五一五
電話：六五零一一

一九四九年五月至十一月，华西实验区为防虫药械管理、运拨、保存、使用等事与中国农村复兴联合委员会及其驻渝办事处、驻川办事处的往来公文　9-1-137（79）

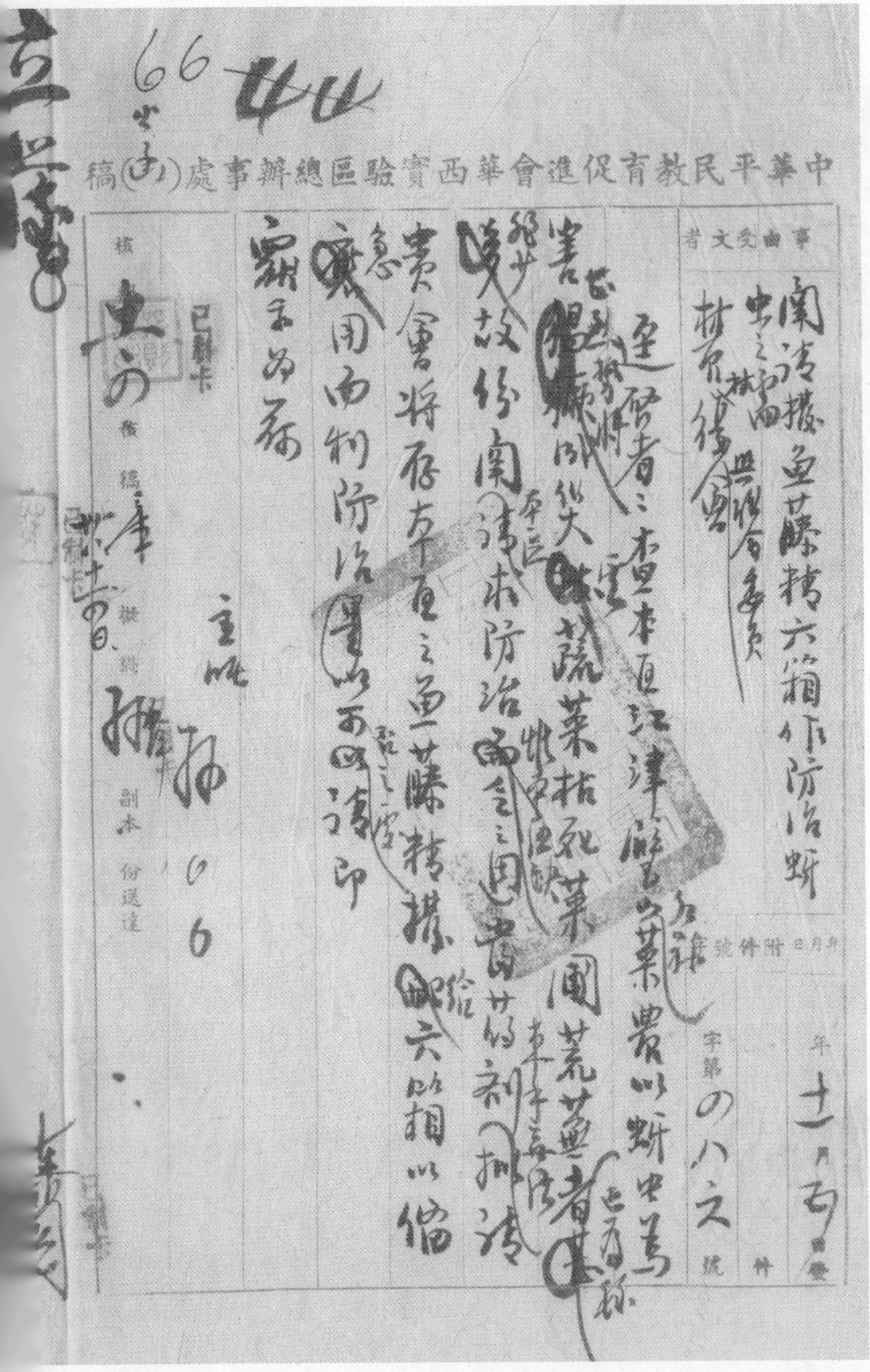
中華平民教育促進會華西實驗區總辦事處稿

事由：閬清撥魚藤精六箱作防治蚜虫之用由

受文者：林業組[illegible]委員會

一九四九年五月至十一月，华西实验区为防虫药械管理、运拨、保存、使用等事与中国农村复兴联合委员会及其驻渝办事处、驻川办事处的往来公文　9-1-137（82）

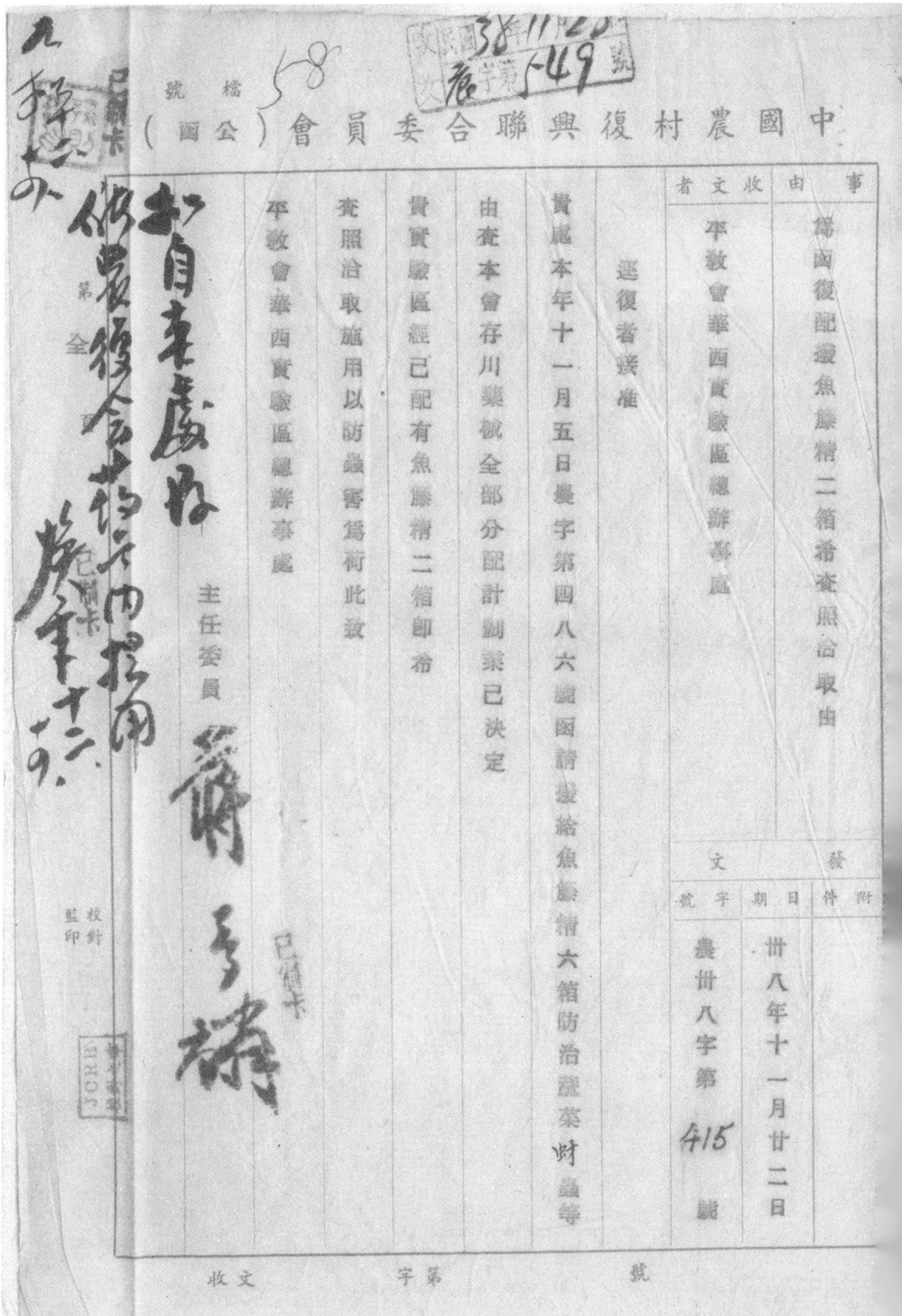

中國農村復興聯合委員會（公函）

檔號 58

收文 民國38年11月25日 農字第549號

事由	收文者
爲函復配發魚藤精二箱希查照洽取由	平敎會華西實驗區總辦事處

發文		
字號	日期	附件
農卅八字第415號	卅八年十一月廿二日	

逕復者：接准

貴處本年十一月五日農字第四八六號函請撥給魚藤精六箱防治蔬菜害蟲等由，查本會存川藥械全部分配計劃業已決定

貴實驗區經已配有魚藤精二箱，即希

查照洽取施用以防蟲害爲荷。此致

平敎會華西實驗區總辦事處

主任委員 蔣夢麟

第 全 頁

校對 監印

收文 字第 號

一九四九年五月至十一月，华西实验区为防虫药械管理、运拨、保存、使用等事与中国农村复兴联合委员会及其驻渝办事处、驻川办事处的往来公文 9-1-137（74）

一九四九年五月至十一月，华西实验区为防虫药械管理、运拨、保存、使用等事与中国农村复兴联合委员会及其驻渝办事处、驻川办事处的往来公文 9-1-137（87）

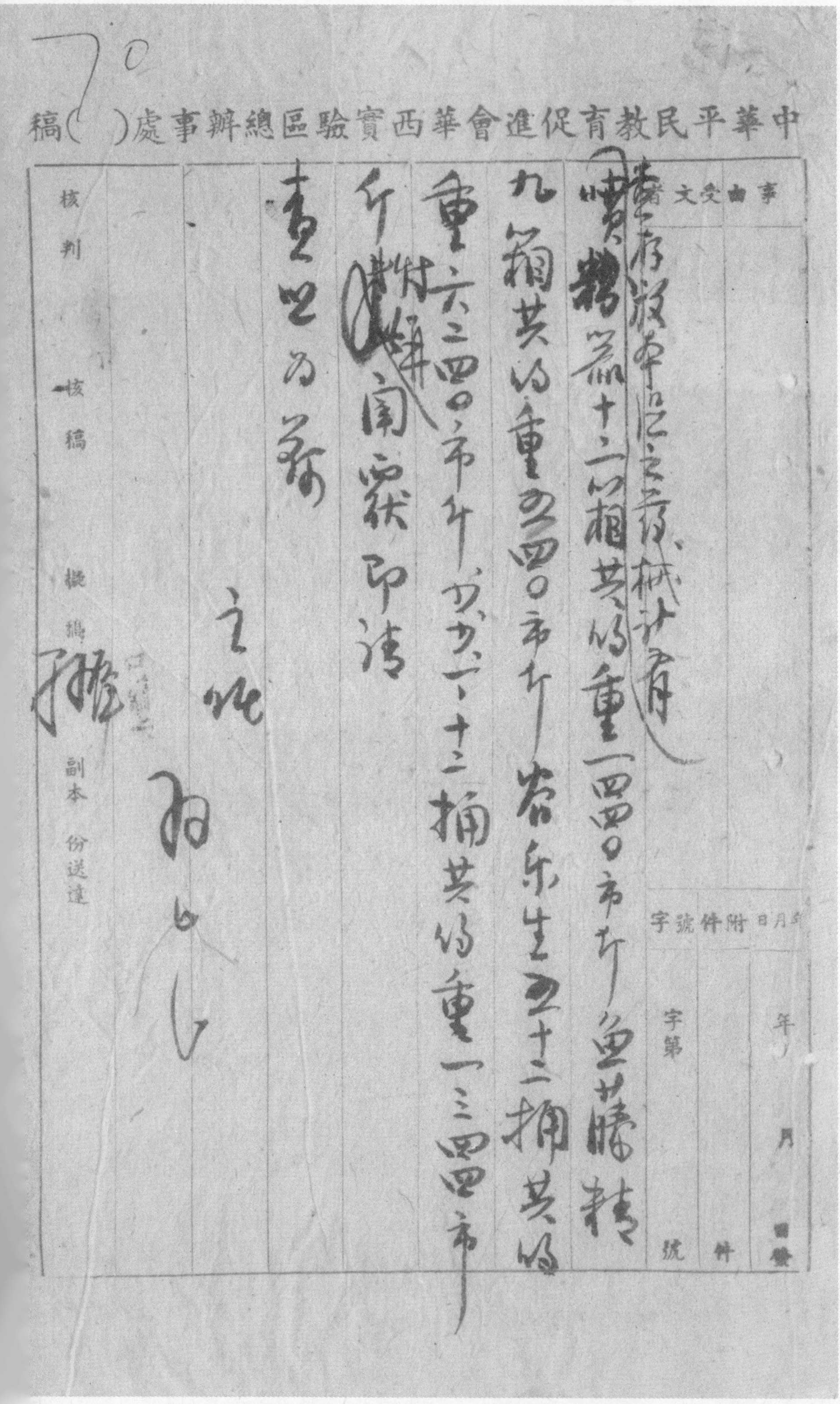

中華平民教育促進會華西實驗區總辦事處稿（ ）

事由 受文者

貴存放本區之藥、械計有噴霧器十二箱共約重一四四〇市斤，魚藤精九箱共約重五四〇市斤，魯樂生五十二捆共約重六二四〇市斤，六六六十二捆共約重一三四四市斤，函聞，察核，即請查照為荷

核判 核稿 擬稿 副本 份送達

年 月 日發 附件 字第 號

一九四九年五月至十一月，华西实验区为防虫药械管理、运拨、保存、使用等事与中国农村复兴联合委员会及其驻渝办事处、驻川办事处的往来公文　9-1-137（91）

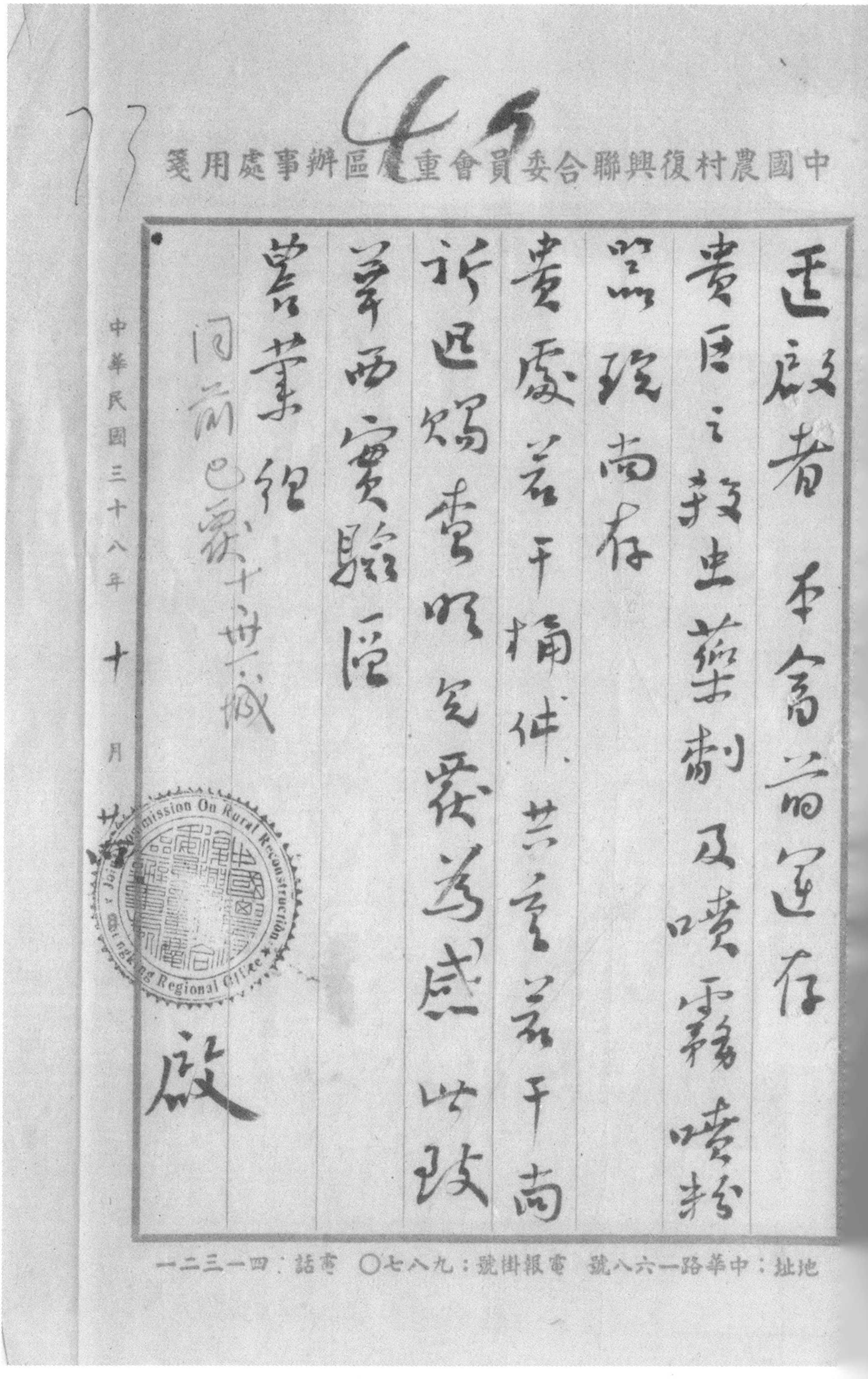

中國農村復興聯合委員會重慶區辦事處用箋

逕啟者　本會前運存
貴區之殺虫藥劑及噴霧噴粉
器現尚存
貴處若干桶件若干盒若干尚
祈迅賜查明見覆爲感此致
華西實驗區
營業組
啟

中華民國三十八年十月廿[illegible]

同前已覆　十一.卅　城

地址：中華路一六八號　電報掛號：九八七〇　電話：四一三二一

一九四九年五月至十一月，华西实验区为防虫药械管理、运拨、保存、使用等事与中国农村复兴联合委员会及其驻渝办事处、驻川办事处的往来公文　9-1-137（92）

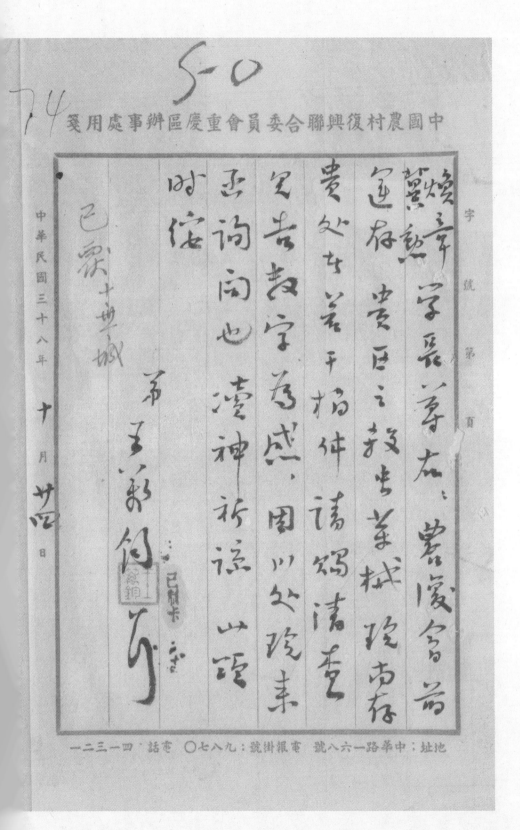

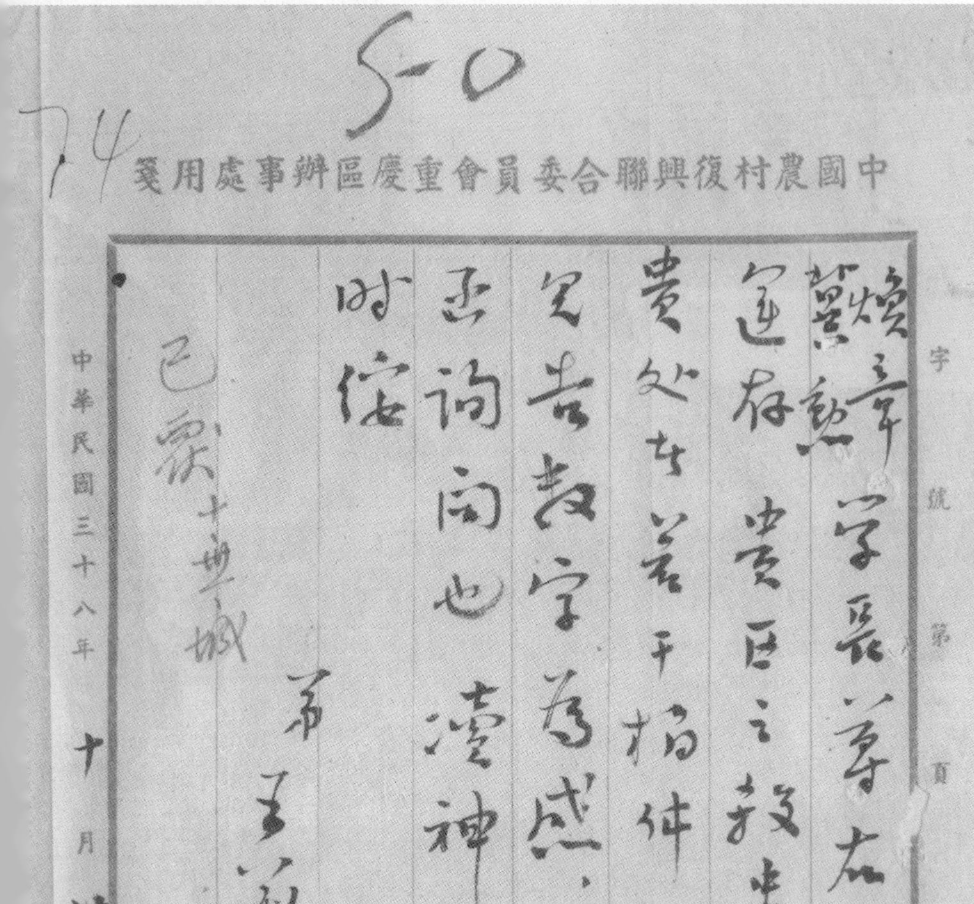
74
5-0
中國農村復興聯合委員會重慶區辦事處用箋

字號第　頁

煥章學長吾兄：農復會前
運存貴區之殺虫藥械現尚存
貴處者若干件請寫清查
見告為感，因川處現來
函詢問也。瀆神祈諒。此頌
時綏
弟王萬何

已覆 十一·廿一 城
已制卡

中華民國三十八年十月廿四日

地址：中華路一六八號　電報掛號：九八七〇　電話：四一三二一

一九四九年五月至十一月，华西实验区为防虫药械管理、运拨、保存、使用等事与中国农村复兴联合委员会及其驻渝办事处、驻川办事处的往来公文　9-1-137（89）

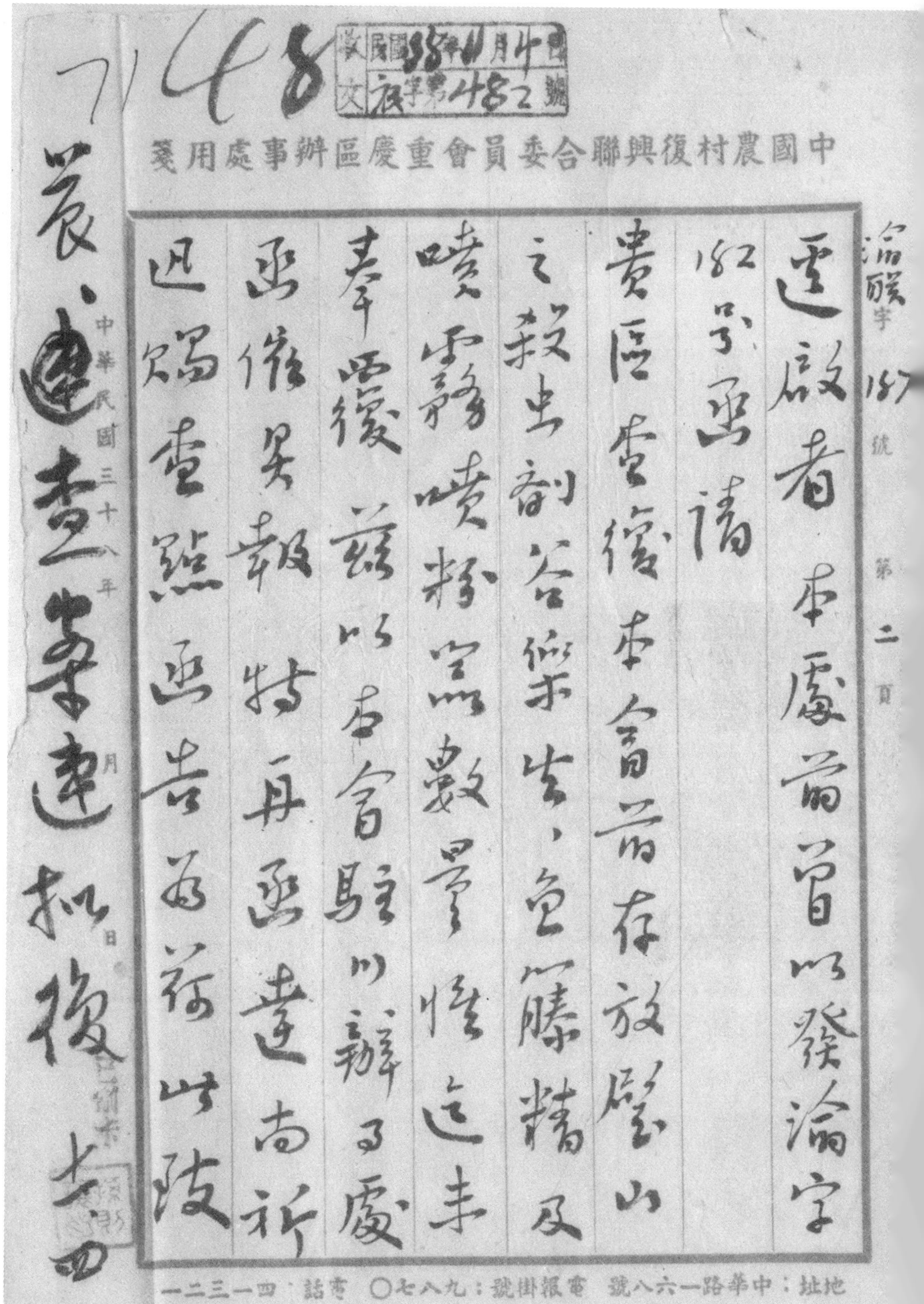

71468

中國農村復興聯合委員會重慶區辦事處用箋

渝勝字187號　第二頁

逕啟者：本處前曾以發渝字187號函請
貴區查復本會前存放璧山之殺虫劑谷樂生、魚藤精及噴霧噴粉器數量，惟迄未奉復，茲以本會駐川辦事處函催具報，特再函達，尚祈迅賜查點函告為荷。此致

中華民國三十八年　月　日

農、建查案速擬復

地址：中華路一六八號　電報掛號：九八七〇　電話：四一三二一

一九四九年五月至十一月，华西实验区为防虫药械管理、运拨、保存、使用等事与中国农村复兴联合委员会及其驻渝办事处、驻川办事处的往来公文　9-1-137（90）

92

中國農村復興聯合委員會重慶區辦事處用箋

字號第　一　頁

華西實驗區
華主任孫

Joint Commission On Rural Reconstruction
Chungking Regional Office

啟

中華民國三十八年十一月一日

地址：中華路一六八號；電報掛號：九八七〇　電話：四一三二一

一九四九年五月至十一月，华西实验区为防虫药械管理、运拨、保存、使用等事与中国农村复兴联合委员会及其驻渝办事处、驻川办事处的往来公文　9-1-137（85）

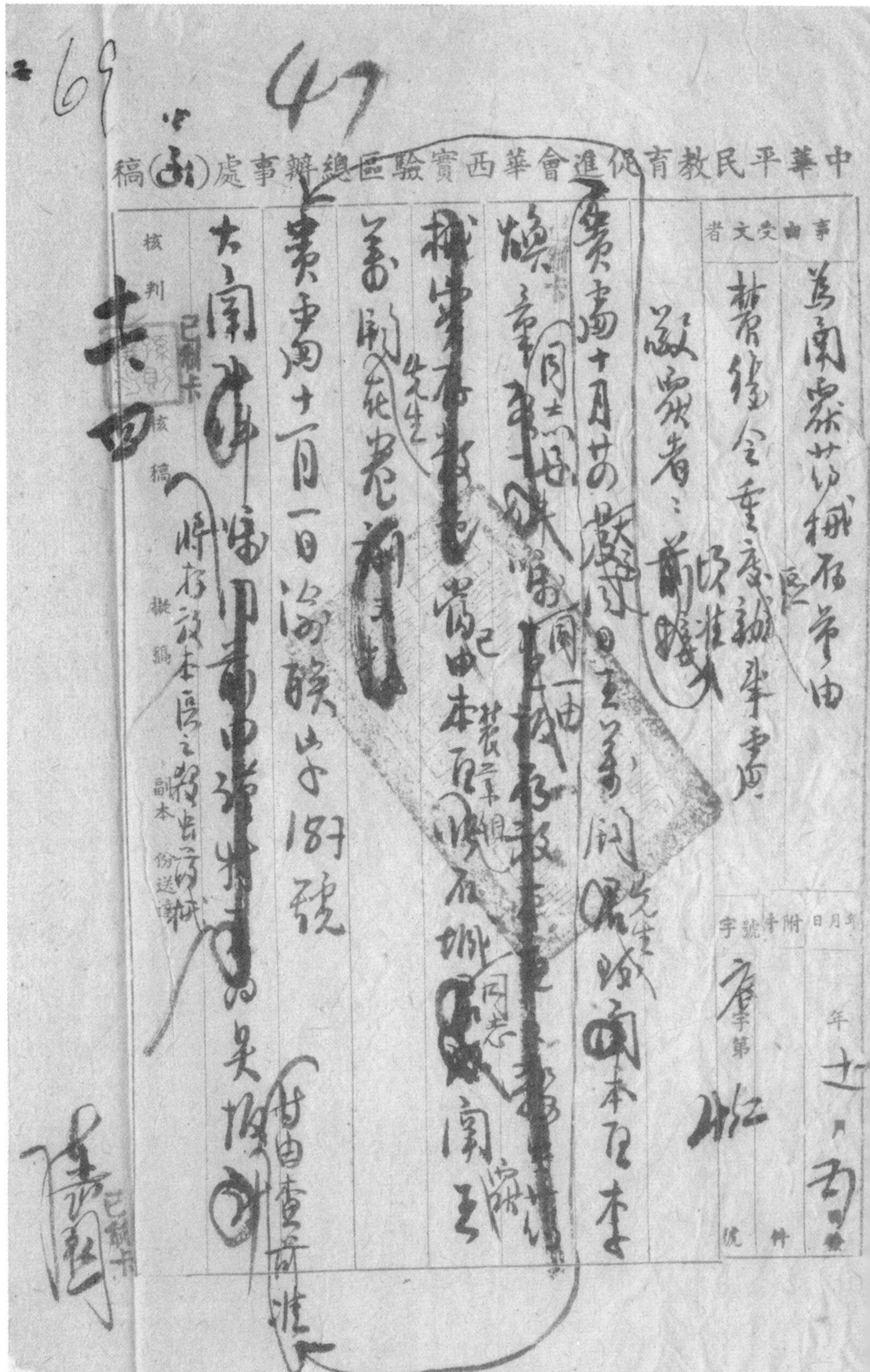
中華平民教育促進會華西實驗區總辦事處（稿）

事由

受文者

年　月　日

附件

字號

核判

核稿

擬稿

副本　份送

巴县鱼洞镇马龙沟合作农场、北碚管理局为配发防治病虫药械一事与华西实验区总办事处的往来公文 9-1-137（62）

614

49

38.4.15 收 096

送示批存

病虫防治已有整个计划 六月

通信地：巴縣魚洞鎮郵轉

巴縣魚洞鎮馬龍溝合作農場聲請書 合字第 號

事由：為聲請配發農林使用藥械以利農作而增生產由

竊本場種植有廣柑蘋果梨園桃梨共兩千餘株菜蔬十餘畝對於病蟲害之防治苦無力購得藥械噴霧

貴區接受農復會配發噴霧器噴粉器及各種防治病蟲害之藥物將向本縣農村配發茲特聲請配發本場噴霧器噴粉器各一具殺蟲藥物各若干以利農作而增生產如蒙允准實沾公便並祈見示為荷

此致

中華平民教育促進會

華西實驗區

巴縣魚洞鎮馬龍溝合作農場

理事主席 李厚如

巴县鱼洞镇马龙沟合作农场、北碚管理局为配发防治病虫药械一事与华西实验区总办事处的往来公文 9-1-137（61）

48　67

中華平民教育促進會華西實驗區總辦事處（函）稿　發

事由：為申請配發藥械使用由

受文者：巴縣魚洞鎮馬龍溝合作農場

案准 貴場合字第四號申請書請配發農林使用藥械查本區已有整個防治病虫計劃下月中旬即可派專人前來示範特此函復即請查照為荷此致

馬龍溝合作農場

長　戳啟　四、十六

核判

已制卡

核稿

擬稿　石城　四、十六

副本

分送達

日期：廿八

附件：

字號：平農字第〇一六號

巴县鱼洞镇马龙沟合作农场、北碚管理局为配发防治病虫药械一事与华西实验区总办事处的往来公文　9-1-137（64）

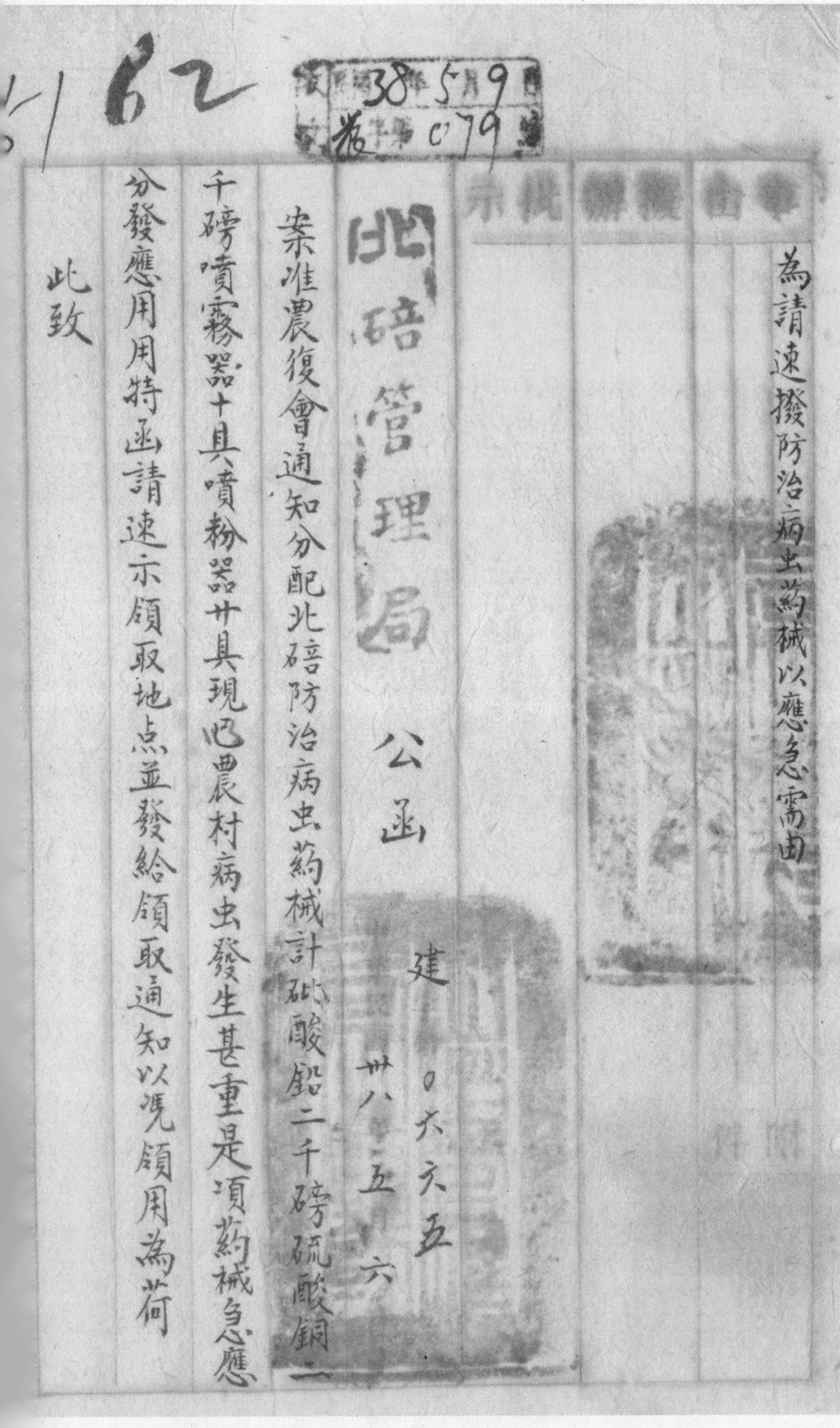

62

38年5月9
發字第079

為請速撥防治病虫药械以應急需由

北碚管理局　公函　建○六六五　卅八年五月六

案准農復會通知分配北碚防治病虫药械計砒酸鉛二千磅硫酸銅一千磅噴霧器十具噴粉器廿具現已農村病虫發生甚重是項药械急應分發應用用特函請速示領取地点並發給領取通知以憑領用為荷

此致

巴县鱼洞镇马龙沟合作农场、北碚管理局为配发防治病虫药械一事与华西实验区总办事处的往来公文 9-1-137（65）

52

敬會華西實驗區總办事處

局長 盧子英

巴县鱼洞镇马龙沟合作农场、北碚管理局为配发防治病虫药械一事与华西实验区总办事处的往来公文 9-1-137（63）

41

中華平民教育促進會華西實驗區總辦事處稿（函）

事由：請撥病虫防治藥械一案請查照

受文者：北碚管理局

案准

貴局五月六日建字第六六五号函請撥病虫防治藥械以應急需查本區病虫防治工作人員業已出發各墟實地調查病虫藥械俟其調查歸來即可統籌分撥具領辦法容後函告

此致

「条戳」啟

中華平民教育促進會華西實驗區辦事處

年　五月十一日發

字第〇五九號

件

核判

核稿

擬稿

副本　份送達

已制卡

农林部中央农业实验所北碚试验场为杀虫药械之使用分配一事与华西实验区农业组、华西实验区总办事处的往来公文

9-1-137（54）

41

農林部中央農業實驗所北碚試驗場

煥章吾兄勛鑒：關于此次分配北碚部分之殺蟲藥粉及器械，前經運存本場，頃准北碚管理局局長盧子英先生函告，以北碚農民現正迫切需要上項藥械，囑除酌留一小部份備用外，餘均交北碚農推所保存，以便隨時分發各鄉鎮需要農家作有效使用等語。弟除已函復，須俟

貴區將統一分配使用辦法見告後即可辦理外，擬請吾兄迅將上項藥械之詳細分配使用辦法抄示，俾有依循為

中華民國　年　月　日

所址：四川省北碚天生橋

农林部中央农业实验所北碚试验场为杀虫药械之使用分配一事与华西实验区农业组、华西实验区总办事处的往来公文
9-1-137（55）

12

農林部中央農業實驗所北碚試驗場

字第　　號第二頁

荷專此祗頌

公安

弟　李士勳　拜啓

已制卡

中華民國三十八年五月七日

所址：四川省北碚天生橋

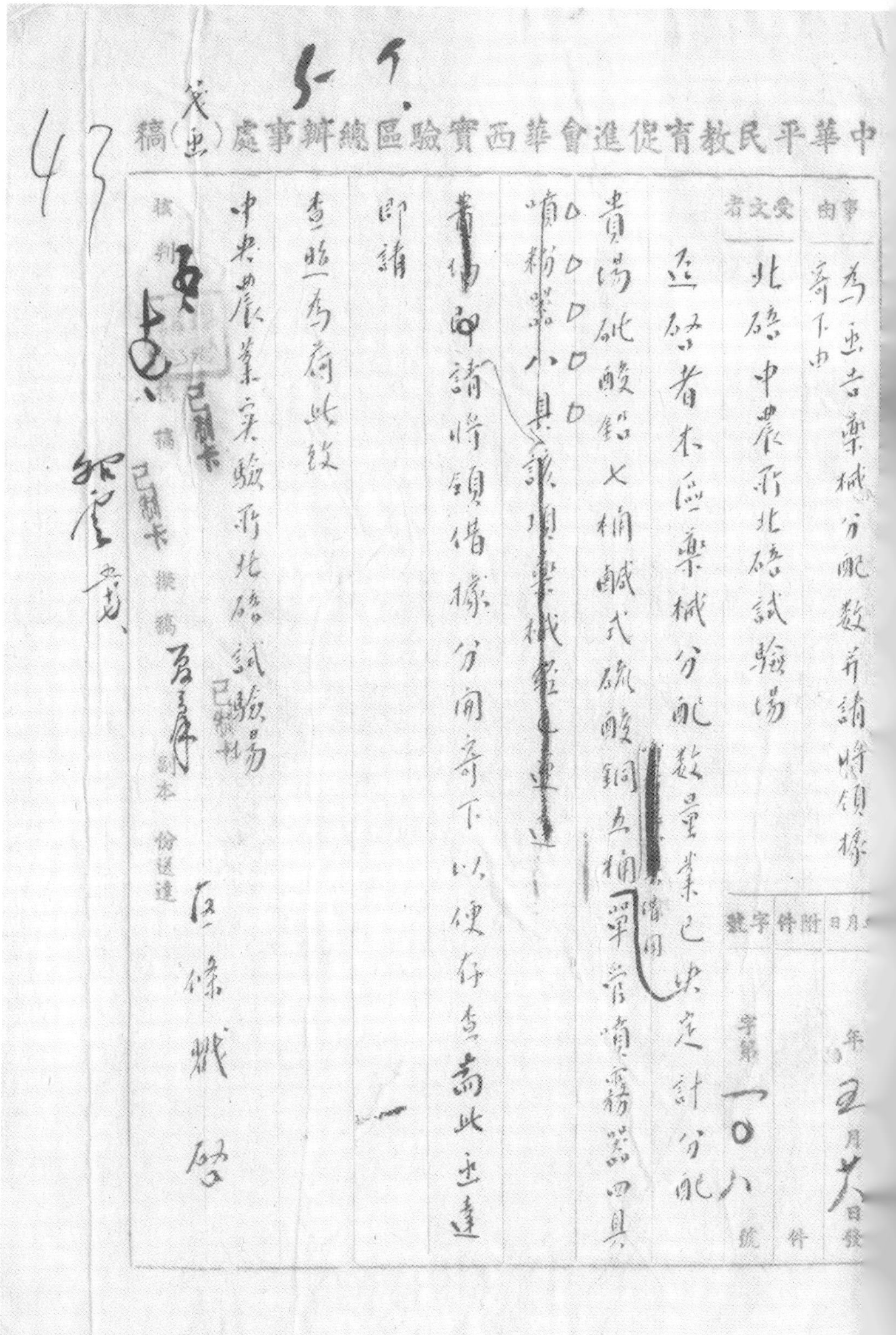

中華平民教育促進會華西實驗區總辦事處（函）稿

事由：為函告藥械分配数并請將領據寄下由

受文者：北碚中農所北碚試驗場

逕啓者：本區藥械分配數量業已決定，計分配貴場砒酸鉛七桶、鹹式硫酸銅五桶、單管噴霧器四具、○○○○○噴霧器小具，該項藥械並連（此行原件已劃去）

貴場即請將領借用據分開寄下，以便存查。為此函達，即請查照為荷。此致

中央農業實驗所北碚試驗場

區條戳 啓

年五月廿 日發

字第一〇八號

附件

核判 核稿 擬稿 已制卡

副本 份送達

农林部中央农业实验所北碚试验场为杀虫药械之使用分配一事与华西实验区农业组、华西实验区总办事处的往来公文

9-1-137（56）

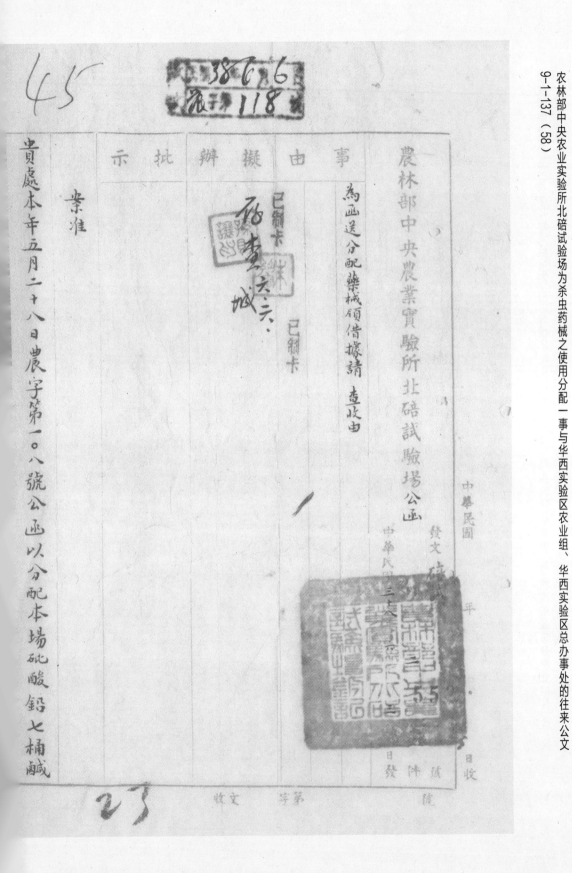

农林部中央农业实验所北碚试验场为杀虫药械之使用分配一事与华西实验区农业组、华西实验区总办事处的往来公文
9-1-137（58）

45

38.6.6
農字第118

農林部中央農業實驗所北碚試驗場公函

事由	擬辦	批示
為函送分配藥械領借據請 查收由	已制卡 已制卡	存查 城 六六

中華民國三十八年 發文碚試字第 號

案准

貴處本年五月二十八日農字第一〇八號公函以分配本場砒酸鉛七桶鹹

收文 字第 號

23

农林部中央农业实验所北碚试验场为杀虫药械之使用分配一事与华西实验区农业组、华西实验区总办事处的往来公文

9-1-137（59）

式硫酸銅五桶借用單管噴霧器四具噴粉器八具囑將領借據分開寄上以便存查等由准此自應照辦茲經繕具上項藥械領借據各一紙相應隨

函送請

查收為荷

此致

中華平民教育促進會華西實驗區總辦事處

附領借據各一紙

場長李士勳

已制卡

农林部中央农业实验所北碚试验场为杀虫药械之使用分配一事与华西实验区农业组、华西实验区总办事处的往来公文

9-1-137（57）

14

4

農林部中央農業實驗所北碚農事試驗場

碚試字第560號第　頁

查

貴區運存本場之葯械除承分配本場部分業已具領外關於分配北碚輔導區者計砒酸鉛八桶鹹式硫酸銅五桶單管噴霧器四具噴粉器八具已經遵　囑悉數交由該區領訖相應

函達即請

查照為荷此致

中華平民教育促進會華西實驗區農業組

中華民國38年6月22日

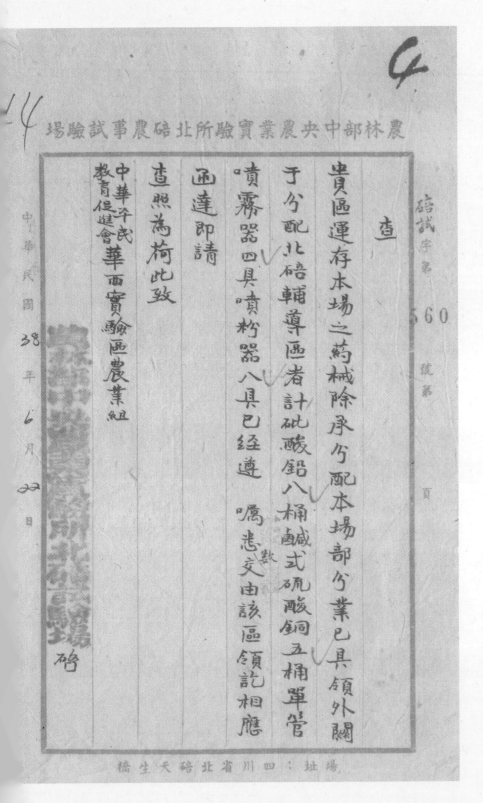

農林部中央農業實驗所北碚農事試驗場　碚

場址：四川省北碚天生橋

农林部中央农业实验所北碚试验场为杀虫药械之使用分配一事与华西实验区农业组、华西实验区总办事处的往来公文
9-1-137（60）

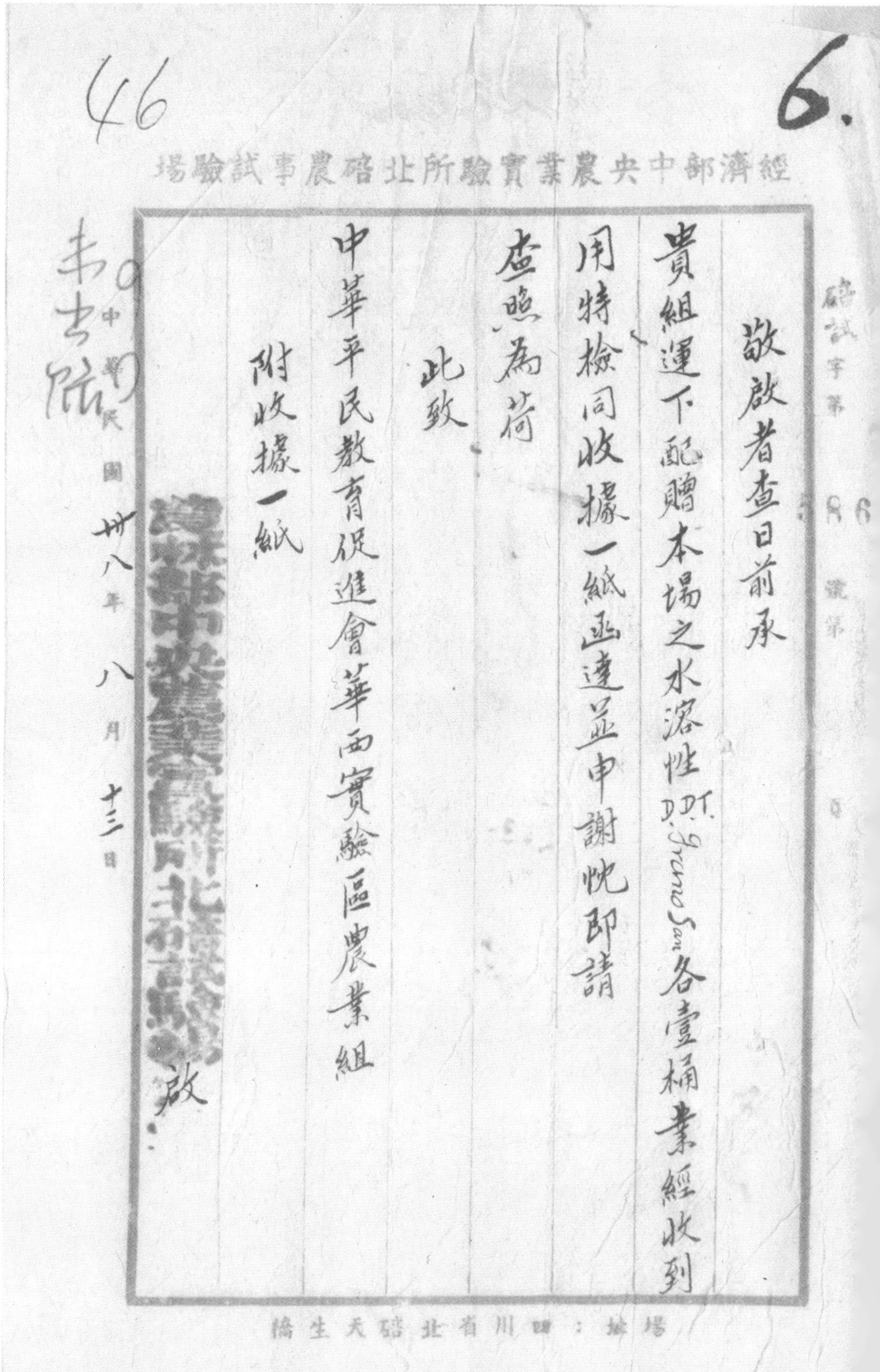

46

6.

經濟部中央農業實驗所北碚農事試驗場

碚試字第586號

敬啟者查日前承

貴組運下配贈本場之水溶性D.D.T. D. Irano San各壹桶業經收到

用特檢同收據一紙函達並申謝忱即請

查照為荷

此致

中華平民教育促進會華西實驗區農業組

附收據一紙

經濟部中央農業實驗所北碚農事試驗場 啟

中華民國卅八年八月十三日

場址：四川省北碚天生橋

璧山县县政府与华西实验区总办事处为八塘乡红苕虫害防治一事的往来公文 9-1-137（67）

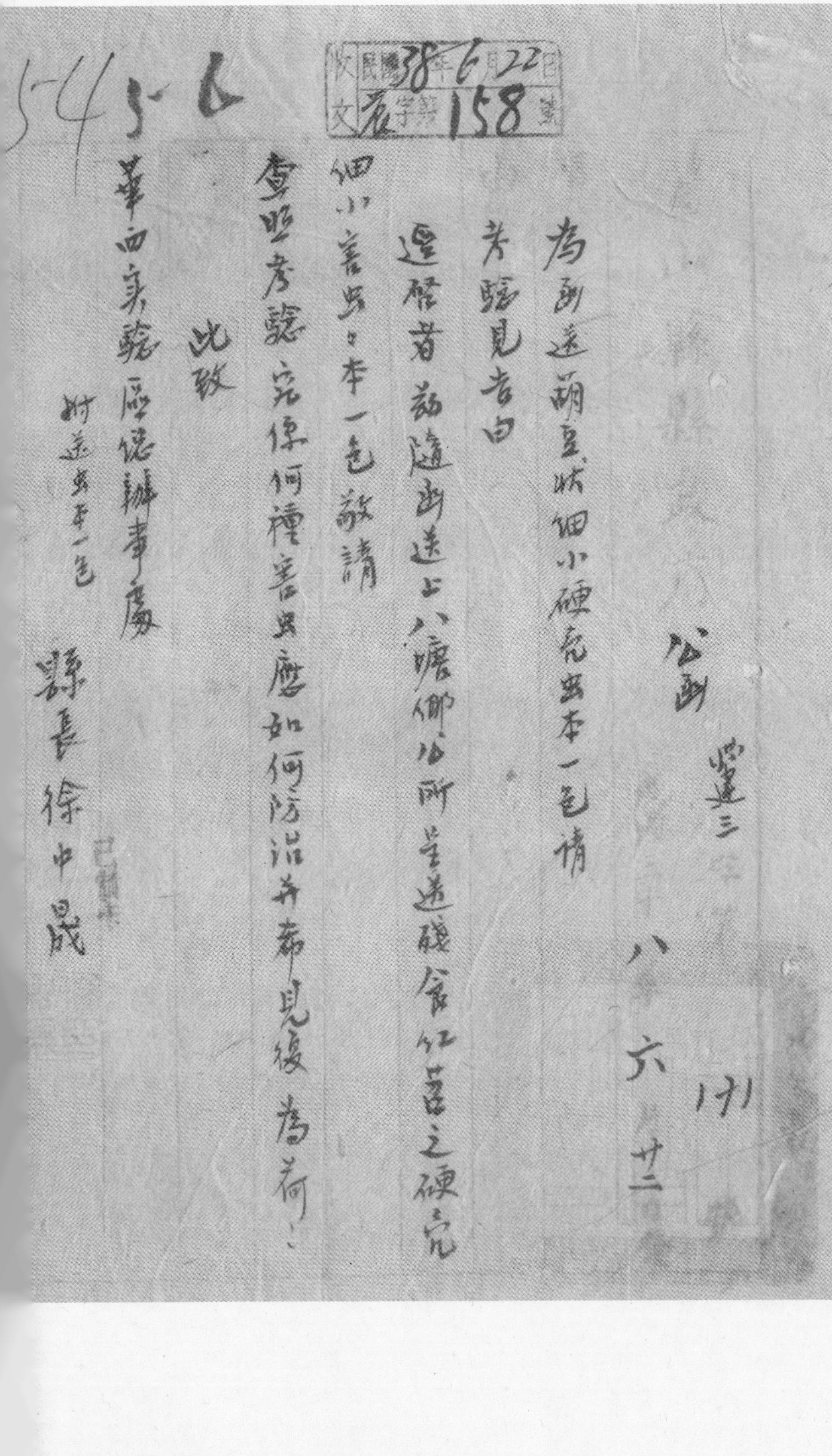
收文 民國38年6月22日 農字第158號

公函 建三 八 六 卅 廿二

為函送蛹豆狀細小硬壳虫本一包請
查驗見告由

逕啓者茲隨函送上八塘鄉公所呈送殘食紅苕之硬壳
細小害虫本一包敬請
查照查驗究係何種害虫應如何防治并希見復為荷
此致
華西實驗區總辦事處
附送虫本一包
縣長徐中晟

璧山县县政府与华西实验区总办事处为八塘乡红苕虫害防治一事的往来公文　9-1-137（66）

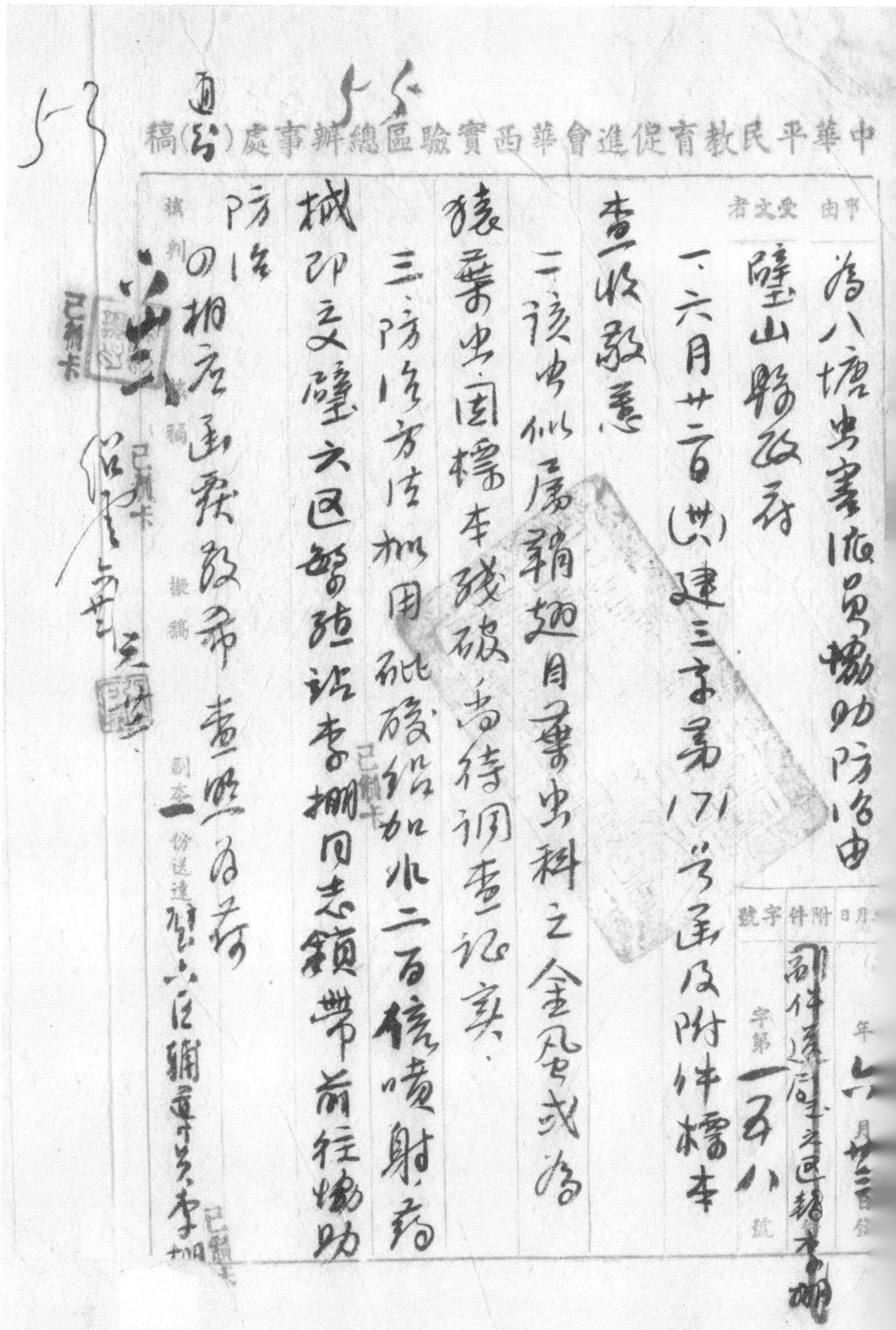
中華平民教育促進會華西實驗區總辦事處稿（公）

事由：為八塘虫害派員協助防治由

受文者：璧山縣政府

一、六月廿三日（卅）建三字第171號函及附件標本查收敬悉

二、該虫似屬鞘翅目葉虫科之金花虫或為猿葉虫，因標本殘破，尚待調查認實。

三、防治方法擬用砒酸鉛加水二百倍噴射藥械，即交璧六區繁殖站李棚同志領帶前往協助防治

四、相應函覆，敬希查照為荷

年　六月廿三日　發

字第一五八號

附件：副件送六區繁殖站李棚

副本一份送達璧六區輔導員李棚

已劃卡

江津县第一辅导区办事处为呈请运拨菜虫防治药械与改良种猪等事与华西实验区总办事处往来公文 9-1-137（23）（24）

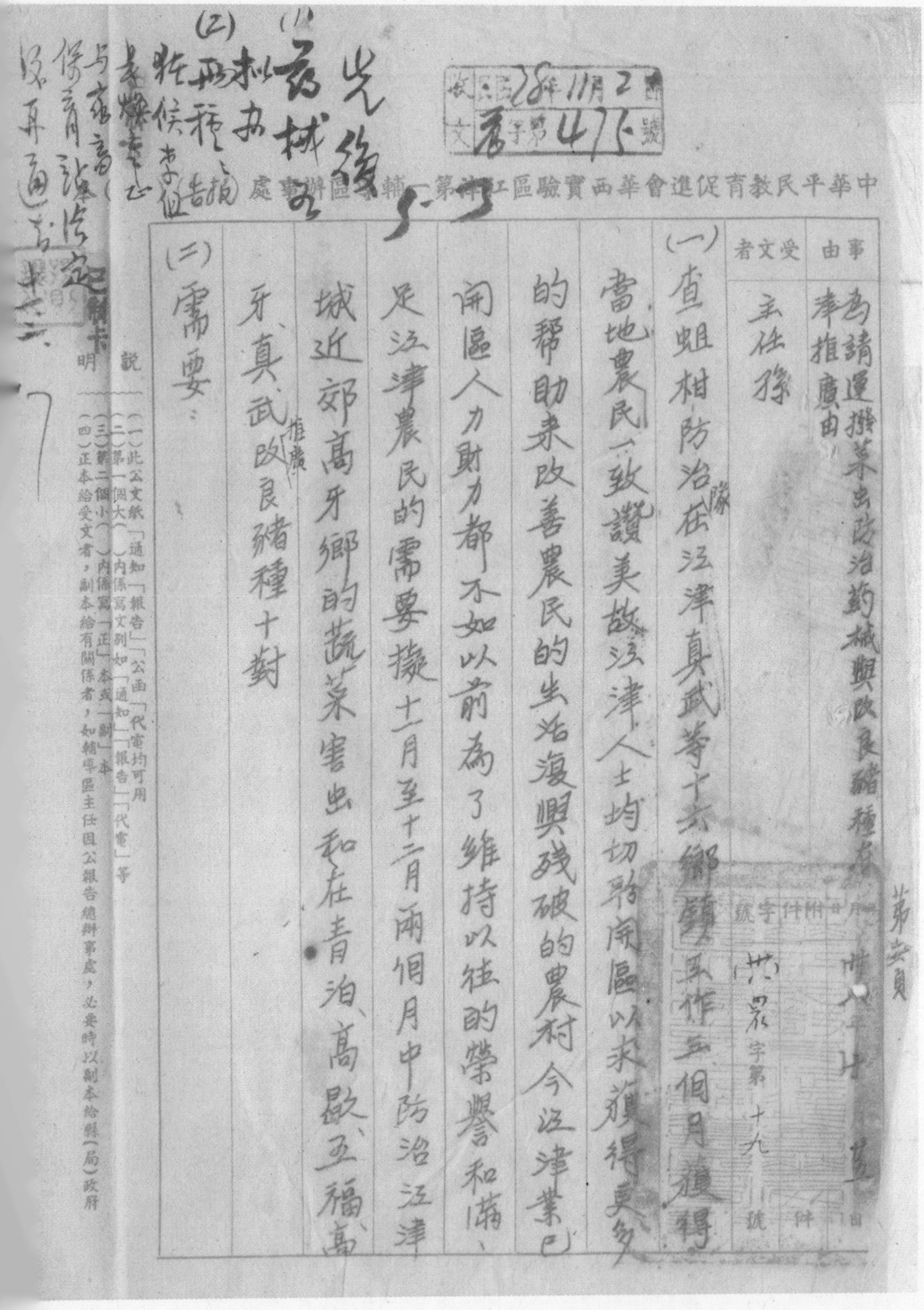
中華平民教育促進會華西實驗區江津第一輔導區辦事處

收文 28年11月2日 第475號

事由：為請運撥菜虫防治藥械與改良豬種在江津推廣由

受文者：主任孫

（一）查蛆柑防治隊在江津真武等十六鄉鎮工作五個月獲得當地農民一致讚美故江津人士均切盼闢區以求獲得更多的幫助來改善農民的生活復興殘破的農村今江津業已闢區人力財力都不如以前為了維持以往的榮譽和滿足江津農民的需要擬十一月至十二月兩個月中防治江津城近郊高牙鄉的蔬菜害虫和在青泊、高歇、五福、高牙、真武推廣改良豬種十對

（二）需要：

說明
（一）此公文紙「通知」「報告」「公函」「代電」均可用
（二）第一個大（ ）內係寫文別如「通知」「報告」「代電」等
（三）第二個小（ ）內須寫「正」本或「副」本
（四）正本給受文者，副本給有關係者，如輔導區主任因公報告總辦事處，必要時以副本給縣（局）政府

18

(1) 砒酸鉛一六〇〇斤 每畝每次一斤 預計每畝防治期為一個月 每十日施药一次共施药三斤 共可防治面積四〇〇畝

（最好撥運魚藤粉六〇〇斤 砒酸鉛一〇〇〇斤）

(2) 噴霧器十具 巡迴指導借與菜農應用

(3) 噴粉器十具 巡迴指導借與菜農應用

(4) 約克郡及榮昌純種豬各五對

(三) 藥械運交江津川農所園藝改良場轉張伯鏞 豬種運交真武

擬請照准早日運撥為禱

江津第一輔導區主任 徐韋如

徐韋如（印）

已補卡

農業組 合作組 商定後辦

擬由重慶運砒酸鉛四〇〇市斤 噴霧器兩具 噴粉器兩具 辦 十二

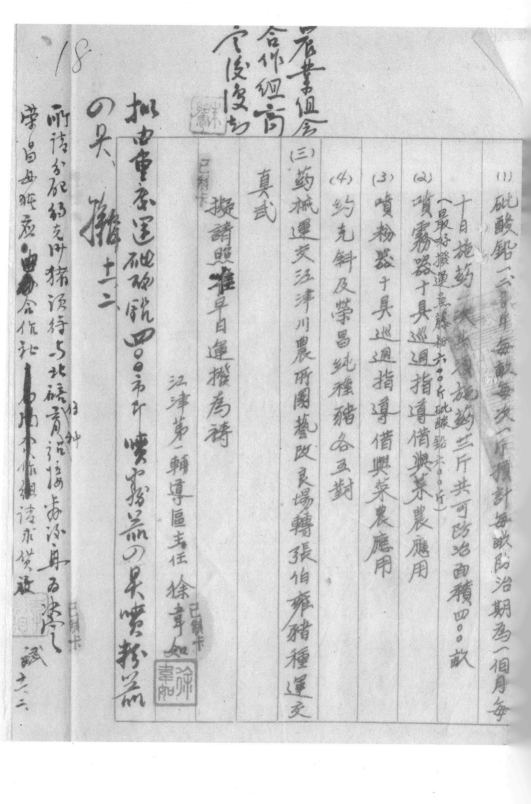

所請分配約克夏豬須待與北碚育種場接洽再為決定 榮昌母豬應由本合作社向本會合作組請求貸款 誠 六二

江津县第一辅导区办事处为呈请运拨菜虫防治药械与改良种猪等事与华西实验区总办事处往来公文 9-1-137（38）

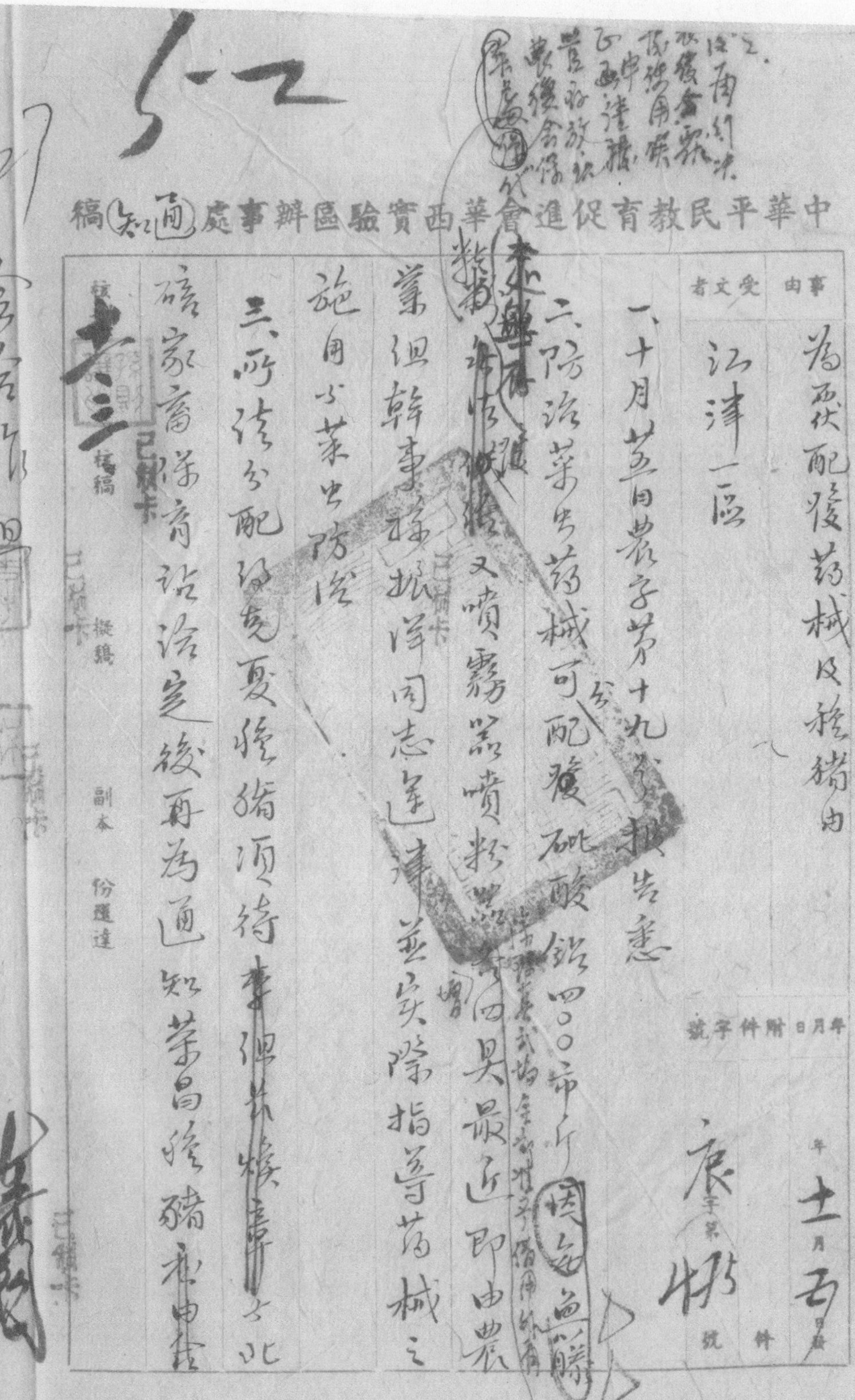
中華平民教育促進會華西實驗區辦事處稿

事由	為函伏配發藥械及種豬由
受文者	江津一區

一、十月廿日農字第十九號報告悉。
二、防治菜虫藥械可配發砒酸鉛四〇〇市斤，又噴霧器噴粉器各四具，最近即由農業組幹事孫振洋同志運津，並實際指導藥械之施用於菜虫防治。
三、所請分配改良種豬須待……繁殖家畜保育站設立後再為通知。……

年 十一月 五日

江津县第一辅导区办事处为呈请运拨菜虫防治药械与改良种猪等事与华西实验区总办事处往来公文 9-1-137（39）

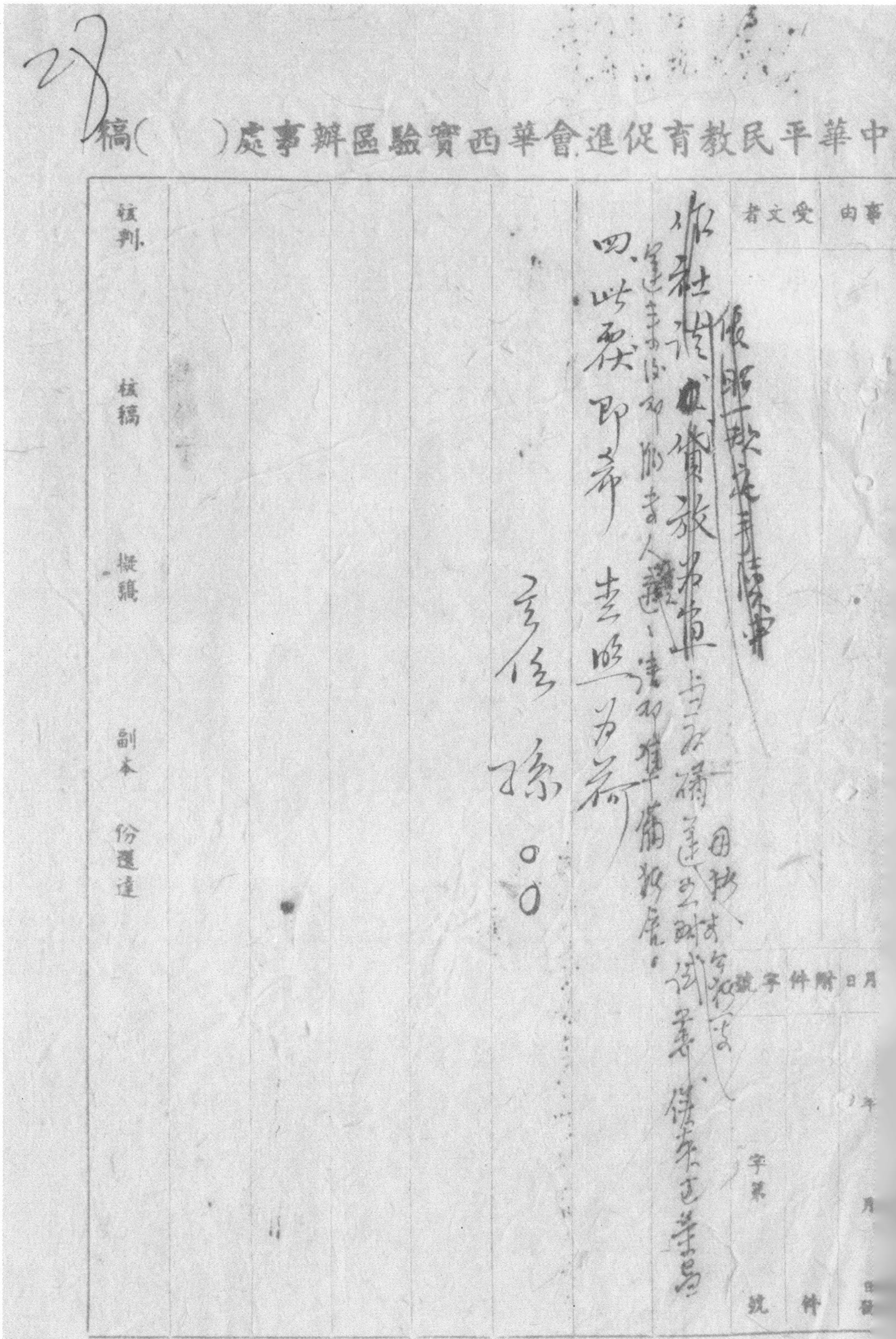
中華平民教育促進會華西實驗區辦事處（ ）稿

事由

受文者

四、此覆 即希 查照为荷

主任 孫〇〇

核判

核稿

擬稿

副本 份運達

月日附件字號

年 月 日發 字第 件 號

江津县第一辅导区办事处为呈请运拨菜虫防治药械与改良种猪等事与华西实验区总办事处往来公文 9-1-137（26）

19

80

民國38年11月22日收
農字第538號

中華平民教育促進會華西實驗區江津第一輔導區辦事處（報告）（正）本

事由	為請增撥砒酸鉛八〇〇市斤並派人來津防治菜虫由
受文者	主任孫
年月日	三八 十一月十七日
附件	件
字號	共眾字第一二九號

(一)本年十一月五日農字第475號通知奉悉

(二)查高牙附城蔬菜面積共約二千五百餘畝所有居民多靠種菜為業目前青虫蚜虫猿葉虫為害嚴重前奉撥砒酸鉛四〇〇市斤實不敷應用為求減少菜農損失增加蔬菜生產供給都市需要擬請

(1)續撥砒酸鉛八〇〇市斤

(2)派技術員前来江津高牙鄉會同張伯[illegible]同志配合四川農改所園藝改良場即日展開防治菜虫工作

[illegible]

說明：（一）[illegible]公文[illegible]「報告」[illegible]「通知」「代電」均可用[illegible]（二）第二個（ ）內係寫「正」「副」本（四）正本給受文者，副本給有關係者，如輔導區主任因公報告總辦事處，必要時以副本給縣（局）政府

江津县第一辅导区办事处为呈请运拨菜虫防治药械与改良种猪等事与华西实验区总办事处往来公文　9-1-137（27）

20

（三）理合呈请鉴核务祈恩准早日配拨为祷

江津第一辅导区主任　徐書如

江津县第一辅导区办事处为呈请运拨菜虫防治药械与改良种猪等事与华西实验区总办事处往来公文 9-1-137（22）

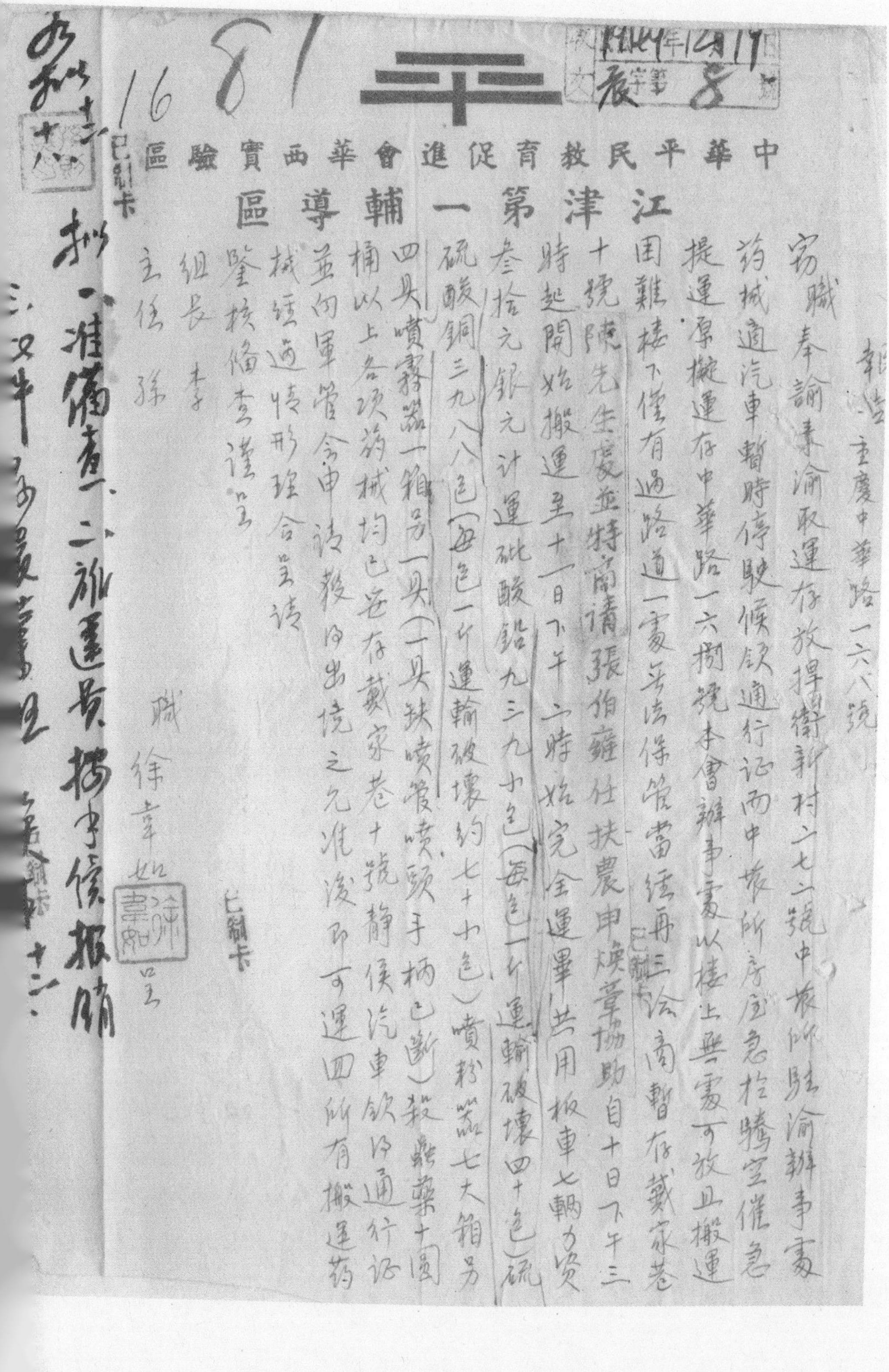

中華平民教育促進會華西實驗區
江津第一輔導區

報告 主慶中華路一六八號

窃職奉諭來渝取運存放捍衛新村六七二號中農所駐渝辦事處藥械適汽車暫時停駛候領通行證而中農所房屋急於騰空催急提運原擬運存中華路一六八號本會辦事處以樓上無處可放且搬運困難樓下僅有過路道一處無法保管當經再三洽商暫存戴家巷十號陳先生處並特商請張伯雍任扶農申煥章協助自十日下午三時起開始搬運至十一日下午二時始完全運畢共用板車七輛力資叁拾元銀元計運砒酸鉛九三九小包（每包一斤）運輸破壞四十包硫酸銅三九八八包（每包一斤）運輸破壞約七十小包）噴粉器七大箱另四具噴霧器一箱另一具（一具缺噴管噴頭手柄已斷）殺蟲藥十圓桶以上各項藥械均已存放戴家巷十號靜候汽車領得通行證並向軍管會申請發給出境之允准後即可運回所有搬運藥械經過情形理合呈請

鑒核備查謹呈

組長 李

主任 孫

職 徐幸如 呈

巴县县政府为办理治螟防治工作致巴县第七辅导区的公函　9-1-188（40）

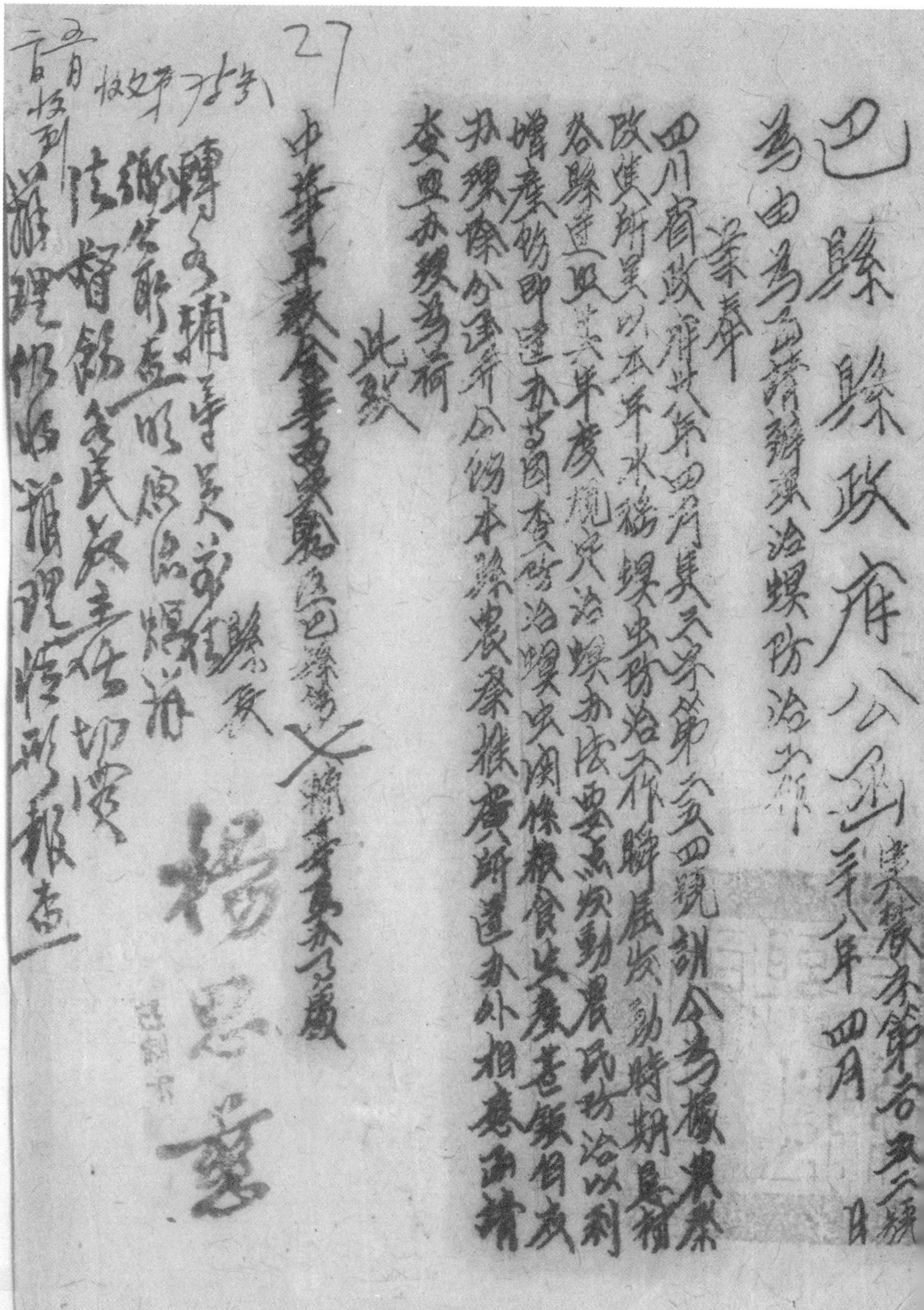

巴縣縣政府公函　渠農秘字第　號　卅八年四月　日

為函請辦理治螟防治工作

案奉

四川省政府卅八年四月農三字第二四號訓令為據農業改進所呈以本年水稻螟虫防治工作時届發動時期且稻谷縣遵照前頒本年度規定治螟辦法要点發動農民防治以利增產務即遵辦並因查防治螟虫開條報查考等因奉此除令飭本縣農業推廣所遵辦外相應函請查照辦理為荷

此致

中華民國卅八年四月　日巴縣第七輔導區

縣長　楊恩宴

轉知各輔導員並飭各鄉所查明防治螟蟲情形督飭各農民依法切實辦理以收實效仍將辦理情形報核

二月二日收到　收文第738号

27

巴县第七辅导区转巴县县政府为办理治螟防治工作致各乡辅导员的通知 9-1-188（38）

26

全衔 通知

平辅字第 号

民国三十八年五月 日

事由：为准县令转办理治螟防治工作通知查照办理具报由

案准

巴县县政府本年四月东建农字第二〇五二号公函开：

案奉四川省政府训令饬办理治螟等由，准此，除分别

通知外，特此通知，即希

查照前发该乡公所查明规定治螟办法要点，督

饬乡民教主任切实办理，仍将办理情形具报

为要！

巴县第七辅导区转巴县县政府为办理治螟防治工作致各乡辅导员的通知　9-1-188（39）

此致

鄉輔導員

六五、四、　主任朱[illegible]

巴县县政府为督饬办理加强种棉一事致巴县第七辅导区办事处的公函 9-1-188（52）

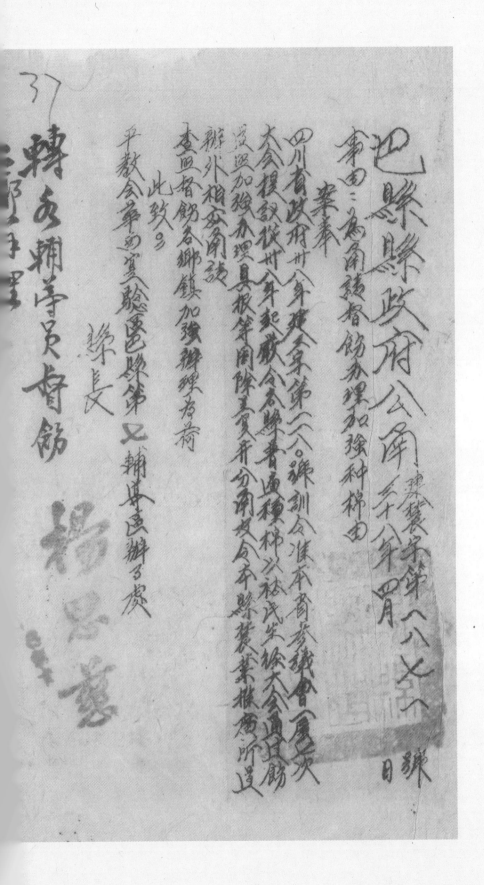

巴县县政府公函 建农字第八八七一号 三十八年四月 日

事由：为函请督饬办理加强种棉由

案奉

四川省政府卅八年建农字第八八八八号训令，准本省参议会（第一届第次）大会提议，拟请从卅八年起严令各县普遍种棉，以裕民生。经大会通过，饬遵照加强办理具报等因，除呈覆并分函外，合亟令本县农业推广所遵办外，相应函请

查照督饬各乡镇加强办理为荷。

此致

平教会华西实验区巴县第七辅导区办事处

县长 杨

转乡辅导员督饬

巴县第七辅导区办事处转巴县县政府为督饬办理加强种棉一事致各乡辅导员的通知（一九四九年四月） 9-1-188（51）

36

全衔通知

辅字第 号 发

民国三十八年四月二日

案准

巴县县政府本年四月日建农字第一六七一号公函开：案奉

四川省政府之训将农等由，除分知外，特此通知

印希督饬该乡镇加强办理

此致

乡辅导员

六四二八

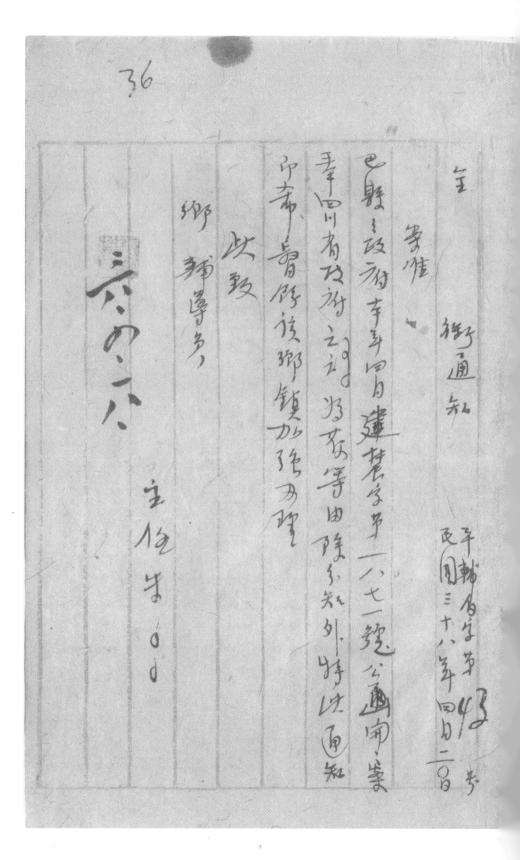

主任 朱

巴县县政府为抄送巴县参议会第二届五次大会决议案函请督饬办理致巴县第七辅导区办事处的公函（一九四九年四月）

9-1-188（54）

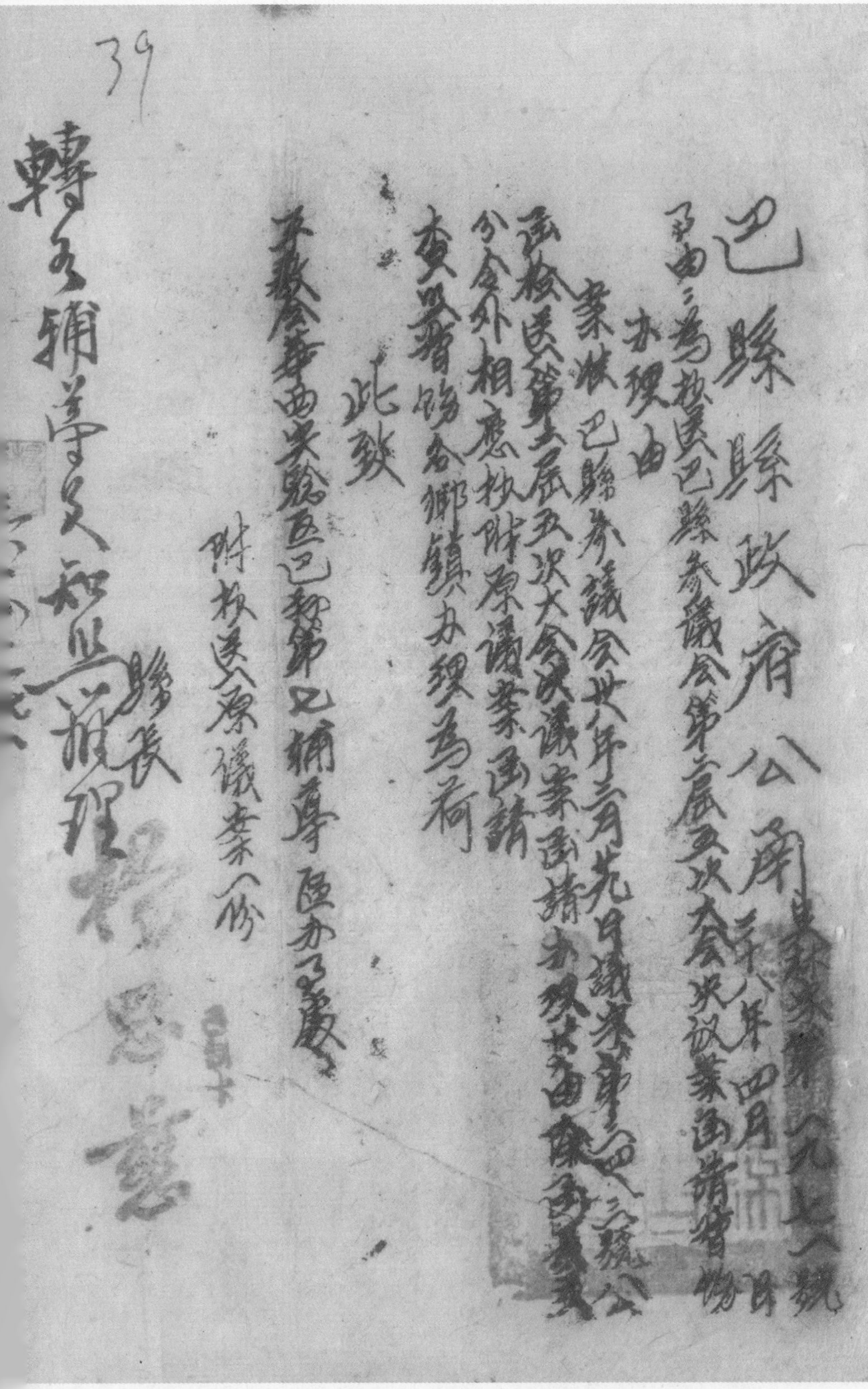

39

巴县政府公函　县社文字第（九七八）号　卅八年四月　日

事由：为抄送巴县参议会第二届五次大会决议案函请督饬办理由

案准巴县参议会卅八年三月先日议参字第三四三号公函，检送第二届五次大会决议案函请办理等由。准此，除分令外，相应抄附原议案函请查照督饬各乡镇办理为荷。

此致

华西实验区巴县第七辅导区办事处

附抄送原议案一份

县长

转交辅导员知照办理

巴县第七辅导区办事处转巴县县政府为抄送巴县参议会第二届五次大会决议案函请督饬办理致各乡辅导员的通知　9-1-188（53）

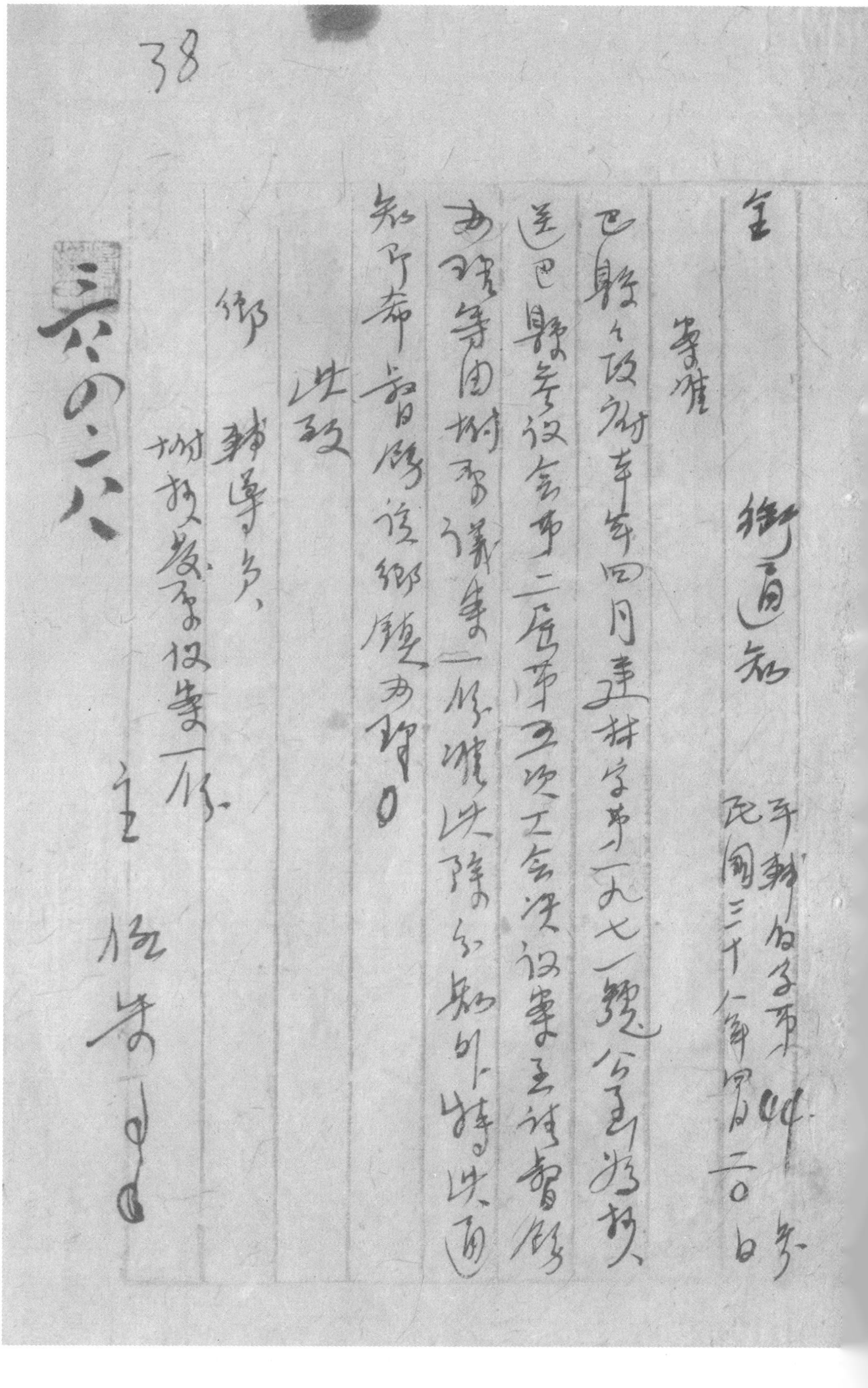
38

全衔通知　辅字第44号　民国三十八年四月二〇日

事准

巴县县政府本年四月建耕字第一九七一号公函，以准

送巴县参议会第二届第五次大会决议案，函请督饬

办理等因，附原议案一份，准此，除分知外，特此通

知，即希督饬该乡镇办理。

此致

乡辅导员

附抄原议案一份

主任

华西实验区办事处为领用《改良稻种栽培须知》致巴县第七辅导区的通知（一九四九年三月二十八日） 9-1-188（56）

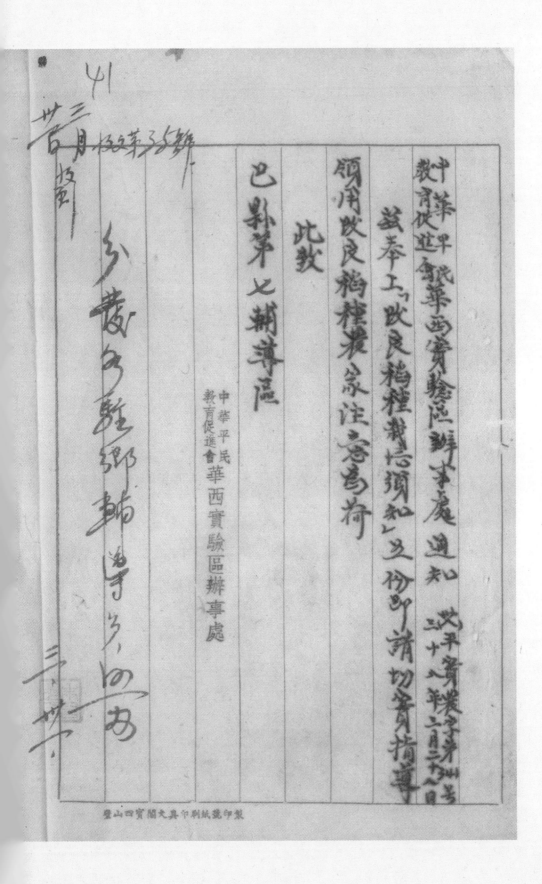

41

卅八 三月 收文第 [illegible] 號

收到

中華平民教育促進會華西實驗區辦事處通知　（卅）平實（農）字第341號　三十八年三月二十八日

茲奉上「改良稻種栽培須知」五份，即請切實指導

領用改良稻種農家注意為荷

此致

巴縣第七輔導區

中華平民教育促進會華西實驗區辦事處

分發各 [illegible] 鄉輔導員 [illegible]

三 卅 [illegible]

璧山四寶閣文具印刷紙號印製

巴县县政府为抄送春季粮食作物注意事项函请照督饬办理致巴县第七辅导区办事处的公函（一九四九年三月） 9-1-188（58）

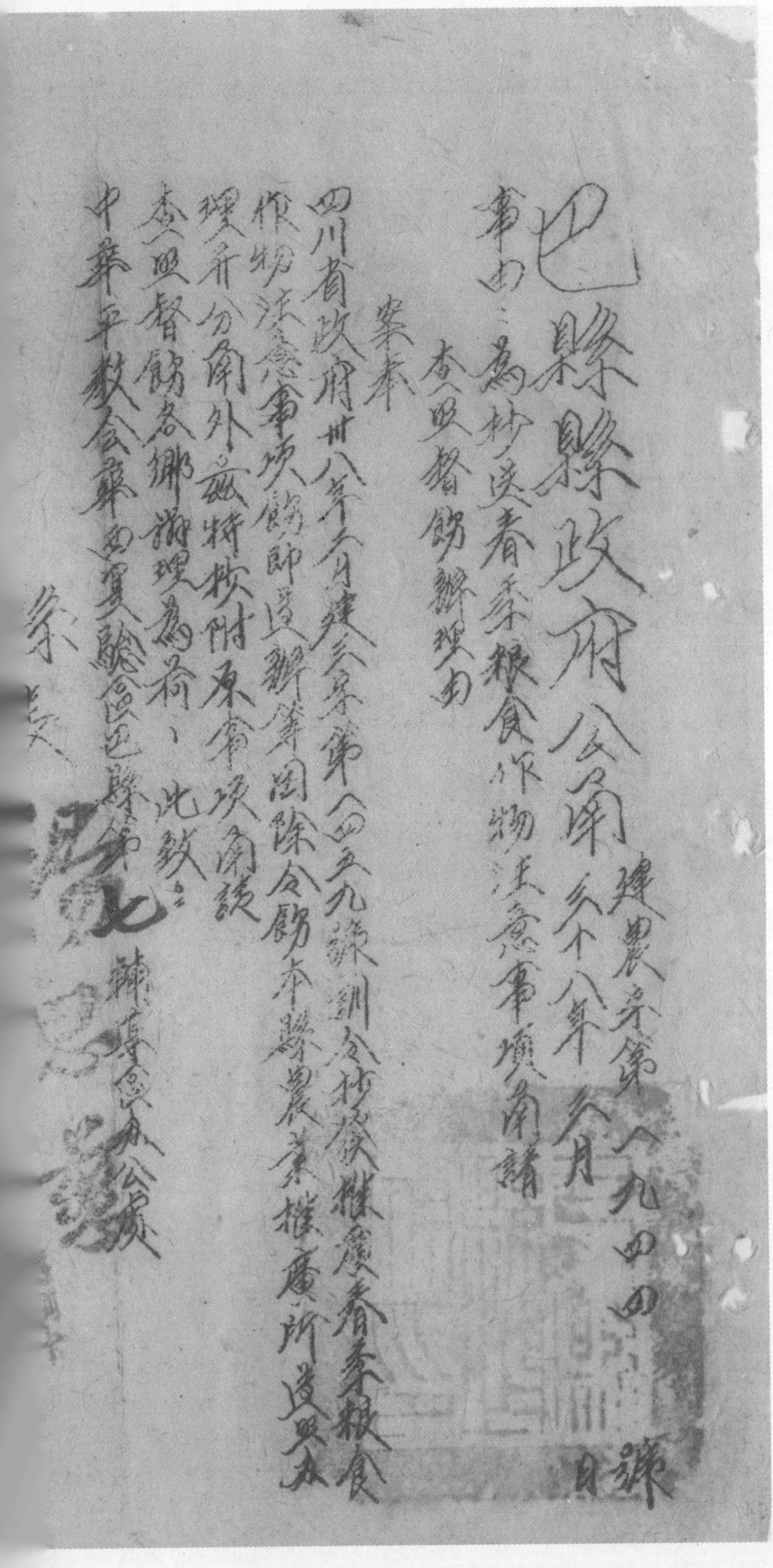
巴縣縣政府公函 建農字第一九四四號
三十八年三月 日
事由：為抄送春季糧食作物注意事項函請查照督飭辦理由
案奉
四川省政府卅八年二月建三字第一四五九號訓令抄發糧食增產春季糧食作物注意事項飭即遵照辦理等因，除令飭本縣農業推廣所遵照辦理并分函外，茲特抄附原章項函請查照督飭各鄉辦理為荷。此致
中華平教會華西實驗區巴縣第七輔導區辦公處
縣長

巴县县政府为抄送春季粮食作物注意事项函请照督饬办理致巴县第七辅导区办事处的公函（一九四九年三月） 9-1-188（58）

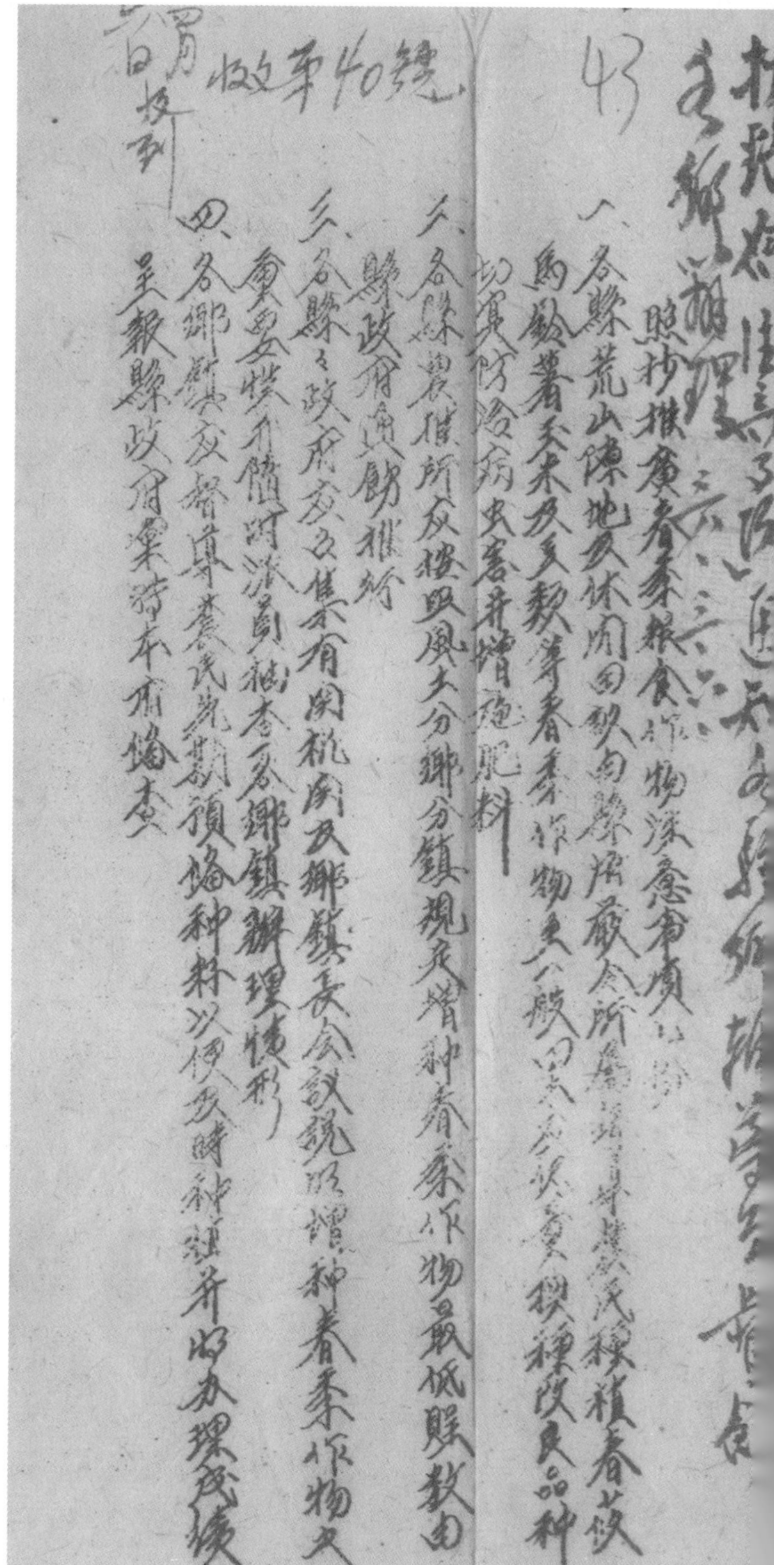
乡镇办理
照抄拟定春季粮食作物注意事项六点
一、各县荒山隙地及休闲田亩应尽量利用，督饬农民积极春耕
马铃薯、玉米及豆类等春季作物，更应设法改良品种
切实防治病虫害，并增施肥料
二、各县农推所及县府应分乡分镇规定增种春季作物最低亩数，由
县政府负责饬推行
三、各县县政府应召集有关机关及乡镇长会议，规定增种春季作物，又
会同各机关随时派员视察各乡镇办理情形
四、各乡镇应督导农民就地预储种料，以便及时种植，并将办理成绩
呈报县政府汇转本府备查
收文第40号
三月 日收到

巴县第七辅导区办事处转巴县县政府为抄送春季粮食作物注意事项函请查照督饬办理致各乡辅导员的通知（一九四九年四月八日）

9-1-188（57）

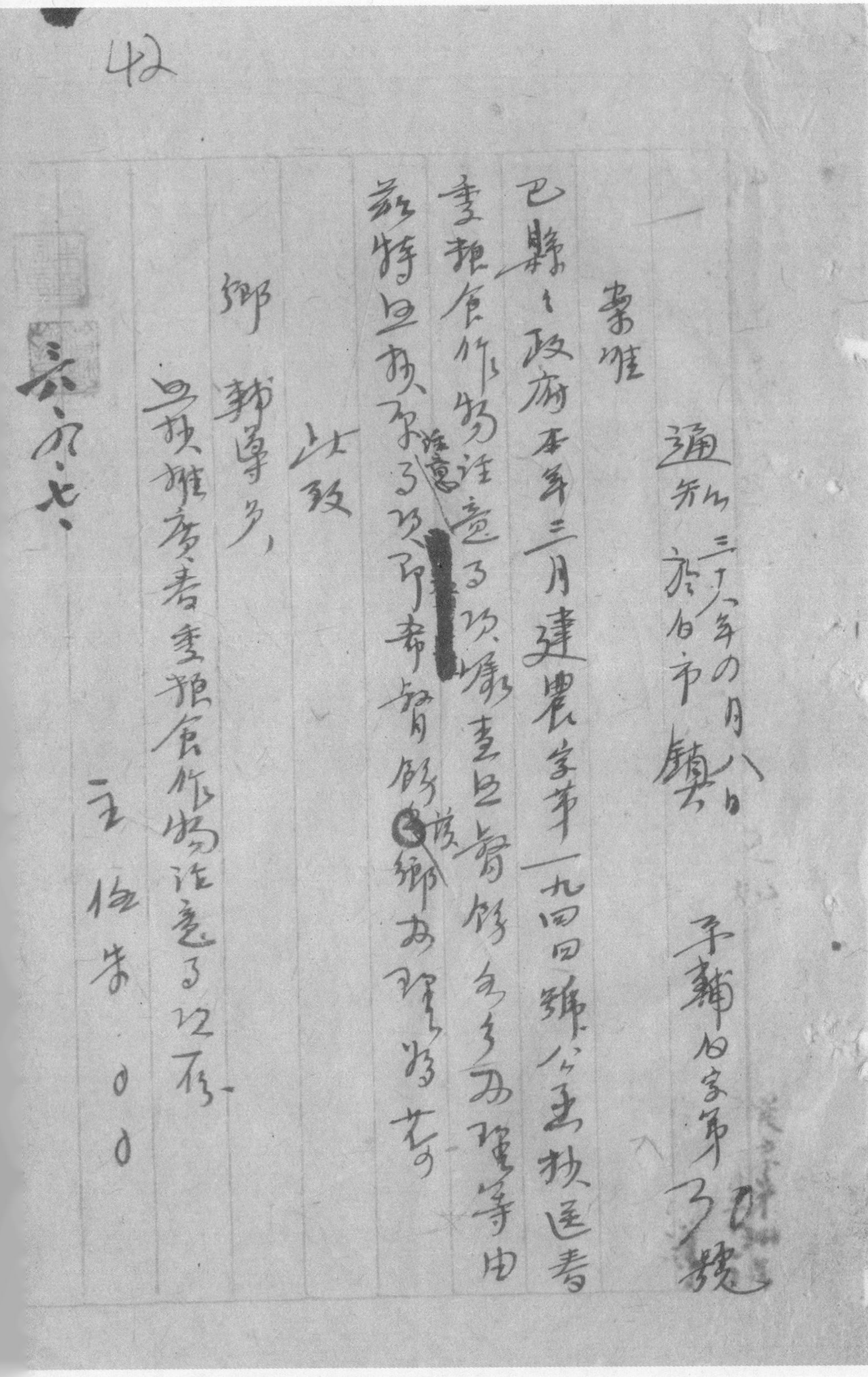

42

通知　三十八年四月八日　於白市鎮　七輔白字第　號

案准

巴縣縣政府本年三月建農字第一九四四號公函抄送春季糧食作物注意事項，囑查照督飭各鄉辦理等由。茲特照抄原注意事項，即希督飭該鄉辦理為荷。

此致

鄉輔導員

附抄發春季糧食作物注意事項乙份

主任朱〇〇

巴县县政府为抄送原救农办法并予办理致巴县第七辅导区办事处的公函（一九四九年三月） 9-1-188（60）

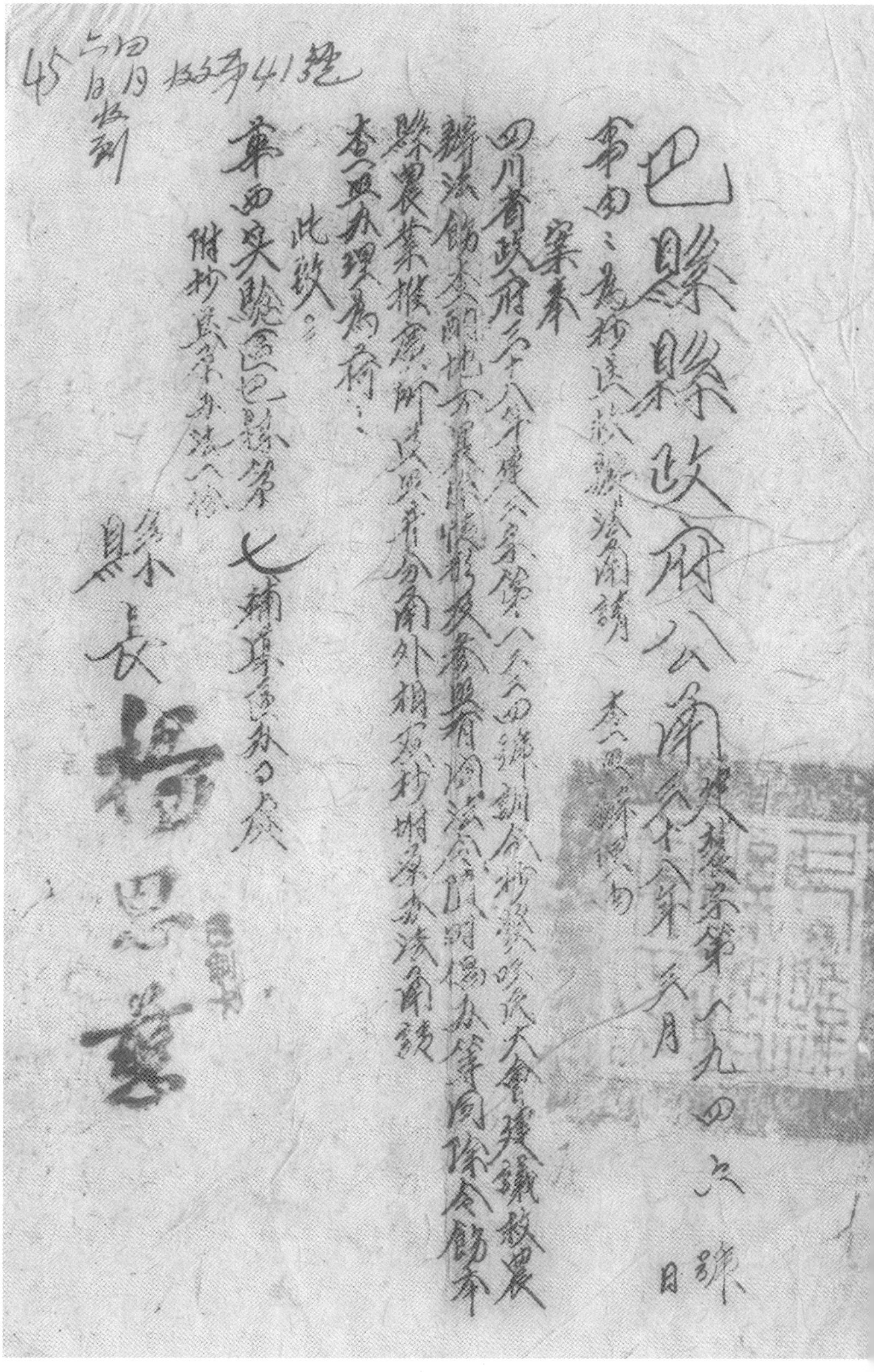

45 六月四日收到 收文第41號

巴縣縣政府公函 卅八年三月 日 建農字第一九四〇六號

事由：為抄送救農辦法函請 查照辦理由

案奉

四川省政府三十八年建公字第八八〇四號訓令抄發四川省臨時參議會建議救農辦法飭查酌地方農業情形及當地有關法令隨時備辦等因，除令飭本縣農業推廣所外，茲將前各函外相應抄附原辦法函請

查照辦理為荷！

此致

華西實驗區巴縣第七輔導區辦事處

附抄原辦法一份

縣長 楊恩華

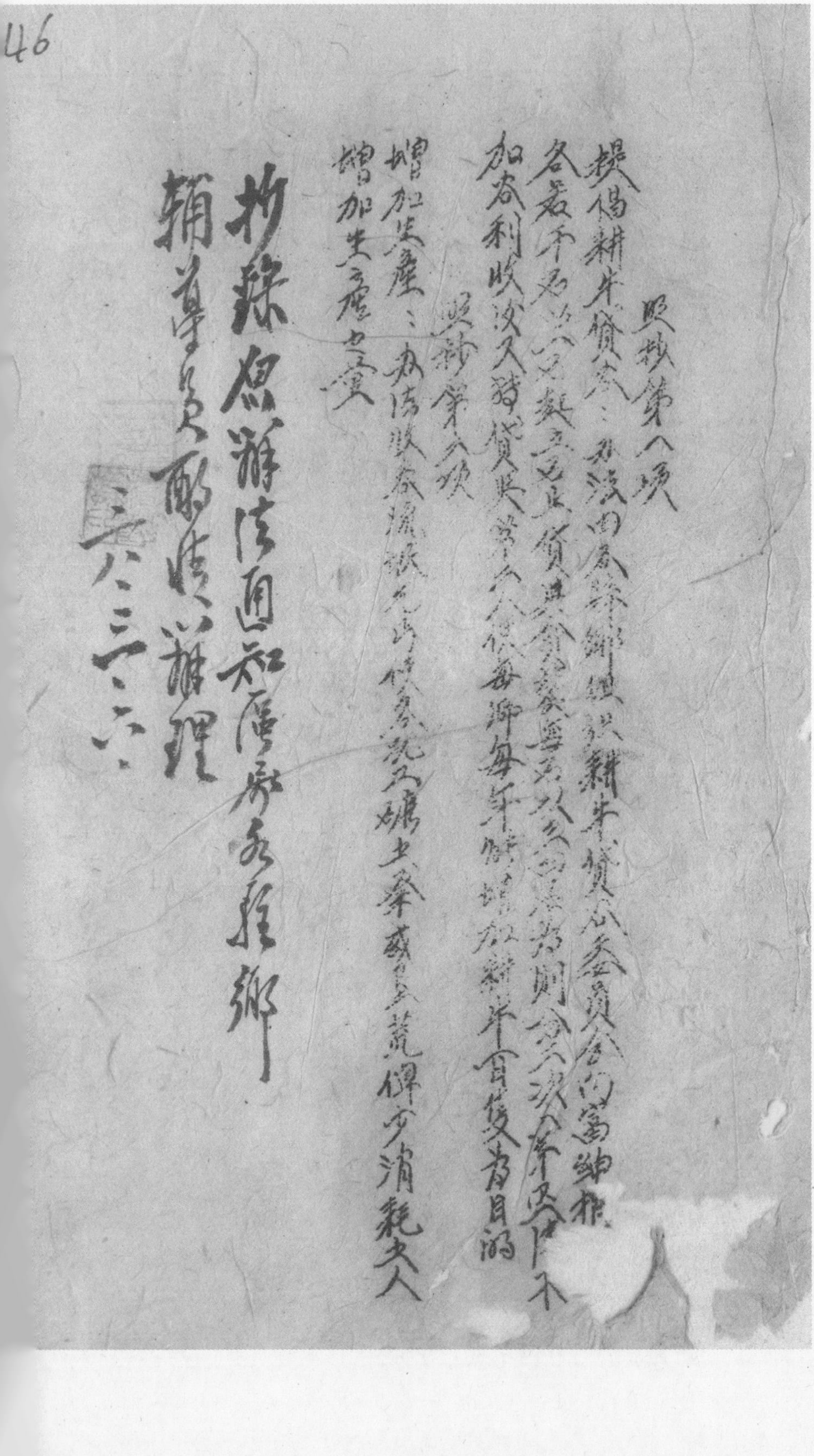
照抄第八项
提倡耕牛贷款：由各乡镇组织耕牛贷款委员会向当地银
各委员不足之数[illegible]贷款[illegible]及年限不
加，以利收获，又耕牛贷款[illegible]每乡每年增加耕牛百头为目的
照抄第十项
增加生产：办法[illegible]荒地，务少消耗人
增加生产[illegible]
抄粘原办法通知广兴乡
辅导区办事处办理
三八、三、六

巴县县政府为抄送原救农办法并予办理致巴县第七辅导区办事处的公函（一九四九年三月） 9-1-188（61）

巴县第七辅导区办事处转巴县县政府抄送救农办法并予办理致各乡辅导员的通知（一九四九年四月八日） 9-1-188（59）

44

通知 三十八年四月八日 抄白市驿 乡辅七字第一〇九号

案准

巴县县政府本年三月建农字第一九四六号函检送

国民大会建议救农办法案请查照办理等由兹以抄

原办法一份，即希

查照办理为荷

此致

乡辅导员

附抄原办法一份

主任 张涤？

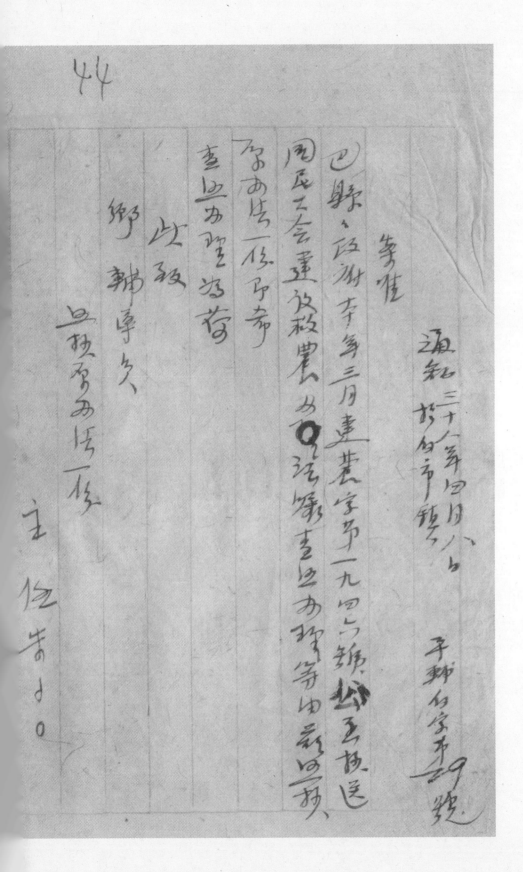

巴县第七辅导区办事处转巴县县政府抄送救农办法并予办理致各乡辅导员的通知（一九四九年四月八日） 9-1-188（59）

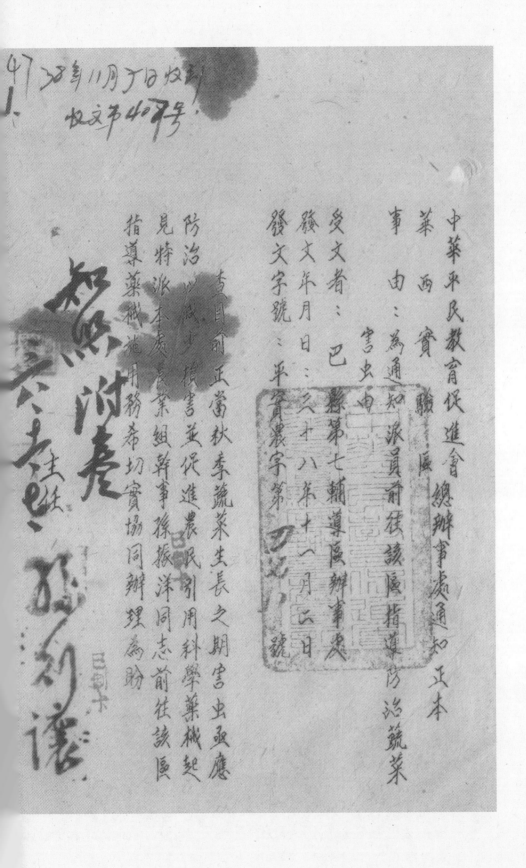

华西实验区总办事处为派员前往巴县第七辅导区指导防治蔬菜害虫致该区办事处的通知（一九四九年十一月二日）

9-1-188（62）

47
38年11月7日收到
收文第4077号

中華平民教育促進會總辦事處通知 正本
華西實驗區
事由：為通知派員前往該區指導防治蔬菜害虫由
受文者：巴縣第七輔導區辦事處
發文年月日：卅八年十一月二日
發文字號：平實農字第[illegible]號

查目前正當秋季蔬菜生長之期，害虫亟應防治，以減少損害，並促進農民引用科學藥械起見，特派本處農業組幹事孫振洋同志前往該區指導藥械施用，務希切實協同辦理為盼。

[illegible]
主任 孫則讓

已印卡

一九四九年八月二十八日华西实验区总办事处为检发柑橘果实蝇防治浅说等四种以作传习教材之用致巴县第七辅导区的通知（附：甜橙果实蝇防治法、柑橘园中几种主要害虫防治法、柑橘生产促进会组织章程、保农公约） 9-1-188（63）

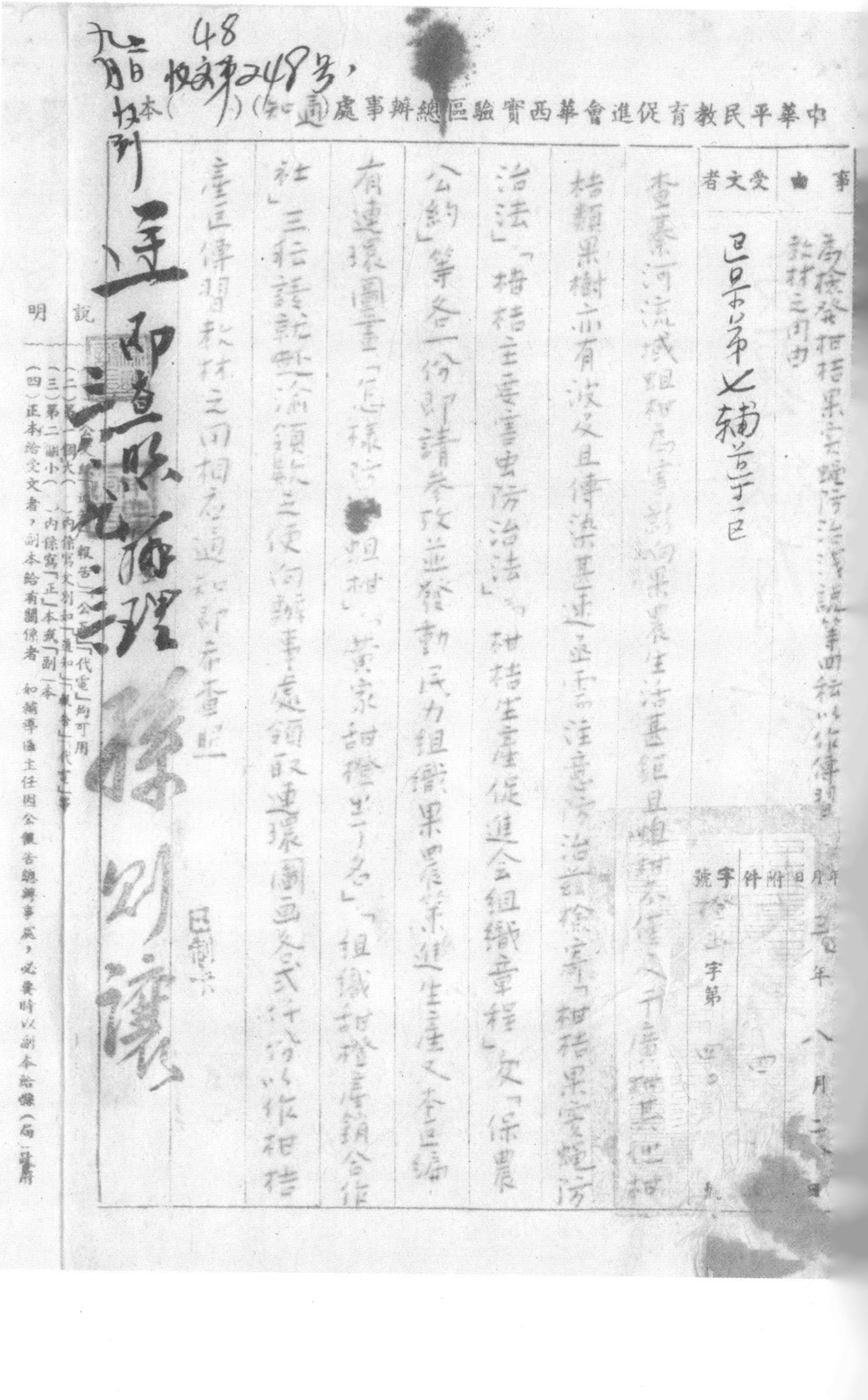

中華平民教育促進會華西實驗區總辦事處 通知（本）

事由：為檢發柑桔果實蠅防治淺說等四種以作傳習教材之用由

受文者：巴縣第七輔導區

查綦河流域蛆柑為害影響果農生活甚鉅且蛆柑在[illegible]柑類果樹亦有波及且傳染甚速亟需注意防治茲檢寄「柑桔果實蠅防治法」「柑桔主要害虫防治法」「柑桔生產促進會組織章程」及「保農公約」等各一份即請參攷並發動民力組織果農策進生產又查[illegible]有連環圖畫「怎樣防治蛆柑」、「黃家甜橙出了名」、「組織甜橙產銷合作社」三種[illegible]向辦事處領取連環圖畫各式[illegible]以作柑桔產區傳習教材之用相應通知即希查照

附件

三十八年八月二十六日

字號 檢工字第 四四 號

九月二日收到 收文第248號

說明 （四）正本給受文者，副本給有關係者

一九四九年八月二十八日华西实验区总办事处为检发柑橘果实蝇防治浅说等四种以作传习教材之用致巴县第七辅导区的通知（附：甜橙果实蝇防治法、柑橘园中几种主要害虫防治法、柑橘生产促进会组织章程、保农公约） 9-1-188（64）

49

中國甜橙果實蠅（Tetradacus tsuneonis [illegible]）防治法

吳乾紀編
三十八年八月

中國甜橙果實蠅之防治，原則上除配合果農組織努力於滅蛆工作外，更應防範其傳播蔓延，其原則擬訂如下：

一、組織果農互相監督，禁止販賣蛆柑

二、組織果農互相監督，禁止亂拋蛆柑

三、組織果農互相督促，殺滅果實蠅。其方法及日期如下：

甲、果蛆蟲之消滅：自秋分至小雪

乙、蛹期之防治：自小雪至立春

丙、成蟲之防治：自立春至小暑

丁、天敵防治法：尚待蒐集其寄生物

下列諸種防治方法，係按蒐集果農經驗編以適合本區之環境，可就各地情形分別斟酌使用。

甲、蛆柑之消滅：自秋分至小雪，滿受黃果實易於識別蛆果之時期，摘果而加以處理，可以消滅蛆蟲，茲將各種有效處理蛆柑方法順序簡述如次：

1、蒸籠蒸殺滅蛆法：作蒸籠形似普通蒸饋紅苕之籠，口小身大，周圍均以三合土 [illegible]

一九四九年八月二十八日华西实验区总办事处为检发柑橘果实蝇防治浅说等四种以作传习教材之用致巴县第七辅导区的通知（附：甜橙果实蝇防治法、柑橘园中几种主要害虫防治法、柑橘生产促进会组织章程、保农公约） 9-1-188（65）

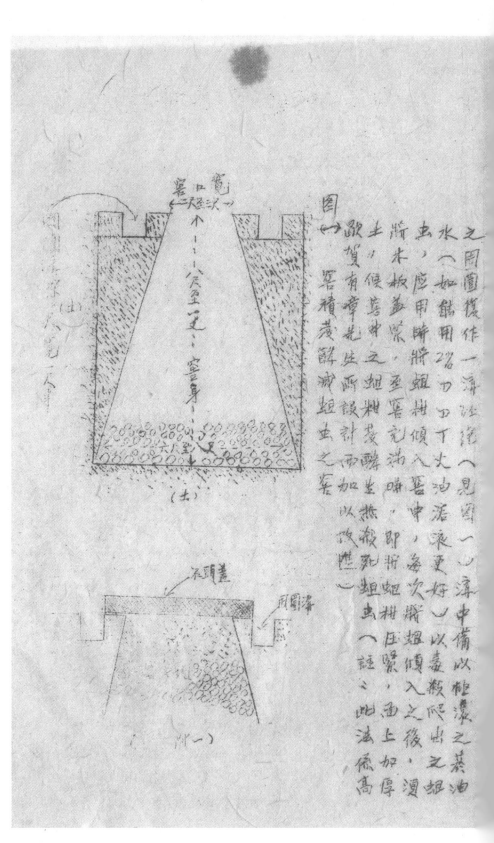

之图圖後作一簿法說（見图一）簿中備以柑漿之菸油水（如能用2%DDT火油乳液更好）以毒斃爬出之蛆虫，应用時將蛆柑傾入窖中，每次將蛆傾入之後，須將木板蓋緊，至窖已滿時，即將蛆柑压緊，面上加厚土，使窖中之蛆柑发酵生热殺死蛆虫（註：此法係高歐賀有章先生所設計而加以改進）

图（一） 窖積发酵滅蛆虫之窖

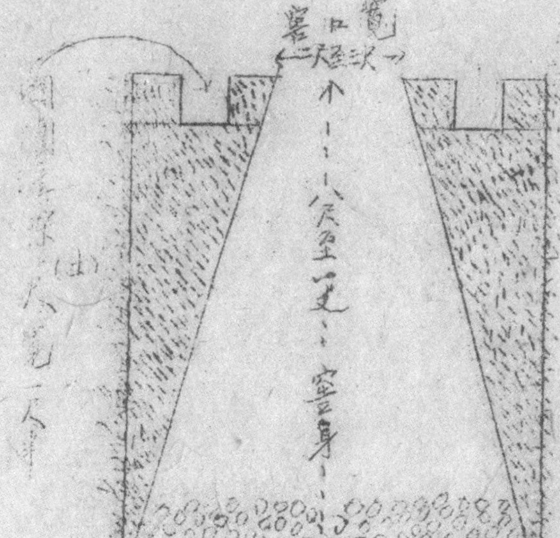

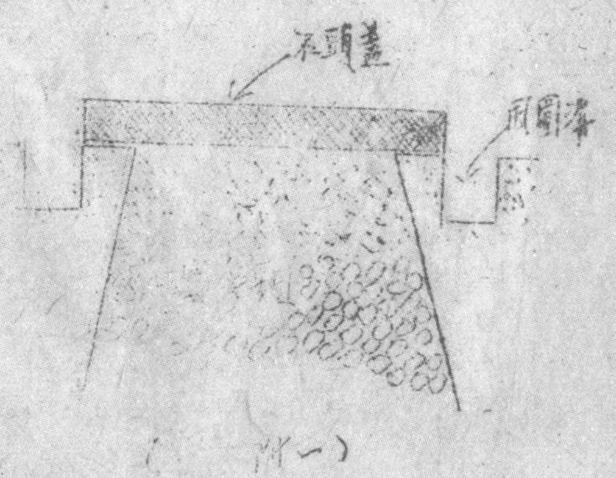

一九四九年八月二十八日华西实验区总办事处为检发柑橘果实蝇防治浅说等四种以作传习教材之用致巴县第七辅导区的通知（附：甜橙果实蝇防治法、柑橘园中几种主要害虫防治法、柑橘生产促进会组织章程、保农公约） 9-1-188（66）

50

火油殺蛆虫法：可利用糞池（或另開新池，池圍闊約面三台尺）池中加水（至池底三分之一或二分之一），水面浮以火油，將蛆柑傾入，並以竹篩將蛆柑壓下至底（見圖二），則蛆虫可為水淹沒，窒息致死。偶有浮水面之蛆虫，亦因火油阻閡於水中窒死。於使用此法時，以池之口徑較小為佳，蓋可省油也。大約池內水之面積為二十五方尺者，須加火油二兩。又市面上之火油為質不佳，用時可先加水數倍作成乳狀液，使其易於分佈於水面。

樓真武場中國農民銀行園藝推廣示範場之經驗，如以百分之二四四丁火油溶液浮於水面尤為可將蛆虫毒死）竹篩亦可不用（參看圖三）

每次將由池中已殺死之蛆柑撈出時，或因熱而火油蒸發，以致火油損失，應於適當時間補加火油或藥液

（第二圖及第三圖見後）

一九四九年八月二十八日华西实验区总办事处为检发柑橘果实蝇防治浅说等四种以作传习教材之用致巴县第七辅导区的通知（附：甜橙果实蝇防治法、柑橘园中几种主要害虫防治法、柑橘生产促进会组织章程、保农公约） 9-1-188（67）

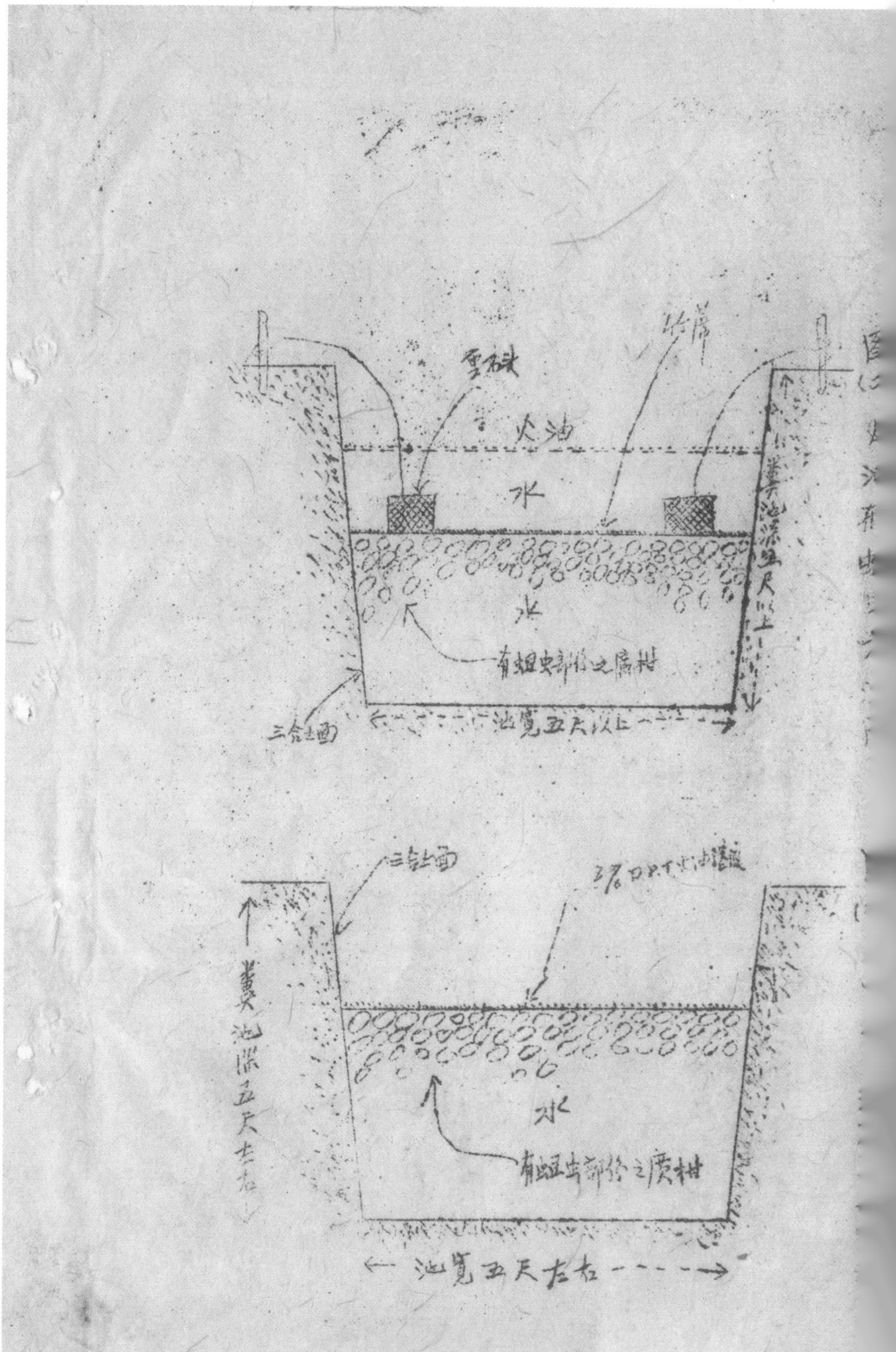

一九四九年八月二十八日华西实验区总办事处为检发柑橘果实蝇防治浅说等四种以作传习教材之用致巴县第七辅导区的通知

（附：甜橙果实蝇防治法、柑橘园中几种主要害虫防治法、柑橘生产促进会组织章程、保农公约） 9-1-188（68）

51

[illegible]
法西是一果，且再利用蒸熟蛆柑在醋火餵柑，惟此
法經濟宜蛆柑藏量最少之時，蛆小型果園，最營標序
之果園可利用蒸酒鍋煮蛆柑。
火燒滅蛆法：於蛆柑數量不多時，或在小型果園中
，可利用灶內餘火，焚燒蛆柑，以殺果蛆。
5. 生石灰水解出熱殺蛆法：利用生石灰加水生熱殺蛆
出，在使用時先將蛆柑打開，[illegible]
津之囊地中，[illegible]
在底林解害蟲，[illegible]用難此法[illegible]石灰[illegible]
陵地帶交通不便，運輸困難[illegible]
成則長不經濟，[illegible]蛆柑集中大量處理，則可[illegible]
為易費而經濟，出產石灰地可使用此法。
6. 深坑埋藏殺蛆法：於果園中地下水面較低處掘一
深坑，將蛆柑傾入坑壓緊，至距坑口二尺許即覆土，用
力鎮壓以窒殺蛆虫，最至春至前引水入坑中，如有未
死之蛆虫，至時必被水淹斃。
7. 石灰[illegible]殺蛆[illegible]法[illegible]

一九四九年八月二十八日华西实验区总办事处为检发柑橘果实蝇防治浅说等四种以作传习教材之用致巴县第七辅导区的通知

（附：甜橙果实蝇防治法、柑橘园中几种主要害虫防治法、柑橘生产促进会组织章程、保农公约） 9-1-188（69）

水解出其殺蛆法之，然不易加水，可將蛆柑另在表層積于坑或池中，先加生石灰一層，其上即堆入蛆柑一層，柑上再覆生石灰一層，如此間隔堆積之，頂層再覆生石灰。惟至最頂層宜特別小心，勿使蛆虫漏網爬走。

上述諸種方法，第一為窖積發酵，第三為火油四日

下淹浸法，第二為水漬，第四為火燒，第五為生石灰

生熱諸法之殺蛆，均有可靠之效力，就中以第一為最為經濟，應儘量採用。

蛆柑之消滅以窖積發酵法最為有效

乙、蛹期之防治：中國甜橙果實蠅之幼虫（蛆），於受害果實落果後，即鑽入土中，化為蛹，準備越冬。防治之法，宜於小雪至立春期內，於樹周圍以鋤頭施行深耕，將匿藏土中之蛹曝露于土面，藉天氣寒冷凍死虫蛹。

丙、成虫（蠅）之撲殺：

1、續在陽曆羽化尚未出土之成虫（蠅），立夏前後於雨後泥上未乾時，將土踏緊壓緊，使羽化之成虫不易爬出，悶死於土中。

52

2. 誘殺法：立夏至小暑為成虫羽化出現最多之時期，用捕蠅紙（用紅糖二分，阿拉伯膠或牛皮膠一分加水煮融成膠狀，塗於油紙上）掛於樹枝上．或將紙縛於竹竿上，在柑林中黏捕成虫以殺滅之．

3. 毒餌法：據美國佛羅理達州（Florida）之地中海柑防治報告，用砒酸鉛二磅，紅糖二十五磅，糖漿水五加侖，水一百加侖為毒餌，毒殺成虫甚為有效．該區自一九二九至一九三○年使用毒餌防治之後，迄今未重發現．南非洲曾用氟矽酸鈉一英兩，白糖二磅，水四加侖混合作為毒餌亦甚有效．每株中年樹僅須用毒餌一磅，以粗點噴射法噴射在樹葉上即可．美國德克薩斯洲（Texas）所發現之墨西哥果實蠅之防治，亦嘗使用上述毒餌法．

毒餌之使用時期，為自成虫羽化出現至產卵前，按目前所知中國甜橙果實蠅之生活史，毒餌之使用，應在立夏至小暑之間，每隔三、四天噴射一次，每於雨後將噴晴時，應重新噴射．惟此法在目前我國藥械不克自製之際，不能普遍應用，实为憾事。

灭蛆、杀蛹、毒死成虫，为防治中国甜橙果实蝇一环中三种方法，任何方法，如能彻底施行，均可奏效。若相辅併用，更易見功。在我国农村经济萧条、人工低廉之今日，摘果灭蛆，整地杀蛹，实行比较容易，惟毒杀成虫之成效比较彻底，是則药械之普遍供应，当为目前之急务，而自製自給，更為当局所应基本策劃之百年大計也。

（完）

一九四九年八月二十八日华西实验区总办事处为检发柑橘果实蝇防治浅说等四种以作传习教材之用致巴县第七辅导区的通知（附：甜橙果实蝇防治法、柑橘园中几种主要害虫防治法、柑橘生产促进会组织章程、保农公约）　9-1-188（71）

一九四九年八月二十八日华西实验区总办事处为检发柑橘果实蝇防治浅说等四种以作传习教材之用致巴县第七辅导区的通知（附：甜橙果实蝇防治法、柑橘园中几种主要害虫防治法、柑橘生产促进会组织章程、保农公约） 9-1-188（72）

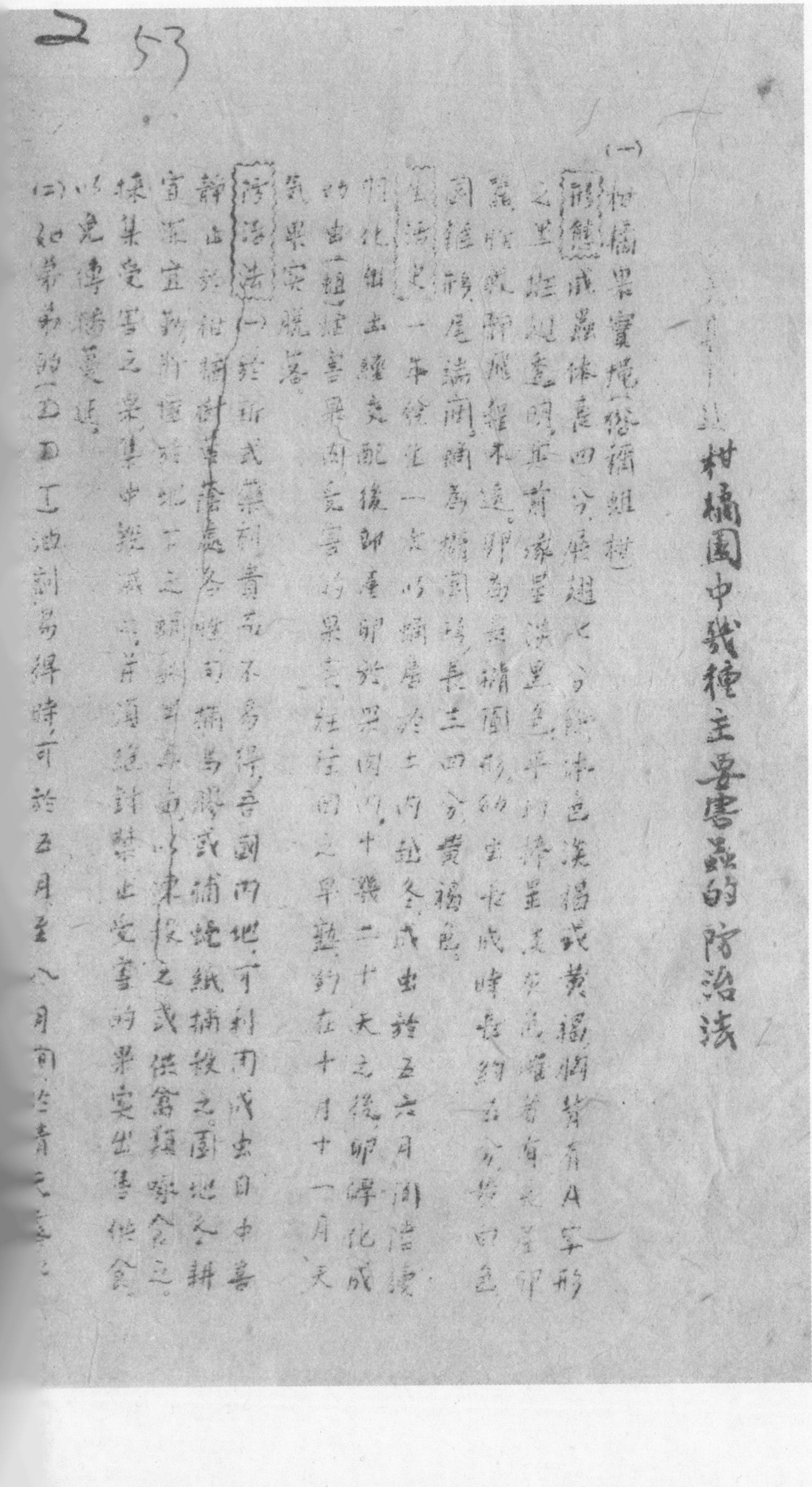

2 53

柑橘園中幾種主要害蟲的防治法

（一）柑橘果實蠅（俗稱蛆柑）

形態：成蟲體長四分，展翅七分，體淡黃或黃褐，胸背有A字形之黑斑，翅透明，前緣黑褐色，其餘淡黑色，[illegible]背呈黃色，雌者有產卵管，伸出如針，卵為長橢圓形，幼虫長成時長約五分，白色，圓錐形，尾端闊，頭部尖，蛹為橢圓形，長三四分，黃褐色。

生活史：一年發生一次，以蛹居於土內越冬，成虫於五六月間陸續羽化出土，經交配後即產卵於果肉內，十幾二十天之後，卵即孵化成幼虫（蛆），即害果肉，受害的果實在採收之前[?]早熟，約在十月十一月間，致果實脫落。

防治法：（一）於新式藥劑[?]青[?]不易得，吾國內地可利用成虫日中喜靜止於柑橘樹葉背處，各地可捕蠅器或捕蠅紙捕殺之。園地之耕宜深宜勤，將[?]蛹在地下之翻出，加以[?]殺之或供禽類啄食之。撿集受害之果，集中燒毀，並須絕對禁止受害的果實出售供食，以免傳播蔓延。

（二）如藥劑的（五因工）油劑易得時，可於五月至八月間於青[illegible]

羽化後，因實際需要殺成虫的一星期或十日行一次，連續施行之，二三年或可斷種。

（二）柑橘天牛

柑橘星天牛 蛀害樹根，因此亦叫柑橘根天牛，鄉間俗話叫是虫，其蛀害情形甚屬害柑橘的根部，常因受此的幼虫蛀食停止生長而枯死。

1.星天牛的為害時期有

（一）成虫咬破樹枝皮層

（二）幼虫未鑽入木質部之前蛀害樹幹皮層，能裹橘之為皮虫或叫蛀根虫。

（三）老木虫即是大的幼虫，自皮層鑽入木質部向下蛀食根部，

形態——星天牛本是的有七分到一寸二分不等，深黑藍色，翅上有白色斑點，雌虫的比雄虫短小，但是觸角則比雌虫為長，飽的問為長因經形長短約不到二分，兩邊有許多與癤瘤相似，孵化的時候即是為黃綠色，幼虫初孵化的時候，不到一分，本身剛成熟時期可達一寸四五分，牛乳白色，頭部深褐黑色，頭的大小長短如成虫相仿，佛蛹即為白色，後來逐漸變為黑褐色。

一九四九年八月二十八日华西实验区总办事处为检发柑橘果实蝇防治浅说等四种以作传习教材之用致巴县第七辅导区的通知（附：甜橙果实蝇防治法、柑橘园中几种主要害虫防治法、柑橘生产促进会组织章程、保农公约） 9-1-188（73）

一九四九年八月二十八日华西实验区总办事处为检发柑橘果实蝇防治浅说等四种以作传习教材之用致巴县第七辅导区的通知（附：甜橙果实蝇防治法、柑橘园中几种主要害虫防治法、柑橘生产促进会组织章程、保农公约） 9-1-188（74）

3.生活史—星天牛一年發生一次，成虫（天牛）在每年五月底到六月下旬從隱匿在樹根木質部內的蛹羽化出現，成虫的壽命約長一個月，雌天牛交配之後，雌虫即開始咬破樹皮產卵，產卵約是在六月到八月半的期限內，若按至秋分後數天以所約十天至半月之後即孵化為幼虫，起初蛀食根部皮層，從表鑽入木部，蛀食根部木質，成熟之後，化成蛹，到第二年去便於分蛹內羽化成成虫。

4.寄主—除了各種柑桔樹之外，尚有蘋果、柳樹、桑樹、松樹、白楊、白蠟、苦楝等。

柑桔褐天牛又稱為樹天牛，他的為害情形和星天牛相彷彿，不同的，就是老虫專食樹幹的木質部。

1.形態—成虫為黑褐色，雌的比雄的大，雌虫約七八分至一寸許，褐天牛的卵形像芝麻大小，先是乳白色，漸漸變灰褐色，他的幼虫初孵化的時候很小，到成熟的時候可達一寸多，身乳白色，頭部棕色，他的蛹和星天牛各有出入，初化成的時候為乳白色，緩先逐漸變為深棕色。

2.生活史—成虫六七月出現，約有二十餘天至三十天乃產卵

一九四九年八月二十八日华西实验区总办事处为检发柑橘果实蝇防治浅说等四种以作传习教材之用致巴县第七辅导区的通知
（附：甜橙果实蝇防治法、柑橘园中几种主要害虫防治法、柑橘生产促进会组织章程、保农公约） 9-1-188（75）

過交配即產卵約三至六天左右即孵化成幼虫開始蛀食樹幹皮層和天星天牛之幼虫為害的情形略同但他的幼虫期比較長約有二十一至二十二個月，蛹期約二十一至三十三天整個過程約須二年的時間

3.寄主——各種柑桔

枝天牛即梓樹綠色天牛，每年生育一代，雌虫咬破樹枝皮層產卵於傷口內，幼虫蛀食枝條木質部為害，比較星天牛較[?]每年五六月間出現為害

1.形態——枝天牛的成虫長約一寸左右，全身綠色，觸角和足有紫到黑色，不怕陽光，好飛動，雌虫觸角的[?]與體為長，雄虫的觸角比身體略短，卵乳白色漸變黃褐色，幼虫淡乳黃色，長約一寸左右，蛹褐色

2.生活史——成虫五六月出現，或飛翔或息於兩枝和樹葉上，經交配產卵於枝條頂端，卵孵化成幼虫，蛀食枝條木質部成隧道，以蛹在翌年五六月間羽化成成虫

3.寄主——各種柑桔樹

（一）橘苗天牛 為園枝[?]天牛的一種，幼虫蛀食樹皮頂端，以致枯死樹苗

幹部木質，一年可育一至二代生育，成虫夜间飛翔。

1. 形態—成虫大多數為探褐色，身细而扁，約半寸長，一分多寬，觸角细，而比身体稍長。幼虫乳黄色，約半寸長，蛹淡黄色，約半寸長。

2. 生活史—成虫在四五月间和十一月间出現，經交配，產卵於苗木枝條頂端，卵孵化成幼虫，鑽入木質部，下蛀至樹幹而化成蛹，成熟後，羽化成成虫。

3. 寄主—各種柑桔樹、桑樹、樟樹等。

柑桔天牛之防治方法

1. 樹幹刷白：是天牛和褐天牛的防治，最好採預防消法，即將樹幹刷白，用生石灰化水，內摻進少量硫磺粉，或硫磺石灰液合成塗液，用棕刷刷樹幹外部，在五月底（芒種前後數天）起，至七月底止，晴天時刷白三四次，這種刷白法有驅逐成虫作用，并且當成虫附在樹幹咬破皮產卵的時候，管理員巡看的時候容易看見捕殺之。

2. 藥劑毒殺：當幼虫已經蛀入木質部，可用揮發性強之毒藥由傷口滴入蛀孔内毒殺老木虫，可用的毒藥有二硫化炭Carbon bisulPhide Paradichlorobenzene（二氯化苯）、Chloroform（哥羅仿）、Carbolic acid（石炭酸）等。

55

一九四九年八月二十八日华西实验区总办事处为检发柑橘果实蝇防治浅说等四种以作传习教材之用致巴县第七辅导区的通知（附：甜橙果实蝇防治法、柑橘园中几种主要害虫防治法、柑橘生产促进会组织章程、保农公约） 9-1-188（77）

柑農常請看虫匠人用鑿將幼虫連皮鏟去。

4.鈎殺老木虫。於春季或秋季，柑農即請看虫匠，用小鑿於老木虫蛀孔處鑿一小孔，然後用有鈎的細銅絲，向上或向下伸進洞中，至觸到老木虫時，即將銅絲扭轉，將虫拉出殺死。

5.枝天牛和柑桔茜天牛的防治。刷白对於這兩種天牛的收效比較少，於修剪的時候，將受害的樹枝剪去，焚燒，毀滅他的幼虫和蛹，最收效比較大。

（三）**柑橘銹蜘蛛** 或稱柑橘銹壁蝨、又稱柑桔紅蝨，俗稱麻柑，癩柑或油皮子。

這害虫是一種極小的蜘蛛，他的形狀和蝨相像，故又名蝨蜘蛛。柑樹嫩枝葉，特別是果實之皮，受害之後，發棕褐色，但像鐵銹，所以又称之銹蜘蛛。在四川這虫的為害情形，甚為猖獗，蔓延得非常快，為害嚴重的時候，全園分佈極廣，黑果滿樹，柑農每年損失非常重大。

形態：成虫為極小蟲，形狀頭尖，腹寬，尾尖，自胸至尾計二十八節，環色赤，故亦称之柑桔紅蝨，是有附着器，口器吮吸式，卵圓形。

生活史：成虫產卵過冬，翌春孵化為害，每年發生數拾代之多，身体微小，每逢大雨甚或長雨成虫死亡甚多，受害即因之而減輕。

一九四九年八月二十八日华西实验区总办事处为检发柑橘果实蝇防治浅说等四种以作传习教材之用致巴县第七辅导区的通知
（附：甜橙果实蝇防治法、柑橘园中几种主要害虫防治法、柑橘生产促进会组织章程、保农公约） 9-1-188（78）

农民均認為麻柑是天旱、或秋季吹熱風所致。事实卻不是，雨後病輕的象徵，是因成虫及其卵被沖刷死亡的原故。天旱病重，是因為成虫繁殖迅速，隨风向而蔓延，為害猖獗的原故。

防治法 噴射硫磺石灰合剂，為有效的防治法，但是因為僅能殺死成虫，所以需要噴射多次，春夏秋三季不能中断，採果之後噴射煤油石灰硫磺乳剂一至二次，擇晴天行之。園中之麻柑即可以滅跡，此药有毒殺成虫或卵之功效。

注意 於果実未下之前不宜用煤油的滲透力極強容易傷害果実

（四）柑橘蚜虫（俗稱大艷

蚜虫的種类很多，受害的農作物及樹木極多，寄生於柑橘上的，有黑色柑桔芽虫、赤褐色柑桔芽虫、和青色柑桔芽虫三種。芽虫的分佈極廣，為害猖獗。成虫及幼虫吸食柑桔葉、嫩枝、皮層、果实層內之汁液。在春夏秋季新芽嫩枝受害嚴重的時候，嫩葉萎縮，不久枯落，影响樹的生長極大，受害輕的，因遺留有分泌物，引起煤病，亦防礙樹的生長。

形態 成虫有兩種：（一）無翅成虫：無翅胎生的雌虫，全体或漆黑、或紫、

一九四九年八月二十八日华西实验区总办事处为检发柑橘果实蝇防治浅说等四种以作传习教材之用致巴县第七辅导区的通知
（附：甜橙果实蝇防治法、柑橘园中几种主要害虫防治法、柑橘生产促进会组织章程、保农公约） 9-1-188（79）

透明，卵橢圓形，有毛尖狀，如珍珠。雌虫亦分為有翅、和無翅兩種。

生活史 柑桔蚜虫的發生，常隨季節氣候的不同、而差異。一年有發生數代、至廿餘代之多。於十一月间發生有翅雌雄虫，產卵越冬，早春卵即孵化，成無翅成虫，這成虫又胎生幼虫，每隔七日至十日，生育一代，直至受害部份枯死，環境已不適宜生活的時候，遂即發生有翅成虫，飛至其他適当之寄主上，為害。本虫幼虫性喜羣居，常聚生在一處，疊疊成堆，蠕動不已，幼虫的經常發育過程，須經四齡，每齡計時約一至十日，通常為二三日，成虫之寿命各代不同，同代中亦有出入，最長的可達四十九日，短者約五六日，每一雌虫，最少可胎生五、六頭。幼虫多的，可達九十餘头，本虫的繁殖力極強。

防治法 (一)冬季剪枝的時候，剪去受害之枝，除去越冬的卵(二)用除虫或菸葉石油乳剂噴射，以殺成虫及幼虫(三)繁殖天敵例如瓢虫及食蚜蝇等，以消滅之。

(五)**介殼虫** 侵害柑橘类果樹的介殼虫的種类甚多，已知道的約有數十種，茲例举江津区内最普遍的而為害最猖獗的數種於後，以供參考。

一九四九年八月二十八日华西实验区总办事处为检发柑橘果实蝇防治浅说等四种以作传习教材之用致巴县第七辅导区的通知（附：甜橙果实蝇防治法、柑橘园中几种主要害虫防治法、柑橘生产促进会组织章程、保农公约） 9-1-188（80）

57

(1)[illegible]介殼虫，這虫專為害柑橘类植物

形態：雌成虫之臘殼，初為深玫瑰紅色，越時漸変淡紅。至老熟的雌虫，身体由中央隆起成半球形，周缘的臘質白帶，向上捲起。雄虫体系為淡紅色，透明，头圆，单眼黑色，卵椭圓形，淡福色甚（小）雄幼虫初孵化的時候，為精圓形，前端略闊，為淡福色，達二齡的時候，体的背部有白色半透明臘質分泌物。

生活史：此虫一年發生一代，以受胎雌虫越冬，至翌年六月中旬開始產卵，六月下旬，其卵即孵化，雌雄幼虫，均於七月上旬脫第一次皮，雌虫於八月上旬脫第二次皮，九月上旬脫第三次皮，雄虫經過第二次脫皮在八月下旬，並隨即化蛹，九月上旬即可羽化。雌雄幼虫的第一齡期，為二〇天，雌幼虫的第二齡期約為二十二天，第三齡二十七天，十月上旬成虫完全成熟，經交尾之後，雌虫即行產卵，於体下為成虫約產卵二百至九百粒，卵約經二十餘日即開始孵化。

(2)黑点介殼虫，亦為專危害柑橘类果樹。

形態：此虫之雌虫，形長而扁平，色黑不透明，第一次脫皮漆黑，第二次所脫的甚狭而為白色或棕色，雄虫幼虫所脫的皮均為黑色成熟的時候為白色或褐色，卵橢圓形，淡紫色。

生活史：此虫一年發一、二代，以卵越冬在雌虫的身体下面，翌春孵

一九四九年八月二十八日华西实验区总办事处为检发柑橘果实蝇防治浅说等四种以作传习教材之用致巴县第七辅导区的通知（附：甜橙果实蝇防治法、柑橘园中几种主要害虫防治法、柑橘生产促进会组织章程、保农公约） 9-1-188（81）

（3）

化成幼虫，群集於葉上，在葉的背面為多，枝上亦可有之，在果实上亦有。江津区内之廣柑上，常見之黑白點，即係這虫所脫的殼

吹綿介殼虫或称綿蚧殼虫，此虫之分佈最廣，他的寄主的種類亦多，包括果樹、蔬菜、花卉植物約有百餘種，這虫原產於澳洲維多利亞地方，嗣後侵入北美，吾國浙江黄岩十餘年前曾受其害，四川江津区内尚罕見之。

雌成虫体橘紅色，橢圓形，腹面扁，背脊隆起，如龜層狀，故亦称之為龜甲介殼虫，身体有小黑毛，腹部近緣有曲而無規的隆起如山層之起伏，頭胸腹部边緣及觸角各節膨大處之毛叢中，均有分泌孔，能分泌白色臘質，幼時無卵囊，後則漸生囊。

雄成虫体小細長，橘紅色，较雌者顯明，前翅一對，黑色狭而長，不善飛翔，後翅退化，足黑色，爪黄白色，卵長橢圓形，光滑，橙黄至橘紅色。

卵：圓形，裸露，稍扁，幼虫的身体橘紅色，幼虫孵化後即分泌一絲狀黄色之臘質粉白纖維，被覆他的身体，至大亦然，至成熟之後方能辨別雌雄。

蛹：僅有雄虫的幼虫化成蛹，橘紅色，頭近圓形，結白繭，長橢圓形，繭質疏鬆，不規則，自外可窺其全形

[illegible]虫一年發二三代，以幼虫或成虫越冬，成虫於[illegible]或

一九四九年八月二十八日华西实验区总办事处为检发柑橘果实蝇防治浅说等四种以作传习教材之用致巴县第七辅导区的通知（附：甜橙果实蝇防治法、柑橘园中几种主要害虫防治法、柑橘生产促进会组织章程、保农公约） 9-1-188（82）

58

翌年五月產卵，五月上旬孵化成幼虫，第一代在五月間陸續孵化，六月七月間化成成虫，第二代七八月間孵化，十月化成成虫，在寒冷地帶，即以二代成虫越冬，在溫暖無嚴霜大雪地帶，即継發第三代，以幼虫越冬，成虫羽化後一、二日，即交尾越六至十一日即開始產卵，每隻雌虫普通可產五十至七百個卵，特別大的可產至一千個。

防治法 介殼虫之種類甚多，但他們的生活習性大体相類似，因之其防治方法亦可同樣方法，茲畧述於後以供參攷

1.氫氰酸氣燻法：於採收之後，即用不漏氣之布帳幕將受害之樹全部罩住，然後用氫氰酸燻殺成虫和幼虫，這方法手續麻煩，設備昂貴，在吾國農村經濟蕭條的今日，實在無法採用

2.松脂乳剂防治法：在春夏兩季期間虫卵孵化時期，可以用稀薄的松脂乳剂噴射以殺滅其幼虫，冬季用濃液噴射。

3.焚燒被害枝葉防治法：冬季或早春剪枝的時候，可以將受害的枝條和葉，集在一處用火焚燒之。

4.天敵防治法：瓢虫為介殼虫的天敵，黑腹紅瓢虫、火紅瓢虫、均有嗜食介殼虫的習性，柑園中如無此兩種益虫，可以用人工培養繁殖於柑園中，以助捕殺介殼虫。

一九四九年八月二十八日华西实验区总办事处为检发柑橘果实蝇防治浅说等四种以作传习教材之用致巴县第七辅导区的通知

（附：甜橙果实蝇防治法、柑橘园中几种主要害虫防治法、柑橘生产促进会组织章程、保农公约） 9-1-188（82）

一九四九年八月二十八日华西实验区总办事处为检发柑橘果实蝇防治浅说等四种以作传习教材之用致巴县第七辅导区的通知
（附：甜橙果实蝇防治法、柑橘园中几种主要害虫防治法、柑橘生产促进会组织章程、保农公约） 9-1-188（83）

順江鄉柑橘生產促進會組織章程

第一章 總則

第一節：名稱：本会定名為順江鄉柑橘生產促進會。

第二節：宗旨：本会組織之宗旨在於自動促進柑橘之生產事業共研增加生產保護產業之方法，本互助的人之精神共謀本身經濟利益之增加社会需要之補給俾得完成富國裕民之目的。

第二章 業務

第三節：鼓勵生產

第四節：選用優良品種改良生產技術

第五節：保護生產防除人為災害及病虫害組織特種保農小組會議

第六節：發展並改良運銷事業組織運銷合作社

第七節：聯合其他各地性質類似之組織共同促進柑橘生產

第三章 組織及職權

第八節：本會分保推選委員一至二人委員名額共九人每年改選一次連選得連任之。

第十一節：職權：選舉經委員会通過任命之其他委員有監察權務
主委：對外總理一切對外代表本会
常委：会務之督行並配合政府法团組織特設小組
会議主委缺席時代行其職權（一人）
常委：主總務事務責任掌理對内對外函告經管本
会收支出納（一人）

第十二節：每年冬夏二季各召開全体大会一次必要時得由委員会
議決召開大会

第四章 出会及入会

第十三節：出会：向委員会提出書面退会之原因（遷徙或死亡）三日後
其对本会義務廓清始正式出会。

第十四節：入会：新会友經老会友二人之介紹填具申請書由委員会
半數以上之会友通过即可為本会会友

第五章 經費及修改

第十五節：按会友果園大小分為甲乙丙三級会友甲級每年出会費
一元乙級每年出会費五角丙級免費

第十六節：經費不足時得由常委申請以委員会名義籌募之

第十七節：本章程自即日通過起有效並隨時得由大会提議修正之

一九四九年八月二十八日华西实验区总办事处为检发柑橘果实蝇防治浅说等四种以作传习教材之用致巴县第七辅导区的通知
（附：甜橙果实蝇防治法、柑橘园中几种主要害虫防治法、柑橘生产促进会组织章程、保农公约） 9-1-188（85）

4 60

保農公約

一、本公約本互助助人之精神共同約法保護生產防除災害

二、人為災害之防除

(一)聯合要求政府給予合法保障

(二)收穫期前嚴禁会友及非会友之採摘行為

(三)以守望相助之道義觀念聯合驅除或拘送一切強摘行為之人士。

三、蛆柑之防治

(一)聯合行政機關及農業法團共同組織檢驗站嚴禁蛆柑之入口及市場販賣行為違則將其產品全數解送設站消滅之并酌情罰款飭令繳付。

(二)鄰家發現蛆柑應即通知勸其採摘并即告知保農小組執行。

(三)發現蛆柑之農戶如不願採摘害果時得由本会強迫執行之如仍不願得由其鄰戶人家通知保農小組会派人砍去其為害之果樹。

(四)發行華西實驗區一切保護生產之方法並接受其指導

(五)凡本会会友皆須恪遵本約互相勉戒之

巴县县政府为准函停止进行耐旱作物贷款致巴县第七辅导区办事处的公函　9-1-188（86）

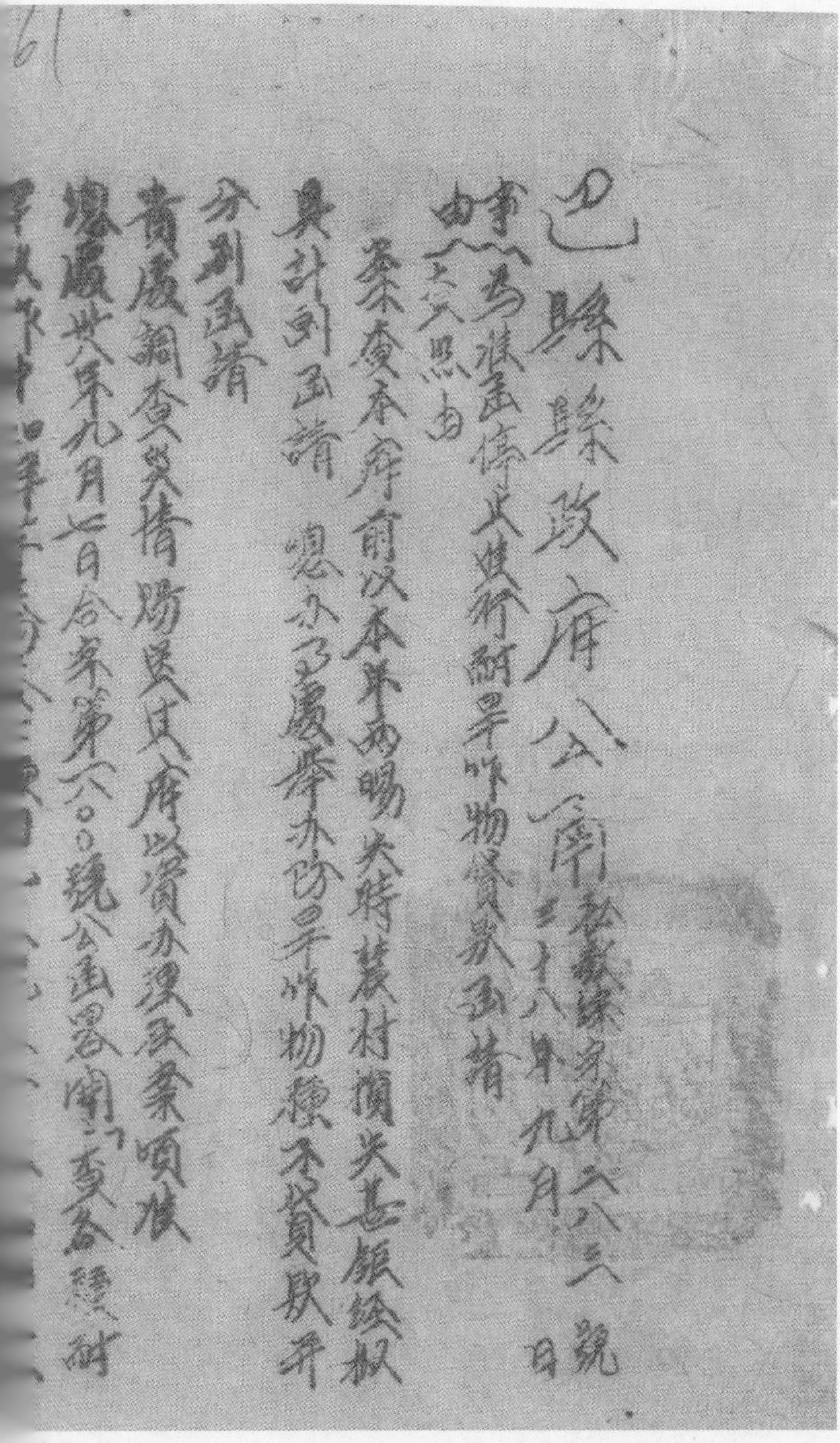

巴县县政府公函　私教缘字第二八二八号
三十八年九月　日
事由：为准函停止进行耐旱作物贷款函请查照由
案查本府前以本年雨旸失时，农村损失甚钜，经拟具计划函请
总办事处举办防旱作物种子贷款并分别函请
贵处调查灾情，赐予支持，以资办理各案。顷准
贵处卅八年九月七日合农第八〇〇号公函略开：查前函耐
[illegible]

巴县县政府为准函停止进行耐旱作物贷款致巴县第七辅导区办事处的公函　9-1-188（86）

……
熟地則下種約在本月以後將來小麥下種無力必大受影响
所屬貸款（即似無再行辦理）之必要。茲查縣府除函復
外相應函請　貴處停止進行耐旱作物貸款并
仍請將調查災情資料賜送本府以為材請救濟
之根據為荷！
此致
中華平教會華西實驗區巴縣第七輔導區辦事處
縣長　楊思憲

三十六年九月十三收到　收文第278號

知會輔導員查照辦理
九．廿五

华西实验区总办事处及巴县第七辅导处办事处转发各乡通知（一九四九年五月十一日） 9-1-188（89）

63

中華平民教育促進會華西實驗區總辦事處通知

辰字第〇八三號
民國三十八年五月十一日

事由：為頒發稻、桐、苕調查表格及南瑞苕淺說請查照由

一、茲寄上水稻栽培制度及良種示範推廣田間生育與產量結果調查表十份，檢定地方水稻品種詢問調查表及農家甘藷良種南瑞苕淺說四份，請查收並轉知繁殖站及農業輔導人員切實調查為荷

二、表格如有不宜之處，請調查填表人員將修改意見送寄農業組，以便下次印表時改善

三、各項調查表均須及時調查，如遇人事中途更易，調查表應移交繼續調查

四、調查完畢即請寄交農業組彙辦

五、相應通知，即希 查照

此致

华西实验区总办事处及巴县第七辅导处办事处转发各乡通知（一九四九年五月十一日） 9-1-188（89）

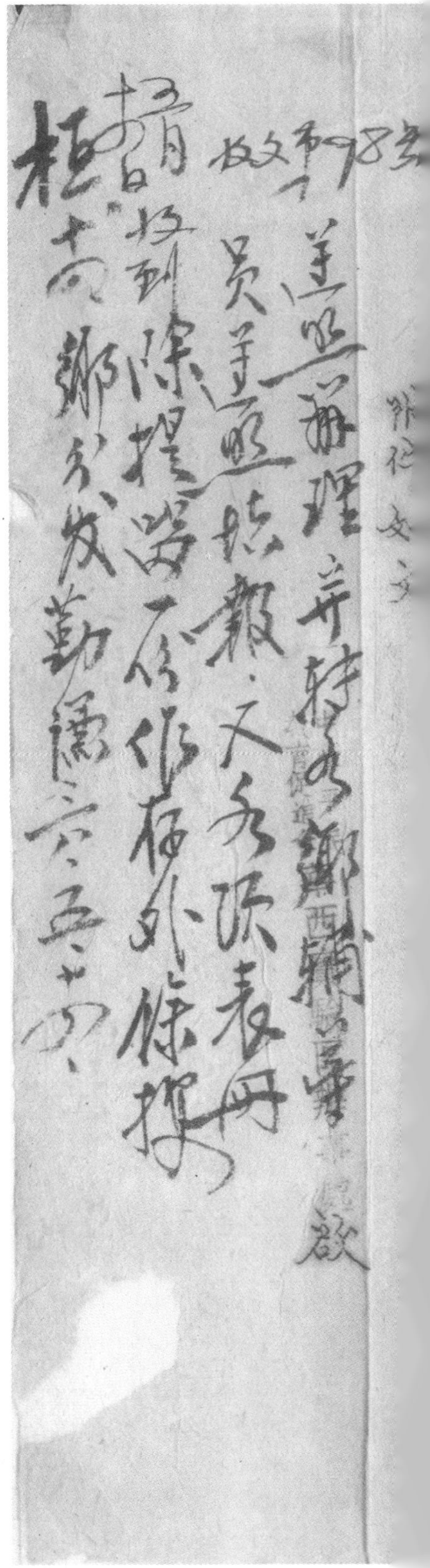

华西实验区总办事处及巴县第七辅导处办事处转发各乡通知（一九四九年五月十一日） 9-1-188（87）

62

通知 平辅白字第66号 民国三十八年五月十一日

事由：奉颁发稻、棉、菁调查表格转饬查照填报由

奉

总办事处本年五月十日农字第083号通知开：“一、兹奉上令，印希查照等因，除南瑞菁[illegible]径[illegible]传谕外，兹检发各项调查表共二份，即希查照填送本处以凭汇转为要。”

此致

[illegible]乡辅导员 [illegible]

六、五、十五

附调查表二份

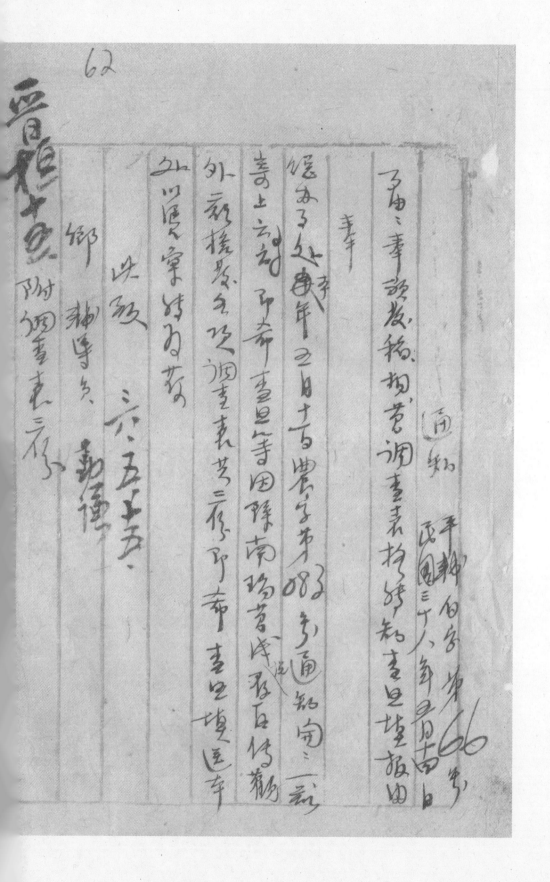

[illegible]十点

华西实验区总办事处及巴县第七辅导处办事处转发各乡通知（一九四九年五月十一日） 9-1-188（88）

主任朱

华西实验区制定《甜橙果实蝇防治总队示范果园合约》 9-1-127（27）

17

No.25

中華平民教育促進會華西實驗區甜橙果實蠅防治總隊示範果園合約

中華平民教育促進會華西實驗區甜橙果實蠅防治總隊（以下簡稱甲方）為推進果實蠅及天牛之防治工作願與果農（以下簡稱乙方）合作以乙方所經營坐落　　鄉　　保之果園為示範果園茲經雙方協議訂立合約如左：

一、乙方必須完全接受甲方技術上之一切指導

二、關于本年度防治果實蠅及天牛所需之藥劑由甲方供應

三、關于防治果實蠅及天牛所需之勞力（如採摘處理蛆柑等）完全由乙方負担

四、甲方為研究起見如需採取果樹材料或特別處理致使乙方果樹遭受損失時甲方得商同乙方給予公平之代價

五、除蟲後果園所獲利益完全歸於乙方

六、甲方在乙方果園試驗證明有效之殺蟲方法乙方有向外界介紹之義務

七、如乙方有實際需要甲方可斟酌需要情形代乙方向農民銀行

华西实验区制定《甜橙果实蝇防治总队示范果园合约》 9-1-127（28）

場購買苗木之優先權及八折之優待
九、除蟲後成績良好者甲方得酌予乙方獎勵以資示範
十、本合約之有效期間暫定為一年期滿後經雙方同意得繼續訂
立合約
十一、本合約自雙方簽字蓋章後有效

訂立合約人　總領隊　李煥章

果農

住址　　鄉　　保　　甲

中華民國三十八年　　月　　日

（附註）本合約雙方各執壹紙

华西实验区交中农所北碚试验场现款支付情况（一九四五年三月二十七日） 9-1-170（109）

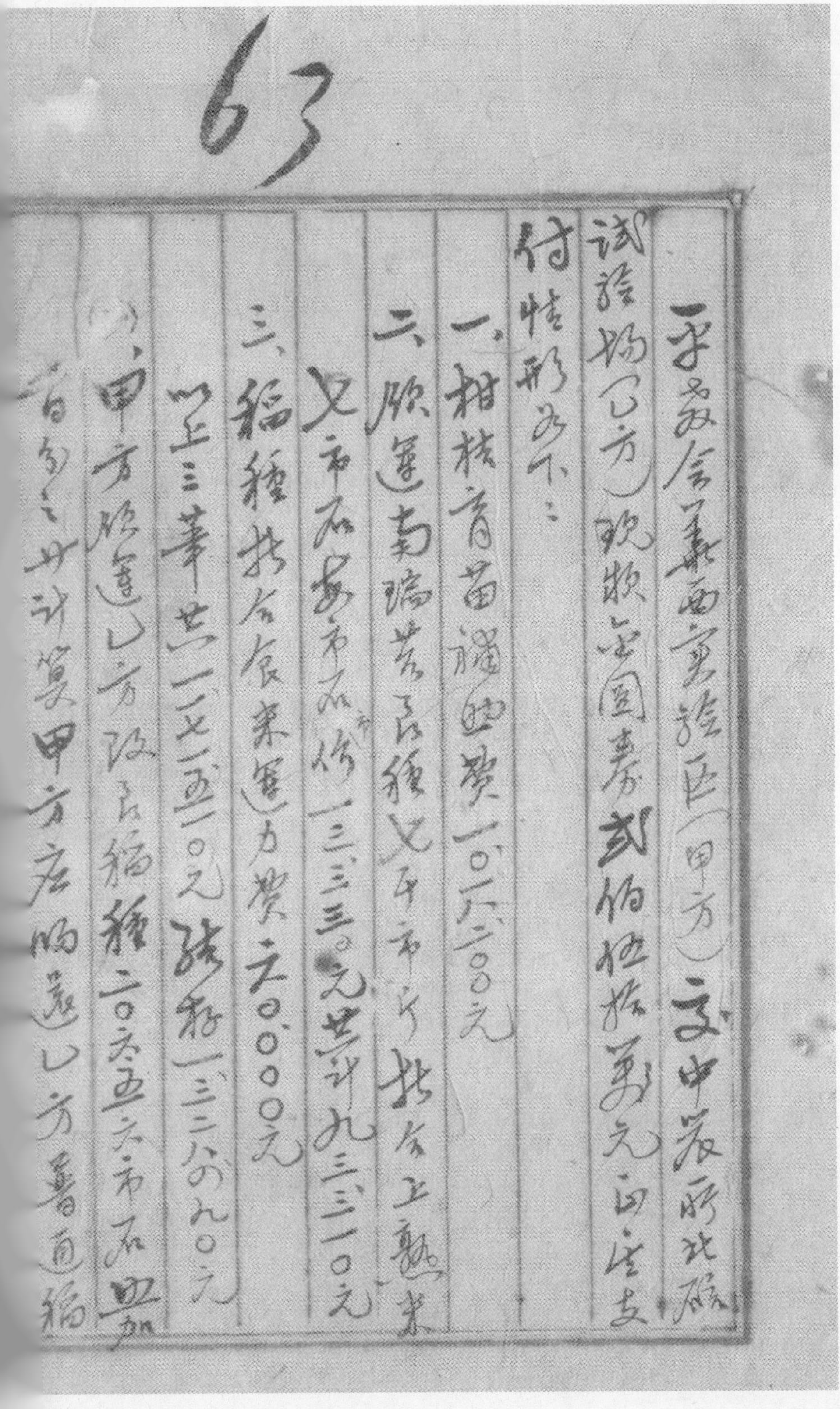
平教会华西实验区（甲方）交中农所北碚试验场（乙方）现款合国币肆拾万元正，支付情形如下：

一、柑桔育苗补助费一〇八，二〇〇元

二、购运南瑞苕良种七千市斤，折合正熟米七市石，每市石价一三，三三〇元，共计九三，三一〇元

三、稻种折合食米运力费六〇，〇〇〇元

以上三笔共二六一，五一〇元，余存一三八，四九〇元

（附）甲方购运乙方改良稻种二〇六.五六市石，照加百分之卅计算，甲方应购运乙方普通稻

华西实验区交中农所北碚试验场现款支付情况（一九四五年三月二十七日） 9-1-170（110）

稻二〇七·八七市石除照三月廿六日北碚市价结算
一九九·二九市石外（每市石六六六六·六六元）共计付
款一三二八五九〇元，尚欠乙方稻谷〇八·五八市
石，于本月底以前送清
平教会华西实验区代表
中农所北碚试验场代表
中华民国卅八年三月二十七日

华西实验区与中央农业实验所北碚农事试验场良种价让办法合约（一九四九年三月） 9-1-170（115）

中華平民教育促進會華西實驗區
中央農業實驗所北碚農事試驗場良種價讓辦法合約

（一）中華平民教育促進會華西實驗區（簡稱甲方）中央農事實驗所北碚農事試驗場（簡稱乙方）雙方同意由乙方將良種價讓與甲方特立本合約

二、乙方同意願將各項優良種子價讓與甲方供作該區推廣繁殖之用暫定種子種類及數量如左：

1.水稻原始種一二〇市石（包括中農卅四号六〇石中農四号四〇石勝利秈二〇石）

2.水稻原種二八〇市石（包括中農卅四号二〇〇石中農四号六〇石勝利秈二〇石）

3.南瑞苕原種七千市斤

三、甲方同意对乙方轉讓之良種價格照左列辦法計算之

华西实验区与中央农业实验所北碚农事试验场良种价让办法合约（一九四九年三月）　9-1-170（116）

1.水稻原始種一[illegible]石每市石合上山熟米六斗共計七十二市石
2.水稻原種一八〇市石每市石合上山熟米六斗共計一〇八市石
3.南瑞苕原種七千市斤每壹千市斤合上山熟米一市石共計七市石
以上共計食米一八七市石（或合普通穀子三七四市石）
四、雙方同意上列食米或穀子由甲方負責在北碚購買送交付乙方倉庫
五、上列種子由乙方在天生橋農場點交於甲方接收
六、本合約經雙方簽訂後即由甲方將米穀於三月底前交齊於乙方
七、本合約經雙方簽字蓋章後生效

中華平民教育促進會華西實驗區代表　李士勲

中央農業實驗所北碚農事試驗場代表　孫則讓

中華民國三十八年三月　日訂

璧山四寶閣文具印刷紙號印製

华西实验区与中央农业实验所北碚农事试验场合作繁殖推广良种合约（一九四九年三月） 9-1-170（117）

67

平教會華西實驗區（簡稱甲方）
中農所北碚農事試驗場（簡稱乙方）合作繁殖推廣良種合約

一、本合約根據農復會通過之四川省第三行政區作物良種繁殖推廣計劃（英文本）訂立之

二、本合約根據農復會通過之四川省第三行政區作物良種繁殖推廣計劃第三款第三項之規定（英文本）應由甲方補助乙方左列工作項目及經費

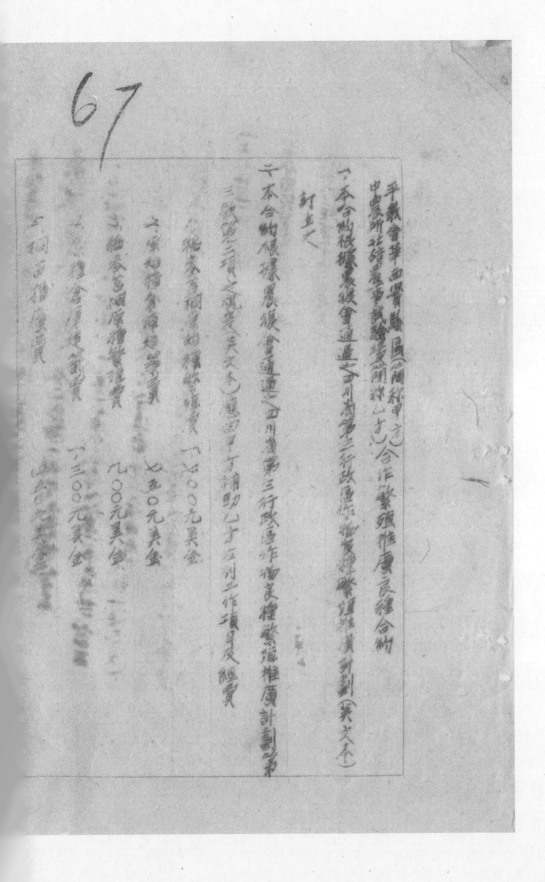

1、棉麥高稻原始種繁殖費 一、六〇〇元美金
2、原始種倉庫建築費 七五〇元美金
3、棉麥高稻原種繁殖費 九〇〇元美金
4、原種倉庫建築費 一、三〇〇元美金
5、稻[illegible]種[illegible]費 [illegible]〇〇元美金

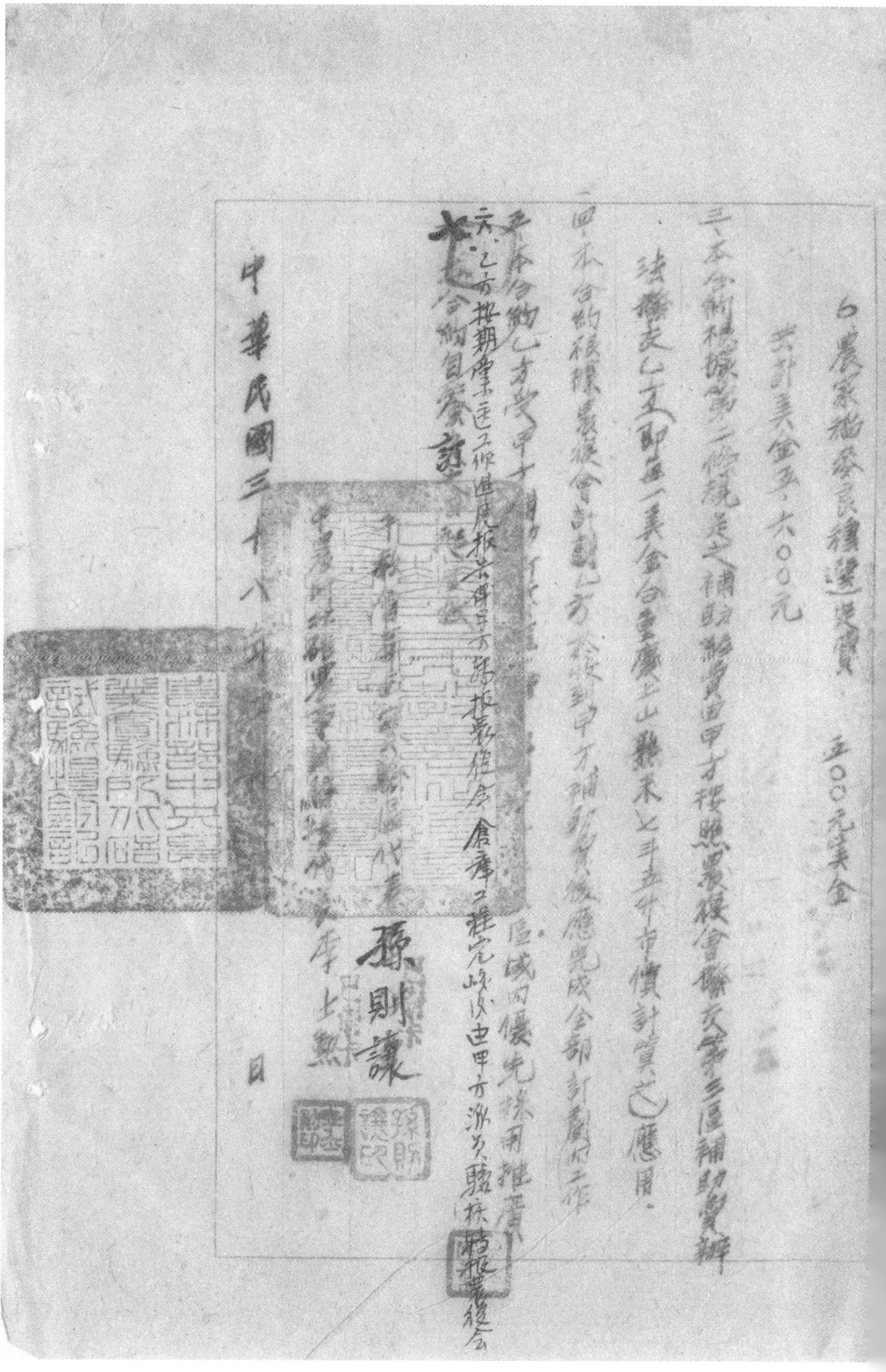

6.農家稻谷良種還送費　五〇〇元美金

共計美金五，六〇〇元

三、本合約根據第二條規定之補助費由甲方按照農復會撥交第三區辦事處

法幣交乙方（即每一美金合重慶上山[illegible]米七斗五升市價計算之）應用。

四、本合約根據農復會計劃，乙方於收到甲方補助費後應完成全部計劃內工作

五、本合約乙方受甲方[illegible]區域內優先繁殖推廣

六、乙方按期將工作進展報告甲方轉報農復會，倉庫工程完竣後由甲方派員驗收轉報農復會

七、合約自簽[illegible]

孫則讓

中華民國三十八年[illegible]日

中国农民银行江津园艺推广示范场与华西实验区合作繁殖优良蔬菜种合约 9-1-170（89）

中國農民銀行江津園藝推廣示範場
中華平民教育促進會華西實驗區合作繁殖優良蔬菜種合約

（一）中國農民銀行江津園藝推廣示範場（以下簡稱甲方）中華平民教育促進會華西實驗區（以下簡稱乙方）雙方同意合作繁殖優良菜蔬種（見附表）計八種六市畝估計可收得種子約八八市斤供給華西實驗區內推廣之用特訂立本合約

（二）本項合作繁殖收種工作經雙方代表人簽字蓋章之後甲方即開始工作本年七月十五日前在甲方場址所在地江津真武場交貨二十三市斤（見附表二）餘六十五市斤種籽於三十九年七月十五日前在真武場交清

（三）乙方同意補助甲方收種費用（見附表三）上熟米一五六·八市石正

中国农民银行江津园艺推广示范场与华西实验区合作繁殖优良蔬菜种合约　9-1-170（90）

於立約後一次撥付之

(四)如到期甲方不能交貨時所有乙方補助費應由甲方依照農行貸

款利率(實物八厘)比例退還之

(五)本合約一式四份甲方乙方各二份分別存執自雙方簽字蓋章

後生效

中國農民銀行江津園藝推廣示範場

中華平民教育促進會華西實驗區　孫則讓

中華民國三十八年八月十一日訂

中国农民银行江津园艺推广示范场与华西实验区合作繁殖优良蔬菜种合约 9-1-170（91）

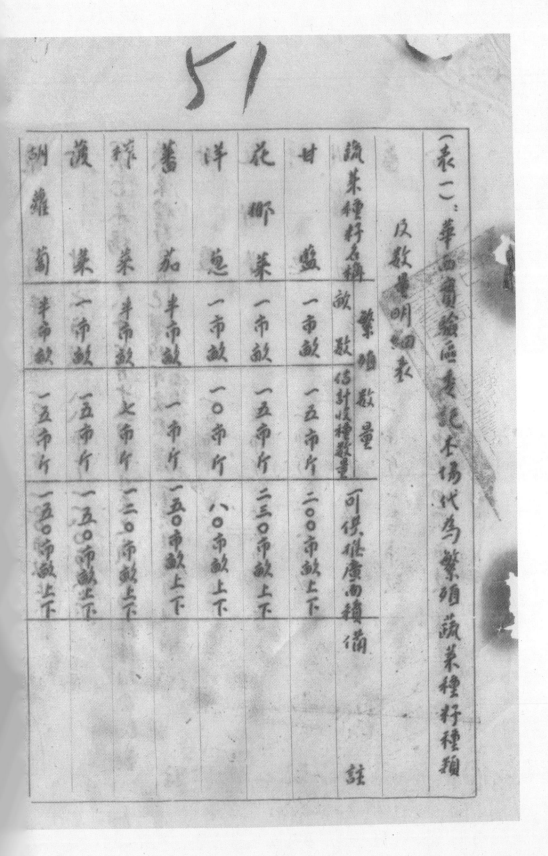

51

（表二）：華西實驗區委託本場代為繁殖蔬菜種籽種類及數量明細表

蔬菜種籽名稱	繁殖數量 畝數	繁殖數量 估計收種數量	可供推廣面積	備註
甘藍	一市畝	一五市斤	二〇〇市畝上下	
花椰菜	一市畝	一五市斤	二三〇市畝上下	
洋蔥	一市畝	一〇市斤	八〇市畝上下	
蕃茄	半市畝	一市斤	一五〇市畝上下	
榨菜	半市畝	七市斤	一二〇市畝上下	
菠菜	一市畝	一五市斤	一五〇市畝上下	
胡蘿蔔	半市畝	一五市斤	一五〇市畝上下	

蘿蔔	半市畝	一〇市斤	一〇〇市畝上下
合計	六市畝	八八市斤	一一六〇市畝上下

（表二）本場三十八年七月十五日前可交之蔬菜種籽種類及數量

蔬菜種籽名稱	已繁殖可交數量（估計收穫數量）	可供推廣面積	備註
甘藍	一〇市斤	一三〇市畝上下	
花椰菜	五市斤	七五市畝上下	
洋葱	二市斤	一六市畝	
胡蘿蔔	五市斤	五〇市畝	
蕃茄	一市斤	一五〇市畝	
合計	二十三市斤	四二一市畝	

璧山四寶閣文具印刷紙號印製

中国农民银行江津园艺推广示范场与华西实验区合作繁殖优良蔬菜种合约 9-1-170（93）

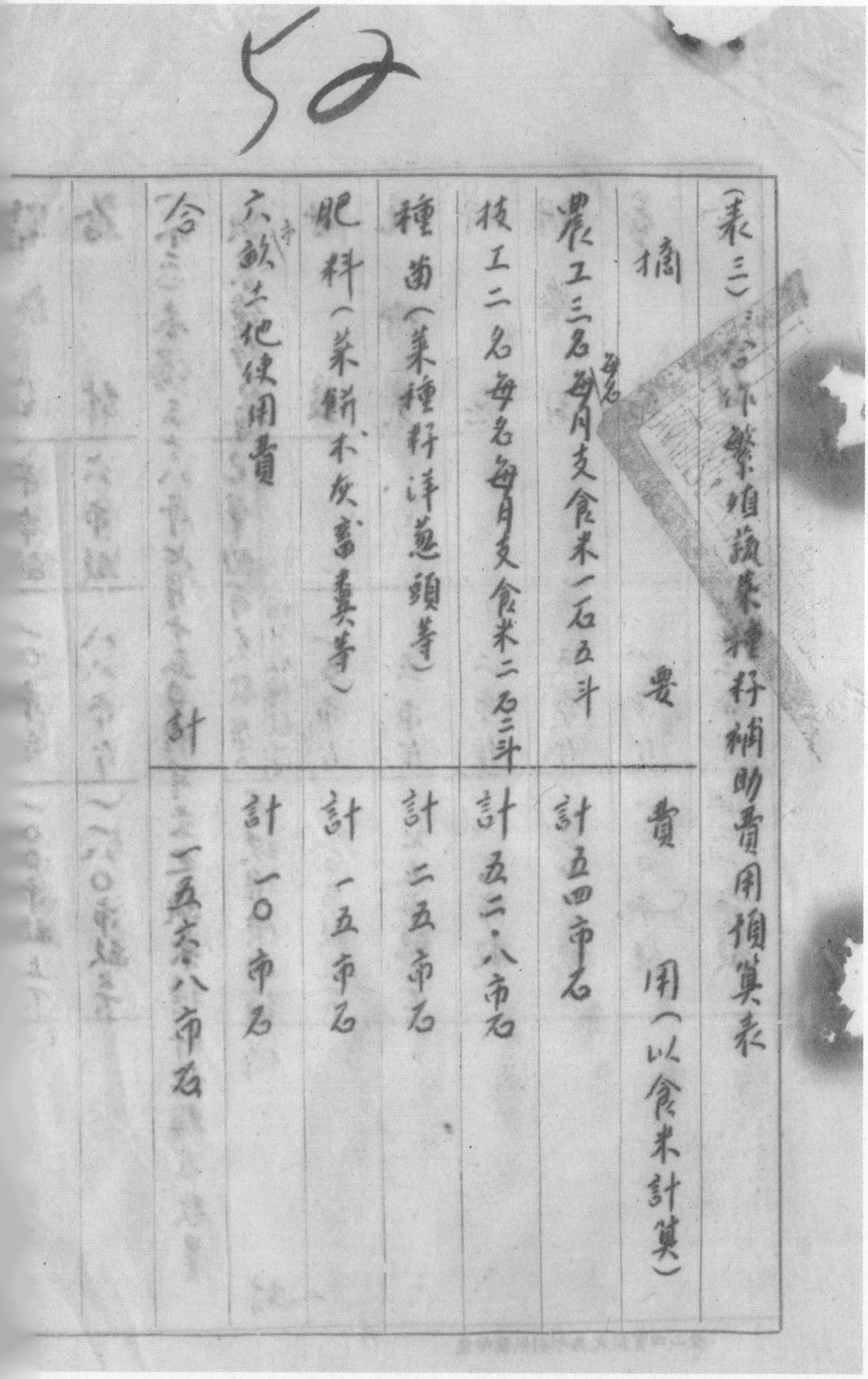

52

（表三）合作繁殖蔬菜种籽补助费用预算表

摘要	费用（以食米計算）
農工三名每名每月支食米一石五斗	計五四市石
技工二名每名每月支食米二石二斗	計五二·八市石
種菌（菜種籽洋葱頭等）	計二五市石
肥料（菜餅、石灰、糞等）	計一五市石
六畝土地使用費	計一〇市石
合計	一五六·八市石

中国农民银行江津园艺示范场与华西实验区为合作繁殖中农一号甜橙事宜的往来函（附：双方合约） 9-1-170（77）

38 發 171

中國農民銀行江津園藝推廣示範場函

發文字號：江文字第三二七號

發文日期：三十八年五月二十七日

附件：附合約一式四份

事由：函准平教會合作繁殖中一號橙苗本貳萬株簽訂合約請派員洽撥補助米布 簽照惠复由

附約係經孫主任于本年一月向農行商洽經[illegible]修改始作決定，擬請准予[illegible]

主任 孫

[illegible] 卅八 六 三

一四四 [illegible] 銀元二四·元

收文第 號

主管 經辦 民國 年 月 日收到

中国农民银行江津园艺示范场与华西实验区为合作繁殖中农一号甜橙事宜的往来函（附：双方合约） 9-1-170（78）

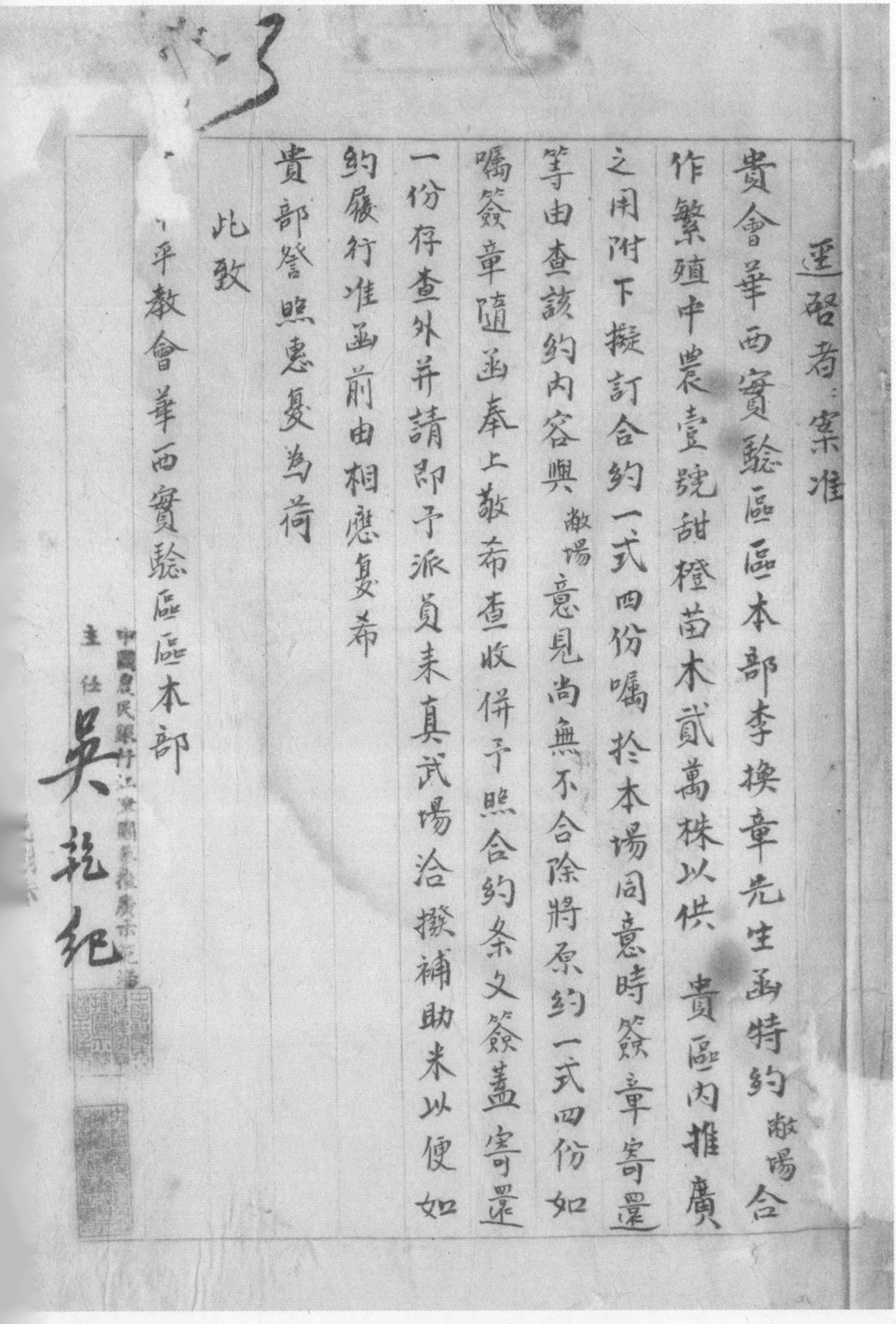
逕啓者：案准
貴會華西實驗區區本部李換章先生函特約敝場合作繁殖中農壹號甜橙苗木貳萬株以供貴區內推廣之用附下擬訂合約一式四份囑於本場同意時簽章寄還等由查該約內容與敝場意見尚無不合除將原約一式四份如囑簽章隨函奉上敬希查收併予照合約条文簽蓋寄還一份存查外并請即予派員來真武場洽撥補助米以便如約履行准函前由相應复希
貴部詧照惠复為荷
此致
平教會華西實驗區區本部
中國農民銀行江津園藝示範場
主任 吳[illegible]紀

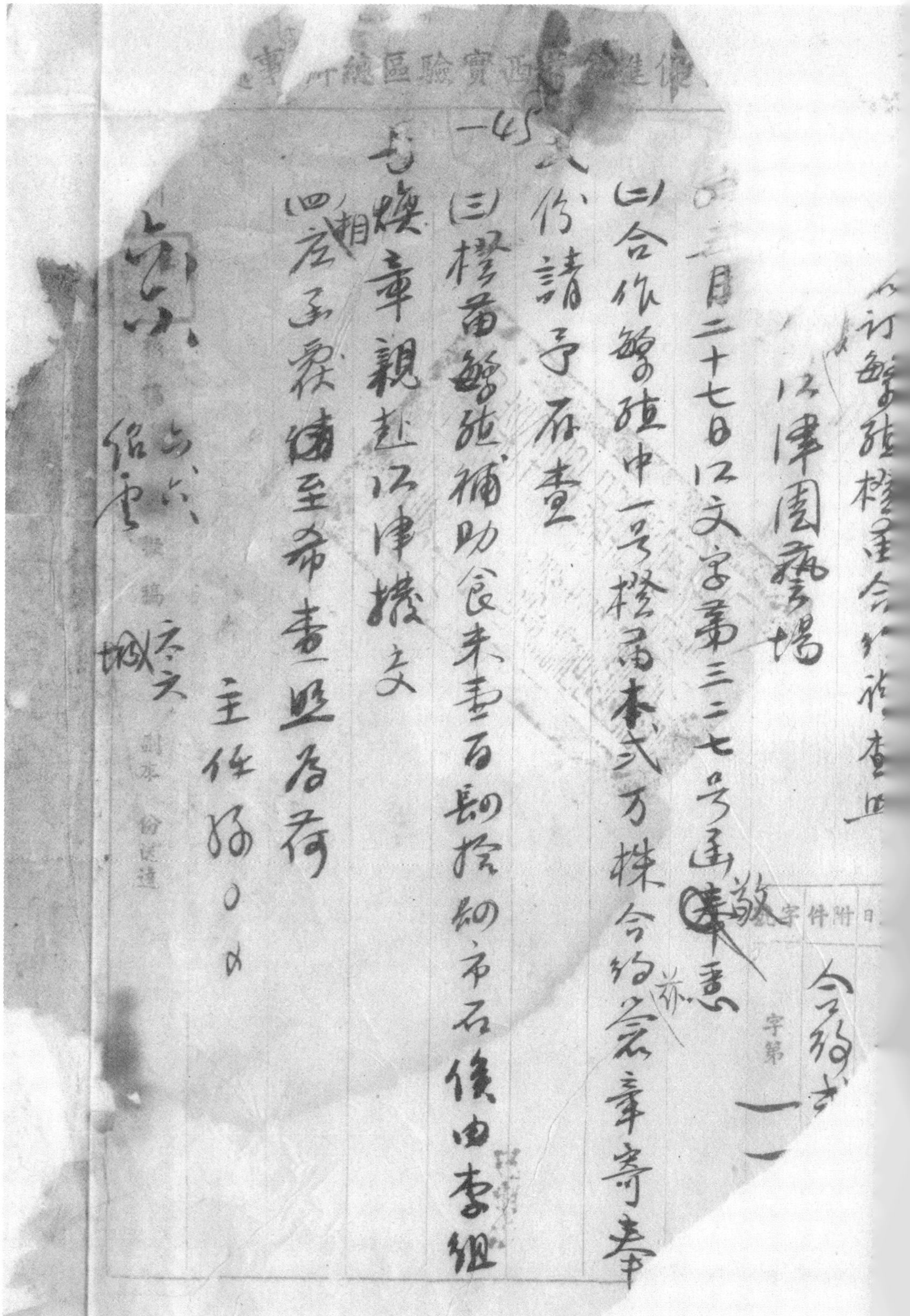

……订繁殖橙苗合约请查照
江津园艺场
○三月二十七日江文字第三二七号函敬悉
（二）合作繁殖中一号橙苗壹式万株合约亦已盖章寄奉
贵场请予存查
（三）橙苗繁殖补助食米壹百斛拨归市石俟由李组
长焕章亲赴江津接交
（四）应予发还至希查照为荷
主任孙○○

中国农民银行江津园艺示范场与华西实验区为合作繁殖中农一号甜橙事宜的往来函（附：双方合约） 9-1-170（80）

中国农民银行江津园艺示范场与华西实验区为合作繁殖中农一号甜橙事宜的往来函（附：双方合约） 9-1-170（81）

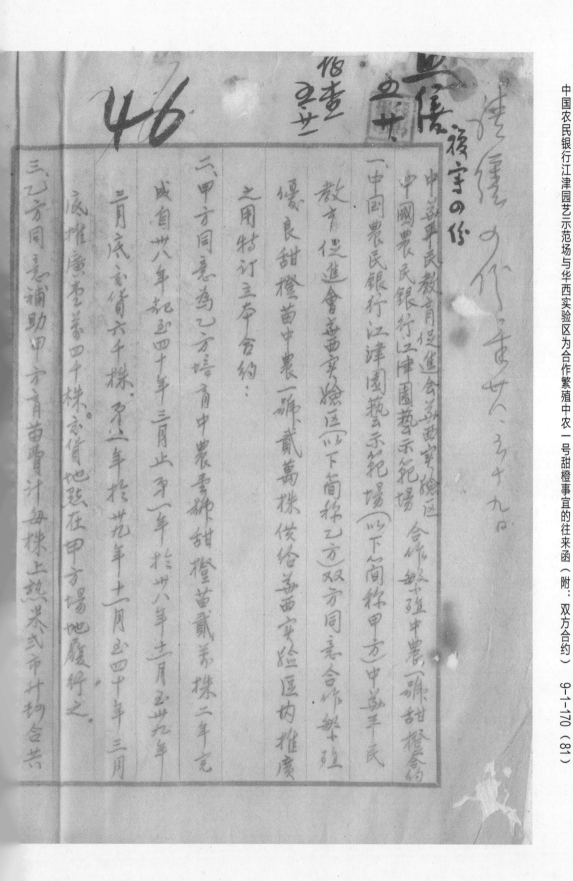

46

中華平民教育促進会華西實驗区
中國農民銀行江津園藝示範場　合作繁殖中農一號甜橙合約

一、中國農民銀行江津園藝示範場（以下简称甲方）中華平民教育促進會華西實驗区（以下简称乙方）双方同意合作繁殖優良甜橙苗中農一號、貳萬株，供給華西實驗區内推廣之用，特訂立本合約：

二、甲方同意為乙方培育中農壹號甜橙苗貳萬株，二年完成，自卅八年起至四十年三月止，第一年於卅八年十二月至卅九年三月底交貨六千株，第二年於卅九年十一月至四十年三月底推廣壹萬四千株，交貨地點在甲方場地履行之。

三、乙方同意補助甲方育苗費計每株上熟米式市升均合共

中国农民银行江津园艺示范场与华西实验区为合作繁殖中农一号甜橙事宜的往来函（附：双方合约）　9-1-170（82）

計肆佰捌拾市石於卅八年四月底前一次撥付（由[illegible]

江津北碚璧山或合川任擇一地撥付）當地中國農民銀行代收轉交[illegible]

四、如到期甲方不能交貨時所有乙方補助費應由甲方依照農

行貸款利率（實物八厘）比例退還之

五、本合約一式四份甲方乙份乙方三份分別存執自雙方簽字後

生效。

甲方　中國農民銀行江津園藝示範場

乙方　中華平民教育促進會
華西實驗區[illegible]

中華民國卅八年　　月　　日

中國農民銀行[illegible]慶分行抄稿紙

中国农民银行江津园艺示范场与华西实验区为合作繁殖中农一号甜橙事宜的往来函（附：双方合约） 9-1-170（83）

28.41

中華平民教育促進會華西實驗區
中國農民銀行江津園藝示範場合作繁殖中農一號甜橙合約

一、中國農民銀行江津園藝示範場（以下簡稱甲方）中華平民教育促進會華西實驗區（以下簡稱乙方）雙方同意合作繁殖優良甜橙苗中農一號貳萬株供給華西實驗區內推廣之用特訂立本合約

二、甲方同意為乙方培育中農壹號甜橙苗貳萬株二年完成自三十八年起至四十年三月止第一年於三十八年十一月至三十九年三月底交貨六千株第二年於三十九年十一月至四十年三月底推廣壹萬四千株交貨地點在甲方地場履行之

三、乙方同意補助甲方育苗費計每株上熟米弍市升四合

中国农民银行江津园艺示范场与华西实验区为合作繁殖中农一号甜橙事宜的往来函（附：双方合约） 9-1-170（84）

共計肆佰捌拾市石於三十八年五月底在江津真武場先撥
付六千株育苗費計上熟米壹佰肆拾肆市石正其餘壹
萬捌仟株計上熟米叁佰叁拾陸市石于三十九年二月底
撥付之

四、如到期甲方不能交貨時所有乙方補助費應由甲方依照農
行貸款利率（實物八厘）比例退還之

五、本合約共四份甲方二份乙方二份分別存執自双方簽字後生效

甲方中國農民銀行江津 吳乾紀

乙方中華平民教育促進會華西實驗區 孫則讓

中華民國三十八年五月 日

璧山四寶閣文具印刷紙號印製

中国农民银行璧山办事处美烟肥料贷款搭配贷放办法 9-1-171（33）

N.12 21 7.

平教會華西實驗區美菸肥料貸款搭配貸放辦法

中國農民銀行璧山辦事處

本辦法依據區行双方座談會紀錄第六條美菸貸款肥料之部擬定搭配貸放辦法於后

一、貸款地區 以璧山馬坊廣普三合等三鄉為限

二、貸款總額 暫定菜餅叁萬斤由區方購備貳萬四千斤行方備六千斤搭配貸放其搭配比例區方佔八成行方佔二成

三、貸款方式 貸實收實按當時市價折合黄谷計算

四、期限 八個月

五、利率 月息八厘

六、對象　美菸生產合作社

七、手續　(1)組社訓練工作由實驗區負責　(2)合作社向農行及實驗區申請貸款由區方負責調查審核　(3)行方得會同調查複查及抽查　(4)付款記帳及借約由行方負責放款後行方應將借據副本一份送區方及縣政府存查　(5)區方應將貸款於放款前應撥存行方。

八、擔保：由各貸款社連環擔保，如有貸款社逾不償還時，農行貸款部份應由實驗區及由縣府為負承還保証責任。

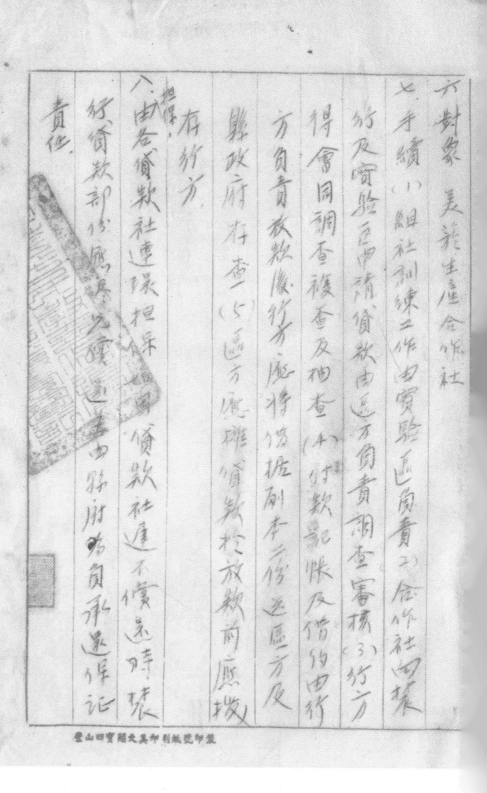

璧山四寶閣文具印刷紙

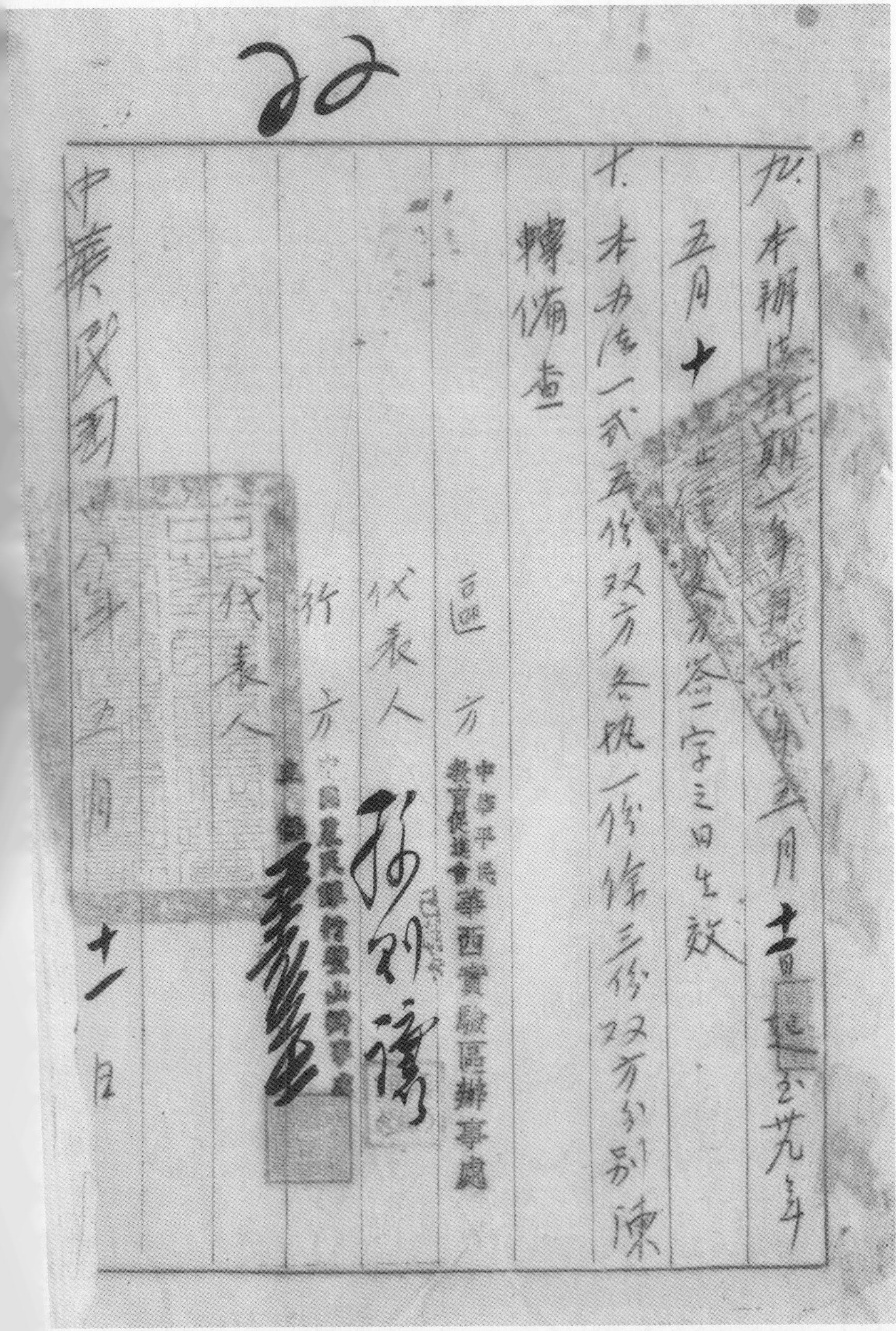
22

九、本辦法有效期間一年自卅八年五月十二日至卅九年五月十一日止經雙方簽字之日生效

十、本辦法一式五份双方各執一份餘三份双方分別陳轉備查

區方 中華平民教育促進會華西實驗區辦事處
代表人 孫則讓

行方 中國農民銀行璧山辦事處
代表人

中華民國卅八年五月十一日

中国农民银行璧山办事处美烟肥料贷款搭配贷放办法　9-1-171（35）

中国农民银行璧山办事处美烟肥料贷款搭配贷放办法 9-1-171（40）

25

平教会

华西实验区美烟肥料贷款搭配贷放办法

本办法依据区行双方会议记录拟定搭配贷放办法于后。

一、贷款地区以璧山马坊广普三合等三乡为限

二、贷款总额暂定菜饼叁万斤由区方购备贰万四千斤行方购备六千斤搭配贷放共搭配比例即区方占八股行方占二股

三、贷款方式以贷实收实按当时市价折合金额计算

办法五份

请

核示盖章

六.十六

四、期限：八個月

五、利率：月息八厘（區方照撥區息八厘收　行方撥月息八厘收）

六、對象：美菸生產合作社

七、手續：(1)組社訓練工作由實驗區負責　(2)合作社向農行及實驗區申請貸款由區方負責調查審核　(3)行方得會同調查、複查及抽查　(4)付款記帳、借據及借約由行方負責放款後行方應將借據副本送區方存查　(5)區方應擔貸款於放款前應撥存行方

八、擔保：由各貸款社連環擔保如因組社不健全

中国农民银行璧山办事处美烟肥料贷款搭配贷放办法　9-1-171（42）

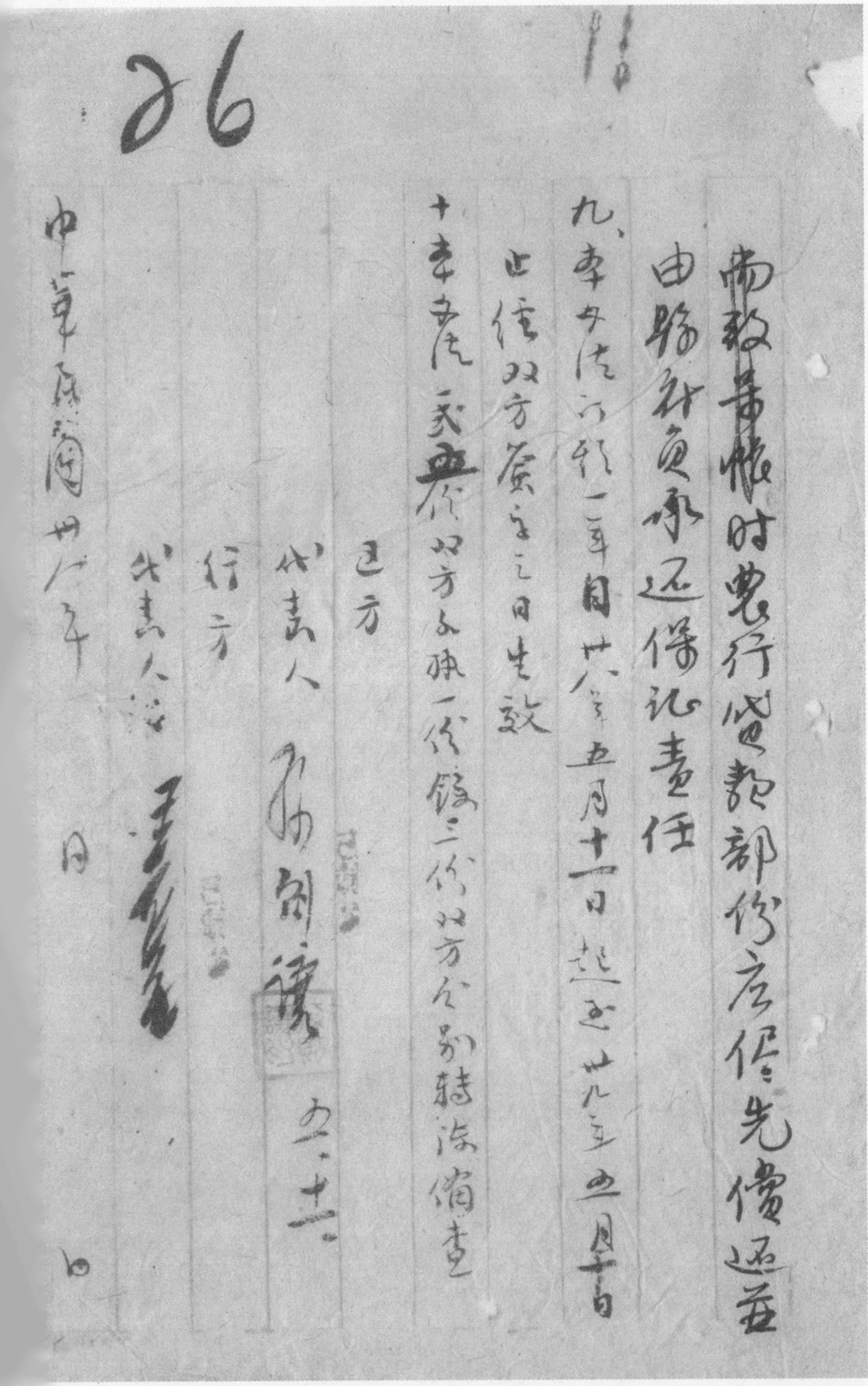
26

而放華帳時農行借款部份應優先償還並
由縣社負承還保證責任
九、本合約有效期一年自卅八年五月十一日起至卅九年五月十日
此係雙方簽字之日生效
十、本合約一式五份雙方各執一份餘三份雙方分別轉送備查
乙方
代表人　孫則讓　五·十六
行方
代表人　王
中華民國卅八年　月　日

中国农民银行璧山办事处美烟肥料贷款搭配贷放办法　9-1-171（37）

33.

6.

請
核示蓋章
五、十二

稿

平教會華西實驗區
中國農民銀行璧山辦事處美菸肥料貸款搭配貸放辦法

本辦法依據區行雙方座談會紀錄第六條美菸貸款肥料之部擬定搭配貸放辦法於后

一　貸款地區以璧山馬坊廣普三合等三鄉為限

二　貸款總額暫定菜餅叁萬市斤由區方購備弍萬四千市斤行方購六千市斤搭配貸放其搭配比例即區方佔八成行方佔二成

三　貸款方式　貸實收實按當時市價折合黃谷計算

四　期限八個月

五　利率月息八厘（區方款按週息八厘收　行方款按月息八厘收）

中国农民银行璧山办事处美烟肥料贷款搭配贷放办法　9-1-171（37）

六、對象　美菸生產合作社

七、手續（1）組社訓練工作由實驗區負責（2）合作社向農行及實驗區申請貸款由區方負責調查審核（3）行方得會同調查複查及抽查（4）付款記賬及借約由行方負責放款後行方應將借據副本二份送區方及縣府存查（5）區方應攤貸款於放款前應撥存行方

八、由各貸款社連環担保如因貸款社逾不償還時農行貸款部份應儘先償還並由縣府負承還保証責任

九、本辦法訂期一年自卅八年五月十二日起至卅九年五月十日止經雙方簽字之日生效

璧山四寶閣文具印刷紙號印製

24

十、本辦法共五份双方各執一份餘三份双方分別陳請備查

區方
代表人　孫則讓

行方　中國農民銀行璧山辦事處
代表人　主任

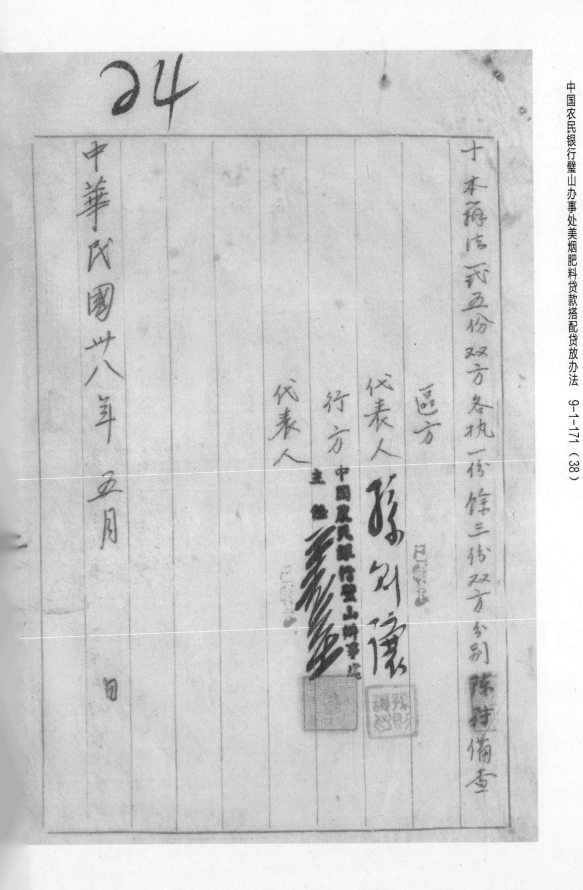

中華民國卅八年五月　日

中央农业实验所北碚农业试验场与华西实验区关于合作繁殖中农鹅蛋柑合约 9-1-170（123）

70 2. N.2

複寫三份

中央農業實驗所北碚農業試驗場
中華平民教育促進會華西實驗區
合作繁殖中農鵝蛋柑合約

一、中央農業實驗所北碚農業試驗場（以下簡稱甲方）中華平民教育促進會華西實驗區（以下簡稱乙方）雙方同意合作繁殖優良柑桔苗中農鵝蛋柑壹萬株，繁殖華西實驗區內推廣之用，特訂立本合約

二、甲方同意為乙方培育中農鵝蛋柑良苗壹萬株，甲方并負左列各項義務

1. 負供給場地七畝作為育苗苗圃
2. 負供給各項設備及用具
3. 負供給廿畝地內所培育之接穗
4. 負供給培育壹萬株苗所用之砧苗種子

中国农民银行璧山办事处美烟肥料贷款搭配贷放办法　9-1-171（38）

中央农业实验所北碚农业试验场与华西实验区关于合作繁殖中农鹅蛋柑合约 9-1-170（123）

70 2. N.2

複寫三份 三〇卅一

中央農業實驗所北碚農業試驗場
中華平民教育促進會華西實驗區
合作繁殖中農鵝蛋柑合約

一、中央農業實驗所北碚農業試驗場（以下簡稱甲方）中華平民教育促進會華西實驗區（以下簡稱乙方）雙方同意合作繁殖優良柑桔苗中農鵝蛋柑壹萬株供給華西實驗區內推廣之用特訂立本合約

二、甲方同意為乙方培育中農鵝蛋柑良苗壹萬株。甲方并負左列各項義務

1.每年供給場地七畝作為育苗苗圃

2.每年供給各項設備及用具

3.每年供給廿畝地內所培育之接穗

4.每年供給培育壹萬株苗所用之砧苗種子

5 18 8.20
12 18

二、聘用技術人員從事育苗工作

乙方同意補助甲方育苗費壹佰零壹萬捌仟貳佰圓及

飯食米……伍拾萬零捌仟貳佰圓合食米貳市石

壹市石四斗（以北碚上熟米每市石作五千圓計算）補助項目如次：

（另附預算表）

1. 人工　三一三、二〇〇金圓

2. 肥料　八七五、〇〇〇金圓

3. 材料　三〇、〇〇〇金圓

4. 調查旅費　九〇、〇〇〇金圓（為調查本區柑橘品種及栽培方法用擬派技術員一人工作四個月每月二千圓計）

四、本合約訂立後上項補助費由乙方按照北碚當日上熟米二千作

中央农业实验所北碚农业试验场与华西实验区关于合作繁殖中农鹅蛋柑合约　9-1-170（125）

71

折算一次拨给甲方应用，即日开始工作。如在重庆付款，即照当日重庆市联合征询社上白熟米市价折算，分次拨给。以上均以现钞为限，甲方不受任何贴水损失。

六、甲方所培育之中农鹅蛋柑苗，除至王七年本场需要，乙方接收。（于卅九年一月底删）

七、本合约经双方签字盖章后生效。

附预算表一份

中央农业实验所北碚农业试验场代表
中华平民教育促进会华西实验区代表

卅八年八月　日订

中央农业实验所北碚农事试验场与华西实验区合作繁殖中农鹅蛋柑合约及繁殖预算表　9-1-171（4）

中央農業實驗所北碚農事試驗場
中華平民教育促進會華西實驗區合作繁殖中農鵝蛋柑合約

一、中央農業實驗所北碚農事試驗場（以下簡稱甲方）中華平民教育促進會華西實驗區（以下簡稱乙方）雙方同意合作繁殖優良甜桔苗中農鵝蛋柑壹萬株供給華西實驗區內推廣之用特訂立本合約

二、甲方同意為乙方培育中農鵝蛋柑良苗壹萬株甲方并負左列各項義務

1.無償供給場地七畝作為育苗苗圃

2.無償供給各項設備及用具

3.無償供給二十畝地內所培育之接穗

4.無償供給培育壹萬株苗所用之砧苗種子

5.無給調用技術人員從事育苗工作

三、乙方同意補助甲方育苗費壹佰零壹萬捌仟貳百元合食米二〇三·六四市石

（以北碚上熟米每市石價五千圓計算）補助項目如次：（另附預算表）

1、人工　三一三、二〇〇金圓

2、肥料　六七五、〇〇〇金圓

3、材料　三〇、〇〇〇金圓

四、本約訂立後上項補助費由乙方按照交款時北碚當日上熟米市價折算

（一次撥給甲方應用即日開始工作如在重慶付款即照當日重慶市聯合徵

詢社上山熟米市價折算）一次撥給以上均以現鈔為限甲方不受任何貶值損失

五、甲方所培育之中農鵝蛋柑苗於三十九年一月底前在天生橋本場點交

乙方接收

璧山四寶閣文具印刷紙號印製

中央农业实验所北碚农事试验场与华西实验区合作繁殖中农鹅蛋柑合约及繁殖预算表 9-1-171（6）

3

大、本合约经双方签字盖章后生效

附预算表一份

中央农业实验所北碚农事试验场代表 李士勋

中华平民教育促进会华西实验区代表 孙则让

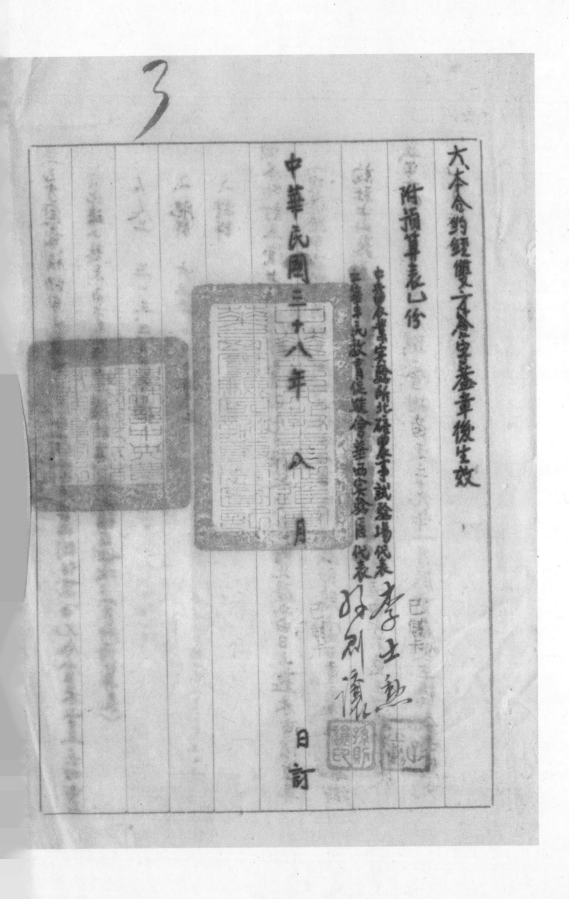

中华民国三十八年八月 日订

[illegible]

璧山四寶閣文具印刷紙號印製

中央农业实验所北碚农事试验场与华西实验区合作繁殖中农鹅蛋柑合约及繁殖预算表　9-1-171（7）

4　12.

中農鵝蛋柑繁殖費預算表（苗圃七畝 接穗區廿畝）

項目	數值（金圓）	說明
一、人工	三一三、二〇〇圓	
1.整地	二一、〇〇〇〃	苗圃整地每畝十工七畝計共七十工每工工資三百元合如上數
2.播種	六、三〇〇〃	苗圃播種每畝需工三工七畝計共二十一工工資同前合上數
3.中耕	一二一、五〇〇〃	中耕三次苗圃接穗兩區共廿七畝每次每畝需工五工共一百卅五工 工資同合如上數
4.除草	一二一、五〇〇〃	除草五次苗圃接穗兩區共二十七畝每次每畝需工三工合如上數
5.施肥	三二、四〇〇〃	施肥二次廿七畝每次每畝需工二工合如上數
6.嫁接	一〇、五〇〇〃	每工三百株共需嫁接工卅五工工資同合如上數
二、肥料		

人豆餅　六七五、〇〇〇〃　廿七畝每畝用餅五百斤每斤價五〇元合如上數

三、材料

苧麻　三〇、〇〇〇〃　每斤可結木二〇〇株共需五〇斤每斤價六〇〇元合如上數

合計　一、〇二八、二〇〇〃

合成倉木二〇三、六四市石（照北碚上熟米每市石價五〇〇圓折算）每株育

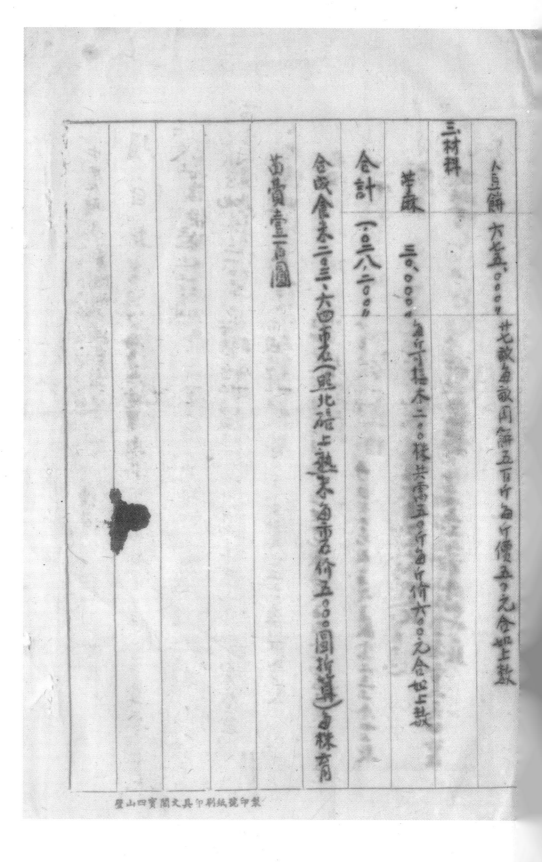

苗費壹二〇圓